입자충돌의 물리학

입자충돌의 물리학

주 경 광 지음

전남대학교출판부

우리가 실험을 한다는 것은 실험 장치를 구성하고 여기에 여러 가지 형태의 입력신호 (input)를 집어넣고 이 입력신호들이 실험 장치와 상호 작용 (interaction)을 한 후 그 장치로부터 출력신호 (output)가 나오는 것을 관찰하는 일련의 과정이다. 따라서 출력 신호가 어떻게 나오고 또한 무엇이 나오는지를 자세히 조사해야 알아내고자 하는 정보를 획득할 수 있다.

상호작용 속에서는 충돌 및 산란 (collision, scattering)이라는 것이 실험 과정 동안 수반된다고 할 수 있다. 이 책에서 넓은 의미의 충돌은 입자 혹은 빛의 충돌 및 산란, 흡수 등을 나타낸다. 그리하여 물리학에서 어떠한 형태이던지 충돌은 매우 중요하다.

이 책은 기본적으로 충돌과 관련된 내용들을 교과서나 교재처럼 딱딱하거나 형식적으로 기술하지 않으려고 했다. 또한 기존의 교과서에는 적혀 있지 않았던 소소한 내용들과 행간들에 적혀져 있지 않았던 내용들도 형식에 구애 받지 않고 머리위에 바로 바로 떠오르는 아이디어나 생각을 좀 더 자유스럽고 부담 없이 기술하려고 하였다. 방법론적으로는 말로 길게 설명하는 것 보다 공식과 함께 그림을 이용하여 더욱더 빠른 시간 내에 내용을 쉽게 파악하고 이해할 수 있도록 하였다. 그리고 중요하다고 생각하는 예제를 많이 접해보고 직접 풀어봄으로써 원리나 개념을 알 수 있게 노력하였다.

또한 빛은 우리 일상생활과 물리 실험에서도 없어서는 안 될 매우 중요한 요소이다. 우리가 무엇을 본다는 것은 결국 빛의 충돌 및 산란 등에 의한 결과물을 인식하는 것이다. 따라서 빛과 관련된 여러 현상들과 결과를 기술하였다. 마지막 장에서는 입자 충돌 물리학과 관련된 대형 국제 공동 연구실험의 예를 몇 가지 소개하여 충돌이 실제로 고에너지 물리학에서 어떻게 이용되고 있는지를 살펴봄으로써 전반적인 이해를 돕고자 하였다. 몇 실험은 필자가 직접 참여했거나 현재 참여 중으로 개인적으로 더욱더 애착을 가지고 있다.

이 책은 대학교에서 일반물리학, 현대 물리학 및 양자 물리학의 기초 지식이 있는 학생이라면 누구나 쉽게 이해할 수 있을 것이라고 생각한다. 책을 쓰는 동안 할 수 있다면 독자의 입장에서 보고 생각하고 이해할 수 있게 나름 최선의 노력을 하였다. 충돌 관련 고에너지 물리학을 공부하는 독자들에게 조금이나마 도움이 되기를 바라는 작은 믿음과 소망을 가지고 이 책을 만들었다.

2014년 1월

전남대에서 저자

제1장 I 운동량과 충돌

제2장 I 산란

제3장 ▮ 핵반응

제4장 ▮ 빛

제5장 | 소립자 동물원

제1장

운동량과 충돌

1.1 기초 지식

(1) 기초 다지기

기초 상수

기호	용어	값	기타
e	전자 1개의 전하량	$e = 1.6 \times 10^{-19}$ [C]	q (전하량) = ne, (n = 정수). 즉, 기본 전하의 정수배만 존재 가능. 전하량은 더 이상 쪼갤 수 없는 최소량이 존재함을 의미. C [Coulomb, 쿨롬]
c	광속	$\sim 3 \times 10^8$ [m/s]	정확히 2.99792×10^8 [m/s]
h	플랑크 상수	6.62×10^{-34} [J · s]	$\hbar = \dfrac{h}{2\pi} = 1.05 \times 10^{-34}$ [J · s]
g	중력가속도	9.8 [m/s^2]	32 [ft/s^2]
ϵ_0	유전율	$k \equiv \dfrac{1}{4\pi\epsilon_0} \simeq 9 \times 10^9$ [Nm^2/C^2]	Permittivity constant
G	중력 상수	6.7×10^{-11} [Nm^2/kg^2]	
k_B	볼츠만 상수	1.38×10^{-23} [J/K]	
α	미세구조 상수	$\alpha \equiv \dfrac{1}{4\pi\epsilon_0}\dfrac{e^2}{\hbar c} = \dfrac{1}{137}$	▪ Fine structure constant ▪ Dimensionless quantity (단위 없음)

기초 단위

① 산란단면적 (cross section, σ)의 단위

1b (barn) = 10^{-28}m^2 = 10^{-24}cm^2 (barn의 사전적 의미: 시골 농가의 헛간. 광처럼 큼의 의미)

1mb = 10^{-3}b, 1μb = 10^{-6}b, 1nb = 10^{-9}b, 1pb = 10^{-12}b, 1fb = 10^{-15}b, 1ab = 10^{-18}b

② 1μm (micro meter) = 10^{-6}m

1nm (nano meter) = 10^{-9}m (10억분의 1m) (nano는 그리스 어원으로 nanos (난장이)라는 뜻을 가지고 있다고 한다)

$1\,\text{Å}$ (angstrom) $= 10^{-10}\text{m}$

$1\,\text{fm}$ (fermi) $= 10^{-15}\text{m}$ [핵자 (nucleon)의 크기]

③ hc값이 $1240\text{eV} \cdot \text{nm}$, $\hbar c = 197.3\text{MeV} \cdot \text{fm}$ 임을 보여라.

$$hc = 6.63 \times 10^{-34}\text{J} \cdot \text{s} \times 3 \times 10^{8}\frac{\text{m}}{\text{s}} = 6.63 \times 3 \times 10^{-26}\text{mJ}$$

$$= 6.63 \times 3 \times 10^{-26} \times 10^{9}\text{nm} \times \frac{\text{eV}}{1.6 \times 10^{-19}}$$

$$= 1240\text{eV} \cdot \text{nm}$$

$$\hbar = \frac{h}{2\pi}$$

$$\hbar c = \frac{1240\text{eV} \cdot \text{nm}}{2\pi} = 197.3\text{MeV} \cdot \text{fm} \quad (\because \ \text{MeV} = 10^{6}\text{eV},\ 1\text{fm} = 10^{-15}\text{m})$$

④ ke^2 값을 계산하면?

$$\begin{aligned} ke^2 &= 9 \times 10^{9}\frac{\text{Nm}^2}{\text{C}^2}(1.6 \times 10^{-19}\text{C})^2 \\ &= 23.04 \times 10^{-29}\text{Nm}^2 = 23.04 \times 10^{-29}\text{Jm} \\ &= 23.04 \times 10^{-29} \times \frac{\text{eV}}{1.6 \times 10^{-19}} \times 10^{9}\text{nm} \\ &= 14.4 \times 10^{-1}\text{eV} \cdot \text{nm} = 1.44\text{eV} \cdot \text{nm} \\ &= 1.44\text{MeV} \cdot \text{fm} \end{aligned}$$

[Q&A] $\alpha \equiv \dfrac{1}{4\pi\epsilon_0}\dfrac{e^2}{\hbar c}$ (fine structure constant) 값을 구해보면?

$$\rightarrow \frac{ke^2}{\hbar c} = \frac{1.44\text{MeV} \cdot \text{fm}}{197.3\text{MeV} \cdot \text{fm}} \simeq 0.0073 = \frac{1}{137}$$

기초 개념

[Q&A] $1\,\text{eV}$란 무엇인가?

해준 일 = potential energy 차, $W = q\Delta V$.

$\therefore$ $1q$를 1V 가속하는데 들어가는 (=해준) 일

$$1\text{eV} = 1.6 \times 10^{-19}\text{C} \times 1\text{V} = 1.6 \times 10^{-19}\text{CV} = 1.6 \times 10^{-19}\text{J}$$

$$\therefore 1\text{J} = \frac{\text{eV}}{1.6 \times 10^{-19}}$$

단위는 $\text{meV} = 10^{-3}\text{eV}$, $\text{keV} = 10^{3}\text{eV}$, $\text{MeV} = 10^{6}\text{eV}$, $\text{GeV} = 10^{9}\text{eV}$, $\text{TeV} = 10^{12}\text{eV}$, $\text{PeV} = 10^{15}\text{eV}$ 이다.

$$\therefore 1\text{MeV} = 10^{6}\text{eV} = 10^{6} \times 1.6 \times 10^{-19}\text{J} = 1.6 \times 10^{-13}\text{J}$$

[Q&A] 플랑크 상수 (h)의 단위를 eV • s로 환산하면?

$$\begin{aligned} h &= 6.62 \times 10^{-34}\,\mathrm{J} \cdot \mathrm{s} \\ &= 6.62 \times 10^{-34} \times \frac{\mathrm{eV}}{1.6 \times 10^{-19}} \cdot \mathrm{s} \\ &= 4.13 \times 10^{-15}\,\mathrm{eV} \cdot \mathrm{s} \end{aligned}$$

[Q&A] 1N (newton, 뉴턴)은 정도의 힘인지 어림해 보면? (중력가속도 값은 10 $\mathrm{m/s^2}$ 라고 하자)

물리학을 배웠다고 하는 학생들에게 물어보아도 바로 대답하지 못한다. 물리학을 공부할 때, 어려운 수식이나 공식 등에 너무 집착하지 말고 우리 주변의 실생활이나 또한 쉽게 상상할 수 있고 비유할 수 있는 개념을 가지려고 노력하면 물리학이 훨씬 더 재미있고 쉽게 다가올 것이다.

$$\begin{aligned} 1\mathrm{N} &= 1\mathrm{kg} \times 1\frac{\mathrm{m}}{\mathrm{s}^2} \\ &= 0.1\mathrm{kg} \times 10\frac{\mathrm{m}}{\mathrm{s}^2} \end{aligned}$$

따라서 0.1kg (=100g)을 드는데 필요한 힘이므로, 대략 백설 공주가 먹었던 작은 사과 1개의 절반 정도를 드는데 필요한 힘이라고 볼 수 있다. 또는 그림 (1-1)처럼 물리나 화학 실험실에 가면 많이 쓰는 100 ml 듀란병이 있는데 여기에 물을 담은 것을 머릿속에 그리면 된다.

[그림 1-1] 100 ml 듀란병 (duran bottle).

[Q&A] 지상의 모든 물체는 같은 크기의 중력 (가속도)가 작용한다. 중력을 느끼고 싶다면 어떻게 하면 될까?

가장 쉬운 방법은 철봉에 매달려 보는 것이다. 대부분 사람의 경우 엄청 괴로울 것이다. 기본적으로 중력과 크기는 같고 방향이 반대인 힘을 주어야 철봉에 매달려 있을 수 있다. 예로, 질량 (m)이 60 kg이라고 하자.

$$\text{중력 } W = mg = 60\mathrm{kg} \times 10\frac{\mathrm{m}}{\mathrm{s}^2} = 600\mathrm{N}$$

따라서 사과 1개 드는데 2 N정도가 필요하기 때문에 대략 사과 300개 (=600/2)를 드는 힘에 해당한다고 어림할 수 있다. 우리가 일상생활에서 별로 크게 느끼지 못하는 중력이 이 만큼 대단하다는 것을 알 수 있다.

[Q&A] 일상생활에서 쓰는 "내 (몸)무게가 60 kg이다" 라는 표현은 무엇이 잘못된 것인가?

질량 $m = 60\,\mathrm{kg}$
몸무게 $W = mg = 600\mathrm{N}$

→ 정확한 표현은 60 kg중 (=60 kgf) 라고 해야 한다. 하지만 그림 (1-2)처럼 지구 표면 근처에서는 중력가속도 값은 $g \simeq 10\,\mathrm{m/s^2}$로 동일하기 때문에 굳이 이 값을 곱해서 나타내고 있지 않을 뿐이다.

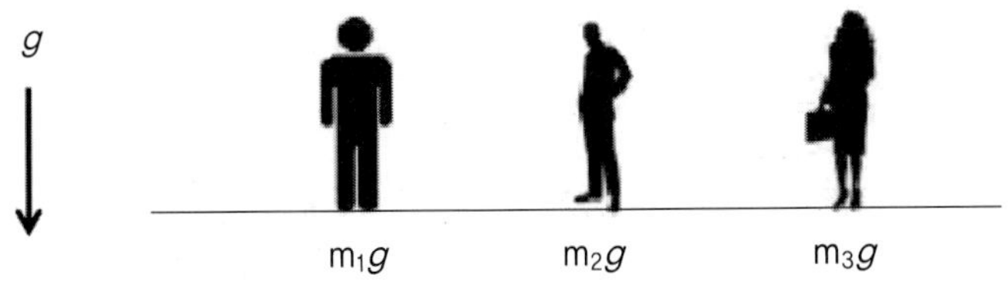

[그림 1-2] 지표면에서의 모든 사람에게 작용하는 중력가속도 ($\vec{g}$) 값은 동일하다.

[Q&A] 질량과 무게를 구분하면?

질량 (m, mass)	무게 (W, weight)
스칼라 (scalar)량	벡터 (vector)량
물체의 고유한 양으로, 어디에서나 불변	천체에 따라 달라지는 중력의 크기. 물체의 질량에 비례
단위 μg, mg, g, kg 등	N, kgf (킬로그램 힘), kg중, dyne, lb (=pound) 등
양팔 저울 (=천칭) 이용 측정	용수철 저울 이용
	▪ N을 사용하므로 무게는 힘의 단위를 쓴다 ▪ $F = ma$ [N], $W = mg$ [N] ▪ 1kg중 = 9.8N

[Q&A] 다음 중 물체의 질량이 가장 작은 곳은?

① 지상 100 km ② 남극 ③ 적도 ④ 지구 중심 ⑤ 변함없다

[정답] ⑤

[Q&A] 일상생활에서 "무중력"이란 말을 쓰는데 이 말은 맞는 말인가?

무중력이란 말 그대로 "중력이 없다"라는 뜻이다. 그런데 우주공간의 천체들 사이에 만유인력이 작용하는 것을 우리는 알고 있다. 따라서 중력이 없을 수는 없다. 좀 더 정확한 표현은 "무중량 (weightless)상태" 정도의 표현이 좋다고 생각한다. 그냥 보기에 겉보기 중력이 0인 것처럼 보이는 상태를 의미한다. 따라서 중력과 다른 어떤 힘이 작용해서 마치 이들의 합이 사라지는 것처럼 보이는 것이다.

(예) 우주 정거장 안에서 물방울이 떨어지지 않고 둥둥 떠다닌다. 이것을 일반적으로 우리는 무중력의 의미로 쓰고 있다. 즉 물방울에 구심력 (=중력)과 크기는 같고 방향이 반대인 원심력 (=관성력)이 작용해 우리가 보기에 겉보기 중력의 합이 0인 것처럼 보이는 것이다.

무중량 상태 재현해 보기

① 자이로드롭 (gyro drop). 갑자기 확 떨어질 때 (=자유낙하 할 때) 몸이 약간 붐 뜨는 현상 (=의자에 대한 항력을 느끼지 못한다).
② 상승하던 전투 비행기가 갑자기 아래 방향으로 곤두박질하며 하강할 때.
③ 번지 점프 (jump)할 때 매달린 사람이 줄의 장력을 느끼지 못한다.
④ 끊어진 elevator 안에 있는 사람과 체중계는 같은 중력가속도를 가지고 떨어진다. 따라서 둘 사이에 서로 누르는 힘이 없어져 체중계 눈금이 0을 나타낸다.
⑤ 부력과 중력이 같아지는 물속의 잠수부.
⑥ 자유낙하 하던 스카이 diver가 종단 속도에 도달했을 때 겉보기에는 더 이상의 가속이 없어 무중량 상태로 보인다.

[♣ 생각해보기] 질량이 m인 두 개의 물체가 끈으로 연결되어 있다. 이것을 자유낙하 시킬 때 끈의 장력을 얼마인가?

[정답] 장력은 0

[Q&A] 그림 (1-3)처럼 1m 떨어진 1C (쿨롬) 사이에 작용하는 힘을 계산해 보면?

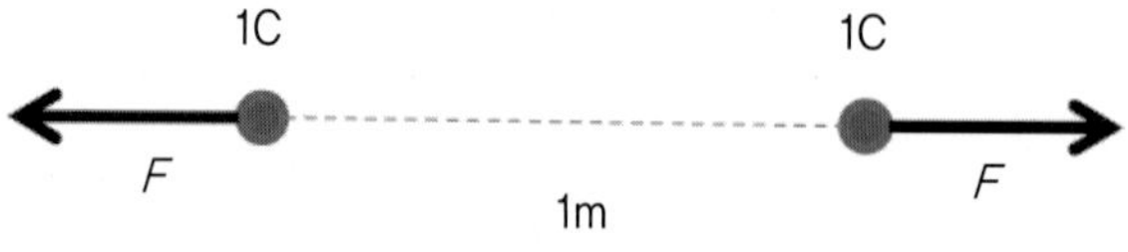

[그림 1-3] 1C (쿨롬)을 가진 2개의 전하가 1m 떨어져 있을 때 작용하는 힘.

쿨롬 힘 $F = k\frac{q_1 q_2}{r^2}$

$$F = 9\times10^9 \times \frac{1\times1}{1^2}\left[\frac{\mathrm{Nm}^2}{\mathrm{C}^2}\frac{\mathrm{CC}}{\mathrm{m}^2}\right]$$
$$= 9\times10^9\,\mathrm{N}$$

→ 90억 뉴턴 (N)이라는 엄청난 힘이 작용한다. 우리가 바닥에 서있을 수 있는 이유가 중력에 대해 수직항력이 작용하기 때문인데, 수직항력에 해당하는 것이 바로 이 전기력이라고 볼 수 있다.

[Q&A] 일 (work), 에너지의 단위는 무엇인가?

질량: g, kg

무게: dyne, N, kg중, kg힘 (= kgf)

힘 ($\vec{F} = m\vec{a}$): N $(= \mathrm{kg}\frac{\mathrm{m}}{\mathrm{s}^2})$

일 ($W_{ork} = \int \vec{F} \cdot d\vec{x}$): $\mathrm{N} \cdot \mathrm{m} \equiv \mathrm{J}\left[= \mathrm{kg}\frac{\mathrm{m}^2}{\mathrm{s}^2}\right]$

→ 1J은 1N의 힘을 주어 1m 이동했을 때, 해 준 일의 양.

일률 ($P_{ower} = \frac{dW}{dt}$) $\left[\frac{\mathrm{J}}{\mathrm{s}} \equiv \mathrm{W}\,(\mathrm{watt})\right]$

→ 1W란 1초당 1J의 일을 하는 것.

한편 전기 회로에서는 P_{ower} = 전압 (V) × 전류 (A) 이므로, 1V의 전압으로 1A의 전류가 흐를 때 1W이다.

전력량: 전력 × 시간. 즉 1W의 전력을 1시간 동안 사용했을 때의 전력, [$\mathrm{Wh} = \frac{\mathrm{J}}{\mathrm{s}}\mathrm{s} = \mathrm{J}$]. 즉 전력량은 일의 단위인 [J]을 가진다.

$$\therefore 1\mathrm{Wh} = 1\mathrm{W} \times 1\mathrm{h} = 1\frac{\mathrm{J}}{\mathrm{s}} \times 3600\,\mathrm{s} = 3600\mathrm{J}$$
$$1\mathrm{kWh} = 3600\mathrm{kJ}$$

에너지 ($W_{ork} = \Delta\mathrm{KE}$) 단위 [J]. 우리가 해준 일이 운동에너지 (kinetic energy, KE)의 변화량으로 나타난다.

→ "일-에너지 정리" 즉 일과 에너지는 동격이고 단위도 같다. 일을 해 주면 에너지가 생기고 에너지가 있으면 일을 할 수 있는 능력이 있다는 것이다.

[♠ 참고] 일률의 단위로 hp (horse power, 마력)이 있는데 이것은 무엇인가?

마력이란 그림 (1-4)처럼 1765년 영국산 순종 말 한마리가 1초에 75 kg 물체를 1 m 들어 올리는데 해준 일. $1\mathrm{hp} \simeq 746\frac{\mathrm{J}}{\mathrm{s}} = 746\mathrm{W}$로 환산된다. 개개 말마다 일할 수 있는 능력의 차이

가 있을 수 있으므로 이런 정의는 다소 애매모호하다고 볼 수 있다.

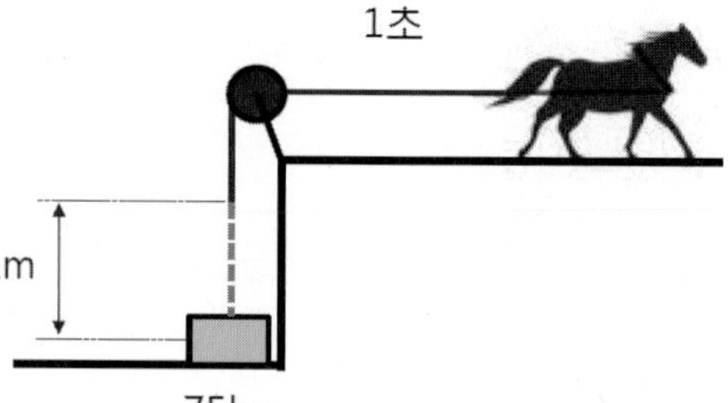

[그림 1-4] 마력 (hp)의 정의. 자동차의 일률을 나타내는 단위로 주로 쓰이며, 1765년 당시 영국산 말 한 마리가 1초에 75 kg 물체를 1m 들어 올리는데 해준 일을 나타낸다.

[Q&A] 다음 중 열의 단위로 사용되는 칼로리 (cal)와 차원이 같지 않는 단위는?

① 줄 (J) ② 킬로와트시 (kWh) ③ 마력 (hp) ④ 전자볼트 (eV) ⑤ 뉴턴미터 (N · m)

[정답] ③

[Q&A] 줄 (Joule, J)의 단위로 표시될 수 있는 것은?

① 힘 × 거리 ② 전하량 × 전류 ③ 질량 × 속도 ④ 볼츠만 상수 × 온도 ⑤ 압력 × 부피

[정답] ①, ②, ④, ⑤

[Q&A] 힘 $F_x = 2x+1$로 주어진다. 이 힘으로 물체를 원점에서 3 m 밀었다. 한 일은?

$$W_{ork} = \int \vec{F} \cdot \vec{dx}$$
$$= \int_0^3 (2x+1)\,dx = x^2 + x|_0^3 = 9+3 = 12\,[\mathrm{J}]$$

[Q&A] 정지해 있는 질량 1 kg 물체를 10 N힘으로 10초 동안 작용하였다. 이 물체가 얻은 운동에너지 (KE) 값은?

$$\mathrm{KE} = \frac{1}{2}mv^2$$
$$v = v_0 + at = at$$
$$a = \frac{F}{m} = \frac{10}{1} = 10\,[\mathrm{m/s^2}]$$
$$\therefore\ \mathrm{KE} = \frac{1}{2}mv^2 = \frac{1}{2}m(at)^2 = \frac{1}{2}\times 1\times(10\times 10)^2 = 5000\,[\mathrm{J}]$$

[Q&A] 정지질량이 m_0인 물체의 정지에너지 E_0는?

에너지-질량 등가원리

$$E_0 = m_0c^2$$

[Q&A] 1 kg의 질량을 에너지로 환산한 값 [J]은?

$$1\text{kg} \times (3 \times 10^8 \frac{\text{m}}{\text{s}})^2 = 9 \times 10^{16}\text{kg}\frac{\text{m}^2}{\text{s}^2} = 9 \times 10^{16} \text{[J]}$$

따라서 1g 물질 안에는 90조 ($= 9 \times 10^{13}$ J)에 해당하는 에너지가 있다.

[Q&A] 전자의 질량 (9.1100×10^{-31}kg)을 MeV로 환산하면?

$E = \gamma m_0 c^2, \gamma = 1$에 의해,

$$\begin{aligned}
\therefore E &= m_0 c^2 \\
&= 9.1100 \times 10^{-31}\text{kg} \times (3 \times 10^8 \frac{\text{m}}{\text{s}})^2 \\
&= 9.1100 \times 9 \times 10^{-31} \times 10^{16}\text{kg}\frac{\text{m}^2}{\text{s}^2} \\
&= 9.1100 \times 9 \times 10^{-31} \times 10^{16}\,\text{J} \\
&= 9.1100 \times 9 \times 10^{-31} \times 10^{16} \times \frac{\text{eV}}{1.6 \times 10^{-19}} \\
&= 0.511\text{MeV}
\end{aligned}$$

$$\therefore m_e = 0.511 \frac{\text{MeV}}{c^2}$$

✎ 일반적으로 고에너지 물리에서는 전자의 질량이 너무 작아 불편하기 때문에 kg 대신 eV, MeV, GeV, TeV 단위를 쓴다.

[Q&A] 양성자, 중성자에 대해서도 각자해보기

입자	기호	전하	질량 (kg)	질량 $[\frac{\text{MeV}}{c^2}]$
양성자 (proton)	p	$+e$	1.6726×10^{-27}	938.28
중성자 (neutron)	n	0	1.6750×10^{-27}	939.57
전자 (electron)	e^-	$-e$	9.1100×10^{-31}	0.511

[☛ 기억하기] 뮤온 (muon) 질량 $m_\mu = 105.6 \left[\frac{\text{MeV}}{c^2}\right]$

파이온 (pion) 질량 $m_{\pi^\pm} = 139.5 \left[\frac{\text{MeV}}{c^2}\right]$

$m_{\pi^0} = 134.9 \left[\frac{\text{MeV}}{c^2}\right]$

케이온 (kaon) 질량 $m_{K^\pm} = 493.6 \left[\frac{\text{MeV}}{c^2}\right]$

[Q&A] 1 eV를 온도로 환산하면?

$$E = k_B T$$

$$\therefore\ T = \frac{E}{k_B} = \frac{1\text{eV}}{1.38\times 10^{-23}\frac{\text{J}}{\text{K}}}$$

$$= \frac{1.6\times 10^{-19}\text{J}}{1.38\times 10^{-23}\frac{\text{J}}{\text{K}}} = 1.16\times 10^{4}\text{K} \sim 10^{4}\text{K}$$

$\therefore$ 1eV $\sim 10^4$K 이다.

1MeV $\sim 10^{10}$K (약 $\sim$100억 도)

[Q&A] 상온 (room temperature, $\sim 18^\circ$C)을 에너지로 환산하면?

$$E = k_B T = 1.38\times 10^{-23}\frac{\text{J}}{\text{K}}\times(273+18)\text{K}$$

$$= 401.58\times 10^{-23}\text{J}$$

$$= 401.58\times 10^{-23}\times\frac{\text{eV}}{1.6\times 10^{-19}}$$

$$= 250.98\times 10^{-4}\text{eV}$$

$$\simeq 0.25\times 10^{3}\times 10^{-4}\text{eV} = 0.025\text{eV} = \frac{1}{40}\text{eV}$$

($\therefore$ 방 온도는 대략 $\sim\frac{1}{40}$eV 정도이다)

[Q&A] 그림 (1-5)처럼 각속도 (angular velocity) w일 때, 에너지 (E)를 나타내보면?

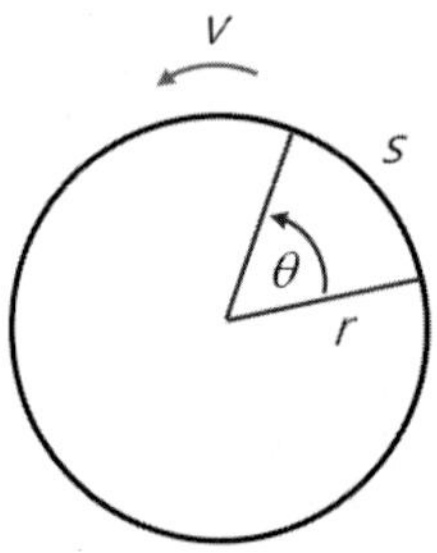

[그림 1-5] 반경 r, 속도 v를 가지고 원운동 하는 경우.

$2\pi r = vT$ (여기서 v는 속도, T는 주기)

$w \equiv \frac{d\theta}{dt} = \frac{d}{dt}\left(\frac{s}{r}\right) = \frac{v}{r}$ (s는 원운동에서 호를 지나가는 거리, r은 반경)

$2\pi = \frac{v}{r}T = wT \quad \rightarrow w = \frac{2\pi}{T} = 2\pi\nu$

$\therefore\ E = h\nu = 2\pi\hbar\cdot\nu = \hbar w$

[Q&A] 가시영역인 $\lambda = 450\mathrm{nm}$ 인 파장을 에너지로 환산해 보면?

$$E = h\nu = h\frac{c}{\lambda}$$

$$hc = 1240\,\mathrm{eV} \cdot \mathrm{nm}$$

$$\therefore E = \frac{hc}{\lambda} = \frac{1240\mathrm{eV} \cdot \mathrm{nm}}{450\mathrm{nm}} = 2.7\mathrm{eV}$$

[Q&A] 매초 1J의 에너지를 파장이 6000Å 인 전자기파로 방출하는 물체가 있다. 매초 몇 개가 방출되는 것인가?

$$E = \frac{hc}{\lambda} = \frac{1240\mathrm{eV} \cdot \mathrm{nm}}{600\mathrm{nm}} \simeq 2.067\mathrm{eV} = 2.067 \times 1.6 \times 10^{-19}\mathrm{J} = 3.307 \times 10^{-19}\mathrm{J}$$

$$1\text{개} : 3.3 \times 10^{-19}\mathrm{J} = x\text{개} : 1\mathrm{J}$$

$$\therefore x = 3.03 \times 10^{18} \ (\text{개})$$

[Q&A] 파장이 8000Å 인 빛 에너지는 파장이 4000Å 인 빛에 비해 에너지가 몇 배인가?

$$E = h\nu = h\frac{c}{\lambda} \rightarrow E \propto \frac{1}{\lambda}$$

$$\therefore \frac{E_{8000\,\text{Å}}}{E_{4000\,\text{Å}}} \sim \frac{\frac{1}{8000}}{\frac{1}{4000}} = \frac{1}{2}$$

[Q&A] 그림 (1-6)처럼 길이가 $2r$인 막대가 각속도 w를 가지고 원운동하고 있다. 중심에서 $2r$ 떨어진 곳이 $1r$ 떨어진 곳 보다 속력이 2배임을 보여라.

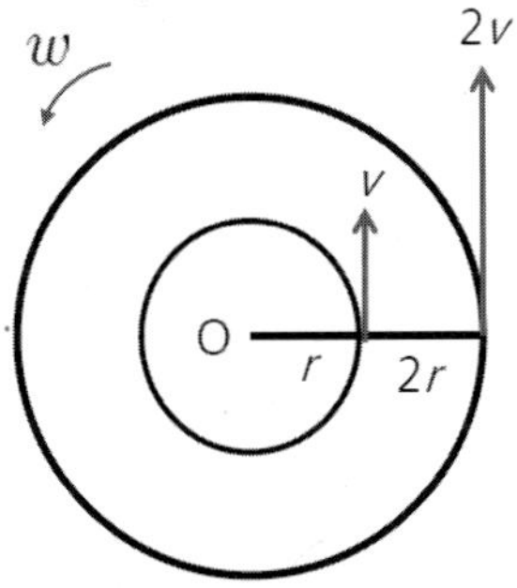

[그림 1-6] 동일 각속도 (w)를 가지고 원운동.

$$w \equiv \frac{d\theta}{dt} = \frac{d}{dt}\left(\frac{s}{r}\right) = \frac{v}{r}$$

$$\rightarrow v = rw$$

$$v(r) = rw \equiv v_r$$
$$\therefore v(2r) = 2rw = 2v_r$$

즉 바깥쪽에 있는 사람은 안쪽에 있는 사람보다 같은 각속도 (w)를 가지고 회전하려면 2배 빠른 속력으로 달려야 한다.

[♠ 비유] 놀이동산에 있는 회전목마 (merry-go-round)

[♣ 살펴보기] 구심가속도

(방법1) 그림 (1-7)처럼 등속 원운동 할 때 속도 v_1, v_2는 크기는 같고 방향은 다르다.

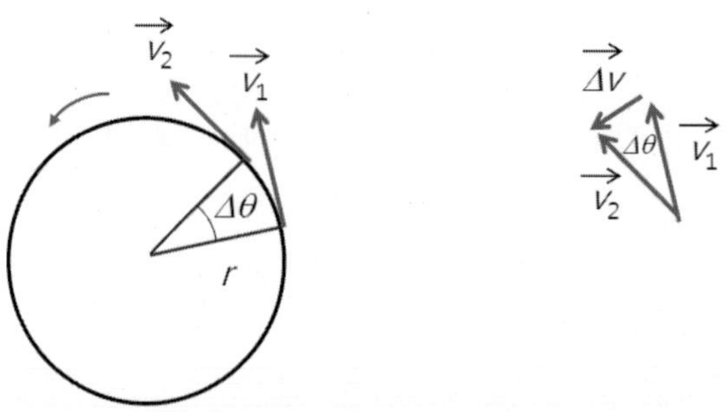

[그림 1-7] 등속 원운동에서 구심가속도.

$\overrightarrow{\Delta v} \equiv$ 나중속도 $-$ 처음속도 $= \vec{v_2} - \vec{v_1}$

가속도의 방향은 속도 변화량의 방향과 같다.

→ 원의 중심

∴ 구심가속도

크기

$$\vec{a} = \frac{\overrightarrow{\Delta v}}{\Delta t}$$

$$a = \frac{\Delta v}{\Delta t} = \frac{v\Delta\theta}{\Delta t} = vw = rww = rw^2 = \frac{v^2}{r} \qquad (\because v = rw)$$

(방법2) 그림 (1-8)처럼 등속 원운동한다는 것은 시간 (t) 동안에 거리 $\frac{1}{2}at^2$ 만큼 안쪽 (=중심 방향)으로 떨어져야 한다는 것을 의미한다. 즉 속도 vt를 가지고 접선 방향으로 진행하면 원이 만들어지지 않는다. 따라서 포물선 궤적을 따라 가야 원운동이 되는 것이다.

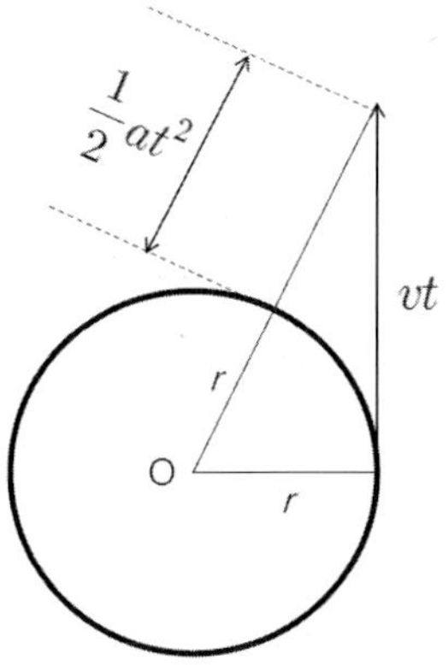

[그림 1-8] 원 궤도를 그리려면 시간 (t) 동안에 거리 $\frac{1}{2}at^2$ 만큼을 안쪽 (=중심)으로 떨어져야한다.

직각 삼각형

$$
\begin{aligned}
r^2 + (vt)^2 &= (r + \frac{1}{2}at^2)^2 \\
&= r^2 + rat^2 + \frac{1}{4}a^2t^4 \\
\rightarrow v^2t^2 &= rat^2 \qquad (\because t \rightarrow 0) \\
\therefore a &= \frac{v^2}{r}
\end{aligned}
$$

[Q&A] 힘에는 보존력과 비보존력 2가지가 있다. 무엇인가? 또한 두 힘의 판별법은 어떤 것이 있는가?

(상황1) 지면에 있는 물체를 h만큼 들어 올리려면 (중력에 거슬러서) 우리가 일을 해 주어야 하고 이것을 (+) 일이라고 하자. 한편 반대로 h만큼의 높이에 있는 물체를 놓으면 나는 일을 할 필요가 없고 대신 중력이 일을 하므로 이것은 (−) 일이라고 하자. 그럼 총 일은 0이다.

(상황2) 마찰이 있는 지면에서 물체를 거리 x만큼 움직일 때, 우리는 마찰에 거슬러서 일을 해 주어야한다 (+). 반대로 거리 x에 있는 물체를 원점으로 다시 되돌리려면 물체를 그냥 놓는다고 해서 원점으로 돌아오는 것이 아니기 때문에 이번에도 마찰에 거슬러서 일을 해 주어야한다 (+). 따라서 총일은 2배가 된다.

✎ 보존력: 쉽게 생각하면 내가 한 일을 되돌려 받을 수 있다.
(예) 중력, 탄성력, 만유인력, 전기력 등

✎ 비보존력: 돌려받을 수 없다.

(예) 마찰력, (공기)저항력 등

(판별법)

어떤 물리량 ($\vec{A}$)이 있다고 하자. 보존력의 의미는 다음과 같다.

① $\oint \vec{A} \cdot d\vec{r} = 0$

(의미) 어떤 물리량 ($\vec{A}$)을 닫힌 경로 ($\oint$)에 따라서 제자리로 돌아오면 그 때 해 준 총일은 0이다.

② $W = \int_a^b \vec{A} \cdot d\vec{r}$

(의미) 어떤 물리량 ($\vec{A}$)을 가지고 경로 a에서 b까지 일 (W)을 계산했을 때 경로에 무관하다. 즉, 끝점 a와 b에만 의존한다.

[Q&A] 보존력 설명으로 틀린 것은?

① 역학적 에너지 보존 ② 중력 ③ 보존력이 한일을 경로 무관 ④ 마찰력

⑤ 보존력이 한일은 완전 원상회복 된다

[정답] ④

Atomic mass unit

① 정의는 무엇인가?

1 u는 탄소 원자 1개 질량의 $\frac{1}{12}$로 정의한다.

② N_A (아보가드로 수)와 1몰의 정의

$N_A = 6.02 \times 10^{23}$ 개

1몰 (mole): 원자/분자/이온의 수가 N_A 있을 때, 그 때의 질량

③ 탄소 원자 ($^{12}_{6}C$) 1몰과 산소원자 ($^{16}_{8}O$) 1몰은 몇 g인가?

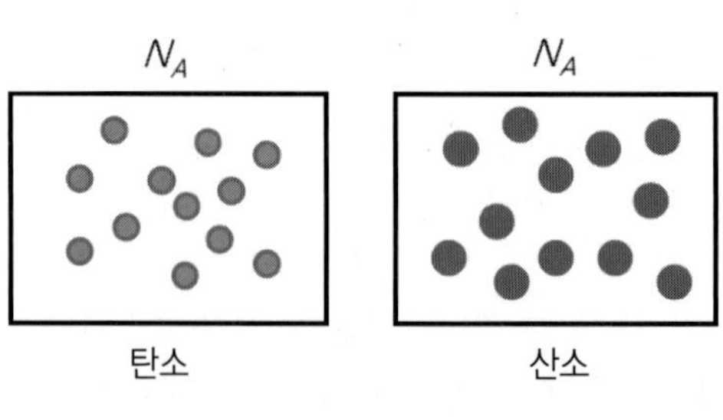

[그림 1-8] 탄소와 산소가 각 각 N_A개수만큼 있을 때의 질량.

그림 (1-8)처럼 N_A 개수만큼 탄소와 산소가 있다고 할 때,

탄소 ($^{12}_{6}C$) 1몰의 질량 = 12g

산소 ($^{16}_{8}O$) 1몰의 질량 = 16g

즉, 어떤 원자/분자/이온의 1몰은 N_A 개수를 의미한다.

④ 탄소원자 한 개의 질량은?

$$N_A : 12\text{g} = 1\text{개} : x$$
$$\therefore x = \frac{12}{6.02\times10^{23}} = 1.99268\times10^{-23}\text{g}$$

⑤ $1u$를 다시 나타내면?

$$1u \equiv \frac{\text{탄소원자 1개 질량}}{12} = \frac{1.99268\times10^{-23}}{12} = 0.1660\times10^{-23}\text{g} = 1.660\times10^{-24}\text{g}$$

⑥ 12 g과 12 u를 구별하면? 어떻게 다른가?

12 g: 탄소 원자 $N_A = 6.02\times10^{23}$ 개 (= 1몰)의 질량

12 u: 탄소 원자 1개의 질량 (= 1.99268×10^{-23}g)

즉, 이 말은 현실적으로 탄소 원자 1개를 취한다는 것은 불가능 하지만, 12 g을 취할 수는 있다. 만약 탄소 1개의 질량이 1.99268×10^{-23}g 이라고 할 때, 12 g 속에 있는 탄소 원자의 개수는?

$$1\text{개} : 1.993\times10^{-23}\text{g} = x : 12\text{g}$$
$$\therefore x = 6.02\times10^{23}\text{개}$$

이것이 바로 N_A라는 것이다.

⑦ 1 u는 몇 $\frac{\text{MeV}}{c^2}$ 인가?

$$E = \gamma m_0 c^2 \qquad (\because \gamma = 1)$$
$$= 1.660\times10^{-27}\text{kg}\times(3\times10^{8}\frac{\text{m}}{\text{s}})^2$$
$$= 1.660\times9\times10^{-27+16}\text{kg}\frac{\text{m}^2}{\text{s}^2}$$
$$= 14.94\times10^{-11}\text{J}$$
$$= 14.94\times10^{-11}\times\frac{\text{eV}}{1.6\times10^{-19}}$$

$= 931.50\text{MeV}$

$\therefore 1u = 931.5\dfrac{\text{MeV}}{c^2}$

⑧ 양성자 질량 m_p는 몇 [u]인가?

양성자의 경우, $1.6726 \times 10^{-27}\text{kg}$ 이므로,

$1u : 1.660 \times 10^{-27}\text{kg} = x : 1.6726 \times 10^{-27}\text{kg}$

$\therefore x = 1.007276u$

다른 방법으로는, $m_p = 938.28\dfrac{\text{MeV}}{c^2}$ 이고, $1u = 931.5\dfrac{\text{MeV}}{c^2}$ 이므로,

$1u : 931.5\dfrac{\text{MeV}}{c^2} = x : 938.28\dfrac{\text{MeV}}{c^2}$

$\therefore x = 1.007276u$

[♣ 각자해보기] $m_n = 1.008665u$, $m_e = 5.486 \times 10^{-4}u$ 임을 보여라.

⑨ 몰 수 (n)는?

$n \equiv \dfrac{m}{M}$

m : 질량

몰질량 (M) =1몰의 질량

(예) 탄소 36 g이 있다. 몇 몰인가?

$n = \dfrac{36}{12} = 3$몰

⑩ 탄소 ($^{12}_{6}C$) 1몰의 질량은 12 g이라는 것을 알고 있다. 그럼 다음과 같은 식을 유도할 수 있다.

탄소 1개 질량 : $12u = N_A : x$

$x\,[\text{g}] = 12u \times N_A$

$= 12 \times 1.66 \times 10^{-24}\text{g} \times 6.02 \times 10^{23} = 12\text{ g}$

즉, 탄소 1몰 질량 (M) = 탄소 1개 질량 (m) $\times N_A$ 이다.

[☛ 일반화] M (몰질량) $= m$ (1개질량) $\times N_A$

산소 ($^{16}_{8}O$) 1몰의 질량: $16u \times N_A$

질량수가 A인 미지 원소 (^{A}X) 1몰의 질량: $Au \times N_A$

⑪ 탄소원자 한 개의 질량을 몰질량 (M)과 N_A로 표시하면?

$$N_A : 12\text{g} = 1\text{개} : x$$

$$\therefore x = \frac{12}{6.02 \times 10^{23}} = 1.99268 \times 10^{-23}\text{g}$$

즉, $x = \dfrac{12}{N_A} = \dfrac{\text{탄소원자 1몰 질량}}{N_A}$이다.

[☛ 일반화] 미지 원자 (X) 1개 질량 :

N_A : 미지 원자 1몰 질량 = 1개 : x

$$\therefore \text{미지 원자 1개 질량} = \frac{\text{미지원자 1몰 질량}}{N_A}$$

(예) 헬륨 원자 1개 질량 (m_{He})

$$m_{\text{He}} = \frac{4\text{g}}{6.02 \times 10^{23}} = 6.64 \times 10^{-24}\ \text{g}$$

(2) 여러 가지 기초 식 정리

[Q&A] 그림 (1-9)처럼 마찰이 없는 수평면에 질량 4 kg과 질량 6 kg인 물체가 서로 나란히 있는데 20 N의 힘을 왼쪽에서 주었다. 질량 4 kg인 물체가 질량 6 kg인 물체에 가하는 힘의 크기[N]?

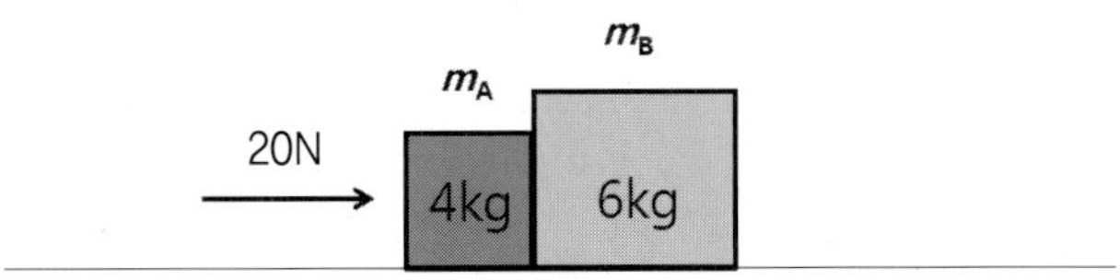

[그림 1-9] 외부에서 힘을 주었을 때 물체의 운동.

(방법1) 뉴턴 제 2법칙 $F = (m_A + m_B)a$

$$\therefore a = \frac{F}{(m_A + m_B)} = \frac{20}{4+6} = 2\left[\frac{\text{m}}{\text{s}^2}\right]$$

m_A에 작용하는 힘 $F_A = m_A a = 4 \times 2 = 8\text{N}$

m_B에 작용하는 힘 $F_B = m_B a = 6 \times 2 = 12\text{N}$

∴ 즉, 20 N의 힘이 8 N과 12 N으로 나누어져 각각 물체에 작용한다.

(방법2) 작용 힘 분해

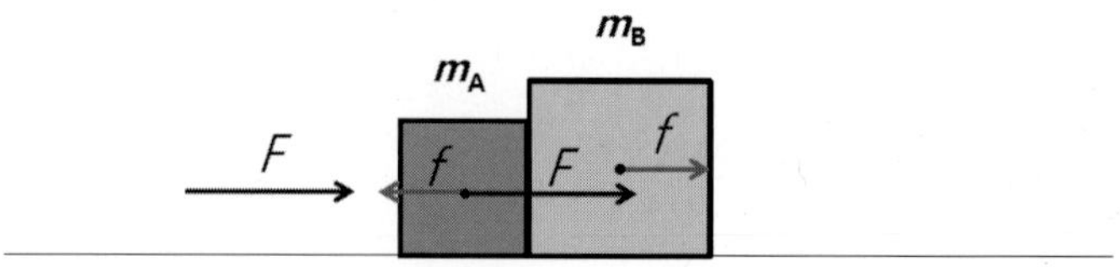

[그림 1-10] 물체에 작용하는 모든 힘.

m_A가 m_B에 가하는 힘 (혹은, 그림 (1-10)처럼 m_B가 m_A에 반작용하는 힘을 f라고 하자)

m_A에 작용하는 총 힘 $F - f = m_A a$

m_B에 작용하는 총 힘 $f = m_B a$

$$\rightarrow F = (m_A + m_B)a$$

$$\therefore a = \frac{F}{(m_A + m_B)} = \frac{20}{4+6} = 2[\frac{\mathrm{m}}{\mathrm{s}^2}]$$

$$f = m_B a = 6 \times 2 = 12\mathrm{N}$$

[Q&A] "운동량보존의 법칙"을 기술하면?

운동량 $\vec{p} = m\vec{v}$ $[\mathrm{kg}\frac{\mathrm{m}}{\mathrm{s}}]$

$$\vec{F} = \frac{d\vec{p}}{dt} = \frac{d(m\vec{v})}{dt} = m\vec{a}$$

외력이 작용하지 않으면 충돌 전후 운동량은 보존된다.

$$0 = \frac{d\vec{p}}{dt} \rightarrow \vec{p} = \text{상수}$$

$$\therefore \vec{p_i} = \vec{p_f}$$

[Q&A] 초기에 정지하고 있던 질량 0.5 kg인 물체가 10초 동안 자유낙하 한다. 운동량의 크기 $\left[\mathrm{kg}\frac{\mathrm{m}}{\mathrm{s}}\right]$는?

$$v = v_0 + gt = gt = 9.8 \times 10 = 98\frac{\mathrm{m}}{\mathrm{s}} \qquad (\because v_0 = 0)$$

$$p = mv = 0.5 \times 98 = 49$$

[Q&A] 마찰이 없는 수평면 위에 질량이 6.4 kg인 물체가 정지해 있다. 질량이 0.16 kg인 물체가 접근해서 충돌 후 두 물체는 1.2 m/s 속도로 진행하였다. 질량이 작은 물체의 초속도는 얼마인가?

$$\text{운동량 보존} \quad m_1\overrightarrow{v_1} + m_2\overrightarrow{v_2} = (m_1 + m_2)\overrightarrow{V}$$

$$\rightarrow \ m_1 v_1 + m_2 \times 0 = (m_1 + m_2)V \qquad (\because v_2 = 0)$$

$$\therefore v_1 = \frac{(m_1 + m_2)V}{m_1} = \frac{(0.16 + 6.4)1.2}{0.16} = 49\frac{\text{m}}{\text{s}}$$

[Q&A] 60 kg인 사람이 5 m/s 로 달려와 정지해 있던 질량 190 kg인 작은 배에 올라탔다. 배의 속도는 몇 [m/s]인가?

$$\text{운동량 보존} \quad m_1\overrightarrow{v_1} + m_2\overrightarrow{v_2} = (m_1 + m_2)\overrightarrow{V}$$

$$\therefore V = \frac{m_1 v_1}{m_1 + m_2} = \frac{60 \times 5}{60 + 190} = 1.2 \qquad \because v_2 = 0$$

[Q&A] "일-에너지의 정리"에 대해 기술하면?

(방법1)

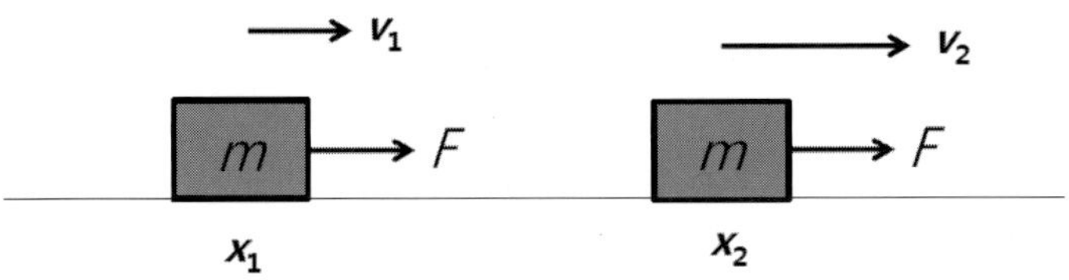

[그림 1-11] 일과 운동에너지 변화량의 관계.

그림 (1-11)처럼 수평면 위에서 속도 v_1으로 직선운동하고 있는 질량 m인 물체에 일정한 힘 F를 가하여 물체를 x_1에서 x_2까지 이동시켰을 때 속도가 v_2가 되었다고 하자. 즉, 물체를 움직이려면 외부에서 일을 해 주어야 한다.

$$W_{ork} \equiv \int_1^2 \vec{F} \cdot d\vec{x}$$

$$= \int_1^2 m\vec{a} \cdot d\vec{x} = \int_1^2 m\frac{dv}{dt}dx \quad (\because \cos 0^o = 1, \text{ 같은 방향})$$

$$= m\int_1^2 \frac{dx}{dt}dv = m\int_1^2 v dv = \frac{1}{2}mv^2|_1^2$$

$$= \frac{1}{2}mv_2^2 - \frac{1}{2}mv_1^2$$

운동에너지 (kinetic energy, KE) $\equiv \frac{1}{2}mv^2$

$$W = \frac{1}{2}mv_2^2 - \frac{1}{2}mv_1^2 = (\mathrm{KE})_2 - (\mathrm{KE})_1 \equiv \Delta(\mathrm{KE})$$

∴ 해준 일 = 운동에너지 (KE)의 변화량

(우리가 해준 일이 운동에너지의 변화량으로 나타난다)

(방법2)

고전역학에서 등가속도 운동 $v^2 - v_0^2 = 2aS$

$$\therefore a = \frac{v^2 - v_0^2}{2S}$$

뉴턴법칙 $F = ma$

$$= m\frac{v^2 - v_0^2}{2S}$$

일 (work, W) $FS = \frac{1}{2}mv^2 - \frac{1}{2}mv_0^2$

∴ 해준 일 = 운동에너지 (KE)의 변화량

[Q&A] 질량이 2000 kg이고 초기 속도가 36 km/h 인 자동차가 브레이크를 걸어 50 m 진행하다 정지하였다. 타이어에 작용한 노면과 타이어의 마찰력 (=제동력)은 얼마인가?

(방법1) $v^2 - v_0^2 = 2aS$

$$\rightarrow a = -\frac{v_0^2}{2S} \quad (\because v = 0)$$

$$\therefore a = \frac{\left[36 \times \dfrac{1000\mathrm{m}}{3600\mathrm{s}}\right]^2}{2 \times 50\mathrm{m}} = -1\left[\frac{\mathrm{m}}{\mathrm{s}^2}\right] \quad \text{(방향 반대 의미)}$$

$$\therefore F = ma = 2000\mathrm{kg} \times 1\frac{\mathrm{m}}{\mathrm{s}^2} = 2000\mathrm{N}$$

(방법2) $FS = \frac{1}{2}mv_f^2 - \frac{1}{2}mv_i^2 = -\frac{1}{2}mv_i^2 \quad (\because v_f = 0)$

$$\rightarrow F = \frac{-\frac{1}{2}mv_i^2}{S} = \frac{-\frac{1}{2}2000\mathrm{kg}\left(36 \times \dfrac{1000\mathrm{m}}{3600\mathrm{s}}\right)^2}{50\mathrm{m}}$$

$\therefore F = -2000\mathrm{N}$ (음수는 방향반대 의미)

[Q&A] 그림 (1-12)처럼 각도 θ, 높이 H, 빗면길이 S인 경사면에 정지해 있던 질량 m인 물체가 마찰력 없이 미끄러져 내려온다. 지면에 도달했을 때 물체의 속도는 얼마인가?

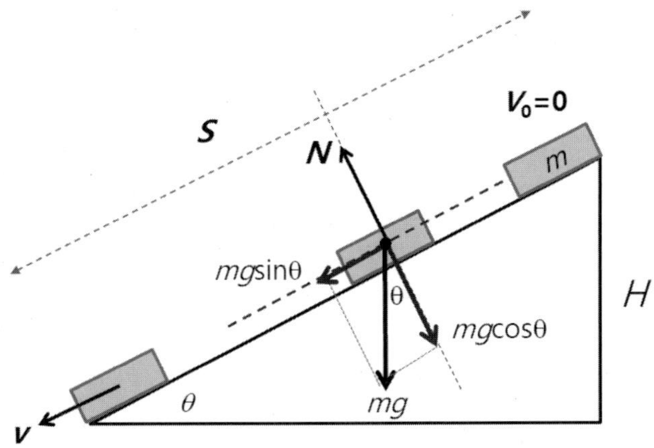

[그림 1-12] 마찰 없는 각도가 θ인 경사면을 거리 S만큼 미끄러져 내려오는 물체.

(방법1) $v^2 - v_0^2 = 2aS$

$v^2 = 2aS \quad (\because v_0 = 0)$

$\sin\theta = \dfrac{H}{S}$

$\therefore v^2 = 2a\dfrac{H}{\sin\theta}$

$mg\sin\theta = ma \rightarrow a = g\sin\theta$

(만약 $\theta = 90^o$ 라면 $a = g$ 인 자유낙하이므로, 빗면이라는 것은 쉽게 생각하면 중력 완화 장치라고 볼 수 있다)

$v^2 = 2a\dfrac{H}{\sin\theta} = 2g\sin\theta \times \dfrac{H}{\sin\theta} = 2gH$

$\therefore v = \sqrt{2gH}$

(방법2) $W = \dfrac{1}{2}mv_2^2 - \dfrac{1}{2}mv_1^2 = (\mathrm{KE})_2 - (\mathrm{KE})_1 \equiv \Delta(\mathrm{KE})$

$\int_1^2 \vec{F} \cdot d\vec{r} = \dfrac{1}{2}mv^2 - \dfrac{1}{2}mv_0^2 = \dfrac{1}{2}mv^2 \quad (\because v_0 = 0)$

$\rightarrow \int_1^2 mg\sin\theta\, ds = \dfrac{1}{2}mv^2$

$mg\sin\theta\, s|_1^2 = \dfrac{1}{2}mv^2$

$mg\sin\theta\, S = \dfrac{1}{2}mv^2 \rightarrow g\sin\theta\, S = \dfrac{1}{2}v^2$

$v^2 = 2gS\sin\theta = 2gH \qquad (\because \sin\theta = \dfrac{H}{S})$

$\therefore v = \sqrt{2gH}$

[Q&A] 경사진 빗면에서 높이를 2배로 하면 마찰 없이 미끄러져 내리는 물체의 속력은 몇 배인가?

$$mgH = \frac{1}{2}mv^2 \rightarrow v = \sqrt{2gH}$$

$$v_{2H} = \sqrt{2g2H} = \sqrt{2} \times \sqrt{2gH} = \sqrt{2}\, v_H$$

$\therefore \sqrt{2}$ 배 증가한다,

[Q&A] 총에너지 (E), 정지에너지 (E_0), 운동에너지 (KE)의 상대론적 관계식을 구하면?

해준 일 = 운동에너지 (KE)의 변화량

$$\rightarrow \Delta(\mathrm{KE}) = W = \int_0^s F ds = \int_0^s \frac{dp}{dt} = \int_0^s \frac{d}{dt}(\gamma m_0 v) ds$$

$$= \int \frac{d}{dt}(\gamma m_0 v) v dt = \int v d(\gamma m_0 v) = m_0 \int v d(\gamma v) = m_0 \int v d\left(\frac{v}{\sqrt{1-\frac{v^2}{c^2}}}\right)$$

$$= \frac{m_0 v^2}{\sqrt{1-\frac{v^2}{c^2}}} - m_0 \int \frac{v dv}{\sqrt{1-\frac{v^2}{c^2}}} \quad (\because \int x dy = xy - \int y dx)$$

$$= \frac{m_0 v}{\sqrt{1-\frac{v^2}{c^2}}} + m_o c^2 \left[\sqrt{1-\frac{v^2}{c^2}}\right]_0^v$$

$$= \frac{m_0 v}{\sqrt{1-\frac{v^2}{c^2}}} + m_o c^2 \sqrt{1-\frac{v^2}{c^2}} - 1$$

$$= \frac{m_0 v + m_0 c^2 - m_0 v}{\sqrt{1-\frac{v^2}{c^2}}} - m_0 c^2 = \frac{m_0 c^2}{\sqrt{1-\frac{v^2}{c^2}}} - m_0 c^2 = \gamma m_0 c^2 - m_0 c^2$$

$$= (\gamma - 1) m_0 c^2$$

$\therefore$ 총에너지 $E = \gamma m_0 c^2$

처음 정지에너지 $E_0 = m_0 c^2$

$\rightarrow E = E_0 + \mathrm{KE}$ ($\therefore$ 총에너지 = 정지 에너지 + KE)

[Q&A] 저속에서 상대론적 운동에너지가 고전적 운동에너지로 근사할 수 있음을 보여라.

$$E = E_0 + \mathrm{KE}$$

$$\therefore \mathrm{KE} = E - E_0 = \gamma m_0 c^2 - m_0 c^2 = (\gamma - 1) m_0 c^2$$

만약 $\beta = \frac{v}{c} \ll 1$ (즉, 저속)이면,

$$(\mathrm{KE})_{\text{상대론적}} = (\gamma - 1) m_0 c^2 = m_0 c^2 \left(\frac{1}{\sqrt{1 - \frac{v^2}{c^2}}} - 1 \right) = m_0 c^2 \left[\left(1 - \frac{v^2}{c^2}\right)^{-\frac{1}{2}} - 1 \right]$$

$$\simeq m_0 c^2 \left(1 - \left(-\frac{1}{2}\right)\frac{v^2}{c^2} + \ldots - 1\right) = m_0 c^2 \cdot \frac{v^2}{2c^2} = \frac{1}{2} m_0 v^2$$

$$\simeq (\mathrm{KE})_{\text{고전적}}$$

[Q&A] 정지질량이 m_0인 물체의 총에너지 (E)와의 관계식은?

$$E = \gamma E_0 = \gamma m_0 c^2 = \frac{m_0 c^2}{\sqrt{1 - \frac{v^2}{c^2}}} = \frac{m_0 c^2}{\sqrt{1 - \beta^2}}$$

$$\left(\beta \equiv \frac{v}{c},\ \gamma \equiv \frac{1}{\sqrt{1 - \beta^2}} = \frac{1}{\sqrt{1 - \frac{v^2}{c^2}}}\right)$$

[Q&A] 1 g의 물질이 모두 에너지로 변화하면 몇 [MeV]인가?

$$E = \gamma m_0 c^2, \gamma = 1.$$

$$E = m_0 c^2 = 10^{-3}\mathrm{kg} \times \left(3 \times 10^8 \frac{\mathrm{m}}{\mathrm{s}}\right)^2$$

$$= 9 \times 10^{13}\mathrm{kg}\frac{\mathrm{m}^2}{\mathrm{s}^2} = 9 \times 10^{13}\mathrm{J}$$

$$= 9 \times 10^{13} \times \frac{\mathrm{eV}}{1.6 \times 10^{-19}}$$

$$= 5.6 \times 10^{32}\mathrm{eV} = 5.6 \times 10^{26} \times 10^6 \mathrm{eV}$$

$$= 5.6 \times 10^{26}\,\mathrm{MeV}$$

[Q&A] 속도가 작을 때 에너지의 관계식을 유도해 보면?

$$m = \gamma m_0 = \frac{m_0}{\sqrt{1 - \beta^2}} \quad (\because \text{움직이는 물체의 질량 증가})$$

$$\rightarrow mc^2 = \frac{m_0 c^2}{\sqrt{1 - \beta^2}}$$

만약 $\beta = \frac{v}{c} \ll 1$, $(v \ll c)$이면, $\frac{1}{\sqrt{1-x}} \simeq 1 + \frac{1}{2}x + \cdots$

$$\therefore mc^2 = m_0c^2(1 + \frac{1}{2}\beta^2 + \cdots)$$
$$= m_0c^2 + m_0c^2\frac{1}{2}(\frac{v}{c})^2$$
$$= m_0c^2 + \frac{1}{2}m_0v^2$$

$\rightarrow E = E_0 + \mathrm{KE}$ (총에너지 = 정지 에너지 + KE)

(E는 나중 에너지, E_0는 초기 에너지, KE는 운동에너지)

[Q&A] 상대론적 운동을 할 때, 에너지와 운동량의 관계식을 유도하고 직각 삼각형을 이용해 표현해 보라.

$$p = mv = \frac{m_0v}{\sqrt{1-\frac{v^2}{c^2}}} = \gamma m_0v$$ (∵ 즉, 빛의 속도에 가까우면 질량이 증가한다)

(운동량은 벡터이므로 정확한 표현은 $\vec{p} = \gamma m_0\vec{v}$ 이다.)

$$p^2c^2 = \frac{m_0^2v^2c^2}{1-\frac{v^2}{c^2}} = \frac{m_0^2\frac{v^2}{c^2}c^4}{1-\frac{v^2}{c^2}} = \frac{m_0^2\frac{v^2}{c^2}c^4}{1-\frac{v^2}{c^2}} + \frac{m_0^2c^4}{1-\frac{v^2}{c^2}} - \frac{m_0^2c^4}{1-\frac{v^2}{c^2}}$$

$$= \frac{m_0^2c^4(\frac{v^2}{c^2}-1)}{1-\frac{v^2}{c^2}} + \frac{m_0^2c^4}{1-\frac{v^2}{c^2}} = -m_0^2c^4 + (mc^2)^2$$

$$(\because\ E = \gamma E_0 = \gamma m_0c^2 = \frac{m_0c^2}{\sqrt{1-\frac{v^2}{c^2}}} = \frac{m_0c^2}{\sqrt{1-\beta^2}})$$

$$\rightarrow p^2c^2 = -m_0^2c^4 + (mc^2)^2$$

$$\therefore E^2 = E_0^2 + p^2c^2$$

p는 벡터 $(\vec{p})$이므로, 정확한 표현은 $E^2 = (|\vec{p}|c)^2 + m_0^2c^4$이다.

$E^2 = E_0^2 + (\vec{p}c)^2 = (\vec{p}c)^2 + m_0^2c^4$ 에서 이 식은 그림 (1-13)처럼 밑변이 m_0c^2, 높이가 $\vec{p}c$, 대각선이 $\sqrt{(\vec{p}c)^2 + m_0^2c^4}$인 직각삼각형이라고 간주해도 좋다.

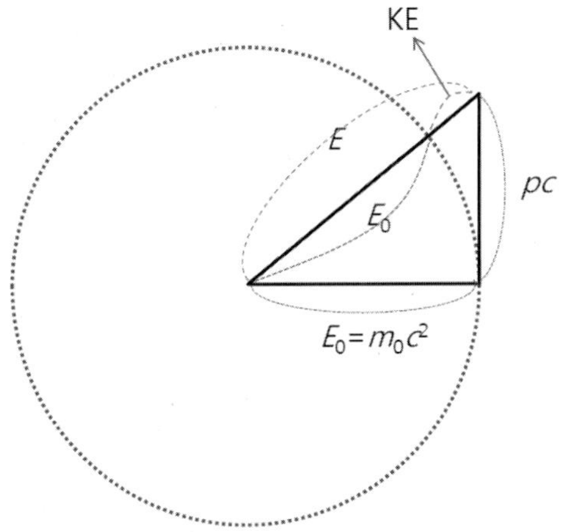

[그림 1-13] 밑변이 E_0, 높이가 pc, 대각선의 길이가 $E\,(=E_0+\mathrm{KE})$인 직각 삼각형.

(간단유도) $p = mv = \dfrac{m_0 v}{\sqrt{1-\dfrac{v^2}{c^2}}} = \gamma m_0 v$

$$p^2 = \gamma^2 m_0^2 v^2$$

$$p^2c^2 = \gamma^2 m_0^2 v^2 c^2 = \gamma^2 m_0^2 c^4 \frac{v^2}{c^2} = \gamma^2 m_0^2 c^4 \beta^2 = \gamma^2 m^2 c^4 (1 - \frac{1}{\gamma^2})$$

$$= \gamma^2 m_0^2 c^4 - m_0^2 c^4 = E^2 - E_0^2$$

$$\therefore E^2 = E_0^2 + p^2c^2$$

[Q&A] 입자가 정지한 경우와 질량이 0인 경우 총에너지는 어떻게 되는가?

① 만약 입자가 정지해 있는 경우 ($\vec{v} = 0 \rightarrow \vec{p} = 0$)

$E^2 = E_0^2 + (\vec{p}c)^2$ 에서

$\therefore E = E_0$ (정지에너지와 동일)

② 광자 (γ)나 중성미자 (ν)처럼 질량이 0인 경우 ($m_0 = 0$)

$E^2 = E_0^2 + (\vec{p}c)^2 = (\vec{p}c)^2 + m_0^2c^4$ 에서

$\therefore E = \vec{p}c$

✎ 광자나 중성미자는 질량은 없으나 에너지와 운동량만을 가진 입자들이다. 따라서 진공에서 바람개비에 빛을 쏘아 주면 돌릴 수 있다

[♠ 찾아보기] 라디오미터

(비교) 1897년 톰슨의 음극선실험에 의하면, 음극선은 (−)전하를 띤 입자의 흐름이라는 것을 알았고, 이것을 전자라고 하였다. 이 음극선의 몇 가지 성질은 다음과 같다.

① 음극선이 지나가는 길에 바람개비를 놓아두면 바람개비 모양의 그림자가 생긴다.
→ 음극선의 직진성

② 음극선이 지나가는 길에 바람개비를 놓아두면 바람개비가 회전한다.
→ 음극선은 에너지와 운동량을 지님 (전자는 질량을 가지고 있다)

③ 음극선이 지나가는 길에 전기장이나 자기장을 걸어주면 음극선의 경로가 (+)극 쪽으로 휘어진다.
→ 음극선은 극성 (−)을 가짐

[Q&A] 광자의 운동량이 p일 때, 에너지는?

① $\frac{p^2}{2m}$ ② p^2c ③ pc ④ mc^2 ⑤ $\frac{1}{2}mc^2$

[정답] ③

[♣ 살펴보기]

① $|\vec{p}| = \frac{\beta E}{c}$

$\vec{p} = m\vec{v} = \gamma m_0 \vec{v}$

$|\vec{p}| = |m\vec{v}| = \frac{mc^2 v}{c^2} = \frac{Ev}{c^2} = \frac{E}{c}\frac{v}{c} = \frac{E}{c}\beta$

② $(\vec{p}c)^2 = T^2 + 2Tm_0c^2$

$E^2 = E_0^2 + (\vec{p}c)^2$

$E = m_oc^2 + \mathrm{KE} \equiv m_oc^2 + T$

$\rightarrow (m_oc^2 + T)^2 = E_0^2 + (\vec{p}c)^2 = m_oc^2 + (\vec{p}c)^2$

$\therefore (\vec{p}c)^2 = T^2 + 2Tm_0c^2$

[Q&A] 운동에너지가 4 MeV인 전자의 운동량은 얼마인가? (단 전자 질량은 0.5 MeV/c^2 이고, c는 진공 중에서 빛의 속력이다)

$E = E_0 + \mathrm{KE} = 0.5 + 4 = 4.5\,\mathrm{MeV}$

$E^2 = E_0^2 + (\vec{p}c)^2 \rightarrow (4.5)^2 = (0.5)^2 + p^2c^2$

$p^2c^2 = 20.25 - 0.25 = 20$

$\therefore p \simeq 4.5\,[\mathrm{MeV/c}]$

[Q&A] $v=0.86c$로 움직이는 양성자의 운동량은 얼마인가? 고전적인 운동량과 비교하면?

(방법1) $p=mv=\gamma m_0 v=\dfrac{m_0 v}{\sqrt{1-\dfrac{v^2}{c^2}}}$

$$=\frac{1.67\times10^{-27}\text{kg}\times0.86\times3\times10^8\dfrac{\text{m}}{\text{s}}}{\sqrt{1-\dfrac{(0.86c)^2}{c^2}}}\simeq 8.44\times10^{-19}\text{kg}\frac{\text{m}}{\text{s}}$$

고전적인 운동량 $=m_0 v$

$$=1.67\times10^{-27}\text{kg}\times0.86\times3\times10^8\frac{\text{m}}{\text{s}}=4.308\times10^{-19}[\text{kg}\frac{\text{m}}{\text{s}}]$$

$\therefore$ (고전적운동량/상대론적 운동량) $=\dfrac{4.3\times10^{-19}}{8.4\times10^{-19}}\approx0.5$

(방법2) $pc=\dfrac{m_0 vc}{\sqrt{1-\dfrac{v^2}{c^2}}}=\dfrac{m_0 c^2\dfrac{v}{c}}{\sqrt{1-\dfrac{v^2}{c^2}}}$

[Note] $m_p\simeq938[\dfrac{\text{MeV}}{\text{c}^2}]$

$$pc\simeq\frac{938\text{MeV}\times\dfrac{0.86\text{c}}{\text{c}}}{\sqrt{1-\dfrac{(0.86\text{c})^2}{\text{c}^2}}}=1580\text{MeV}$$

$$\therefore p=1580\frac{\text{MeV}}{\text{c}}$$

$$=\frac{1580\times10^6\times1.6\times10^{-19}\text{J}}{3\times10^8\dfrac{\text{m}}{\text{s}}}\simeq8.4\times10^{-19}[\text{kg}\frac{\text{m}}{\text{s}}]$$

[Q&A] 전자의 운동에너지가 2 MeV일 때 속도 [d는?

$$E=E_0+\text{KE}$$

$$\rightarrow\text{KE}=E-E_0=mc^2-m_0c^2=\frac{m_0c^2}{\sqrt{1-\dfrac{v^2}{c2}}}-m_0c^2$$

$$2\,\text{MeV}=\frac{0.511\dfrac{\text{MeV}}{c^2}c^2}{\sqrt{1-\dfrac{v^2}{c^2}}}-0.511\frac{\text{MeV}}{c^2}c^2$$

$$\therefore v=0.98c$$

[Q&A] 0°에서 질량이 1 kg인 물의 온도를 100°까지 올리면 질량은 어떻게 되는가? (단, 증발에 의한 질량 감소는 고려하지 않는다)

[Note] 1 cal = 물 1 g을 1° 올리는데 필요한 열량

$\therefore$ 1 kg (= 1000 g)을 1° 올리기 위해서는 1000 cal가 필요하다.

→ J로 환산하면 1000 cal = 1000 × 4.2 J = 4.2 × 10^3 J ($\because$ 1 cal = 4.2 J)

→ 100° 올리려면 100 × 4.2 × 10^3 J = 4.2 × 10^5 J

즉, 0°에서 질량 1 kg물을 100°인 물 1 kg을 만들기 위해서는 외부에서 4.2 × 10^5 J에 해당하는 에너지를 공급해 주면 된다.

$E = mc^2$

$$\therefore m = \frac{E}{c^2} = \frac{4.2 \times 10^5 \text{ J}}{(3 \times 10^8 \frac{\text{m}}{\text{s}})^2} = 0.46 \times 10^{-11} \text{kg (증가)}$$

[Q&A] 그림 (1-14)처럼 높이 H되는 A지점에서 질량 m인 물체를 떨어뜨렸다. 자유 낙하하는 물체의 역학적 에너지 보존에 대해 설명하면? (공기 저항 무시)

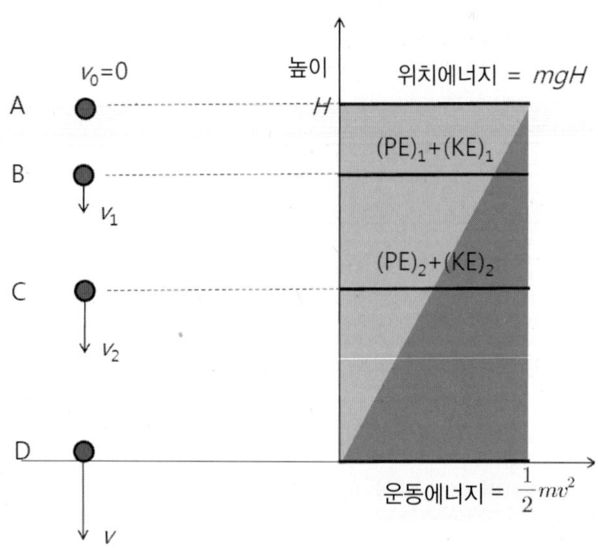

[그림 1-14] 중력에 의한 역학적 에너지 보존. 떨어지면서 속력은 점점 증가한다. 최종적으로 위치에너지가 모두 운동에너지로 변환된다.

역학적 에너지 보존 $\quad (KE)_i + (PE)_i = (KE)_f + (PE)_f$

$$0 + mgH = \frac{1}{2}mv^2 + 0$$

$$\therefore v = \sqrt{2gH}$$

(A)지점에서는 위치에너지 (potential energy, PE)만 있다. 물체가 (B)와 (C)지점을 통과하면서 적당량의 (KE + PE)로 변환되고, 지면 (D)에서는 모두 운동에너지 (kinetic energy, KE)로 바뀐다. 따라서 낙하하는 어느 지점에서도 총 에너지 (E)는 항시 일정하다.

자유낙하는 등가속도 운동이기 때문에 운동 상태는

$$v = v_0 + gt$$

$$y = v_0 t + \frac{1}{2}gt^2$$

$$v^2 - v_0^2 = 2gS$$

운동방정식으로 기술 할 수 있다.

[Q&A] 낙하거리 (h)에 따른 위치에너지 (PE)와 운동에너지 (KE)를 그래프로 그려라.

[Note] PE $= mgh$ (임의의 높이 h에서)

$mgh =$ KE + PE

KE $= mgH -$ PE $= mgH - mgh$

그림 (1-15)처럼 높이 (h)에 따라 선형 감소 (PE)와 증가 (KE)를 한다.

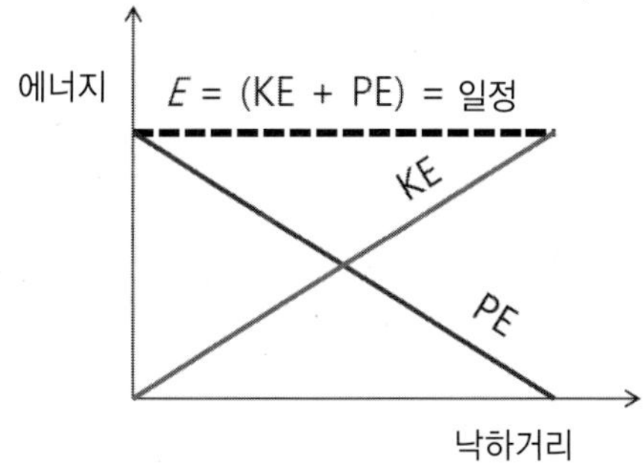

[그림 1-15] 낙하거리에 따른 운동에너지 (KE)와 위치에너지 (PE)의 변화.

[Q&A] 낙하시간 (t)에 따른 위치에너지 (PE)와 운동에너지 (KE)를 그래프로 그려라.

자유낙하 $v = v_0 + gt = gt$ $(\because v_0 = 0)$

$$h = v_0 t + \frac{1}{2}gt^2 = \frac{1}{2}gt^2$$

$$\text{KE} = \frac{1}{2}mv^2 = \frac{1}{2}m(gt)^2 \propto t^2 \qquad \text{(증가)}$$

$$\text{PE} = mgh = mg(\frac{1}{2}gt)^2 \propto t^2 \qquad \text{(감소)}$$

→ 그림 (1-16)처럼 시간 (t)에 따라 2차 함수적 감소 (PE)와 증가 (KE)를 한다.

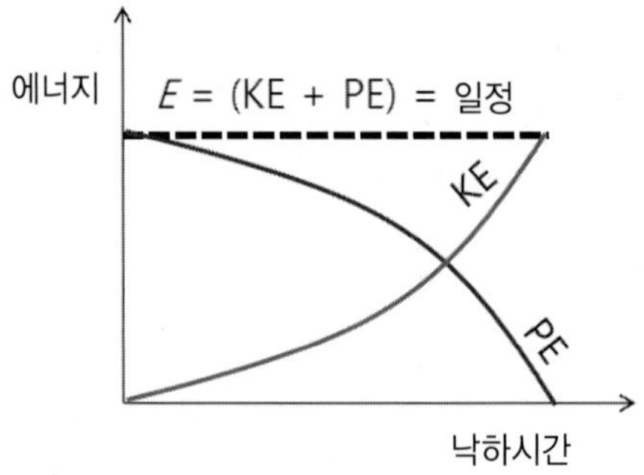

[그림 1-16] 낙하시간에 따른 운동에너지 (KE)와 위치에너지 (PE)의 변화.

[Q&A] 매초당 낙하거리의 비는 얼마인가?

$$y = v_0t + \frac{1}{2}gt^2$$

$\rightarrow$ 거리 $\propto t^2$

거리 $1 : 2^2 : 3^2 : 4^2 \ldots$

거리의 비 $1 : (4-1=3) : (9-3-1=5) : (16-5-3-1=7) \ldots$

$\therefore 1 : 3 : 5 : 7 \ldots$

[Q&A] 매초 당 운동에너지 (KE)의 비는 얼마인가?

$$\text{KE} = \frac{1}{2}mv^2 = \frac{1}{2}m(gt)^2 \propto t^2$$

$\therefore 1 : 2^2 : 3^2 : 4^2 \ldots$

[Q&A] 질량 10^{-5} kg이 에너지로 변할 때, 이 에너지를 가지고 1 kton의 물체를 몇 m 정도 들어 올릴 수 있는가?

$$E = mc^2 = 10^{-5}\text{kg} \times (3\times 10^8 \frac{\text{m}}{\text{s}})^2 = 9\times 10^{11}\text{J}$$

$$\rightarrow 9\times 10^{11}\text{J} = \text{mgH}$$

$$\therefore \text{H} = \frac{9\times 10^{11}\text{J}}{\text{mg}} = \frac{9\times 10^{11}\text{J}}{10^3\times 10^3\times 10\frac{\text{m}}{\text{s}^2}} = 9\times 10^4\text{m}$$

[Q&A] 스위스 제네바에 위치한 CERN 연구소의 LHC (Large Hadron Collider) 가속기는 양성자를 7 TeV까지 가속한다. 몇 [J]인가? 중력장에서 이 정도의 에너지를 얻으려면 1 g 질량을 가진 물체를 얼마만큼 낙하시켜야 하는가?

$1\text{TeV} = 10^{12} \times 1.6 \times 10^{-19}\text{J} = 1.6 \times 10^{-7}\text{J} = 0.16 \times 10^{-6}\text{J} = 0.16\mu\text{J}$

$\therefore 7\,\text{TeV} = 7 \times 0.16 = 1.12\,\mu\text{J}$

위치에너지 PE $\equiv U = mgh$ 에 의해, $h = \dfrac{U}{mg} = \dfrac{1.12\mu\text{J}}{10^{-3}\text{kg} \times 9.8\dfrac{\text{m}}{\text{s}^2}} = 114\mu\text{m}$ 으로 매우 작은 양이다.

양성자의 1개의 경우 $m_p = 1.6726 \times 10^{-27}\text{kg}$

$$h = \frac{U}{mg} = \frac{1.12\mu\text{J}}{1.6 \times 10^{-27}\text{kg} \times 9.8\dfrac{\text{m}}{\text{s}^2}} \simeq 7.14 \times 10^{18}\text{m}$$

즉 1g 속에는 대략 $\sim 6 \times 10^{23}$개의 양성자가 들어 있기 때문에, 이 정도 양성자 개수를 중력장에서 114 μm 자유낙하 시킬 때 얻는 에너지에 해당한다.

[Q&A] 그림 (1-17)처럼 용수철 상수가 k인 용수철에 연결된 질량 m인 물체를 마찰이 없는 평면 위에서 평형 점으로 부터 x_0만큼 잡아당긴 후 놓았다.

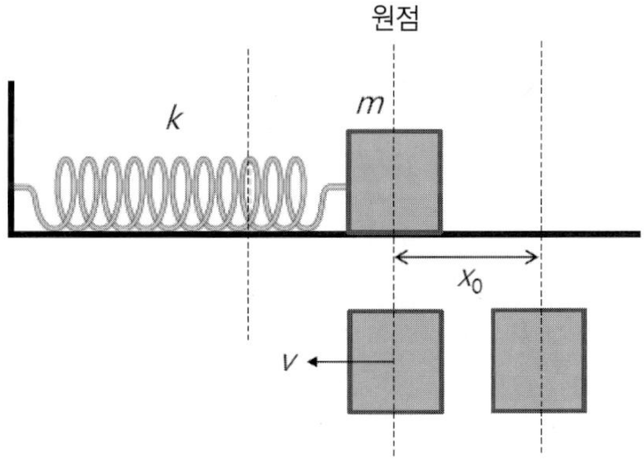

[그림 1-17] 탄성력에 의한 역학적 에너지 보존.

① 최고 속력은?

역학적 에너지 보존

총에너지 = 운동에너지 + 탄성에너지

(총에너지)$_i$ = (총에너지)$_f$

[Note] 탄성에너지 (PE) $= \frac{1}{2}kx^2$ (임의의 지점 x 에서)

$$\rightarrow 0 + \frac{1}{2}kx_0^2 = \frac{1}{2}mv^2 + 0 \quad \text{(원점에서)}$$

$$\therefore v = \sqrt{\frac{kx_0^2}{m}} \quad \text{(원점에서 속력 최고)}$$

② 임의의 지점에서의 속력은?

$$\rightarrow 0 + \frac{1}{2}kx_0 = \frac{1}{2}mv^2 + \frac{1}{2}kx^2 \quad \text{(임의의 } x \text{ 지점에서)}$$

$$\therefore v = \pm\sqrt{\frac{k(x_0^2 - x^2)}{m}}$$

✎ 속도가 시시각각 변화하므로 운동량 값도 변화한다.

③ 용수철이 최대로 압축되는 길이는?

원점에서의 운동에너지가 모두 탄성에너지로 전환되는 왼쪽 방향 지점까지 최대로 압축될 것이다.

$$\rightarrow \frac{1}{2}mv^2 + 0 = 0 + \frac{1}{2}kx^2$$

$$\therefore x = \sqrt{\frac{m}{k}}v = \sqrt{\frac{m}{k}}\sqrt{\frac{kx_0^2}{m}} = x_0 \quad \text{(즉 } -x_0 \text{지점까지 압축된다)}$$

④ 왕복운동의 주기 (T)는?

운동방정식 $m\ddot{x} = -kx \quad \rightarrow m\ddot{x} + kx = 0$

$$\therefore \ddot{x} + \frac{k}{m}x = 0 \quad \rightarrow \ddot{x} + w^2x = 0$$

$$w^2 \equiv \frac{k}{m} \qquad (w\text{: 각속도 혹은 각진동수})$$

해 (solution)는 $x = x_0 \sin wt$ 형태이다.

$$\text{주기 } T = \frac{2\pi}{\omega} = \frac{2\pi}{\sqrt{\frac{k}{m}}} = 2\pi\sqrt{\frac{m}{k}}$$

⑤ 탄성에너지 (PE)의 평균값은?

$$< PE > = < \frac{1}{2}kx^2 > = \frac{1}{2}k < x^2 >$$

$$\rightarrow \ < x^2 > \ = \ < x_0^2 \sin^2 wt > \ = x_0^2 < \sin^2 wt >$$

$$< \sin^2 wt > \ = \ \frac{\int_0^T \sin^2 wt dt}{T} = \frac{1}{T}\int_0^T \frac{1-\cos 2wt}{2} dt$$

$$= \frac{1}{2T}\int_0^T (1-\cos 2wt) dt \ = \frac{1}{2T} \cdot \ T = \frac{1}{2}$$

$$\therefore \ < \mathrm{PE} > \ = < \frac{1}{2}kx^2 > \ = \frac{1}{2}k < x^2 > \ = \frac{1}{2}k \times x_0^2 \times \frac{1}{2} = \frac{1}{4}kx_0^2$$

⑥ 탄성력에 의한 위치에너지를 이동거리 x에 따른 그래프로 나타내면?

$$\mathrm{PE} \ = \frac{1}{2}kx^2 \ \propto \ x^2$$

그림 (1-18)처럼 이동거리에 따른 위치에너지의 변화는 2차 함수형태이다.

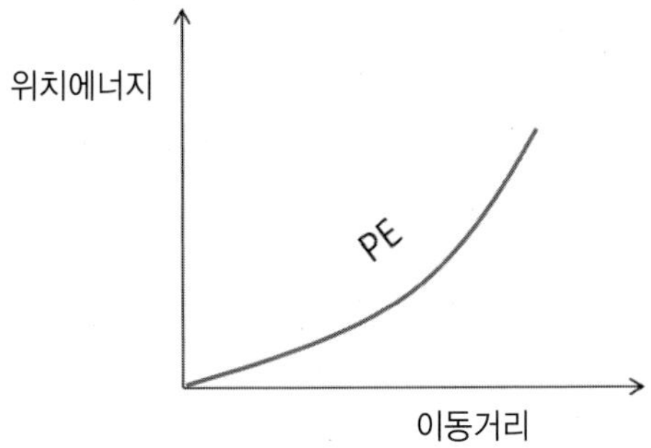

[그림 1-18] 이동거리에 따른 위치에너지의 변화.

[Q&A] 그림 (1-19)처럼 마찰이 없는 수평면에 질량 1 kg 물체가 스프링 연결되어 있다. 질량 4 kg 물체가 2 m/s 속력으로 와서 충돌 후 순간적으로 붙어서 함께 운동한다. 스프링 최대 압축 길이는? (단, $k = 80$ N/m)

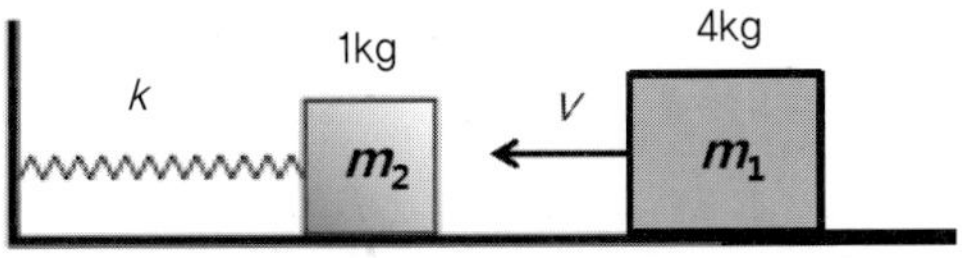

[그림 1-19] 운동량 보존과 탄성력에 의한 역학적 에너지 보존의 예.

운동량 보존 $m_1 v + 0 = (m_1 + m_2)V$

$$\therefore V = \frac{m_1 v}{m_1 + m_2} = \frac{4 \times 2}{4+1} = \frac{8}{5}\,[\mathrm{m/s}]$$

(충돌 후 두 물체가 붙어서 가는 속력)

역학적 에너지 보존

$$\frac{1}{2}(m_1+m_2)V^2 = \frac{1}{2}kx^2$$

$$\rightarrow x^2 = \frac{(m_1+m_2)V^2}{k} = \frac{(4+1)(\frac{8}{5})^2}{80} = (\frac{8}{20})^2$$

$$\therefore x = 0.4[\mathrm{m}]$$

[Q&A] 그림 (1-20)처럼 마찰이 없는 수평면에 질량 0.5 kg인 물체를 0.1 m 만큼 잡아당긴 후 놓았다. 최대 속력과 최대 가속도는 얼마인가? (단, $k = 200$ N/m이고 용수철 질량과 공기저항은 무시한다)

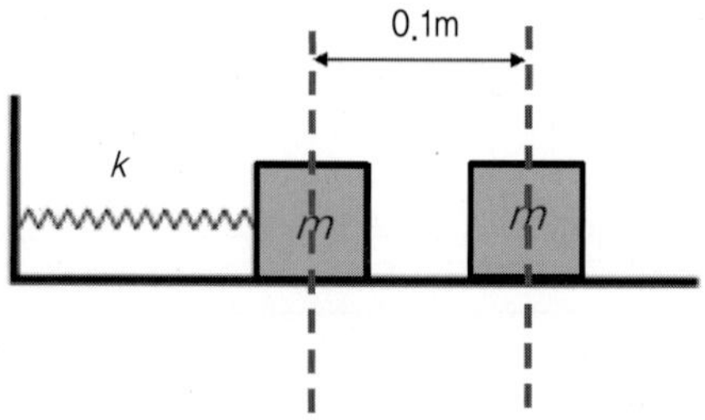

[그림 1-20] 탄성력에 의한 역학적 에너지 보존의 예.

역학적 에너지 보존 $\quad 0 + \frac{1}{2}kx^2 = \frac{1}{2}mv^2 + 0$

$$v^2 = \frac{k}{m}x^2 = \frac{200}{0.5}(\frac{1}{10})^2 = 4$$

$$\therefore v = 2[\frac{\mathrm{m}}{\mathrm{s}}]$$ (원점을 지날 때 속력)

시간 $\quad t \equiv \frac{S}{v} = \frac{0.1}{2} = \frac{1}{20}[\mathrm{s}]$ (원점까지 걸린 시간)

(최대)가속도 $\quad a \equiv \frac{\Delta v}{\Delta t} = \frac{2-0}{\frac{1}{20}-0} = 40[\frac{\mathrm{m}}{\mathrm{s}^2}]$

[Q&A] 1 kg중 무게를 달면 1 cm 늘어나는 용수철저울이 있다. 이 저울에 10 kg의 물체를 매달고 약간 늘렸다가 놓으면 진동을 한다. 진동 주기 (T)는?

$$F = kx$$

$$\rightarrow 10\ \mathrm{kgf} = k(0.01\ \mathrm{m})$$

$$\therefore k = \frac{10\mathrm{kgf}}{0.01\mathrm{m}} = \frac{10\mathrm{N}}{0.01\mathrm{m}} = 1000\left[\frac{\mathrm{N}}{\mathrm{m}}\right]$$

$$T = 2\pi\sqrt{\frac{m}{k}}$$

$$\rightarrow T = 2\pi\sqrt{\frac{10\text{kg}}{1000\text{N/m}}} = 2\pi\frac{1}{10} = \frac{\pi}{5}[s]$$

[Q&A] 용수철에 매달린 물체가 평형점에 있다. 길이를 l만큼 늘였다가 놓으니 평형점 통과 속도가 v였다. 길이를 $2l$ 늘이면 속도는 얼마인가?

$$\frac{1}{2}kx^2 = \frac{1}{2}mv^2$$

$$\therefore v \propto x$$

$$\rightarrow v_l = x$$

$$\therefore v_{2l} = 2x = 2v_l$$ (2배 빨라진다)

[Q&A] 그림 (1-21)과 같은 단진자 (simple harmonic oscillator)의 주기 (T)를 구하여라.

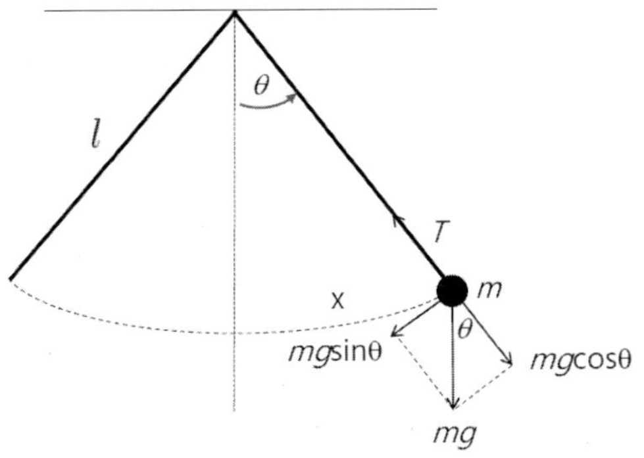

[그림 1-21] 질량 m, 길이 l인 단진자. 접선 방향으로 $mg\sin\theta$의 성분이 작용하고 중심방향으로 장력 (T)와 $mg\cos\theta$의 차이만큼의 힘이 작용해서 원운동 한다고 볼 수 있다.

운동방정식 $m\ddot{x} = -mg\sin\theta$ ($\because$ θ가 증가하는 방향에 반대방향 ($-$)으로 복원력 작용)

$$\theta = \frac{x}{l} \quad \rightarrow \quad x = l\theta$$

$$\therefore ml\ddot{\theta} = -mg\sin\theta \quad \rightarrow \quad \ddot{\theta} + \frac{g}{l}\sin\theta = 0$$

$$\ddot{\theta} + w^2\sin\theta = 0$$

$$w^2 \equiv \frac{g}{l}$$ (w: 각진동수)

만약 θ가 작다고 하면 $\sin\theta \simeq \theta$이다.

$$\therefore\ \ddot{\theta} + w^2\theta = 0$$

$$\text{주기}\ T \equiv \frac{2\pi}{w} = \frac{2\pi}{\sqrt{\frac{g}{l}}} = 2\pi\sqrt{\frac{l}{g}}$$

✎ 장력 (T)와 주기 ($T \equiv \frac{2\pi}{w}$)를 혼동하지 말 것.

✎ 진자의 등시성: 진폭이 작을 때, 단진자의 주기는 진자의 질량이나 진폭에 관계없다.

[Q&A] 단진자가 최하점을 지날 때의 속력은 얼마인가?

그림 (1-22)에서 최하점에서 위치에너지 (PE)를 0이라고 하자.

$h = l - l\cos\theta = l(1-\cos\theta)$

역학적 에너지 보존 $\quad 0 + mgh = \frac{1}{2}mv^2 + 0$

$$\rightarrow v = \sqrt{2gh} = \sqrt{2gl(1-\cos\theta)}$$

(예) 초기 각도 $\theta = 60^o$, $v = \sqrt{2gl(1-\cos 60^o)} = \sqrt{2gl \times \frac{1}{2}} = \sqrt{gl}$

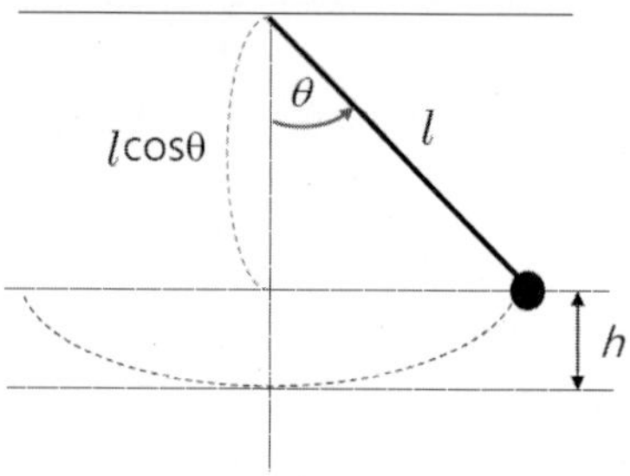

[그림 1-22] 높이 h의 위치에너지가 최하점에 도달했을 때 모두 운동에너지로 변환된다.

[Q&A] 단진자가 최하점을 지날 때의 장력 (T)은 얼마인가?

임의의 각도 θ

$$T - mg\cos\theta = m\frac{v^2}{r} \qquad (\because\ \text{구심가속도} = \frac{v^2}{r})$$

$$\therefore\ T = m\frac{v^2}{l} + mg\cos\theta \qquad (\because r = l)$$

[Note] 장력의 크기는 시시각각 변한다는 것을 알 수 있다.

(예) 초기 각도 $\theta = 60^o$, 진자 길이 1 m, 진자 질량 1 kg, 중력가속도 10 m/s^2 일 때 계산해 보면?

$$T = m\frac{v^2}{l} + mg\cos\theta = m\frac{gl}{l} + mg\cos\theta = mg + mg\cos\theta$$
$$= 10 \times 1 + 10 \times 1 \times \cos 0^o = 20\ [N]$$

[Q&A] 원추진자 (conic pendulum). 그림 (1-23)처럼 질량 m인 물체가 천정에 고정된 길이 l인 실에 매달려 추 모양을 하며 등속 원운동을 한다. 주기는?

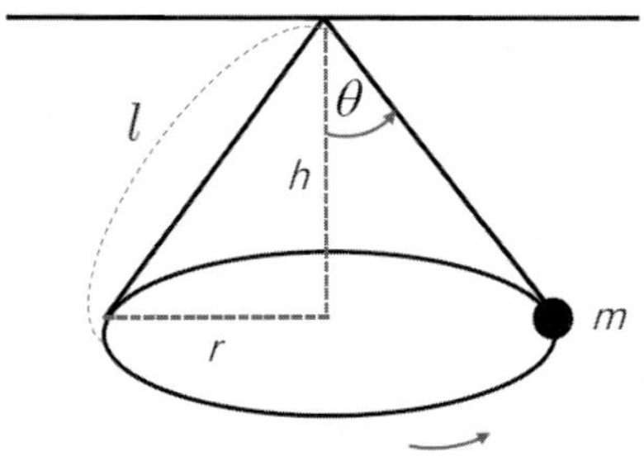

[그림 1-23] 원추진자.

원추진자가 (등속)원운동하면 회전할 때 물체가 오른쪽에 왔을 때 순간적으로 사진을 찍었다고 하자. 그럼 이 순간 물체에 작용하는 모든 힘을 그려보면 그림 (1-24)과 같다.

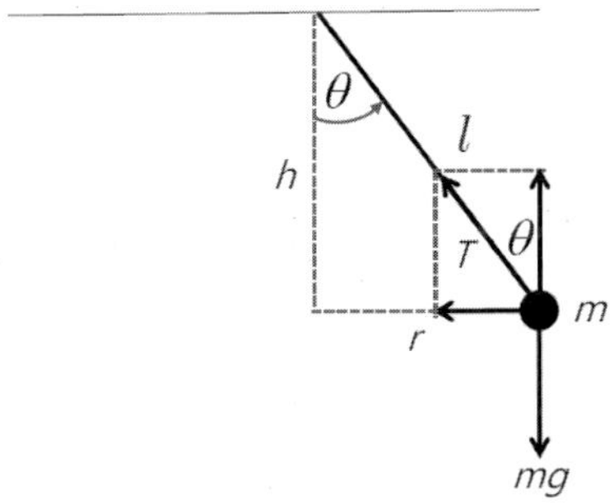

[그림 1-24] 원추진자에 작용하는 힘.

힘의 평형

$$T\cos\theta = mg$$
$$T\sin\theta = m\frac{v^2}{r} \qquad (\because\ 구심가속도\ \frac{v^2}{r})$$
$$\rightarrow\ \tan\theta = \frac{v^2}{rg}$$
$$\therefore v = \sqrt{rg\tan\theta} = \sqrt{l\sin\theta\, g\tan\theta} \qquad (\because r = l\sin\theta)$$

주기 $$T = \frac{2\pi r}{v} = \frac{2\pi l \sin\theta}{\sqrt{l\sin\theta\, g\tan\theta}} = 2\pi\sqrt{\frac{l^2\sin^2\theta}{l\sin\theta\, g\frac{\sin\theta}{\cos\theta}}} = 2\pi\sqrt{\frac{l\cos\theta}{g}}$$

(3) Cross symmetry

다음 반응을 생각해 보자.

$$A + B \rightarrow C + D$$

입자 A, B, C, D가 왼쪽에서 오른쪽으로, 혹은 오른쪽에서 왼쪽으로 넘어갈 때, 반입자 $\overline{A}, \overline{B}, \overline{C}, \overline{D}$로 바뀌는 것을 cross symmetry라고 한다. 따라서 다음과 같은 반응식이 허용된다.

$$A \rightarrow \overline{B} + C + D$$
$$A + \overline{C} \rightarrow \overline{B} + D$$
$$\overline{C} + \overline{D} \rightarrow \overline{A} + B$$

(예) Compton scattering ($\gamma + e^- \rightarrow \gamma + e^-$)

오른쪽에 있는 전자 (e^-)를 왼쪽 항으로 옮기면 전자의 반입자인 양전자 (e^+)가 되고, 왼쪽항의 광자 (γ)를 오른쪽으로 옮겨도 광자의 반입자는 자기 자신이므로, 결국 아래와 같은 반응식이 얻어진다.

$$e^- + e^+ \rightarrow \gamma + \gamma$$

이것은 쌍생성 (pair annihilation, 혹은 positron annihilation) 임을 알 수 있는데, 결국, 컴프턴 산란식과 쌍생성은 서로 cross symmetry 관계가 있다는 것을 알 수 있다.

(예) 역반응 (reverse reaction)

원래 $A + B \rightarrow C + D$ 식에서 화살표의 방향을 바꾸면,

$$C + D \rightarrow A + B$$

와 같이 되고, 이 반응 또한 가능하다.

[한 가지 조심할 점] cross symmetry나 역반응식은 동역학적 (dynamically)으로 가능 할지는 모르지만, 상황에 따라 역학적 (kinematically)으로 가능 할 수도 있고 가능하지 않을 수도 있다.

(예) 다음과 같은 베타 붕괴를 보자.

β^- 붕괴: $n \to p + e^- + \overline{\nu_e}$

따라서 cross symmetry와 역반응식에 의해, $p \to n + e^+ + \nu_e$ (β^+ 붕괴) 반응 또한 가능해야 한다. 하지만, 중성자의 질량 (939.57$\frac{\text{MeV}}{c^2}$)이 양성자 질량 (938.28$\frac{\text{MeV}}{c^2}$)보다 크므로 질량보존에 위배되어 자연적인 붕괴는 가능하지가 않음을 알 수 있다. 그러나 외부에서 에너지를 주면 붕괴 시킬 수 있다.

[♠ 찾아보기]

① Inverse beta decay (IBD), $\overline{\nu_e} + p \rightarrow n + e^+$.

② Cowan & Reines는 다음과 같은 반응으로 중성미자의 존재를 찾았다 ($\overline{\nu_e} + n \to p + e^-$).

[Q&A] β^- 붕괴 ($n \to p + e^- + \overline{\nu_e}$)와 β^+ 붕괴 ($p \to n + e^+ + \nu_e$)가 가능하다는데, 우리의 몸도 결국, (p, n)으로 구성되어 있는 것은 아닌가? 따라서, 사람은 소립자적으로 불안정한 존재이여야 한다. 하지만, 실제는 그렇지 않다. 어떻게 된 일인가?

→ 설명: 원자핵 속의 중성자는 안정하지만, 핵 밖으로 단독으로 나올 경우, 수명이 ~8분 정도의 수명을 가지고 붕괴해 버린다.

[♠ 찾아보기]

페르미는 "페르미 포도주병"이라고 불리는 장치를 이용하여 중성자의 수명을 측정하였다. 어떻게 하였는지를 조사하라.

(4) 4 벡터 (vector)

$v \equiv \{v_t, v_x, v_y, v_z\}$

첫 번째 성분이 시간관련 항이고 나머지가 공간관련 항이라고 하자.

$$v \bullet v = v^2 \equiv v_t^2 - v_x^2 - v_y^2 - v_z^2$$

$$a_\mu b^\mu \equiv a \bullet b = a^0 b^0 - \vec{a} \bullet \vec{b}$$

$$= a^0 b^0 - a^1 b^1 - a^2 b^2 - a^3 b^3$$

$$a^2 \equiv a \bullet a = (a^0)^2 - (\vec{a})^2$$

(5) 불변질량 (invariant mass)

(상황) $A + B \rightarrow C + D$라는 충돌 과정이 있다. (p_A는 A입자의 4벡터이고, p_B는 B입자의 4벡터이다)

$$s \equiv \frac{(p_A + p_B)^2}{c^2}$$

$$\rightarrow s = \frac{p_A^2 + p_B^2 + 2p_A \cdot p_B}{c^2}$$

[Note] $E^2 = E_0^2 + (\vec{p}c)^2 = (\vec{p}c)^2 + m_0^2 c^4$인데, 이것은 4 vector 기호를 써서 나타내면 다음과 같다.

$$p_\mu = (\frac{E}{c}, p_x, p_y, p_z) = (\frac{E}{c}, \vec{p})$$

$$p_\mu p^\mu = \frac{E^2}{c^2} - \vec{p}^{\,2} = m_0^2 c^2 = \text{상수} \ (\because a^2 = a \cdot a = (a_0)^2 - (\vec{a})^2)$$

(중요) 오른쪽 항은 $m_0^2 c^2$이므로 상수 (constant)이다. 이 말은 어떤 좌표를 택하던지 왼쪽 항 $p_\mu p^\mu$이 좌표에 대해 불변 (invariant)함을 의미한다. 즉, p_μ 하나는 우리가 선택한 좌표에 의존할지도 모르지만, 2개를 곱해 놓은 것 ($p_\mu p^\mu$)은 무관하다는 것이다.

$$\therefore s = \frac{m_A^2 c^2 + m_B^2 c^2 + 2p_A \cdot p_B}{c^2} \simeq \frac{2p_A \cdot p_B}{c^2}$$

($\because m_A, m_B$는 충돌하는 입자의 운동량에 비해 작으므로 무시할 수 있다)

(6) Mendelstam 변수 (variables)

$A + B \rightarrow C + D$와 같은 2체 충돌 (two-body scattering) 반응이 있다고 하자. 이 반응 과정을 표현하기 위한 하나의 방법으로 입사에너지와 산란각을 이용할 수 있다. 그러나 Lorentz 변환 (transformation) 하에서 불변인 그런 변수를 찾고 쓰면 더욱더 좋을 것이다. 일단 4개의 4벡터 (p_A, p_B, p_C, p_D)를 고려하자. 우리는 $p_i^2 = m_i^2 c^2 =$ 불변량 (invariant quantity) 임을 알고 있다. 따라서 위 4개의 조합을 가지고 만들 수 있는 것은

$$p_A \cdot p_B$$
$$p_A \cdot p_C$$
$$p_A \cdot p_D$$

로 3가지 가능성이 있다. 하지만 운동량-에너지 보존으로부터 ($p_A + p_B = p_C + p_D$) 위 3가지 중 2개만 최종적으로 독립적 (independent)이다. 하지만 실제적으로 위 변수를 쓰는 것보다 다음과 같이 편리한 변수 (=Mandelstam variables)를 정의해서 쓰고 있다.

규약 (convention):

$$s \equiv \frac{(p_A + p_B)^2}{c^2} = \frac{(p_C + p_D)^2}{c^2}$$

$$t \equiv \frac{(p_A - p_C)^2}{c^2} = \frac{(p_D - p_B)^2}{c^2}$$

$$u \equiv \frac{(p_A - p_D)^2}{c^2} = \frac{(p_C - p_B)^2}{c^2}$$

[Q&A] $s+t+u = m_A^2 + m_B^2 + m_C^2 + m_D^2$ 임을 보여라.

$$s \equiv \frac{(p_A + p_B)^2}{c^2} = \frac{1}{c^2}[p_A^2 + 2p_A \cdot p_B + p_B^2]$$

$$t \equiv \frac{(p_A - p_C)^2}{c^2} = \frac{1}{c^2}[p_A^2 + 2p_A \cdot p_C + p_C^2]$$

$$u \equiv \frac{(p_A - p_D)^2}{c^2} = \frac{1}{c^2}[p_A^2 + 2p_A \cdot p_D + p_D^2]$$

$$\rightarrow \quad s+t+u = \frac{1}{c^2}[3p_A^2 + p_B^2 + p_C^2 + p_D^2 + 2p_A \cdot (p_B - p_C - p_D)]$$

$p_A + p_B = p_C + p_D$ 에 의해

$$s+t+u = \frac{1}{c^2}[3p_A^2 + p_B^2 + p_C^2 + p_D^2 + 2p_A \cdot (-p_A)] = \frac{1}{c^2}[p_A^2 + p_B^2 + p_C^2 + p_D^2]$$

$$= \frac{1}{c^2}\sum_{i=1}^{4} m_i^2 c^2 \qquad (\because p_i^2 = m_i^2 c^2)$$

$$\therefore \; s+t+u = m_A^2 + m_B^2 + m_C^2 + m_D^2$$

1.2 질량중심과 환산질량

(1) 질량중심 (center of mass, CM)

(상황) 그림 (1-25)와 같은 야구 방망이가 있다. 받침대를 사용하여 야구 방망이를 수평방향으로 좌우 평형을 만들고 싶다면 어느 지점에 놓아야 할까?

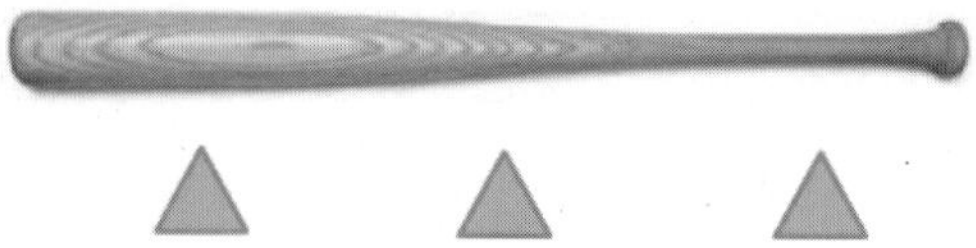

[그림 1-25] 야구 방망이의 질량중심 구하기.

(정의)

$$\vec{R} \equiv \frac{m_1\vec{r_1} + m_2\vec{r_2} + \dots}{m_1 + m_2 + \dots} = \frac{m_1\vec{r_1} + m_2\vec{r_2} + \dots}{M} = \frac{\sum_i m_i\vec{r_i}}{M}$$

[Q&A] 그림 (1-26)에서 질량중심은?

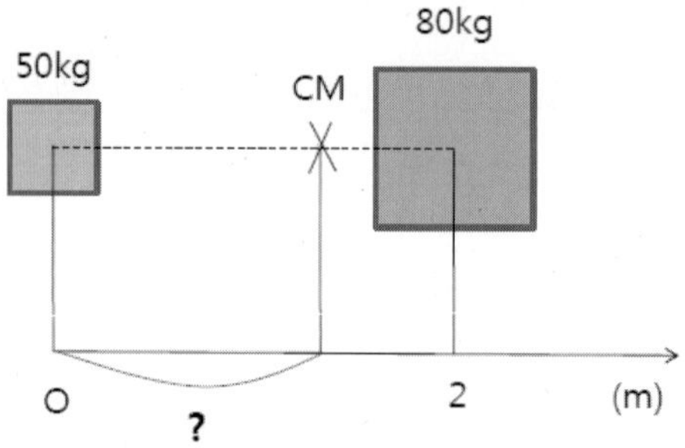

[그림 1-26] 질량 50 kg인 물체가 원점에 있고 질량 80 kg인 물체가 2 m 떨어져 있을 때 질량 중심 구하기.

질량 50 kg인 물체가 원점에 있게 좌표를 택하자.

$$\rightarrow x_1 = 0$$

$$\therefore X_{CM} = \frac{m_1x_1 + m_2x_2}{m_1 + m_2} = \frac{50 \times 0 + 80 \times 2}{50 + 80} = \frac{160}{130} = 1.23$$

원점에서 1.23 m 떨어진 곳이 질량 중심 (CM)이다.

[Q&A] 그림 (1-27)처럼 야구 방망이의 질량중심을 자른다. 야구 방망이의 왼쪽 토막과 오른쪽 토막 중에서 어느 쪽이 더 무거운가?

① 왼쪽 ② 오른쪽 ③ 질량중심 ④ 동일 ⑤ 알 수 없다

[정답] ④

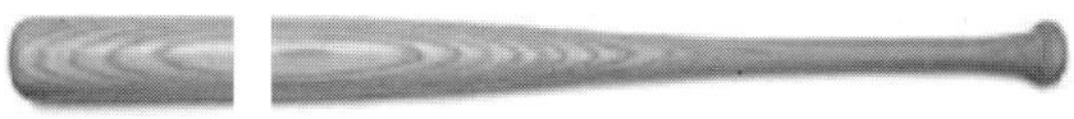

[그림 1-27] 야구 방망이의 질량 중심점을 자른다.

[☛ 정리] 모든 물체는 질량중심이 있기 때문에 세울 수 없는 (즉 수평을 잡을 수 없는) 물체는 이 세상에 없다. 예로, 그림 (1-28)처럼 숟가락은 끈을 좌우로 옮겨가면서 질량 중심점을 찾을 수 있다.

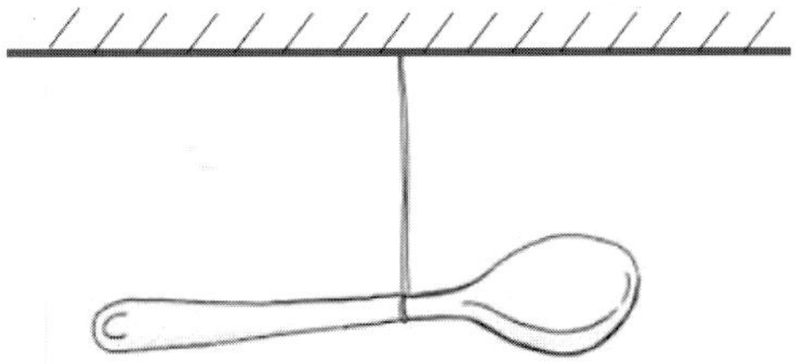

[그림 1-28] 숟가락 수평잡기.

(TV 프로그램) 순간포착 세상에 이런 일이. 물건 세우기, 세워야 사는 남자.

[♣ 각자해보기] 그림 (1-29)에서 질량중심을 구하라.

[정답] $X_{CM} = d + \frac{5}{7}b, \quad Y_{CM} = \frac{4}{7}h$

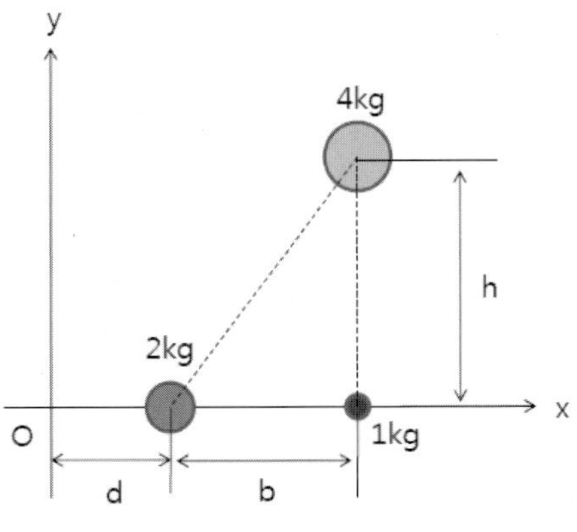

[그림 1-29] 2차원 질량 중심구하기.

(상황) 이제까지는 물체의 질량이 한 점에 모여 있다고 가정 했는데 만약 물체가 연속적인 질량분포를 가질 때 질량 중심점은 어떻게 구할 수 있는 것일까?

점 질량

$$\vec{R} \equiv \frac{m_1\vec{r_1} + m_2\vec{r_2} + \dots}{m_1 + m_2 + \dots} = \frac{m_1\vec{r_1} + m_2\vec{r_2} + \dots}{M} = \frac{\sum_i m_i\vec{r_i}}{M}$$

연속분포

$$\vec{R} \equiv \lim_{\Delta m_i \to 0} \frac{\sum_i \Delta m_i\vec{r_i}}{M} = \frac{\int \vec{r}dm}{M}$$

(예)

① 그림 (1-30)처럼 질량 M이고 길이가 L인 균일 막대

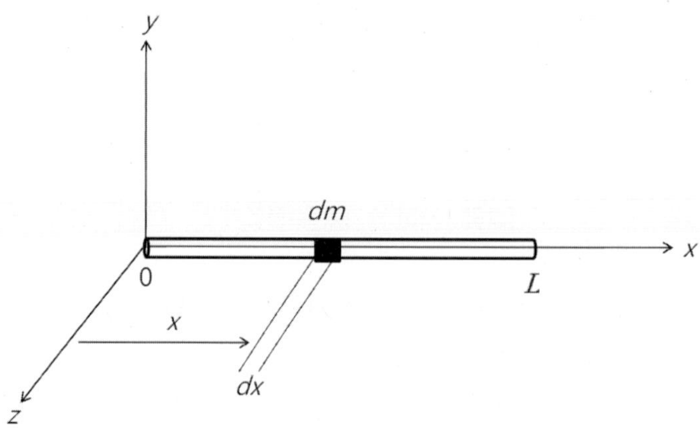

[그림 1-30] 질량 M이고 길이가 L인 균일 막대의 질량 중심 구하기.

선밀도 $\lambda \equiv \frac{dm}{dx} \quad \rightarrow dm = \lambda dx$

$$X_{CM} = \frac{\int xdm}{M} = \frac{\int_0^L x\lambda dx}{M} = \frac{\frac{\lambda L^2}{2}}{M} = \frac{\lambda L^2}{2M}$$

$$\lambda = \frac{M}{L}$$

$$\therefore X_{CM} = \frac{\lambda L^2}{2M} = \frac{\frac{M}{L}L^2}{2M} = \frac{L}{2}$$

② 그림 (1-31)처럼 질량 M이고 반경이 R인 균일 hoop의 절반

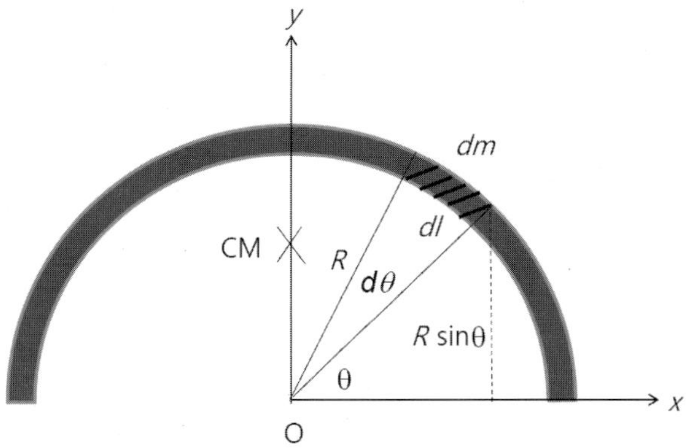

[그림 1-31] 질량 M이고 반경이 R인 균일 hoop의 절반인 물체의 질량 중심 구하기.

x축을 중심으로 자유 대칭.

$$X_{CM} = 0$$

$$Y_{CM} = \frac{\int ydm}{M}$$

선밀도 $\lambda \equiv \frac{dm}{dl} = \frac{dm}{Rd\theta} \quad \rightarrow dm = \lambda Rd\theta$

$$\rightarrow Y_{CM} = \frac{\int_0^{\pi} Rsin\theta\, \lambda Rd\theta}{M} = \frac{R^2\lambda \int_0^{\pi} \sin\theta d\theta}{M} = \frac{2R^2\lambda}{M}$$

$$\lambda \equiv \frac{M}{\pi R}$$

$$\therefore Y_{CM} = \frac{2R^2\lambda}{M} = \frac{2R^2\frac{M}{\pi R}}{M} = \frac{2R}{\pi}$$

(2) 환산질량 (reduced mass)

(상황) 그림 (1-32)처럼 물체 m_1, m_2가 서로 상호작용하며 운동하고 있는데 이런 이체 문제 (2-body problem)를 기술하고 싶다.

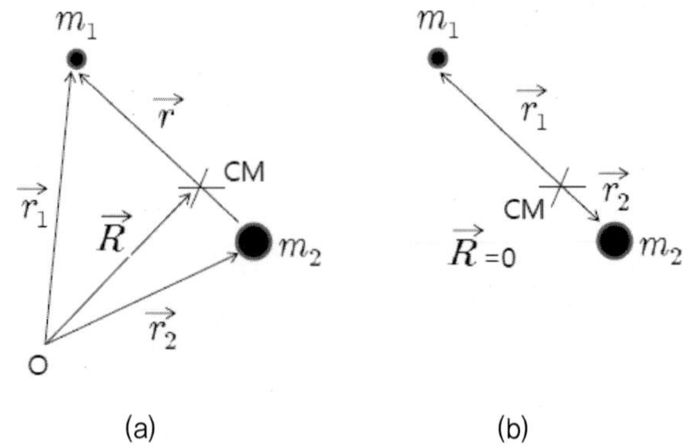

[그림 1-32] (a) 좌표를 임의로 잡았을 때. (b) 질량중심으로 잡았을 때.

이 계의 총 에너지 (E)

$$E = \frac{p_1^2}{2m_1} + \frac{p_2^2}{2m_2} + U(r)$$

$$\vec{r} = \vec{r_1} - \vec{r_2} \qquad \rightarrow \; r = \left|\vec{r_1} - \vec{r_2}\right|$$

$$\text{위치에너지 PE} \equiv U(r)$$

질량 중심 정의

$$\vec{R} \equiv \frac{m_1\vec{r_1} + m_2\vec{r_2}}{m_1 + m_2} = \frac{m_1\vec{r_1} + m_2\vec{r_2}}{M}$$

$$M \equiv m_1 + m_2$$

$$\therefore \; m\vec{r_1} + m_2\vec{r_2} = M\vec{R}$$

이제 좌표를 택할 때, 그림 (1-32)의 (b)처럼 질량 중심에 우리가 서 있다고 하자 ($\vec{R} = 0$).

$$\rightarrow \; m\vec{r_1} + m_2\vec{r_2} = 0$$

이식과 $\vec{r} = \vec{r_1} - \vec{r_2}$ 를 대입해서 풀면 다음을 얻는다.

$$\vec{r_1} = \frac{m_2}{m_1 + m_2}\vec{r}$$

$$\vec{r_2} = -\frac{m_1}{m_1 + m_2}\vec{r}$$

총 에너지

$$\begin{aligned} E &= \frac{1}{2}m_1\left|\dot{\vec{r}_1}\right|^2 + \frac{1}{2}m_2\left|\dot{\vec{r}_2}\right|^2 + U(r) \\ &= \frac{1}{2}m_1\left|\frac{m_2}{m_1+m_2}\dot{\vec{r}}\right|^2 + \frac{1}{2}m_2\left|-\frac{m_1}{m_1+m_2}\dot{\vec{r}}\right|^2 + U(r) \\ &= \frac{1}{2}\frac{m_1m_2}{m_1+m_2}\left|\dot{\vec{r}}\right|^2 + U(r) \\ &\equiv \frac{1}{2}\mu\left|\dot{\vec{r}}\right|^2 + U(r) \end{aligned}$$

$$\frac{1}{\mu} \equiv \frac{1}{m_1} + \frac{1}{m_2} \quad \text{(환산질량, reduced mass)}$$

$$\therefore \mu = \frac{m_1m_2}{m_1+m_2}$$

이것은 그림 (1-33)처럼 우리가 질량 중심 (CM)에 있다고 할 때 질량이 μ인 물체가 거리 r만큼 떨어져서 운동하는 것과 동일한 상황이다.

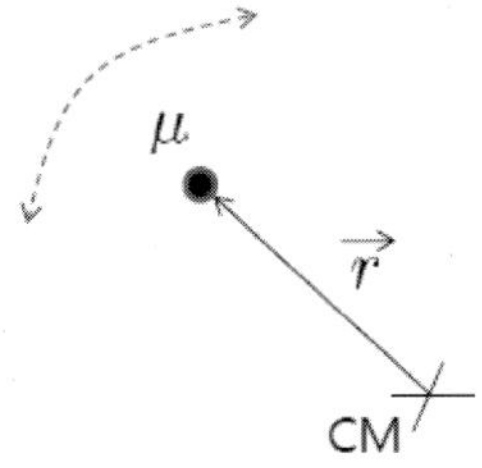

[그림 1-33] 질량중심 (CM)에서 거리 r만큼 떨어진 곳에 질량 μ인 물체의 운동.

[☛ 정리] 원래의 이체 (2-body) 문제는 질량이 μ인 하나의 입자를 다루는 일체 (1-body) 문제와 동등하다. 만약 한 물체가 다른 한 물체보다 매우 무겁다면, 두 물체의 환산 질량은 둘 가운데 더 가벼운 물체의 질량에 수렴한다. 예로 지구와 태양을 고려할 경우 질량 중심은 태양 쪽에 가깝지만 환산 질량은 지구의 질량 쪽에 있는 것이고, 수소 원자에서 환산 질량은 전자의 질량에 매우 가깝다.

1.3 충돌에서의 좌표계

(1) 실험실계 (laboratory system, LAB)

입자가 충돌할 때 좌표계의 원점이 표적 (target)에 있는 것을 실험실계 (LAB)라고 한다. 그림 (1-34)처럼 표적 (target)이 정지해 있다고 하자.

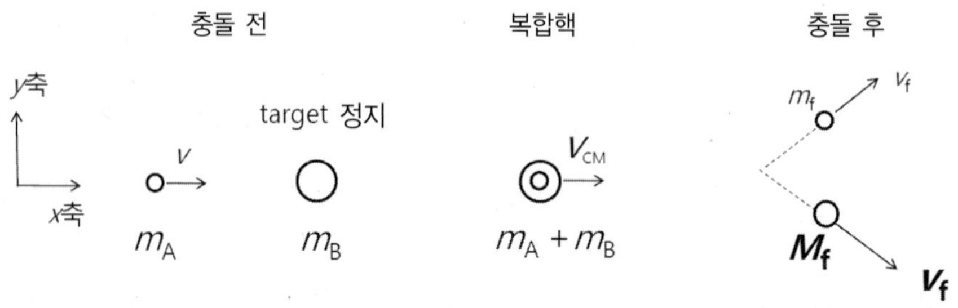

[그림 1-34] 실험실계 (LAB). 충돌 전 m_A의 속력 v, 정지한 표적의 질량은 m_B이다. 충돌 후 생성된 m_f의 속력은 v_f, M_f의 속력은 V_f이다.

운동량보존 $\quad m_A v + 0 = (m_A + m_B)\, V_{CM} \qquad (\because m_B$ 정지)

$$\therefore V_{CM} = \frac{m_A v}{m_A + m_B}$$ (실험실계에서 질량중심은 x축을 따라 움직인다)

[Q&A] 그림 (1-35)처럼 표적 (fixed target)은 정지해 있고, 입사 입자가 들어와서 표적에 충돌하는 경우 에너지를 구해보자.

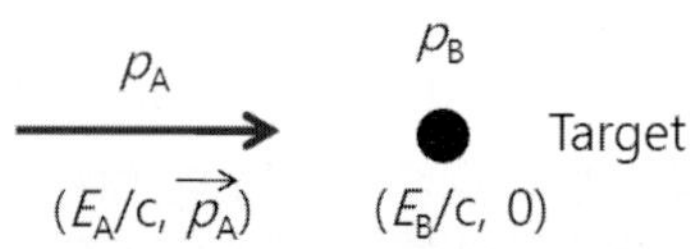

[그림 1-35] 정지 표적 (fixed target)의 경우.

$$p_A = (\frac{E_A}{c}, \overrightarrow{p_A})$$

$$p_B = (\frac{E_B}{c}, 0) = (\frac{m_B c^2}{c}, 0) = (m_B c, 0)$$ 라고 하자.

$$\therefore s \simeq \frac{2p_A \cdot p_B}{c^2} = \frac{2(\frac{E_A}{c}m_B c - \overrightarrow{p_A} \cdot 0)}{c^2} = \frac{2E_A m_B}{c^2}$$

$$s \equiv \frac{E_{CM}^2}{c^4}$$

$$\therefore E_{CM} \equiv E_{LAB} = c^2\sqrt{s} = c^2\frac{\sqrt{2E_A m_B}}{c} = c\sqrt{2E_A m_B} \sim \sqrt{E_A}$$

(2) 질량중심계 (center of mass system, CM)

입자가 충돌할 때, 좌표계의 원점이 입자들의 질량중심에 있을 때를 질량 중심계 (CM)라고 한다. 그림 (1-36)처럼 표적과 입사 입자의 질량중심이 정지해 있는 좌표계이다.

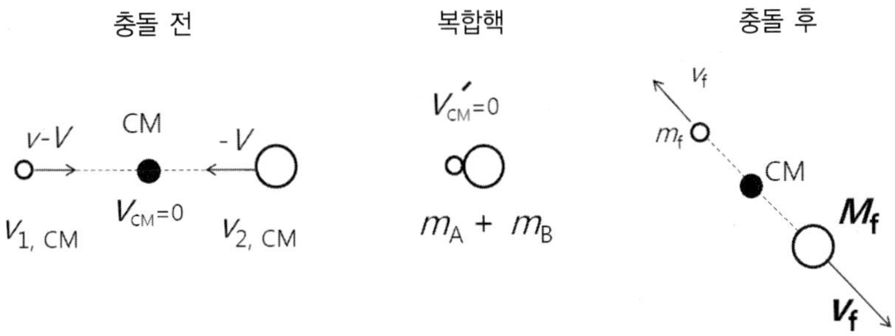

[그림 1-36] 질량중심계 (CM). CM은 정지해 있다.

CM에서의 속도를 구하기 위해서는 LAB에서의 속도에 V_{CM}을 빼 주어야 한다.

$$\rightarrow \quad \text{CM속도} = \text{LAB속도} - V_{CM}$$

$v_{1,\,CM} = v - V$ (즉 앞의 LAB계에서, $v_{1,\,LAB} - V_{CM}$ 값이고 여기서 $v_{1,LAB} = v$이다)

$v_{2,\,CM} = -V$ (LAB계에서, $v_{target} - V_{CM} = -V_{CM}$ 값이고 여기서 $v_{target} = 0$)

$$\rightarrow \quad v_{1,\,CM} = v - V = v - (\frac{m_A}{m_A + m_B})v = \frac{m_B}{m_A + m_B}v$$

$$v_{2,\,CM} = -V = -\frac{m_A}{m_A + m_B}v$$

선운동량 보존

$$\text{질량중심계 정의} \quad {}_{CM}\overrightarrow{P_{tot}} = 0 \quad (\text{즉 } \overrightarrow{p_1^*} = \overrightarrow{p_2^*})$$

$$m_A v_{1,CM} = m_B v_{2,CM}$$

$$m_A(v - V) = m_B V$$

$$\rightarrow \quad V = \frac{m_A}{m_A + m_B} v$$

충돌 후 속도 $\quad (m_A + m_B) V_{CM}' = m_f v_f + M_f V_f$

$$\rightarrow \quad v_f = -\frac{M_f}{m_f} V_f \quad (\because V_{CM}' = 0)$$

[Q&A] $(\mathrm{KE})_{\mathrm{CM}} < (\mathrm{KE})_{\mathrm{LAB}}$ 임을 보여라.

실험실계 $\quad (\mathrm{KE})_{\mathrm{LAB}} \equiv \mathrm{K_{LAB}} = \frac{1}{2} m_A v^2$

질량중심계 $\quad (\mathrm{KE})_{\mathrm{CM}} \equiv \mathrm{K_{CM}} = \frac{1}{2} m_A (v - V)^2 + \frac{1}{2} m_B V^2$

$$= \frac{1}{2} m_A v^2 - m_A v V + \frac{1}{2} m_A V^2 + \frac{1}{2} m_B V^2$$

$$= \frac{1}{2} m_A v^2 - (m_A + m_B) V V + \frac{1}{2} m_A V^2 + \frac{1}{2} m_B V^2$$

$$= \frac{1}{2} m_A v^2 - \frac{1}{2}(m_A + m_B) V^2$$

$$= \frac{1}{2} m_A v^2 - \frac{1}{2}(m_A + m_B)\left(\frac{m_A}{m_A + m_B} v\right)^2$$

$$= \frac{1}{2} m_A v^2 - \frac{m_A}{m_A + m_B} \frac{1}{2} m_A v^2$$

$$= \mathrm{K_{LAB}} - \frac{m_A}{m_A + m_B} \mathrm{K_{LAB}} = \frac{m_B}{m_A + m_B} \mathrm{K_{LAB}}$$

$$\therefore \mathrm{K_{CM}} < \mathrm{K_{LAB}}$$

즉, $\mathrm{K_{LAB}}$의 일부만이 복합핵을 여기 (excite)시키는데 사용한다는 의미이다.

[Q&A] 그림 (1-37)처럼 반대 방향에서 같은 에너지를 가지고 서로 오는 입자 A와 B가 충돌하는 경우 질량중심에너지 (E_{CM})를 구해보면?

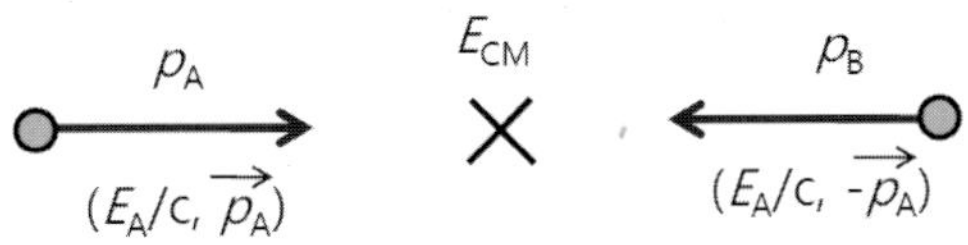

[그림 1-37] 반대 방향으로 움직이고 동일에너지를 가진 입자 A와 B의 충돌.

$$p_A = (\frac{E_A}{c}, \overrightarrow{p_A}),\ p_B = (\frac{E_B}{c}, -\overrightarrow{p_A}) = (\frac{E_A}{c}, -\overrightarrow{p_A})$$

입자 A와 B가 서로 반대 방향에서 와서 충돌한다.

$$s = \frac{2p_A \cdot p_B}{c^2} = \frac{2}{c^2}(\frac{E_A}{c}\frac{E_B}{c} - \overrightarrow{p_A} \cdot \overrightarrow{p_B}) = \frac{2}{c^2}(\frac{E_A}{c}\frac{E_A}{c} - \overrightarrow{p_A} \cdot (-\overrightarrow{p_A}))$$

$$= \frac{2}{c^2}(\frac{E_A^2}{c^2} + (\overrightarrow{p_A})^2) = \frac{2}{c^2}(\frac{E_A^2}{c^2} + (\frac{E_A}{c})^2) = 4\frac{E_A^2}{c^4}$$

여기서 $E^2 = E_0^2 + (\vec{p}c)^2 = (\vec{p}c)^2 + m_0^2c^4 \simeq (\vec{p}c)^2$ ($\because \leftarrow m_0$ 무시)

$$\therefore (\vec{p})^2 = (\frac{E}{c})^2$$

한편, $E_A \equiv E$ 라고 하자.

$$\therefore s = \frac{4E^2}{c^4}$$

$$s \equiv \frac{E_{CM}^2}{c^4}$$

$$\rightarrow E_{CM} = c^2\sqrt{s} = c^2\sqrt{\frac{4E^2}{c^4}} = 2E$$

즉, 질량중심에너지는 입자 에너지의 2배라는 것이다. 이것은 자동차가 각각 양쪽에서 가속해서 충돌 했을 때, 파손 정도가 훨 씬 더 심각하다는 것을 나타낸다.

[♣ 각자해보기] 만약 두 입자가 서로 반대방향에서 정면충돌 (head-on collision) 하지 않고, 어떤 각도 θ를 가지고 충돌할 경우에는 어떻게 되는가?

[♣ 각자해보기] $A + B \rightarrow C + D$와 같은 2체 충돌 (two-body scattering) 반응이 있다고 하자. A의 CM 에너지를 구하라.

[정답] $E_A^{CM} = \dfrac{s + m_A^2 - m_B^2}{2\sqrt{s}}c^2$

[♣ 각자해보기] A의 LAB 에너지를 구하라 (B는 정지).

[정답] $E_A^{LAB} = \dfrac{s - m_A^2 - m_B^2}{2m_B}c^2$

[♣ 각자해보기] 총 CM 에너지는? ($E_{tot} = E_A + E_B = E_C + E_D$)

[정답] $E_{tot}^{CM} = \sqrt{s}\,c^2$

[Q&A] 다음과 같은 충돌이 있다. $A + A \rightarrow A + A$. Mandelstam 변수 값을 계산하라. ($\vec{p}$는 CM에서 입사입자의 3-vector 운동량이고 θ는 산란각이다.)

$$s \equiv \frac{(p_A + p_B)^2}{c^2} = \frac{1}{c^2}[p_A^2 + 2p_A \cdot p_B + p_B^2]$$

$$= \frac{1}{c^2}[m_A^2c^2 + m_B^2c^2 + 2(\frac{E_A}{c}\frac{E_B}{c} - 2\overrightarrow{p_A} \cdot \overrightarrow{p_B})]$$

$m_A = m_B \equiv m,\ E_A = E_B \equiv E,\ \overrightarrow{p_A} = -\overrightarrow{p_B} = \vec{p}$의 관계식을 이용하자.

$$s = \frac{1}{c^2}[m^2c^2 + m^2c^2 + 2[\frac{E}{c}\frac{E}{c} - 2\vec{p} \cdot (-\vec{p})]] = \frac{1}{c^2}(2m^2c^2 + 2\frac{E^2}{c^2} + 2|\vec{p}|^2)$$

$$= \frac{1}{c^2}(2m^2c^2 + 2\frac{1}{c^2}[|\vec{p}|^2c^2 + m^2c^4] + 2|\vec{p}|^2) = \frac{1}{c^2}(2m^2c^2 + 2|\vec{p}|^2 + 2m^2c^4 + 2|\vec{p}|^2)$$

$$= \frac{1}{c^2}(4|\vec{p}|^2 + 4m^2c^2) = \frac{4}{c^2}(|\vec{p}|^2 + m^2c^2)$$

[♣ 각자해보기]

① $t = \dfrac{-2|\vec{p}|^2(1 - \cos\theta)}{c^2}$

② $u = \dfrac{-2|\vec{p}|^2(1 + \cos\theta)}{c^2}$

[Q&A] 유럽 스위스 제네바 시에 위치하고 있는 CERN 연구소내의 LEP실험은 e^+e^- 충돌실험으로 90 GeV 에너지로 가속한다. E_{CM}은 얼마인가? 만약 이 실험이 fixed target 실험이라면 같은 E_{CM}를 얻기 위해 전자의 에너지를 얼마로 가속해야 하는가?

$$E_{CM} = 2E = 2\times 90 = 180\,\text{GeV}$$

$$s \equiv \frac{E_{CM}^2}{c^4} = \frac{(2E)^2}{c^4} = \frac{4E^2}{c^4} = \frac{4\times 90^2}{c^4} = \frac{32400}{c^4}$$

$s = \dfrac{2E_A m_B}{c^2}$ 에 의해

$$\rightarrow \frac{32400}{c^4} = \frac{2E_A\left(0.511\frac{\text{MeV}}{c^2}\right)}{c^2} \qquad \text{(Note: } m_{e^-} = 0.511\frac{\text{MeV}}{c^2}\text{)}$$

$$\therefore E_A = \frac{32400}{2\times 0.511\times 10^{-3}}\ \text{GeV}$$

$$= 31702\times 10^3 \sim 3\times 10^7\,\text{GeV}$$

즉, fixed target (정지표적)의 경우 쌍방향으로 충돌 했을 때와 같은 질량 중심에너지 효과를 얻기 위해서는 입사 전자의 에너지를 $\sim 10^7$GeV까지 올려야 하는데, 현실적으로 매우 어렵다.

[Q&A] 일본 쯔꾸바 시 KEK (高 Energy 硏究所, 고에너지 물리학 연구소)에 있는 Tristan 가속기 ring의 에너지는 e^+e^-가 각각 30 GeV이다. 만약, 충돌시켜 $e^+ + e^- \rightarrow n(p+\bar{p})$를 만들어 낼 수 있다고 할 때, 최대 만들 수 있는 $(p, \bar{p})$의 개수는 몇 개인가?

$$E_{CM} = 2E = 2\times 30 = 60\,\text{GeV}$$

$$m_p = 938\frac{MeV}{c^2} = 0.938\text{GeV}/c^2$$

따라서, $(p, \bar{p})$를 만들어 내려면, 최소한

$\therefore E = 2m_p c^2 = 2\times 0.938 = 1.876\,\text{GeV}$ 정도가 되어야 한다.

$\therefore \dfrac{60}{1.876} = 31.98 \sim 32$개 정도를 만들어 낼 수 있다.

[Q&A] 독일 함부르크 시에 위치한 DESY 연구소의 HERA 가속기는 920 GeV 양성자와 30 GeV 전자를 충돌시키는데, 양쪽 에너지가 서로 비대칭적임을 알 수 있다. 이때의 E_{CM}을 구하라.

$$s = \frac{2}{c^2}\left(\frac{E_A}{c}\frac{E_B}{c} + \frac{E_A}{c}\frac{E_B}{c}\right) = \frac{4E_AE_B}{c^4}$$

$$\rightarrow s = \frac{4\times 30\times 920}{c^4} = \frac{110400}{c^4}$$

$$E_{CM} = c^2\sqrt{s} = c^2\frac{\sqrt{110400}}{c^2} = 332.26\ \text{GeV}$$

[Q&A] 그림 (1-38)처럼 1954년 Lawrence Berkeley National Laboratory의 Bevatron 가속기에서 정지하고 있는 양성자 (p) 표적에 높은 에너지로 가속된 또 하나의 양성자 (p)를 충돌시켜 $p+p \to p+p+p+\bar{p}$ 반응을 이용하여 반양성자를 만드는데 성공하였다. 이 반응이 일어나기 위한 최소 문턱에너지 (threshold energy)는 얼마인가?

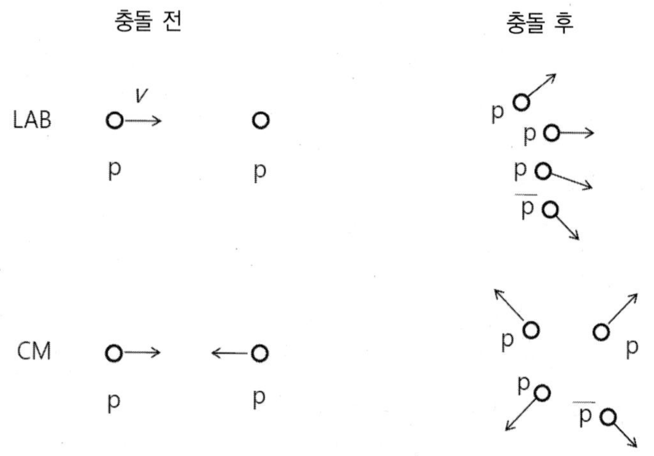

[그림 1-38] Bevatron에서 $p+p \to p+p+p+\bar{p}$ 반응을 이용해 반양성자 $(\bar{p})$를 만들어 내는 과정.

입사 양성자의 에너지가 낮으면 $p\bar{p}$가 만들어지지 않을 것이다. 또한 $p\bar{p}$를 만들기 위한 최소에너지이므로, 충돌 후 만들어진 $p+p+p+\bar{p}$의 운동에너지 (KE)는 없다고 하자. (즉, $ppp\bar{p}$가 가까스로 만들어지고 이것들이 운동에너지를 가지고 밖으로 튀어나가지 않는 그런 상태를 생각한다)

[Note] $E^2 = E_0^2 + (\vec{p}c)^2 = (\vec{p}c)^2 + m_0^2c^4$

충돌 전 LAB 계에서 4벡터 총에너지

$$_{LAB}P^{\mu}_{tot} = \left(\frac{E}{c}, \vec{p}\right) + \left(\frac{mc^2}{c}, \vec{0}\right) = \left(\frac{E+mc^2}{c}, |\vec{p}|\right)$$

즉, 4성분을 정확히 적으면 $\left(\frac{E+mc^2}{c}, |\vec{p}|, \vec{0}, \vec{0}\right)$ 이다.

충돌 후 CM 계에서 4벡터 총에너지

$$_{CM}P^{\prime\mu}_{tot} = \left(\frac{mc^2}{c}, 0, 0, 0\right) \times 4 = (4mc, 0, 0, 0)$$ ($\because$ 생성된 입자들의 KE가 0 일 때가 최소에너지이다)

한편, $p_\mu p^\mu = \frac{E^2}{c^2} - \vec{p}^{\,2} = m_0^2c^2$이 불변 (invariant)이라는 조건으로부터 다음을 얻는다.

$$\rightarrow \ ({}_{LAB}P^{\mu})_{tot}({}_{LAB}P_{\mu})_{tot} \ = ({}_{CM}\acute{P}^{\mu})_{tot}({}_{CM}\acute{P}_{\mu})_{tot}$$

$$(\frac{E+mc^2}{c})^2 - |\vec{p}|^2 \ = \ (4mc)^2 - \vec{0}^2$$

$$\frac{E^2}{c^2} + 2Em + m^2c^2 - \frac{E^2 - m^2c^4}{c^2} \ = 16m^2c^2$$

$$2Em \ = \ 14m^2c^2$$

$$\therefore E = 7mc^2$$

$$= 7 \times 938 \frac{\text{MeV}}{c^2} c^2 = 6566\text{MeV} \ = \ 6.566\,\text{GeV}$$

이것이 Bevatron (6.4 GeV)에서 반양성자 (anti-proton)를 만들어낸 방법이다. 그 때 당시 Gev를 BeV로 불렀기 때문에 가속기 이름을 Bevatron이라고 했다. 이 공헌으로 1955년 Emilio Segrè과 Owen Chamberlain은 노벨상을 수상하였다.

[참고할 것] O. Chamberlain, E. Segre, C. Wiegand, T. Ypsilantis, Phys. Rev. 100, 947 (1955)

[Q&A] $e^- \ e^- \rightarrow e^- \ e^- \ e^- \ e^+$ 반응을 살펴보자. 문제를 앞과 같이 풀지 말고, 운동량-에너지 보존을 적용해서 풀어보면?

만약 앞과 동일하게 푼다면, $E = 7m_ec^2 = 7 \times 0.511 \frac{\text{MeV}}{c^2} c^2 = 3.577\text{MeV}$를 얻을 것이다. 한편 충돌 후 생성된 4개 입자는 운동에너지 (KE = 0)를 가지지 않는다고 하자. 즉 유일한 에너지는 정지질량에 의한 것 밖에는 없다.

$$p_1^{\mu} = (\frac{E}{c}, \vec{p})$$

$$p_2^{\mu} = (m_ec, \vec{0}) \qquad (\because \frac{E}{c} = \frac{\sqrt{(\vec{pc})^2 + m^2c^4}}{c} = \frac{mc^2}{c} = mc)$$

$$p_3^{\mu} = (m_ec, \vec{0})$$

$$p_4^{\mu} = (m_ec, \vec{0})$$

$$p_5^{\mu} = (m_ec, \vec{0})$$

$$p_6^{\mu} = (m_ec, \vec{0})$$

운동량-에너지 보존

$$p_1^{\mu} + p_2^{\mu} \ = p_3^{\mu} + p_4^{\mu} + p_5^{\mu} + p_6^{\mu}$$

$$p^2 = p_\mu p^\mu = \frac{E^2}{c^2} - \vec{p}^{\,2} = m^2c^2 \text{에 의해}$$

$$\rightarrow (p_1 + p_2)^2 = (p_3 + p_4 + p_5 + p_6)^2$$

왼쪽 항 $\quad p_1^2 + p_2^2 + 2p_1 \cdot p_2 = m_e^2c^2 + m_e^2c^2 + 2\frac{E}{c}m_ec - \vec{p} \cdot \vec{0} = 2m_e^2c^2 + 2Em_e$

오른쪽 항 $\quad (3+4+5+6) \cdot (3+4+5+6)$

$$\begin{aligned} = \; & 3 \cdot 3 + 3 \cdot 4 + 3 \cdot 5 + 3 \cdot 6 + \\ & 4 \cdot 3 + 4 \cdot 4 + 4 \cdot 5 + 4 \cdot 6 + \\ & 5 \cdot 3 + 5 \cdot 4 + 5 \cdot 5 + 5 \cdot 6 + \\ & 6 \cdot 3 + 6 \cdot 4 + 6 \cdot 5 + 6 \cdot 6 \end{aligned}$$

[Note] $\quad 3 \cdot 4 \equiv p_3 \cdot p_4 = m_ecm_ec - \vec{0} \cdot \vec{0} = m_e^2c^2$

$5 \cdot 6 \equiv p_5 \cdot p_6 = m_ecm_ec - \vec{0} \cdot \vec{0} = m_e^2c^2$

$3 \cdot 3 \equiv p_3 \cdot p_3 = p_3^2 = m_e^2c^2$

$5 \cdot 5 \equiv p_5 \cdot p_5 = p_5^2 = m_e^2c^2$

$$\therefore 4m_e^2c^2 + 12m_e^2c^4$$

왼쪽 항 = 오른쪽 항

$$\rightarrow \quad 2m_e^2c^2 + 2Em_e = 4m_e^2c^2 + 12m_e^2c^2$$

$$2Em_e = 14m_e^2c^2$$

$$\therefore E = 7m_ec^2$$

[Q&A] 질량이 m이고 운동에너지가 T인 동일입자가 그림 (1-39)처럼 정면충돌 (head-on collision) 혹은 정지 표적 B에 A가 충돌한다. 이들 사이의 상대 운동에너지 T'은 얼마인가?

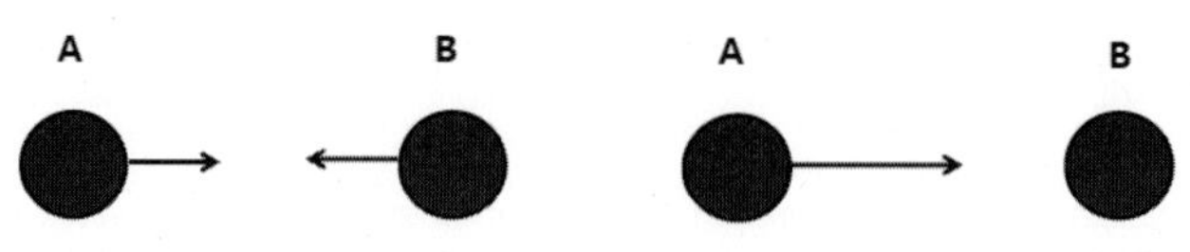

[그림 1-39] 정면충돌 (head-on collision)과 fixed target 실험.

정면충돌의 경우 서로 방향이 반대이므로 운동량 합은 0이다. → ${}_{CM}p^{\mu}_{tot} = (\frac{2E}{c}, \vec{0})$

Fixed target의 경우, 물체 A의 4벡터는 $(\frac{E'}{c}, \vec{p'})$, 물체 B는 초기에 정지하고 있었으므로 $(\frac{mc^2}{c}, \vec{0})$이다. → ${}_{LAB}p^{\mu'}_{tot} = (\frac{E' + mc^2}{c}, \vec{p'})$

$${}_{CM}p^{\mu}_{tot}\,{}_{CM}p_{tot,\mu} = {}_{LAB}p^{\mu'}_{tot}\,{}_{LAB}p_{tot,\mu'} \qquad (\because\ (p_{tot})^2 = (p'_{tot})^2)$$

$$(\frac{2E}{c})^2 = (\frac{E' + mc^2}{c})^2 - |\vec{p'}|^2$$

$$\frac{4E^2}{c^2} = \frac{E'^2 + 2E'mc^2 + m^2c^4}{c^2} - \frac{E'^2 - m^2c^4}{c^2} \qquad (\because E^2 - |\vec{p}|^2c^2 = m^2c^4)$$

$$2E^2 = E'mc^2 + m^2c^4$$

그리고, $E = mc^2 + T, E' = mc^2 + T'$ 이므로

$$2(mc^2 + T)^2 = (mc^2 + T')mc^2 + m^2c^4$$

$$\therefore T' = 4T(1 + \frac{T}{2mc^2})$$

만약 $T \ll mc^2$ (고전적인 경우), $T' = 4T$이다. Fixed target인 B에서 A를 볼 때, 속도는 2배가 된다. 따라서 $T' = \frac{1}{2}m(2v)^2 = 4 \cdot \frac{1}{2}mv^2 = 4T$ 임을 알 수 있다.

[Q&A] $p + p \rightarrow M + p + p$에서 M이 생성될 수 있는 p의 입사 최소 에너지?

① p가 입사해서 정지하고 있는 표적 p에 충돌할 경우

(문제를 쉽게 하기 위해 $c = 1$로 택하는 단위를 사용)

입사 p의 4벡터 (E_p, p_p)

정지해 있는 p의 4벡터 $(m_pc^2, 0) = (m_p, 0)$

충돌 후는 2개의 m_p와 M이 생성

에너지 보존 충돌 전 에너지 = 충돌 후 에너지

$$\rightarrow (E_p + m_p)^2 - p_p^2 = (2m_p + M)^2$$

$$(E_p + m_p)^2 - (E_p^2 - m_p^2) = (2m_p + M)^2$$

$$\therefore E_p = m_p + 2M + \frac{M^2}{2m_p}$$

② 두 개 p가 서로 반대 방향으로 입사해 충돌하는 경우

왼쪽에서 입사 p의 4벡터 (E_p, p_p)

오른쪽에서 입사 p의 4벡터 $(E_p, -p_p)$

충돌 전 후 에너지 보존 $(E_p + E_p)^2 - (p_p - p_p)^2 = (2m_p + M)^2$

$$(2E_p)^2 = (2m_p + M)^2$$

$$\therefore E_p = m_p + \frac{M}{2}$$

[Q&A] 광자가 정지하고 있던 전자와 부딪쳐 $\gamma + e^- \rightarrow e^+ + e^- + e^-$ 반응이 일어났다. 입사광자의 문턱에너지는 얼마인가?

입사 광자의 4벡터 $(E_\gamma, \overrightarrow{p_\gamma})$

정지 전자의 4벡터 $(E_e, \overrightarrow{p_e}) = (m_e, 0)$ ($\because c = 1$을 택한다)

충돌 후 생성입자들의 총 4벡터 $(3E_e, \overrightarrow{p_e}) = (3E_e, 0)$

($\because$ 생성된 전자와 양전자의 KE가 0일 때가 입사하는 광자 에너지가 최소)

[Note] $E^2 - p^2 = m^2 = \text{invariant}$

충돌 전 후 에너지 보존

전 후

$$\rightarrow (E_\gamma + m_e)^2 - p_\gamma^2 = (3m_e)^2$$

[Note] $E_\gamma^2 = (\overrightarrow{p_\gamma} c)^2 + m_\gamma^2 c^4 = (\overrightarrow{p_\gamma} c)^2$ ($\because m_\gamma = 0$)

$$\therefore E_\gamma = p_\gamma$$

$$\rightarrow (E_\gamma + m_e)^2 - E_\gamma^2 = (3m_e)^2$$

$$\therefore E_\gamma = 4m_e = 4 \times 0.511 = 2.044 \text{ MeV}$$

1.4 입자붕괴 및 충돌

(1) 입자붕괴

[Q&A] 정지해 있던 입자 A가 $A \rightarrow B + C$로 붕괴된다. 이 때 방출되는 B입자의 에너지를 구하라.

(방법1)

에너지-운동량보존

A입자: $(\frac{E_A}{c}, \vec{0}) = (\frac{m_A c^2}{c}, \vec{0})$ ($\because E^2 = (\vec{p}c)^2 + m_0^2 c^4 = m_0^2 c^4$. A입자 정지)

B입자: $(\frac{E_B}{c}, \vec{p})$

C입자: $(\frac{E_C}{c}, -\vec{p})$ ($\because B$와 C는 back-to-back으로 나가야 함)

$\rightarrow m_A c^2 = E_B + E_C$

$\therefore E_C = m_A c^2 - E_B$

$$E_B^2 = |\vec{p}|^2 c^2 + m_B^2 c^4$$

$$E_C^2 = |-\vec{p}|^2 c^2 + m_C^2 c^4 = |\vec{p}|^2 c^2 + m_C^2 c^4$$

$$\begin{aligned} E_B^2 &= E_C^2 - m_C^2 c^4 + m_B^2 c^4 \\ &= (m_A c^2 - E_B)^2 - m_C^2 c^4 + m_B^2 c^4 \\ &= m_A^2 c^4 - 2 m_A c^2 E_B + E_B^2 - m_C^2 c^4 + m_B^2 c^4 \end{aligned}$$

$$\therefore E_B = \frac{m_A^2 + m_B^2 - m_C^2}{2 m_A} c^2$$

(방법2)

에너지 보존

$$\sqrt{|\overrightarrow{p_A}|^2 c^2 + m_A^2 c^4} = \sqrt{|\overrightarrow{p_B}|^2 c^2 + m_B^2 c^4} + \sqrt{|\overrightarrow{p_C}|^2 c^2 + m_C^2 c^4}$$

[Note] $\overrightarrow{p_A} = 0$ (정지)

$\overrightarrow{p_B} = -\overrightarrow{p_C} \equiv \vec{p}$ (즉, 크기는 동일하고 방향은 반대)

$$\rightarrow m_A c^2 = \sqrt{|\vec{p}|^2 c^2 + m_B^2 c^4} + \sqrt{|\vec{p}|^2 c^2 + m_C^2 c^4}$$

$$m_A c^2 - \sqrt{|\vec{p}|^2 c^2 + m_B^2 c^4} = \sqrt{|\vec{p}|^2 c^2 + m_C^2 c^4}$$

$$m_A c^2 - 2m_A c^2 \sqrt{|\vec{p}|^2 c^2 + m_B^2 c^4} + |\vec{p}|^2 c^2 + m_B^2 c^4 = |\vec{p}|^2 c^2 + m_C^2 c^2$$

$$m_A c^2 - 2m_A c^2 E_B + |\vec{p}|^2 c^2 + m_B^2 c^4 = |\vec{p}|^2 c^2 + m_C^2 c^2$$

$$\therefore E_B = \frac{m_A^2 + m_B^2 - m_C^2}{2m_A} c^2$$

[Q&A] 생성된 입자들 (B와 C)의 운동량 크기를 구하라.

운동량 보존 $|\overrightarrow{p_B}| = |\overrightarrow{p_C}|$

[Note] $E^2 = |\vec{p}|^2 c^2 + m^2 c^4 \quad \rightarrow \quad |\vec{p}|^2 = \dfrac{E^2 - m^2 c^4}{c^2}$

$$\therefore |\overrightarrow{p_B}| = |\overrightarrow{p_C}| = \sqrt{\frac{E_B^2}{c^2} - m_B^2 c^2}$$

앞 결과에서, $E_B = \dfrac{m_A^2 + m_B^2 - m_C^2}{2m_A} c^2$

$$\therefore |\overrightarrow{p_B}| = |\overrightarrow{p_C}| = \sqrt{\frac{1}{c^2}\left(\frac{m_A^2 + m_B^2 - m_C^2}{2m_A}\right)^2 - m_B^2 c^2}$$

$$= \frac{\sqrt{(m_A^2 + m_B^2 - m_C^2)(m_A^2 + m_B^2 - m_C^2) - 4m_A^2 m_B^2}}{2m_A} c$$

$$= \frac{\sqrt{m_A^4 + m_B^4 + m_C^4 - 2m_A^2 m_B^2 - 2m_B^2 m_C^2 - 2m_C^2 m_A^2}}{2m_A} c$$

$$\equiv \frac{\sqrt{\lambda(m_A^2, m_B^2, m_C^2)}}{2m_A} c$$

여기서, $\lambda(x, y, z) =$ triangle function $\equiv x^2 + y^2 + z^2 - 2xy - 2xz - 2yz$

[Q&A] 그림 (1-40)처럼 $\pi \rightarrow \mu + \nu_\mu$으로 붕괴한다. (중성미자의 질량은 0이고, $m_\mu = 106 \dfrac{\text{MeV}}{c^2}$ 이다) 뮤온 (μ)의 운동량, 에너지, 속도와 중성미자 (ν)의 에너지 구하여라.

(방법1)

[그림 1-40] 파이온이 중성미자와 뮤온으로 붕괴 ($\pi^{\pm} \rightarrow \mu^{\pm} + \nu_{\mu}$).

에너지 보존

$$E_{\pi} = E_{\mu} + E_{\nu}$$

[Note] $E^2 = E_0^2 + (\vec{p}c)^2 = (\vec{p}c)^2 + m_0^2c^4$

$$m_{\pi}c^2 = \sqrt{|\vec{p_{\mu}}|^2c^2 + m_{\mu}^2c^4} + |\vec{p_{\nu}}|c \qquad Ⓐ$$

운동량 보존

$$0 = \vec{p_{\nu}} + \vec{p_{\mu}} \qquad \rightarrow \qquad \therefore \vec{p_{\nu}} = -\vec{p_{\mu}}$$

식 Ⓐ로부터

$$m_{\pi}c^2 = \sqrt{|\vec{p_{\mu}}|^2c^2 + m_{\mu}^2c^4} + |\vec{p_{\nu}}|c = \sqrt{|\vec{p_{\mu}}|^2c^2 + m_{\mu}^2c^4} + |-\vec{p_{\mu}}|c$$

$$(m_{\pi}c^2 - |-\vec{p_{\mu}}|c) = c\sqrt{|\vec{p_{\mu}}|^2 + m_{\mu}^2c^2}$$

뮤온 (μ)의 운동량

$$\therefore |\vec{p_{\mu}}| = \frac{m_{\pi}^2 - m_{\mu}^2}{2m_{\pi}}c$$

뮤온 에너지

$$E_{\mu}^2 = (|\vec{p_{\mu}}|c)^2 + m_{\mu}^2c^4$$

$$= [\frac{m_{\pi}^2 - m_{\mu}^2}{2m_{\pi}}c]^2c^2 + m_{\mu}^2c^4$$

$$\therefore E_{\mu} = \frac{m_{\pi}^2 + m_{\mu}^2}{2m_{\pi}}c^2$$

뮤온 속도

$$E = \gamma m_0c^2$$

$$\vec{p} = \gamma m_0\vec{v}$$

$$\rightarrow \frac{\vec{p}}{E} = \frac{\gamma m_0 \vec{v}}{\gamma m_0 c^2}$$

$$\therefore \vec{v} = \frac{\vec{p}c}{E}$$

위에서 구한 뮤온의 운동량과 에너지 값을 대입하면

$$\therefore v_\mu = \frac{m_\pi^2 - m_\mu^2}{m_\pi^2 + m_\mu^2} c = 0.271c$$

(방법2) 4벡터 사용. 생성된 뮤온이 최대 운동량을 가지고 튀어 나갈 때는 언제이고 값은?

에너지-운동량 보존 $\quad p_\pi = p_\mu + p_\nu$

$$\therefore p_\nu = p_\pi - p_\mu$$

$$p_\nu \cdot p_\nu = p_\nu^2 = p_\pi^2 + p_\mu^2 - 2p_\pi \cdot p_\mu$$

[Note] $\quad p_\mu p^\mu = \frac{E^2}{c^2} - \vec{p}^{\,2} = m_0^2 c^2$

$$p_\nu^2 = m_\nu^2 c^2 = 0$$

$$p_\pi^2 = m_\pi^2 c^2$$

$$p_\mu^2 = m_\mu^2 c^2$$

$$p_\pi \cdot p_\mu = \frac{E_\pi}{c}\frac{E_\mu}{c} - \overrightarrow{p_\pi} \cdot \overrightarrow{p_\mu} = \frac{E_\pi}{c}\frac{E_\mu}{c} \qquad (\because \overrightarrow{p_\pi} = 0)$$

$$= \frac{m_\pi c^2}{c}\frac{E_\mu}{c} = m_\pi E_\mu \qquad (\because E_\pi^2 = |\overrightarrow{p_\pi}|^2 c^2 + m_\pi^2 c^4 = m_\pi^2 c^4)$$

$$\rightarrow 0 = m_\pi^2 c^2 + m_\mu^2 c^2 - 2m_\pi E_\mu$$

뮤온 에너지

$$\therefore E_\mu = \frac{m_\mu^2 + m_\pi^2}{2m_\pi} c^2$$

중성미자 에너지

$$\rightarrow p_\mu = p_\pi - p_\nu$$

$$p_\mu \cdot p_\mu = p_\mu^2 = p_\pi^2 + p_\nu^2 - 2p_\pi \cdot p_\nu$$

$$m_\mu^2 c^2 = m_\pi^2 c^2 + 0 - 2\left(\frac{E_\pi}{c}\frac{E_\nu}{c} - \overrightarrow{p_\pi}\,\overrightarrow{p_\nu}\right) = m_\pi^2 c^2 - 2\frac{m_\pi c^2}{c}\frac{E_\nu}{c} \quad (\because \overrightarrow{p_\pi} = 0)$$

$$\therefore E_\nu = \frac{m_\pi^2 - m_\mu^2}{2m_\pi} c^2$$

[Note] $E^2 = E_0^2 + (\vec{pc})^2 = (\vec{pc})^2 + m_0^2c^4$

$$\therefore\ E_\nu = |\vec{p_\nu}|c = |\vec{p_\mu}|c \qquad (\because\ \vec{p_\nu} = -\ \vec{p_\mu})$$

$$\rightarrow |\vec{p_\mu}| = \frac{E_\nu}{c}$$

$$= \frac{m_\pi^2 - m_\mu^2}{2m_\pi}c$$

한편, 생성된 뮤온이 최대 운동량을 가지고 튀어 나갈 때는 중성미자의 에너지가 최소일 때 이다.

$$\therefore\ |\vec{p_\mu}| = \frac{m_\pi^2 - m_\mu^2}{2m_\pi}c = \frac{140^2 - 106^2}{2 \times 140} \simeq 29.9\left[\frac{\text{MeV}}{c}\right]$$

(방법3) 뮤온의 운동에너지 (KE)를 구하라.

[Note] $E = E_0 + \text{KE}$

$$\therefore \text{KE}(\mu) = E - E_0 = \gamma m_\mu c^2 - m_\mu c^2 = (\gamma - 1)m_\mu c^2$$

운동량 보존

$$0 = \vec{p_\nu} + \vec{p_\mu} \qquad (\because\ \vec{p_\nu} = -\ \vec{p_\mu}\ \text{크기는 같고 방향은 반대})$$

$$|\vec{p_\mu}| = m_\mu|\vec{v}| = \gamma m_\mu \beta c$$

$$|\vec{p_\nu}| = \frac{E_\nu}{c}$$

$$\therefore\ \gamma m_\mu \beta c = \frac{E_\nu}{c} \qquad Ⓐ$$

에너지 보존

$$E_\pi = E_\mu + E_\nu$$

$$m_\pi c^2 = \gamma m_\mu c^2 + E_\nu \qquad Ⓑ$$

식 Ⓐ와 식 Ⓑ를 결합하면

$$\therefore\ m_\pi = \gamma m_\mu(1 + \beta)$$

[Note] $\gamma \equiv \dfrac{1}{\sqrt{1-\beta^2}}$

$$\therefore\ \beta \equiv \frac{v}{c} = \frac{m_\pi^2 - m_\mu^2}{m_\pi^2 + m_\mu^2}$$

$$\rightarrow v_\mu = \frac{m_\pi^2 - m_\mu^2}{m_\pi^2 + m_\mu^2}c$$

$$\rightarrow \gamma = \frac{m_\pi^2 + m_\mu^2}{2m_\mu m_\pi}$$

$$\therefore \mathrm{KE}(\mu) = (\gamma - 1)\mathrm{m}_\mu \mathrm{c}^2$$

$$= \frac{(m_\pi - m_\mu)^2}{2m_\pi}c^2$$

[♣ 각자해보기] 각자 해보기] $K \rightarrow \mu + \nu$ 붕괴에서 $(\mathrm{KE})_\mu$과 $(\mathrm{KE})_\nu$를 구하라.

[정답] $(\mathrm{KE})_\mu \simeq 152\mathrm{MeV}$, $(\mathrm{KE})_\nu \simeq 236\mathrm{MeV}$

[Q&A] 속도 $\vec{v} = v$로 진행하는 파이온이 그림 (1-41)처럼 $\pi \rightarrow \mu + \nu_\mu$ 붕괴하였다. 중성미자가 파이온 진행방향에 90°로 생성되어 날아간다. 뮤온의 방향을 구하라.

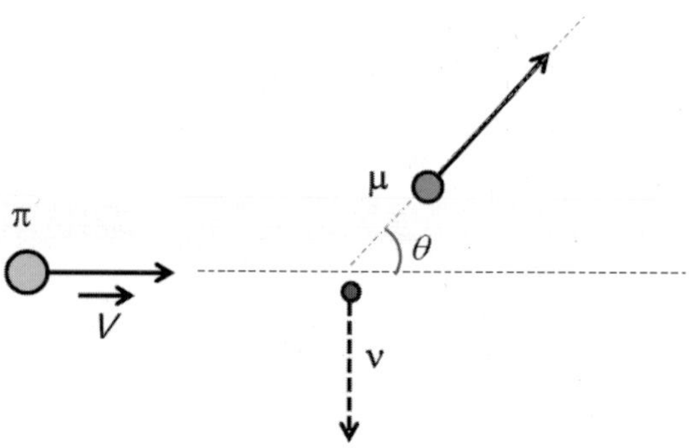

[그림 1-41] 속도 $\vec{v} = v$로 진행하는 파이온의 $\pi \rightarrow \mu + \nu_\mu$ 붕괴.

에너지 보존 $E_\pi = E_\mu + E_\nu$

$$\rightarrow \gamma m_\pi c^2 = \sqrt{|\overrightarrow{p_\mu}|^2 c^2 + m_\mu^2 c^4} + |\overrightarrow{p_\nu}|c$$

$$\therefore (\gamma m_\pi c^2 - |\overrightarrow{p_\nu}|c)^2 = |\overrightarrow{p_\mu}|^2 c^2 + m_\mu^2 c^4 \qquad \text{Ⓐ}$$

운동량 보존 $p_\pi = \overrightarrow{p_\mu}\cos\theta = \gamma m_\pi v$

$$\overrightarrow{p_\mu}\sin\theta = \overrightarrow{p_\nu}$$

$$\rightarrow |\overrightarrow{p_\mu}|^2 = \gamma^2 m_\pi^2 v^2 + |\overrightarrow{p_\nu}|^2$$

$$\rightarrow \tan\theta = \frac{\sin\theta}{\cos\theta} = \frac{\overrightarrow{p_\nu}}{\gamma m_\pi v}$$

$$\therefore \overrightarrow{p_\nu} = \gamma m_\pi v \tan\theta \qquad \text{Ⓑ}$$

식 Ⓐ에서

$$(\gamma m_\pi c^2 - |\overrightarrow{p_\nu}|c)^2 = (\gamma^2 m_\pi^2 v^2 + |\overrightarrow{p_\nu}|^2)c^2 + m_\mu^2 c^4$$

식 Ⓑ를 대입하면 최종적으로 다음을 얻는다.

$$\therefore \ \tan\theta = \frac{m_\pi^2 - m_\mu^2}{2\beta\gamma^2 m_\pi^2}$$

[Q&A] 정지한 질량 M인 입자가 2개의 질량 m인 입자로 붕괴하였다. 질량 m인 입자의 속력은 어떻게 되는가?

선운동량이 보존되어야하기 때문에 생성된 2개의 질량 m인 입자는 서로 반대방향으로 날아가야 한다.

에너지 보존	붕괴 전		붕괴 후
	E_M	$=$	$E_m + E_m$

$$\rightarrow Mc^2 = 2\gamma mc^2$$

$$\therefore M = 2\frac{m}{\sqrt{1-\beta^2}}$$

$$\beta^2 \equiv (\frac{v}{c})^2 = 1 - \frac{(2m)^2}{M^2}$$

$$\therefore v = c\sqrt{1-\frac{(2m)^2}{M^2}}$$

① $2m > M$인 경우
식 자체가 의미가 없다. 즉 붕괴하지 않는다. 이 말은 입자가 안정하다는 것을 의미한다고 볼 수 있다.

② $2m = M$인 경우
$M \rightarrow 2m$으로 붕괴하기 위한 최소한의 문턱 조건이라고 볼 수 있다.

③ $2m < M$인 경우
일반적인 붕괴에 해당한다.

[Q&A] 그림 (1-42)처럼 질량이 M인 입자가 $M \rightarrow \gamma\gamma$로 붕괴되었다. LAB계에서 두 광자 ($\gamma$) 사이의 각도를 구하면? (단, 광자의 에너지는 E_1, E_2라고 하자.)

(방법1)

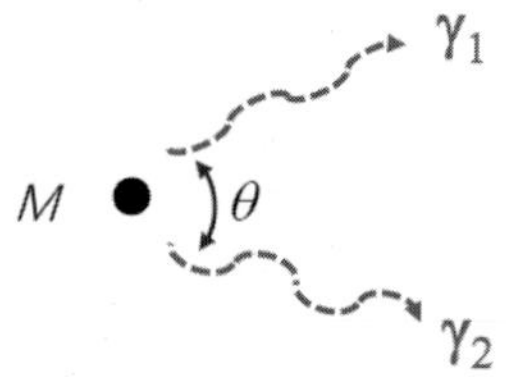

[그림 1-42] $M \rightarrow \gamma\gamma$ 붕괴.

(가정) 만약 초기에 M 입자가 정지하고 있었다면, 운동량 보존을 만족하기 위해 생성된 두 광자는 back-to-back으로 가야할 것이다. 하지만, 그런 경우 말고, 초기에 조그마한 요동을 가지고 있어서 어떤 각도 (θ)를 가지고 붕괴하는 경우를 살펴보기로 한다.

$$p_1 = (\frac{E_1}{c}, \overrightarrow{p_1}), \quad p_2 = (\frac{E_2}{c}, \overrightarrow{p_2}) \text{ 라고 하자.}$$

$$p^2 = p_\mu p^\mu = \frac{E^2}{c^2} - \vec{p}^{\,2} = m^2c^2$$

$$(p^\mu p_\mu)_{전} = (p^\mu p_\mu)_{후} \qquad (\because \text{ invariant mass})$$

$$\rightarrow M^2c^2 = \frac{(E_1 + E_2)^2}{c^2} - |\overrightarrow{p_1} + \overrightarrow{p_2}|^2$$

$$M^2c^4 = E_1^2 + E_2^2 + 2E_1E_2 - \{|\overrightarrow{p_1}|^2 + |\overrightarrow{p_2}|^2 + 2\overrightarrow{p_1} \cdot \overrightarrow{p_2}\}c^2$$

$$= E_1^2 + E_2^2 + 2E_1E_2 - \{(\frac{E_1}{c})^2 + (\frac{E_2}{c})^2 + 2\frac{E_1}{c}\frac{E_2}{c}\cos\theta\}c^2$$

$$\rightarrow 2E_1E_2\cos\theta = 2E_1E_2 - M^2c^4$$

$$\therefore \cos\theta = 1 - \frac{M^2c^4}{2E_1E_2}$$

(예) 정지에너지와 같은 운동에너지를 갖는 중성 파이온 입자가 날아가는 동안 붕괴한다. 만약 두 광자의 에너지가 같다고 할 때, 두 광자 사이의 각도는 얼마인가?

$$\cos\theta = 1 - \frac{M^2c^4}{2E_1E_2}$$

$$= 1 - \frac{M^2c^4}{2EE} = 1 - \frac{M^2c^4}{2E^2} = 1 - \frac{M^2c^4}{2(Mc^2)^2} = 1 - \frac{1}{2} = \frac{1}{2}$$

$$\therefore \theta = 60^o$$

(방법2)

에너지 보존 $E_M = E_1 + E_2$

$$\rightarrow \sqrt{|\overrightarrow{p_M}|^2 c^2 + M^2 c^4} = E_1 + E_2$$

$$\therefore |\overrightarrow{p_M}|^2 c^2 + M^2 c^4 = E_1^2 + E_2^2 + 2E_1 E_2 \quad Ⓐ$$

운동량 보존 $\overrightarrow{p_M} = \overrightarrow{p_1} + \overrightarrow{p_2}$

$$\rightarrow |\overrightarrow{p_M}|^2 = |\overrightarrow{p_1}|^2 + |\overrightarrow{p_2}|^2 + 2\overrightarrow{p_1} \cdot \overrightarrow{p_2} = |\overrightarrow{p_1}|^2 + |\overrightarrow{p_2}|^2 + 2|\overrightarrow{p_1}||\overrightarrow{p_2}|\cos\theta \quad Ⓑ$$

Ⓐ와 Ⓑ를 연립해서 풀면

$$\{|\overrightarrow{p_1}|^2 + |\overrightarrow{p_2}|^2 + 2|\overrightarrow{p_1}||\overrightarrow{p_2}|\cos\theta\}c^2 + M^2 c^4 = E_1^2 + E_2^2 + 2E_1 E_2$$

$$\{(\frac{E_1}{c})^2 + (\frac{E_2}{c})^2 + 2\frac{E_1}{c}\frac{E_2}{c}\cos\theta\}c^2 + M^2 c^4 = E_1^2 + E_2^2 + 2E_1 E_2$$

$$2E_1 E_2 \cos\theta = 2E_1 E_2 - M^2 c^4$$

$$\therefore \cos\theta = 1 - \frac{M^2 c^4}{2E_1 E_2}$$

[Q&A] 그림 (1-43)처럼 정지한 $\Sigma^0 \rightarrow \Lambda^0 + \gamma$ 로 붕괴하였다. 방출된 광자의 E_γ는?

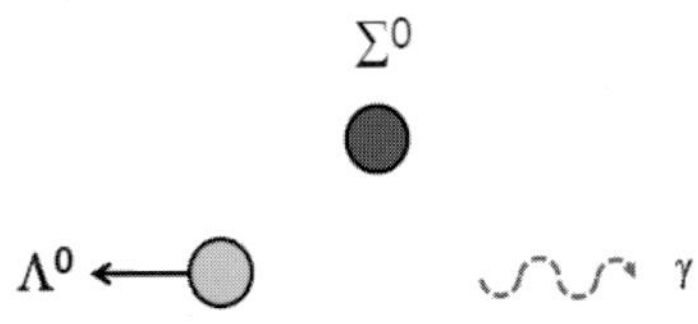

[그림 1-43] $\Sigma^0 \rightarrow \Lambda^0 + \gamma$ 붕괴.

운동량 보존 $\overrightarrow{p_{\Lambda^0}} = -\overrightarrow{p_\gamma}$

크기 $p_{\Lambda^0} = p_\gamma = \dfrac{E_\gamma}{c}$

에너지 보존 $E_{\Sigma^0} = E_{\Lambda^0} + E_\gamma$

[Note] $E^2 = E_0^2 + (\vec{p}c)^2 = (\vec{p}c)^2 + m_0^2 c^4$

$$\rightarrow M_{\Sigma^0} c^2 = E_{\Lambda^0} + E_\gamma$$

$$\rightarrow (E_{\Lambda^0})^2 = (M_{\Sigma^0} c^2 - E_\gamma)^2 = (M_{\Sigma^0} c^2)^2 - 2M_{\Sigma^0} c^2 E_\gamma + E_\gamma^2$$

한편,

$$p_{\Lambda^0}^2 c^2 = E_{\Lambda^0}^2 - M_{\Lambda^0}^2 c^4 = E_\gamma^2$$

$$\rightarrow E_\gamma^2 + M_{\Sigma^0}^2 c^4 = (M_{\Sigma^0} c^2)^2 - 2M_{\Sigma^0} c^2 E_\gamma + E_\gamma^2$$

$$\therefore E_\gamma = \frac{(M_{\Sigma^0} c^2)^2 - (M_{\Sigma^0} c^2)^2}{2M_{\Sigma^0} c^2} = \frac{(1192\text{MeV})^2 - (1116\text{MeV})^2}{2 \times 1192\text{MeV}} = 73.6\text{MeV}$$

[Q&A] 정지하고 있던 질량 M인 물체가 질량 m_1, 속도 $\overrightarrow{v_1}$인 물체와 질량 m_2, 속도 $\overrightarrow{v_2}$인 물체로 분열 될 때 $\frac{(\text{KE})_1}{(\text{KE})_2}$를 구하라.

운동량 보존 $\quad 0 = m_1\overrightarrow{v_1} - m_2\overrightarrow{v_2}$

$$\therefore \frac{v_1}{v_2} = \frac{m_2}{m_1}$$

$$\therefore \frac{(\text{KE})_1}{(\text{KE})_2} = \frac{\frac{1}{2}m_1 v_1^2}{\frac{1}{2}m_2 v_2^2} = \frac{m_1}{m_2}\left(\frac{v_1}{v_2}\right)^2 = \frac{v_2}{v_1}\left(\frac{v_1}{v_2}\right)^2 = \frac{v_1}{v_2}$$

(2) 충돌

충격량

가속도 $\quad a = \frac{v - v_0}{t}$

운동의 법칙 $\quad F = ma = m\frac{v - v_0}{t}$

$$\because Ft = mv - mv_0$$

충격량 (impulse)

$I \equiv Ft$ (물체에 F 힘을 t초 동안에 작용)

$\rightarrow Ft \equiv I = mv - mv_0$ ("충격량은 운동량의 변화량과 같다")

단위 $\text{Ns} = \text{kg}\frac{\text{m}}{\text{s}^2}\text{s} = \text{kg}\frac{\text{m}}{\text{s}}$ (충격량의 단위는 운동량 단위하고 동일)

✎ 물체가 받은 충격량이 동일할 때, 충돌시간이 길어질수록 충격력은 작아진다.

[♣ 살펴보기]

- 자동차 범퍼는 찌그러지면서 충돌시간을 길게 한다.
- 에어백
- 높은 곳에서 뛰어내릴 때, 발을 구부리면서 착지한다.
- 번지점프를 할 때, 줄의 길이가 늘어나면서 시간이 길어져 사람이 받는 충격력은 작아진다.
- 매트위에서 레슬링이나 유도 경기를 하면 선수를 보호할 수 있다.

충격력

(상황) 테니스공을 칠 때 혹은 골프공을 칠 때 공은 크게 변형됨을 알 수 있다. 이와 같이 짧은 시간동안 물체 사이에 상대적으로 강한 힘이 작용할 때 힘의 크기는 측정하기 어렵지만 힘에 의한 총 충격량은 운동량의 변화량을 측정함으로써 알 수 있다.

$$F = ma = m\frac{dv}{dt} = \frac{d(mv)}{dt}$$ (운동량의 시간변화량은 충격력과 같다)

✎ 운동량변화가 같을 때 작용한 시간이 짧을수록 작용한 힘은 크다

[♣ 살펴보기]

- 포수가 야구공을 받을 때 글러브를 뒤로 빼면서 받으면 충격이 작다. 즉, 같은 운동량변화에 대해 시간을 길게 해서 작용한 힘을 작게 한다.
- 유리컵을 같은 높이 위에서 딱딱한 바닥과 솜이불에 떨어뜨렸을 때, 솜이불에서는 잘 깨지지 않는 이유도 역시 유리컵을 정지시키는 시간을 길기 때문이다.
- 자동차가 짚더미에 부딪칠 때 파손이 덜한 이유는 t가 길고 F가 작기 때문이다.
- 자동차가 콘크리트 벽에 부딪칠 때 파손이 심한 이유는 t가 짧고 F가 크기 때문이다.

[Q&A] 충격량과 차원이 같은 물리량은?

① 에너지 ② 힘 ③ 일률 ④ 운동량 ⑤ 가속도

[정답] ④

[Q&A] 마찰이 없는 수평면 위에 질량 (m)이 3 kg에 충격량 15 N • s이 가해진다.

① 속력은?

$Ft \equiv I = mv - mv_0$

$15 = 3\times v - 3\times 0 = 3v$

$\therefore v = 5\left[\frac{\mathrm{m}}{\mathrm{s}}\right]$

② 운동량 크기는?

$$p = mv = 3 \times 5 = 15 \left[\frac{\text{kg} \cdot \text{m}}{\text{s}}\right]$$

[Q&A] 축구공을 차면 짧은 시간 동안 축구공에 힘을 주게 되고 축구공은 받은 충격량만큼 운동량이 변한다. 그럼 축구공이 받는 평균 힘은 어떻게 구할 수 있을까?

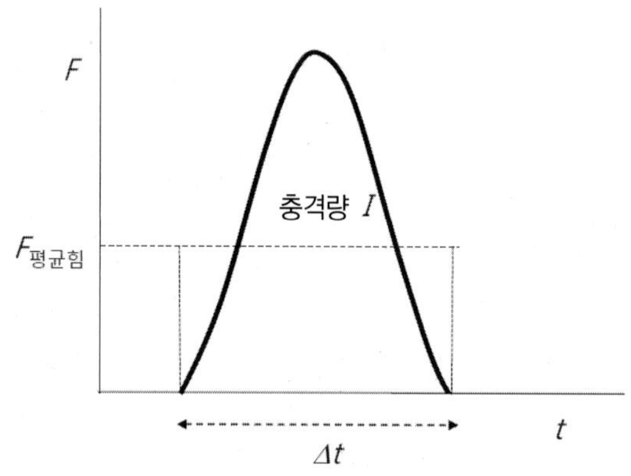

[그림 1-44] 힘-시간의 그래프에서 넓이는 충격량의 크기를 나타낸다.

축구공이 받는 힘은 대체로 그림 (1-44)와 같을 것이다. 충격량은 그래프의 면적에 해당한다. 따라서 충격량을 알면 축구공이 받는 평균힘을 알 수 있다.

$$\text{평균힘} = F_{\text{평균힘}} = \frac{I}{\Delta t}$$

[Q&A] 60 kg인 사람이 3 m 높이에서 뛰어내린다. 충격량은? 이제 다리를 1 cm 구부린 경우와 50 cm 구부린 경우 평균힘을 비교해 보면?

지면에 도달할 때 사람의 속도 $mgh = \frac{1}{2}mv^2$

$$\therefore v = \sqrt{2gh} = \sqrt{2 \times 9.8 \times 3} = 7.7 \left[\frac{\text{m}}{\text{s}}\right]$$

충격량은 운동량의 변화량과 같다 $\rightarrow Ft \equiv I = mv - mv_0$

$$\therefore I = 60 \times 7.7 - 60 \times 0 = 462 \left[\text{kg}\frac{\text{m}}{\text{s}}\right]$$

1 cm 구부린 경우, 접촉시간이 약간 길어질 것으로 예상

$$\Delta t = \frac{0.01\text{m}}{7.7(\text{m/s})} = 1.2 \times 10^{-3}\text{s}$$

$$\text{평균힘} = \frac{I}{\Delta t} = \frac{462}{1.2 \times 10^{-3}} = 385 \times 10^{5} \approx 4 \times 10^{5}\text{N}$$

50 cm 구부린 경우, 접촉시간이 더욱 더 길어질 것으로 예상

$$\Delta t = \frac{0.5\text{m}}{7.7(\text{m/s})} = 6.4 \times 10^{-2}\text{s}$$

$$\text{평균힘} = \frac{I}{\Delta t} = \frac{462}{6.4 \times 10^{-2}} = 72 \times 10^{2} \approx 7 \times 10^{3}\text{N}$$

따라서 충격량은 동일하지만 접촉시간을 늘림으로써 평균힘을 줄일 수 있는 것이 바로 낙법이다.

[Q&A] 아픈 충격과 덜 아픈 충격을 그림을 그려서 비교해 보면?

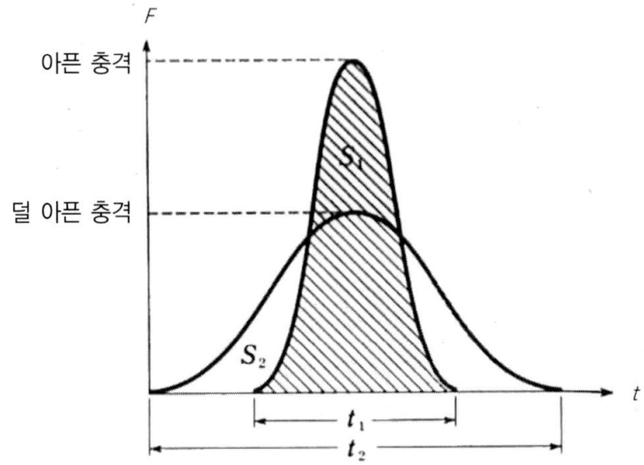

[그림 1-45] 충격량 그래프. 충격량이 동일해도 접촉시간에 따라 가해진 힘의 크기가 달라진다.

충격량이 동일할 때, 그림 (1-45)처럼 면적 S_1과 면적 S_2는 동일하다. S_1의 경우 짧은 시간에 큰 힘을 가한 것이고, S_2의 경우 긴 시간에 작은 힘을 받은 경우이다. 따라서 S_2의 경우가 덜 아픈 힘을 나타낸다.

[Q&A] 총구가 짧은 것하고 긴 것 중 어느 것이 총알이 더 멀리 날아가는가?

긴 것이 더 멀리 날아간다. 총구가 길수록 총구를 떠날 때 까지 힘을 받는 시간이 길어져 충격량이 더 크다.

$$\rightarrow \quad I \equiv Ft \quad (F = \text{동일})$$

$$(\text{충격량})_L > (\text{충격량})_S$$

(운동변화량)$_L$ > (운동변화량)$_S$

$\therefore v_L > v_S$ ($\because m=$동일)

즉, 힘이 일정할 때, 시간을 늘려 충격량을 늘일 수 있다.

- 총알을 멀리 보내기 위해 대포 포신을 길게 한다.
- 운동선수가 follow through를 한다.
- 대롱 화살을 이용하여 사냥한다.

[Q&A] 질량이 5 kg인 물체와 10 kg인 물체가 충돌하였다. 이 두 물체가 상대방 물체로부터 받는 힘의 비는?

① 1:1 ② 1:2 ③ 2:1 ④ 1:$\frac{1}{2}$ ⑤ $\frac{1}{2}$:1

[정답] ①

반발계수

(정의) 충돌 전과 충돌 후 상대 속도의 크기

그림 (1-46)처럼 충돌 전의 두 물체의 속도가 각각 v_1, v_2이고, 충돌 후의 속도가 v_1', v_2'으로 변경되었을 때, 반발계수는 다음과 같이 정의된다.

$$e \equiv \left| \frac{v_1' - v_2'}{v_1 - v_2} \right| = -\frac{v_1' - v_2'}{v_1 - v_2} = \frac{v_2' - v_1'}{v_1 - v_2}$$

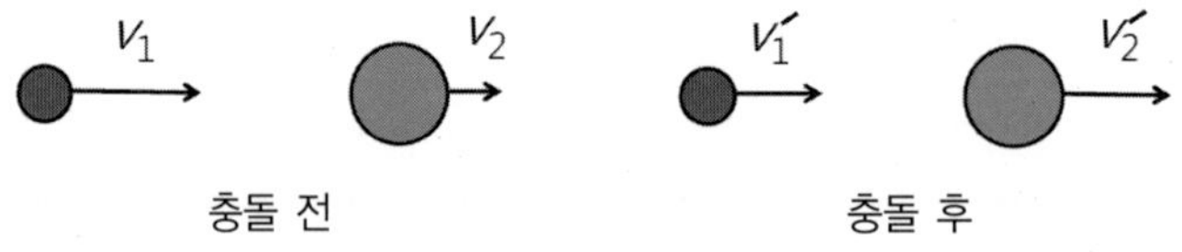

[그림 1-46] 충돌 전 후 속도 변화량.

[Q&A] 축구공이 높이 H에서 자유낙하한 후 원래 높이의 90%까지 튀어 올라왔다. 반발계수 (e)를 구하면?

바닥에 도달하기 직전 속도 $mgH = \frac{1}{2}mv_1^2$

$\therefore v_1 = \sqrt{2gh}$

원래 높이의 $0.9h$까지 올라가기 위한 바닥 충돌 후의 초기 속도

$$\frac{1}{2}mv_1^{'} = mg(0.9H)$$

$$\therefore v_1^{'} = \sqrt{1.8gh}$$

$$\text{반발계수 } e \equiv \left|\frac{v_1^{'} - v_2^{'}}{v_1 - v_2}\right| = \left|\frac{\sqrt{1.8gH} - 0}{\sqrt{2gH} - 0}\right| = 0.949$$

($\because v_2 = v_2^{'} = 0$ 바닥면은 정지하고 있으므로)

[☛ 일반화] 높이 H에서 떨어져서 높이 h만큼 다시 올라간다고 할 때, 반발계수와 속도와의 관계는? 또한 시간은?

$$\text{반발계수 } e \equiv \left|\frac{v_1^{'} - v_2^{'}}{v_1 - v_2}\right| = \left|\frac{\sqrt{2gh} - 0}{\sqrt{2gH} - 0}\right| = \sqrt{\frac{h}{H}}$$

$$e \equiv \left|\frac{v_1^{'} - v_2^{'}}{v_1 - v_2}\right| = \left|\frac{v_1^{'} - 0}{v_1 - 0}\right| = \frac{v_1^{'}}{v_1} \quad \rightarrow \quad v_1^{'} = ev_1$$

자유낙하 $v = v_0 + gt$

$$\rightarrow v_1 = gt$$

$$v_1^{'} = gt^{'}$$

$$e \equiv \left|\frac{v_1^{'} - v_2^{'}}{v_1 - v_2}\right| = \frac{v_1^{'}}{v_1} = \frac{gt^{'}}{gt} = \frac{t^{'}}{t}$$

$\therefore h$까지 올라가는데 걸린 시간은 $t^{'} = et$ 이다.

[Q&A] n번째 튀어 오르는 높이는 얼마인가?

1번 튀어 오른 후 높이

$$e = \sqrt{\frac{h}{H}} \quad \rightarrow \quad \therefore h = e^2 H$$

n번 튀어 오른 후 높이

$$\therefore h_n = (e^2)^n H$$

[Q&A] H에서 자유 낙하시켜 공이 정지할 때까지 운동한 총 거리는?

$$총거리 = H + 2e^2H + 2e^4H + \ldots = H + 2He^2(1 + e^2 + \ldots) = H + 2He^2\frac{1}{1-e^2}$$

$$= \frac{1+e^2}{1-e^2}H$$

[Q&A] H에서 자유 낙하시켜 공이 정지할 때까지 운동한 총 시간은?

$$총시간 = t + 2et + 2e^2t + \ldots = t + 2te(1+e+\ldots) = t + 2te\frac{1}{1-e}$$

$$= \frac{1+e}{1-e}t$$

[Q&A] 물체가 반발계수가 0.6인 지면에 10m/s 속력으로 수직으로 충돌 후 튀어 올라온다. 이때 속력은?

$$\rightarrow\ v_1^{'} = ev_1$$

$$\therefore\ v_1^{'} = 0.6 \times 10 = 6[\frac{\mathrm{m}}{\mathrm{s}}]$$

[Q&A] 그림 (1-47)처럼 야구공을 벽을 향해 속도 v로 던졌을 때, 튕겨 나오는 속도가 $v^{'}$이다. 반발계수는?

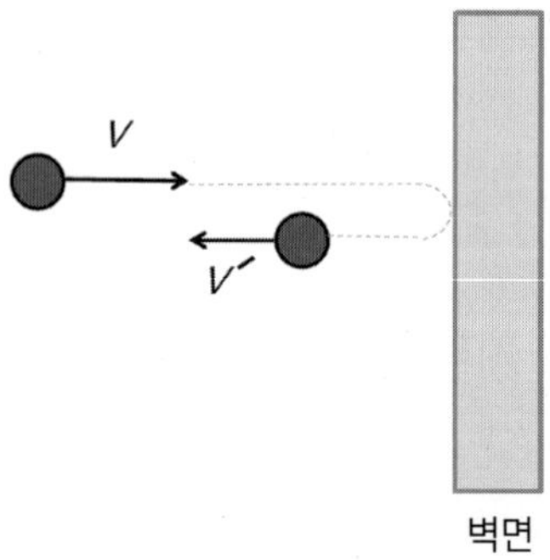

[그림 1-47] 벽에 수직하게 충돌하는 경우의 반발계수.

$$반발계수\ e \equiv \left|\frac{v_1^{'} - v_2^{'}}{v_1 - v_2}\right| = \left|\frac{v^{'} - 0}{v - 0}\right| = \frac{v^{'}}{v}$$

[Note] 벽면을 90° 회전하면 이것은 자유낙하해서 바닥에서 튀겨 오르는 그림하고 동일하다는 것을 알 수 있다.

충돌의 종류

구분	탄성충돌	비탄성충돌	완전비탄성충돌
용어	Elastic collision	Inelastic collision	Completely inelastic collision
반발계수	$e=1$	$0 < e < 1$	$e=0$
운동량의 합	보존	보존	보존
운동에너지의 합	보존	보존 (×)	보존 (×)
기타	마찰 없는 평면위에서 에너지 손실 없이 당구공이 충돌하는 경우. (예) 이상기체도 탄성충돌. 크기가 비슷한 중성자-양성자 (np) 충돌.	충돌 시 운동에너지의 일부가 열, 소리에너지 등으로 빠져나간다. 대부분의 충돌이 여기에 해당한다. (예) 독일 전자-양성자 충돌인 H1, ZEUS 실험.	충돌 후 두 물체가 붙어서 운동한다.

[Q&A] 높이 h에서 공을 떨어드린다고 할 때 완전탄성충돌, 비탄성충돌, 완전비탄성충돌을 그림을 그려 쉽게 이해하면?

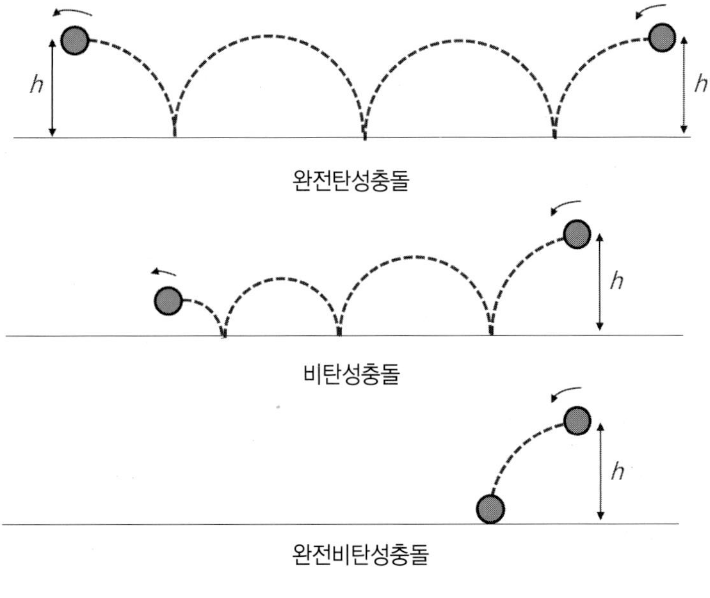

[그림 1-48] 완전탄성충돌, 비탄성충돌, 완전비탄성충돌.

그림 (1-48)처럼 완전탄성충돌에서는 잃어버린 에너지가 없으므로 몇 번을 지면에 충돌해도 원래 높이 h까지 다시 튀어 오르는 좀 이상적인 경우이다. 비탄성충돌의 경우는 지면과의 마찰로 매번 충돌 할 때 마다 열 및 소리 등으로 에너지가 점점 빠져나가 높이가 점점 줄어든다. 고에너지로 가속된 입자가 정지한 표적에 입사했을 때, 표적이 부서지는 경우도 비탄성충돌의 예이다. 대부분의 입자 충돌이 여기에 해당한다고 볼 수 있다. 완전비탄성충돌의 경우는 충돌 후 두 물체가 합쳐지는 경우이다.

(완전)탄성충돌

(의미) 운동량이 보존된다. 또한 에너지도 보존된다. 즉, 충돌하면서 마찰, 열, 소리 등으로 인해 에너지가 빠져 나가지 않는다.

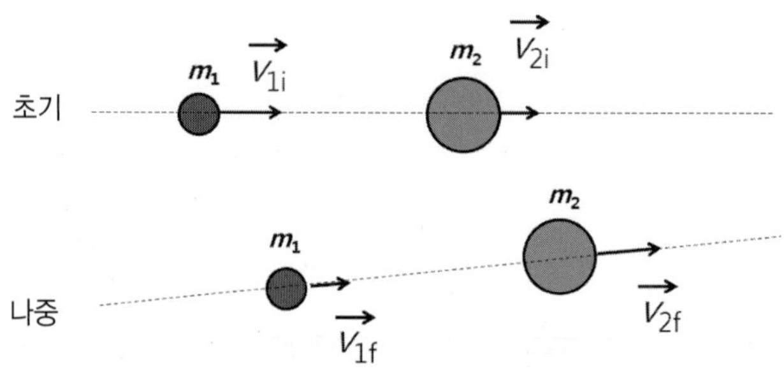

[그림 1-49] m_1과 m_2의 탄성충돌.

그림 (1-49)에서 다음이 성립한다.

운동량 보존 $m_1\overrightarrow{v_{1i}} + m_2\overrightarrow{v_{2i}} = m_1\overrightarrow{v_{1f}} + m_2\overrightarrow{v_{2f}}$

에너지 보존 $\frac{1}{2}m_1v_{1i}^2 + \frac{1}{2}m_2v_{2i}^2 = \frac{1}{2}m_1v_{1f}^2 + \frac{1}{2}m_2v_{2f}^2$

그림 (1-50)처럼 1차원의 경우 (x축으로만 이동)를 고려해 보자.

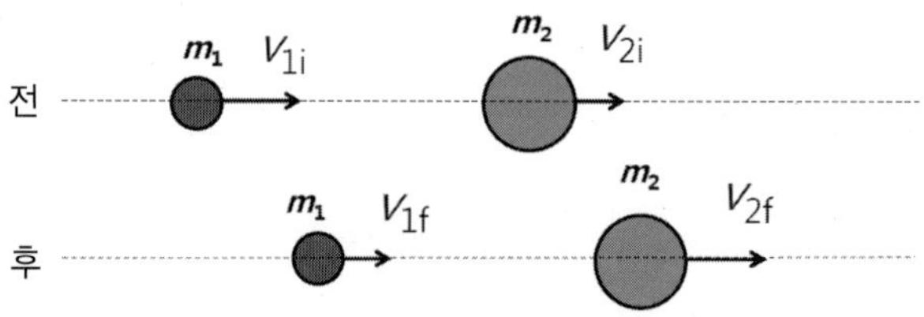

[그림 1-50] x축으로만 움직이는 1차원 탄성충돌의 경우.

$$m_1 v_{1i} + m_2 v_{2i} = m_1 v_{1f} + m_2 v_{2f}$$
$$\therefore m_1(v_{1i} - v_{1f}) = m_2(v_{2f} - v_{2i})$$

에너지보존 식에서

$$m_1(v_{1i}^2 - v_{1f}^2) = m_2(v_{2f}^2 - v_{2i}^2)$$
$$m_1(v_{1i} - v_{1f})(v_{1i} + v_{1f}) = m_2(v_{2f} - v_{2i})(v_{2f} + v_{2i})$$
$$m_2(v_{2f} - v_{2i})(v_{1i} + v_{1f}) = m_2(v_{2f} - v_{2i})(v_{2f} + v_{2i})$$
$$\therefore v_{1i} + v_{1f} = v_{2f} + v_{2i}$$
$$\rightarrow \quad -(v_{2i} - v_{1i}) = (v_{2f} - v_{1f})$$

즉, $v_2 - v_1$의 의미는 v_1에서 본 v_2의 상대속도임을 알 수 있다. 따라서 탄성 충돌에서 충돌 전후의 상대속도는 방향은 바뀔 수 있으나 크기는 불변이다. 예로, 그림 (1-51)처럼 탄성 충돌 전후의 상대속도의 크기는 동일하다.

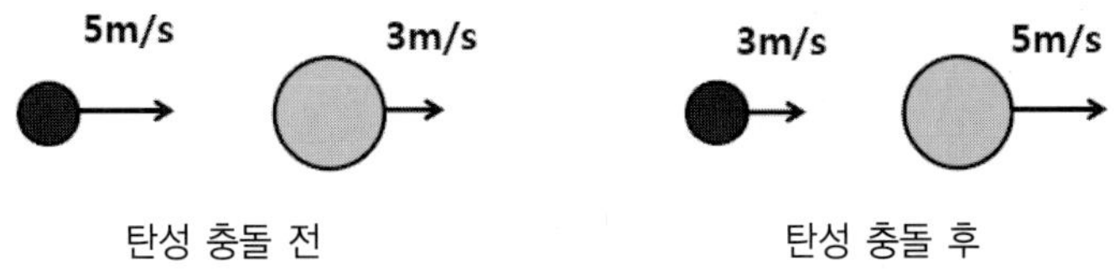

[그림 1-51] 탄성충돌에서의 충돌 전 후 상대속도.

[Q&A] v_{2f}를 구하라.

$v_{1i} + v_{1f} = v_{2f} + v_{2i}$ 식에서,

$$\therefore v_{2f} = v_{1i} - v_{2i} + v_{1f}$$

한편 운동량 보존식에서 $m_1 v_{1i} + m_2 v_{2i} = m_1 v_{1f} + m_2 v_{2f}$

$$\rightarrow \quad m_1 v_{1i} + m_2 v_{2i} = m_1 v_{1f} + m_2(v_{1i} - v_{2i} + v_{1f})$$
$$= (m_1 + m_2)v_{1f} + m_2 v_{1i} - m_2 v_{2i}$$
$$\therefore v_{1f} = \frac{1}{m_1 + m_2}[(m_1 - m_2)v_{1i} + 2m_2 v_{2i}]$$

따라서

$$\therefore v_{2f} = v_{1i} - v_{2i} + v_{1f}$$
$$= v_{1i} - v_{2i} + \frac{1}{m_1 + m_2}[(m_1 - m_2)v_{1i} + 2m_2 v_{2i}]$$
$$= \frac{2m_1 v_{1i} + (m_2 - m_1)v_{2i}}{(m_1 + m_2)}$$

[Q&A] $m_1 \ll m_2$ 인 경우, 완전 탄성 충돌 후 속도 v_{1f}, v_{2f}를 구하면?

예로, 그림 (1-52)처럼 운동하는 m_1 (탁구공), 정지해 있는 m_2 (볼링공)을 상상해 보자.

[그림 1-52] 질량 차이가 큰 두 물체의 완전 탄성 충돌 전의 모습. 왼쪽에서 탁구공이 일정 속도를 가지고 접근한다.

$$v_{1f} = \frac{(m_1 - m_2)v_{1i} + 2m_2 v_{2i}}{m_1 + m_2}$$

$$v_{2f} = \frac{2m_1 v_{1i} + (m_2 - m_1)v_{2i}}{(m_1 + m_2)}$$

에 의해 $v_{2i} = 0$ (볼링공 정지) 이므로,

$$v_{1f} = \frac{(m_1 - m_2)v_{1i}}{m_1 + m_2}$$

$$v_{2f} = \frac{2m_1 v_{1i}}{(m_1 + m_2)}$$

이다. 그런데, $m_1 \ll m_2$ 이므로,

$$\therefore\ v_{1f} = \frac{-m_2(1 - \frac{m_1}{m_2})v_{1i}}{m_2(1 + \frac{m_1}{m_2})} \simeq -v_{1i}$$

$$v_{2f} = \frac{2m_1 v_{1i}}{m_2(1 + \frac{m_1}{m_2})} \simeq \frac{2m_1 v_{1i}}{m_2} \simeq 0$$

임을 알 수 있다. 이것은 그림 (1-53)처럼 탁구공 (m_1)은 반대 방향으로 되튀어 나가고, 볼링공 (m_2)은 여전히 제자리에 그대로 있다.

[그림 1-53] 질량 차이가 큰 두 물체의 완전 탄성 충돌 후의 모습. 탁구공이 볼링공에 부딪친 후 왼쪽으로 되돌아간다. 볼링공은 끔적도 하지 않는다.

[☛ 비유] 계란으로 바위치기에 해당한다. 즉, 바위는 끄떡도 하지 않는다.

[Q&A] $m_1 \approx m_2$ 인 경우, 완전 탄성 충돌 후 속도 v_{1f}, v_{2f}를 구하면?

그림 (1-54)처럼 $m_1 \approx m_2 \simeq m$이고, m_2는 초기에 정지하고 있다고 하자.

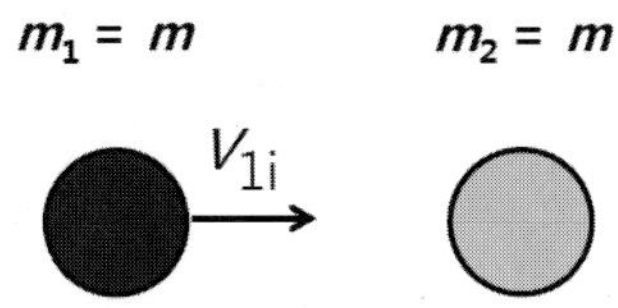

[그림 1-54] 질량이 비슷한 두 물체의 완전 탄성 충돌 전의 모습.

$$v_{1f} = \frac{(m_1 - m_2)v_{1i} + 2m_2 v_{2i}}{m_1 + m_2} \simeq \frac{2mv_{2i}}{2m} = v_{2i} \rightarrow 0$$

$$v_{2f} = \frac{2m_1 v_{1i} + (m_2 - m_1)v_{2i}}{(m_1 + m_2)} \simeq \frac{2mv_{1i}}{2m} = v_{1i}$$

다시 말해 그림 (1-55)처럼 첫 번째 물체 (m_1)가 진행하다가 충돌 후 모든 에너지와 운동량을 두 번째 물체 (m_2)에 전달하고 정지하고 두 번째 물체는 첫 번째 물체의 속도를 가지고 그대로 전진한다.

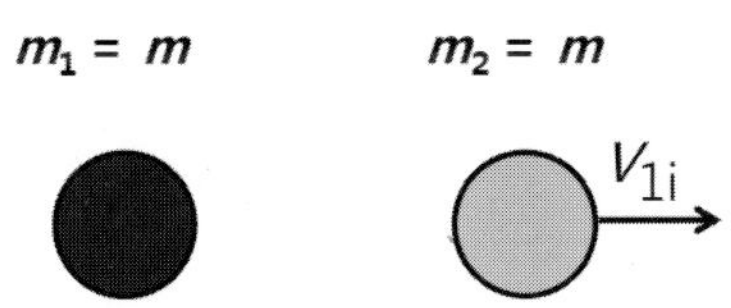

[그림 1-55] 질량이 비슷한 두 물체의 완전 탄성 충돌 후의 모습.

[☛ 비유] 정지하고 있던 당구공을 다른 당구공으로 칠 때를 생각한다.

[♣ 생각해보기] 그림 (1-56)과 같이 탄성 충돌 하는 경우 어떻게 될까?

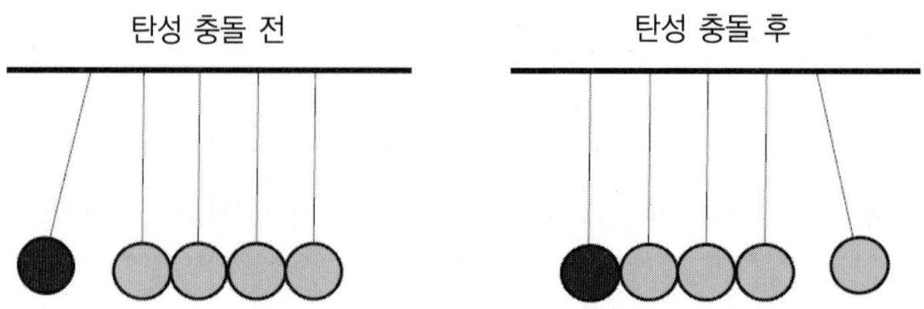

[그림 1-56] 탄성충돌. 왼쪽에 매달린 구슬 1개를 들어 올려서 정지한 4개의 매달린 구슬에 그대로 놓아 충돌 시킨다.

파랑색 왼쪽 구슬 1개만 기울였다가 놓으면 반대편의 오른쪽 노랑 구슬 1개만 처음 파랑색 왼쪽 구슬과 똑같은 높이까지 튕겨 나가는 것을 쉽게 알 수 있다. 그러면 왼쪽 구슬 2개를 기울이면 어떻게 될까?

[♣ 직접해보기] 동전 치기. 그림 (1-57)처럼 V의 속력으로 오른쪽 동전을 쳤다. 과연 왼쪽 동전들의 상태는 어떻게 될까?

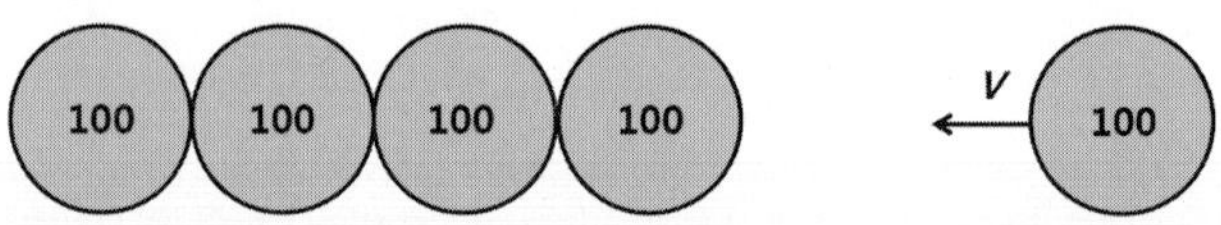

[그림 1-57] 동전치기로 알아보는 탄성충돌.

[Q&A] 그림 (1-58)처럼 $m_1 \gg m_2$인 경우, 완전 탄성 충돌 후 속도 v_{1f}, v_{2f}를 구하면?

$$v_{1f} = \frac{(m_1 - m_2)v_{1i} + 2m_2 v_{2i}}{m_1 + m_2} \simeq \frac{m_1 v_{1i}}{m_1} = v_{1i}$$

$$v_{2f} = \frac{2m_1 v_{1i} + (m_2 - m_1)v_{2i}}{(m_1 + m_2)} \simeq \frac{2m_1 v_{1i}}{m_1} = 2v_{1i}$$

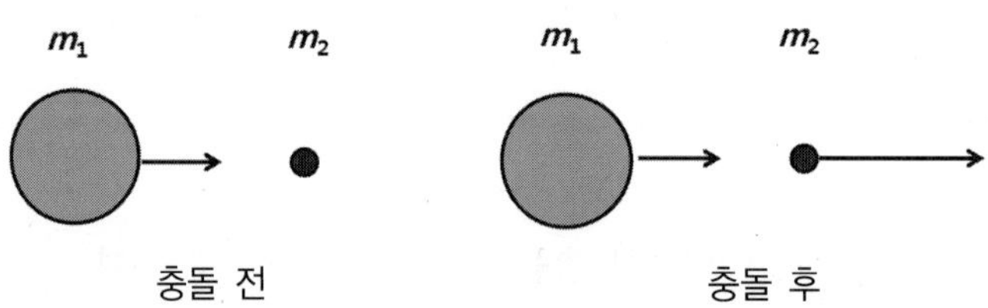

[그림 1-58] $m_1 \gg m_2$인 경우, 완전 탄성 충돌 전 후.

무거운 물체 (m_1)는 충돌 후에도 초속도 그대로 진행하고, 가벼운 물체 (m_2)는 초속도 2배의 속도를 가지고 튕겨나간다.

[Q&A] 그림 (1-59)와 같은 2차원 운동을 고려하자. 입사공이 질량과 같은 정지한 공에 충돌 후 30° 각도로 튕겨 나간다. 정지한 공은 충돌 후 어느 방향으로 움직이는가?

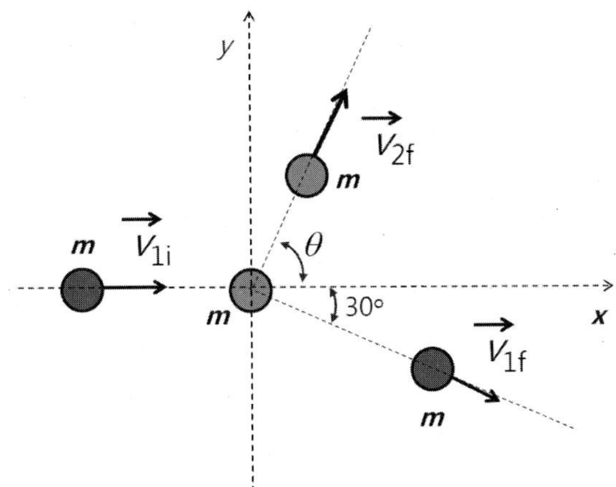

[그림 1-59] 질량이 동일한 두 물체의 2차원 충돌.

운동량보존 $\quad m\overrightarrow{v_{1i}} + 0 = m\overrightarrow{v_{1f}} + m\overrightarrow{v_{2f}}$

$$\rightarrow \quad \overrightarrow{v_{1i}} = \overrightarrow{v_{1f}} + \overrightarrow{v_{2f}}$$

에너지보존 $\quad \frac{1}{2}mv_{1i}^2 + 0 = \frac{1}{2}mv_{1f}^2 + \frac{1}{2}mv_{2f}^2$

$$\rightarrow \quad v_{1i}^2 = v_{1f}^2 + v_{2f}^2$$

$$\overrightarrow{v_{1i}} \bullet \overrightarrow{v_{1i}} = (\overrightarrow{v_{1f}} + \overrightarrow{v_{2f}}) \bullet (\overrightarrow{v_{1f}} + \overrightarrow{v_{2f}})$$

$$= \overrightarrow{v_{1f}} \bullet \overrightarrow{v_{1f}} + 2\,\overrightarrow{v_{1f}} \bullet \overrightarrow{v_{2f}} + \overrightarrow{v_{2f}} \bullet \overrightarrow{v_{2f}}$$

$$= v_{1f}^2 + v_{2f}^2 + 2|\overrightarrow{v_{1f}}||\overrightarrow{v_{2f}}|\cos(\theta+30) = v_{1f}^2 + v_{2f}^2 + 2v_{1f}v_{2f}\cos(\theta+30)$$

$$\rightarrow \quad v_{1i}^2 = v_{1f}^2 + v_{2f}^2 + 2v_{1f}v_{2f}\cos(\theta+30)$$

$$\therefore \quad v_{2f}^2 + v_{1f}^2 = v_{1f}^2 + v_{2f}^2 + 2v_{1f}v_{2f}\cos(\theta+30)$$

$$2v_{1f}v_{2f}\cos(\theta+30) = 0$$

$\therefore \theta = 60^o$가 되어야 0을 만족 시킨다.

[Q&A] 그림 (1-60)처럼 탄성 충돌할 때, $\theta_1 + \theta_2 = \frac{\pi}{2}$ 임을 보여라.

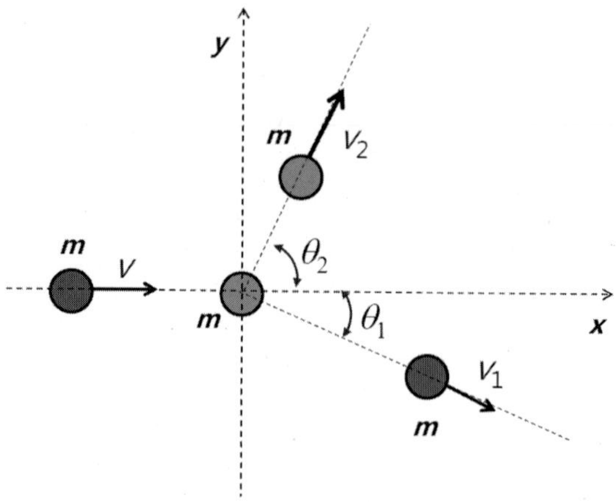

[그림 1-60] 질량이 동일한 물체의 충돌. 충돌 후 두 물체의 사이 각은 90도가 된다.

운동량 보존 $\quad mv + 0 = mv_1\cos\theta_1 + mv_2\cos\theta_2 \quad$ Ⓐ

$0 = -mv_1\sin\theta_1 + mv_2\sin\theta_2 \quad$ Ⓑ

에너지 보존 $\quad \frac{1}{2}mv^2 + 0 = \frac{1}{2}mv_1^2 + \frac{1}{2}mv_2^2$

$\rightarrow v^2 = v_1^2 + v_2^2$

Ⓐ^{2} $\quad v^2 = v_1^2\cos^2\theta_1 + 2v_1v_2\cos\theta_1\cos\theta_2 + v_2^2\cos^2\theta_2$

Ⓑ^{2} $\quad 0 = v_1^2\sin^2\theta_1 - 2v_1v_2\sin\theta_1\sin\theta_2 + v_2^2\sin^2\theta_2$

Ⓐ^{2} + Ⓑ^{2} $\quad v^2 = v_1^2 + v_2^2 + 2v_1v_2(\cos\theta_1\cos\theta_2 - \sin\theta_1\sin\theta_2)$

$= v_1^2 + v_2^2 + 2v_1v_2\cos(\theta_1 + \theta_2)$

따라서

$v^2 = v_1^2 + v_2^2$

$v^2 = v_1^2 + v_2^2 + 2v_1v_2\cos(\theta_1 + \theta_2)$

두식 일 $\quad \rightarrow \cos(\theta_1 + \theta_2) = 0$

$\therefore \theta_1 + \theta_2 = \frac{\pi}{2}$

[Q&A] 원자로에서 감속제의 원리. 그림 (1-61)처럼 질량이 m_1, 속도가 v_{1i}인 중성자가 질량이 m_2인 정지한 원자와 정면충돌하였다. 중성자의 운동에너지 손실 비율은 얼마인가?

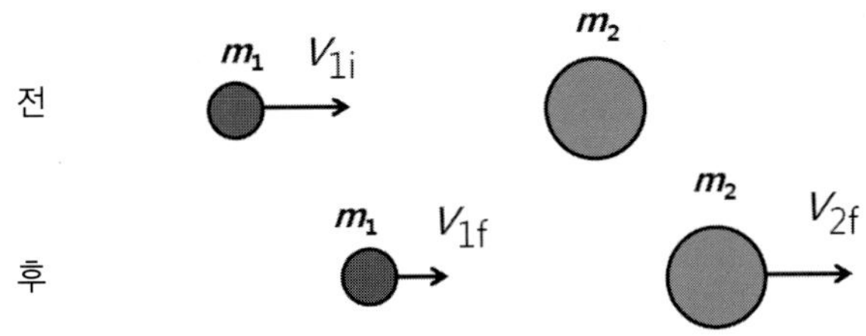

[그림 1-61] 질량 m_1, 속도 v_{1i}인 중성자가 질량 m_2 정지한 원자와 정면충돌.

운동량 보존 $\quad m_1 v_{1i} + 0 = m_1 v_{1f} + m_2 v_{2f}$

에너지 보존 $\quad \frac{1}{2} m_1 v_{1i}^2 + 0 = \frac{1}{2} m_1 v_{1f}^2 + \frac{1}{2} m_2 v_{2f}^2$

위 두 식에서 v_{1f}를 소거해 주면, $v_{2f} = \dfrac{2m_1 v_{1i}}{m_1 + m_2}$를 얻을 수 있다. 중성자가 잃어버리는 에너지가 표적 원자핵이 얻는 에너지이다.

m_1의 운동에너지 $\quad (\text{KE})_1 = \frac{1}{2} m_1 v_{1i}^2$

m_2의 운동에너지 $\quad (\text{KE})_2 = \frac{1}{2} m_2 v_{2f}^2 = \frac{1}{2} m_2 \left(\frac{2m_1 v_{1i}}{m_1 + m_2}\right)^2 = \frac{2m_1^2 m_2 v_{1i}^2}{(m_1 + m_2)^2}$

따라서

$$\therefore \frac{(\text{KE})_2}{(\text{KE})_1} = \frac{4m_1 m_2}{(m_1 + m_2)^2}$$

정지해 있는 원자가 다음과 같은 경우를 계산해 보자

표적 원자	질량 (u)	$\frac{(\text{KE})_2}{(\text{KE})_1}$
수소	1	$\frac{4 \times 1u \times 1u}{(1u + 1u)^2} = 1$
중수소	2	$\frac{4 \times 1u \times 2u}{(1u + 2u)^2} = 0.89$
탄소	12	$\frac{4 \times 1u \times 12u}{(1u + 12u)^2} = 0.28$
납	207	$\frac{4 \times 1u \times 207u}{(1u + 207u)^2} = 0.019$

즉, 수소의 경우, 중성자가 수소 (=양성자)와 정면충돌 해, 100% 에너지를 전달하므로, 에너지를 다 잃어버린다. 중수소의 경우는 89% 운동에너지를 전달하고, 11%만 가지고 나간다. 즉, 중성자를 효과적으로 감속하기 위해 가장 좋은 방법은 중성자와 크기와 질량이 비슷한 양성자를 사용하면 중성자의 에너지를 다 뺏어 올 수 있다.

[Q&A] 중성자의 초기 에너지가 1 MeV일 때, 중수소 감속제에서 열중성자에 해당하는 0.025 eV 정도에 도달하려면, 얼마나 많은 충돌이 필요한가?

중성자가 중수소와 1번 충돌 후 에너지가 0.11 밖에 남지 않는다.

n번 충돌 후에 남은 에너지는 $E_n = (0.11)^{\mathrm{n}} E_i$

E_i는 초기 에너지

$$\therefore \mathrm{n} = \frac{\log\left(\frac{E_n}{E_i}\right)}{\log 0.11} = \frac{\log\left(\frac{0.025\mathrm{eV}}{10^6\mathrm{eV}}\right)}{\log 0.11} \simeq 7.9$$

즉, 8번 정도 충돌을 해야 한다.

[Q&A] 그림 (1-62)처럼 질량수가 A인 정지한 원자핵에 운동에너지가 E_0인 중성자가 정면 탄성 충돌하였다. 중성자가 가질 수 있는 최소에너지는 얼마인가? 비상대론적으로 풀어라.

충돌된 중성자가 최소로 에너지를 가질 때는 정면충돌 할 때일 것이다 ($\theta = \pi$).

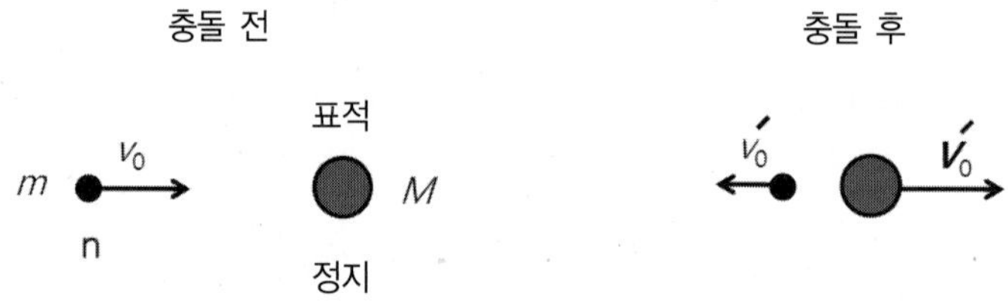

[그림 1-62] 정지한 원자핵과 중성자의 정면 탄성 충돌.

에너지 보존 $\quad \frac{1}{2}mv_0^2 + 0 = \frac{1}{2}m_0 v_0' + \frac{1}{2}MV_0'$

운동량 보존 $\quad mv_0 + 0 = MV_0' - mv_0' \quad \rightarrow (v_0 + v_0') = \frac{M}{m}V_0'$

$$\rightarrow v_0^2 - v_0'^2 = \frac{M}{m}V_0'^2$$

$$(v_0 - v_0')(v_0 + v_0') = \frac{M}{m}V_0'^2$$

$$\therefore (v_0 - v_0')\frac{M}{m}V_0' = \frac{M}{m}V_0'^2 \qquad \rightarrow v_0 - v_0' = V_0'$$

$$\rightarrow (v_0 + v_0') = \frac{M}{m}V_0' = \frac{M}{m}(v_0 - v_0')$$

$$v_0'(1+\frac{M}{m}) = -v_0(1-\frac{M}{m})$$

양변 제곱한 후 $\frac{1}{2}m$을 곱한다.

$$\frac{1}{2}mv_0'^2(1+\frac{M}{m})^2 = \frac{1}{2}mv_0^2(1-\frac{M}{m})^2$$

$\frac{M}{m} \equiv A$, $E_{in} \equiv E_0 = \frac{1}{2}mv_0^2$, $E_{out} = \frac{1}{2}mv_0'^2$ 이라고 하자.

[Note] 중성자 질량은 대략 질량수에 비례하고 $(A \simeq 1)$, 표적 질량은 $M \sim A$이다.

$$E_{out}(1+\frac{M}{m})^2 = E_{in}(1-\frac{M}{m})^2$$

$$\therefore E_{out}(1+A)^2 = E_{in}(1-A)^2$$

$$E_{out} = (\frac{1-A}{1+A})^2 E_{in} \equiv \alpha E_{in} \qquad \rightarrow \alpha \equiv (\frac{1-A}{1+A})^2$$

$$\therefore E_{out} = \alpha E_{in}$$

(예) ^{238}U

$$\alpha \equiv (\frac{1-A}{1+A})^2$$

$$A = \frac{M_U}{m_n} = \frac{238u}{1.008665u} \sim 238$$

$$\therefore \alpha = (\frac{1-238}{1+238})^2 = 0.9833$$

$$E_{out} = 0.9833\ E_{in}$$

∴ 정면충돌하는 중성자는 우라늄에 부딪친 후 98%의 에너지를 가지고 나온다. 즉, 에너지를 거의 잃어버리지 않는다.

(예) ^{2}H

$$\alpha = (\frac{1-2}{1+2})^2 = 0.1111$$

$$\therefore E_{out} = 0.1111\ E_{in}$$

∴ 11%의 에너지만 가지고 튀어나오기 때문에 입사된 중성자는 에너지의 대부분을 잃어버렸다. 이것이 원자로에서 사용하는 감속재의 원리이다.

[Note] 중성자와 크기나 질량이 비슷한 원자핵을 이용하면 효과적으로 중성자의 에너지를 잘 흡수해서 중성자를 효율적으로 감속시킬 수 있다. 이것은 마치, 정지한 당구공을 다른 당구공으로 정면충돌 시킬 때, 입사한 당구공이 정지한 당구공을 친 후, 입사한 당구공은 정지하고 정지했던 당구공은 입사된 당구공의 에너지를 받아 그대로 앞으로 진행하는 것을 떠 올리면 쉽게 이해할 수 있다.

(일반화) 그림 (1-63)처럼 각도를 가지고 충돌 하는 경우

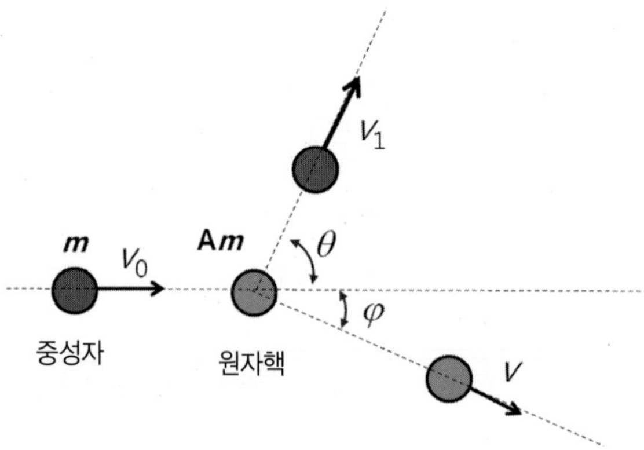

[그림 1-63] 중성자 질량 m, 원자핵의 질량은 중성자의 Am 배이고 충돌 후 중성자는 v_1의 속력을 원자핵은 v의 속력을 가지고 진행한다.

① 중성자 충돌 전 후의 속력의 비?

운동량 보존

$$mv_0 + 0 = mv_1\cos\theta + Amv\cos\phi \qquad \rightarrow Av\cos\phi = v_0 - v_1\cos\theta$$

$$0 = mv_1\sin\theta - Amv\sin\phi \qquad \rightarrow \sin\phi = \frac{v_1\sin\theta}{Av}$$

에너지 보존 $\quad \frac{1}{2}mv_0^2 + 0 = \frac{1}{2}mv_1^2 + \frac{1}{2}Amv^2$

$$\rightarrow v_0^2 = v_1^2 + Av^2$$

$$\rightarrow A^2v^2\cos^2\phi = (v_0 - v_1\cos\theta)^2 = v_0^2 - 2v_0v_1\cos\theta + v_1^2\cos^2\theta$$

$$A^2v^2(1-\sin^2\phi) = (v_0 - v_1\cos\theta)^2 = v_0^2 - 2v_0v_1\cos\theta + v_1^2\cos^2\theta$$

$$A^2v^2(1-\frac{v_1^2\sin^2\theta}{A^2v^2}) = v_0^2 - 2v_0v_1\cos\theta + v_1^2\cos^2\theta$$

$$\rightarrow A^2v^2 - v_1^2\sin^2\theta = v_0^2 - 2v_0v_1\cos\theta + v_1^2\cos^2\theta$$

$$\therefore A^2v^2 = v_0^2 - 2v_0v_1\cos\theta + v_1^2$$

$$v_0^2 = v_1^2 + Av^2 \rightarrow v^2 = \frac{1}{A}(v_0^2 - v_1^2)$$

$$\rightarrow A^2\frac{1}{A}(v_0^2 - v_1^2) = v_0^2 - 2v_0v_1\cos\theta + v_1^2$$

$$-Av_0^2 + v_0^2 + Av_1^2 - 2v_0v_1\cos\theta + v_1^2 = 0$$

$$(1+A)v_1^2 - 2v_0v_1\cos\theta + (1-A)v_0^2 = 0$$

$$(1+A)\frac{v_1^2}{v_0^2} - 2\frac{v_1}{v_0}\cos\theta + (1-A) = 0$$

$$\therefore (1+A)\left(\frac{v_1}{v_0}\right)^2 - 2\cos\theta\left(\frac{v_1}{v_0}\right) + (1-A) = 0$$

이차 방정식 해 $\quad \therefore \frac{v_1}{v_0} = \frac{\cos\theta + \sqrt{A^2 - \sin^2\theta}}{(1+A)}$

② $\frac{v_1}{v_0}$ 의 최대값과 최소값?

$\theta = 0 \rightarrow \frac{v_1}{v_0} = \frac{1+\sqrt{A^2}}{(1+A)} = 1$ (최대값)

$\theta = 180^o \quad \theta = 180^o \rightarrow \frac{v_1}{v_0} = \frac{-1+\sqrt{A^2}}{(1+A)} = \frac{A-1}{A+1}$ (최소값)

③ 중양성자 (^2_1H)와 탄소핵 ($^{12}_6C$) 중 어느 것이 중성자 감속에 효과적인가?

$\frac{v_1}{v_0}$ 의 최소값은 $\theta = 180^o$ 일 때이다.

$\frac{v_1}{v_0} = \frac{A-1}{A+1} = 1 - \frac{2}{A+1}$

$\therefore A$가 작은 경우가 효과적이다.

[Q&A] 평균적으로 중성자는 양성자와 탄성충돌하면서 가진 에너지의 반을 잃어버린다고 할 때, 2 MeV의 중성자가 0.04 eV 열중성자로 변환할 때까지 몇 번의 충돌을 해야 하는가?

$$(\mathrm{KE})_{후} = (0.5)^{N}\ (\mathrm{KE})_{전}$$

$$\rightarrow (0.5)^{N} = \frac{(\mathrm{KE})_{후}}{(\mathrm{KE})_{전}} = \frac{0.04\mathrm{eV}}{2\mathrm{MeV}} = 2\times 10^{-8}$$

$$\mathrm{N}\ln 0.5 = \ln(2\times 10^{-8})$$

$$-0.693\mathrm{N} = -17.728$$

$$\therefore \mathrm{N} = 25.6$$ (즉, ~26회 정도 충돌해야 한다)

[Q&A] 질량 m_A인 물체가 6 m/s로 다가와 질량 m_B와 탄성 충돌하였다. 충돌 후 m_B의 속도는 3 m/s이였다. $\frac{m_A}{m_B}$는 얼마인가?

(방법1)

운동량 보존

$$m_A \times 6 + 0 = m_A v_A' + m_B \times 3$$

$$\rightarrow 6m_A = m_A v_A' + 3m_B$$

$$\therefore v_A' = \frac{1}{m_A}(6m_A - 3m_B) = 6 - 3\frac{m_B}{m_A}$$

운동에너지 보존

$$\frac{1}{2}m_A(6)^2 + 0 = \frac{1}{2}m_A v_A'^2 + \frac{1}{2}m_B(3)^2$$

$$\rightarrow \frac{36}{2}m_A = \frac{1}{2}m_A v_A'^2 + \frac{9}{2}m_B$$

$$36m_A = m_A\left(6-3\frac{m_B}{m_A}\right)^2 + 9m_B$$

$$36m_A = m_A\left(36-36\frac{m_B}{m_A}+9\frac{m_B^2}{m_A^2}\right) + 9m_B$$

$$\rightarrow 36m_B = 9\frac{m_B^2}{m_A} + 9m_B$$

$$\rightarrow \frac{m_B}{m_A} = 3$$

$$\therefore \frac{m_A}{m_B} = \frac{1}{3}$$

(방법2)

반발계수

$$e \equiv \left|\frac{v_1' - v_2'}{v_1 - v_2}\right| = -\frac{v_1' - v_2'}{v_1 - v_2} = \frac{v_2' - v_1'}{v_1 - v_2}$$

탄성충돌 $e = 1$

$$\rightarrow \frac{v_2' - v_1'}{v_1 - v_2} = 1$$

$$\frac{3 - v_1'}{6 - 0} = 1$$

$$\therefore\ 3 - v_1' = 6 \ \rightarrow\ v_1' = -3$$

운동량 보존 $m_A \times 6 + 0 = m_A v_A' + m_B \times 3$

$$\rightarrow\ 6m_A = -3m_A + 3m_B$$

$$\rightarrow 9m_A = 3m_B$$

$$\therefore\ \frac{m_A}{m_B} = \frac{1}{3}$$

[Q&A] 어떤 원자핵이 중성자와 탄성 충돌하여 튀어나온다. 표적 핵이 ${}^1_1\mathrm{H}$ 일 때 최대 속력이 $3.3 \times 10^7\,\mathrm{m/s}$ 이고, ${}^{14}_{7}\mathrm{N}$ 일 때 $0.4 \times 10^7\,\mathrm{m/s}$ 이다. 중성자의 질량을 구하라.

원자핵이 최대 속력을 갖는 경우는 정면충돌할 때이다.

운동량 보존 $m_1 v_{1i} + 0 = m_1 v_{1f} + m_2 v_{2f}$

에너지 보존 $\frac{1}{2}m_1 v_{1i}^2 + 0 = \frac{1}{2}m_1 v_{1f}^2 + \frac{1}{2}m_2 v_{2f}^2$

$\rightarrow v_{1f}$ 소거 $\therefore\ v_{2f} = \dfrac{2m_1 v_{1i}}{m_1 + m_2}$

중성자의 질량을 양성자의 x 배라고 하자.

$$3.3 \times 10^7 = \frac{2x}{x+1} v_{1i}$$

$$0.44 \times 10^7 = \frac{2x}{x+14} v_{1i}$$

$$\frac{3.3}{0.44} = \frac{x+14}{x+1}$$

$$\rightarrow x = 1$$

∴ 중성자와 양성자의 질량은 같다. → 사실 거의 비슷하다.

비탄성충돌과 완전비탄성충돌

비탄성 충돌의 경우 그림 (1-64)처럼 충돌과정에서 운동에너지의 일부가 마찰, 물체변형, 열, 소리 등의 에너지로 빠져 나간다. 따라서 운동량은 보존되지만 운동에너지는 비보존된다. 대부분의 충돌이 여기에 해당된다.

[그림 1-64] 비탄성 충돌.

[♣ 조사해보기] 완전 비탄성 충돌 (perfectly inelastic collision, completely inelastic collision)

그림 (1-65)처럼 충돌하는 물체가 충돌 후 서로 붙어서 가는 경우. 붙어서 가기 때문에 두 물체의 상대속도는 0이다. 운동에너지의 손실도 최대가 된다.

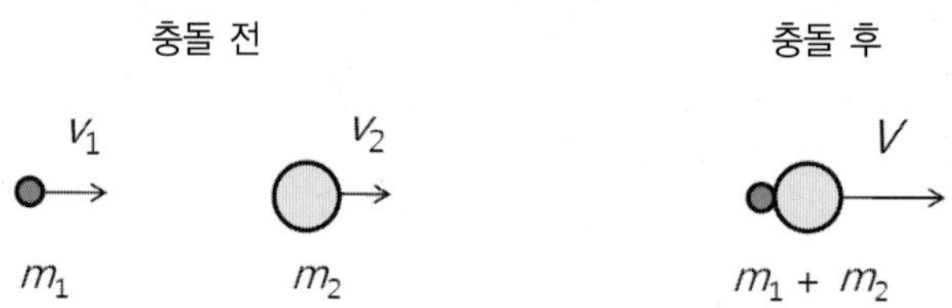

[그림 1-65] 완전비탄성 충돌.

[Q&A] 다음 중 거의 완전비탄성 충돌의 경우는?

① 농구 백보드에서 되튀는 공 ② 포물선 궤도로 날아가는 야구공 ③ 트럭이 정지한 차에 충돌 후 뒤엉켜버린 경우 ④ 마주 보면 접근하는 두 막대자석이 척력에 의해 되튀는 경우 ⑤ 운석이 지구와 충돌 후 땅속에 묻히는 경우

[정답] ③, ⑤

[Q&A] 마찰이 없는 수평면 위에 질량이 6.4 kg인 물체가 정지해 있다. 질량이 0.16kg인 물체가 접근해서 충돌 후 두 물체는 1.2 m/s 속도로 진행하였다. 작은 물체의 초속도는 얼마 이였을까?

운동량 보존 $m_1\overrightarrow{v_1} + m_2\overrightarrow{v_2} = (m_1 + m_2)\overrightarrow{V}$

$$\rightarrow m_1 v_1 + m_2 \times 0 = (m_1 + m_2) V$$

$$\therefore v_1 = \frac{(m_1 + m_2)V}{m_1} = \frac{(0.16 + 6.4)1.2}{0.16} = 49\frac{\mathrm{m}}{\mathrm{s}}$$

[Q&A] 마찰이 없는 얼음판 위에서 질량 40kg, 속력 10 m/s인 물체가 반대방향에서 마주 오는 질량 60kg, 속력 5 m/s인 물체와 충돌 후 하나가 되었다. 두 물체의 속력 [m/s]은?

$m_1 v_1 - m_2 v_2 = (m_1 + m_2) V$ (∵ 오른쪽을 $+x$ 방향으로 하자)

$$\therefore V = \frac{m_1 v_1 - m_2 v_2}{m_1 + m_2} = \frac{40 \times 10 - 60 \times 5}{40 + 60} = -1$$

(즉, 충돌 후 두 물체의 속도는 1 m/s이고 방향은 왼쪽이다)

[Q&A] 질량이 동일한 두 물체가 완전 비탄성충돌을 하였는데, 한 물체는 처음에 정지하고 있었다. 처음 운동에너지의 반이 사라짐을 보여라.

운동량 보존 $m_1\overrightarrow{v_1} + m_2\overrightarrow{v_2} = (m_1 + m_2)\overrightarrow{V}$

$$\rightarrow mv + m0 = (m + m)V$$

$$\therefore V = \frac{mv}{2m} = \frac{1}{2}v$$

$$(\mathrm{KE})_{전} = \frac{1}{2}mv^2$$

$$(\mathrm{KE})_{후} = \frac{1}{2}(m+m)V^2 = \frac{2m}{2}(\frac{1}{2}v)^2 = \frac{1}{2}(\frac{1}{2}mv^2) = \frac{1}{2}(\mathrm{KE})_{전}$$

(일반화) m_2가 정지하고 있는 경우 비탄성충돌의 경우 충돌 후 운동에너지가 감소함을 보여라.

$$m_1\overrightarrow{v_1} + m_2\overrightarrow{v_2} = (m_1 + m_2)\overrightarrow{V}$$

$$\therefore m_1 v = (m_1 + m_2)V \quad \rightarrow \quad V = \frac{m_1 v}{(m_1 + m_2)}$$

$$(\mathrm{KE})_{전} = \frac{1}{2}m_1 v_1^2$$

$$(\mathrm{KE})_{후} = \frac{1}{2}(m_1 + m_2)V^2 = \frac{1}{2}(m_1 + m_2)[\frac{m_1 v}{(m_1 + m_2)}]^2 = \frac{1}{2}\frac{m_1^2 v^2}{(m_1 + m_2)}$$

$$\therefore \frac{(\mathrm{KE})_{후}}{(\mathrm{KE})_{전}} = \frac{m_1}{m_1 + m_2}$$

즉, 우변은 1보다 작으므로 충돌 후 운동에너지는 충돌 중에 감소함을 알 수 있다.

[Q&A] 탄동진자 (彈動振子, ballistic pendulum)

그림 (1-66)처럼 질량 m, 속도 v_1로 날아오는 총알이 진자처럼 매달려 있는 질량 M인 나무토막에 박혔다. 충돌 후 올라가는 높이 H는 얼마인가?

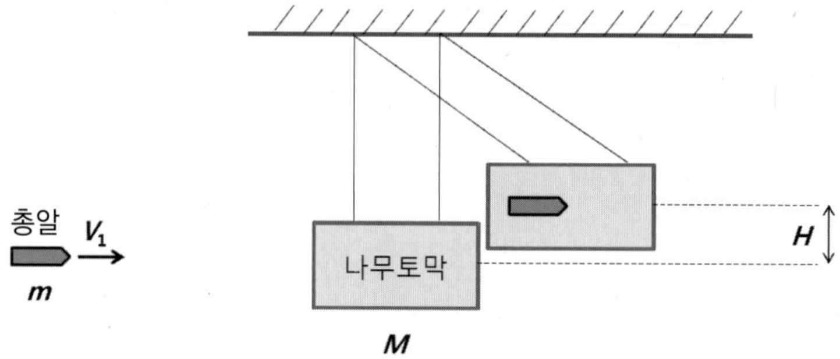

[그림 1-66] 탄동진자.

운동량보존 $$mv_1 + 0 = (m+M)V$$

여기서 V는 총알이 나무토막에 박히는 순간 $(m+M)$의 초속도이다.

$$\therefore V = \frac{mv_1}{m+M}$$

역학적 에너지 보존 $$(KE)_{초기} + (PE)_{초기} = (KE)_{나중} + (PE)_{나중}$$

$$\frac{1}{2}(m+M)V^2 + 0 = 0 + (m+M)gH$$

$$\therefore H = \frac{\left(\frac{mv_1}{m+M}\right)^2}{2g}$$

[Q&A] H만큼 올라가려고 할 때, 총알의 속도는 어느 정도 되어야 하는가?

운동량 보존 $$v_1 = \frac{(m+M)}{m}V$$

역학적 에너지 보존 $$V^2 = \frac{2(m+M)gH}{m+M} = 2gH$$

$$\therefore v_1 = \frac{m+M}{m}\sqrt{2gH}$$

[Q&A] $\frac{(KE)_{후}}{(KE)_{전}}$ 을 구하라.

$$(\mathrm{KE})_{전} = \frac{1}{2}mv_1^2$$

$$(\mathrm{KE})_{후} = \frac{1}{2}(m+M)V^2 = \frac{1}{2}(m+M)(\frac{mv_1}{m+M})^2 = \frac{1}{2}\frac{m^2v_1^2}{m+M}$$

$$\therefore \frac{(\mathrm{KE})_{후}}{(\mathrm{KE})_{전}} = \frac{\frac{1}{2}\frac{m^2v_1^2}{m+M}}{\frac{1}{2}mv_1^2} = \frac{m}{m+M}$$

즉, $m=1\,\mathrm{g}$, $M=1\,\mathrm{kg}$이라고 하면, $\frac{(\mathrm{KE})_{후}}{(\mathrm{KE})_{전}} = \frac{1}{1+1000} = 0.0009$이므로, 대부분이 마찰로 인한 열, 소리 에너지 등으로 빠져 나간다는 것을 알 수 있다.

[Q&A] 질량 m인 총알이 정지하고 있던 질량 $4m$인 나무토막을 뚫고 들어가 같은 속력으로 운동하였다. 이 때 발생한 열에너지는 총알의 처음 운동에너지 (KE)의 몇 %인가?

충돌 전 총알의 운동에너지 $(\mathrm{KE})_\mathrm{i} = \frac{1}{2}mv^2$

충돌 후 합체된 물체의 속력 $mv + 0 = (m+M)V$

$$\therefore V = \frac{mv}{(m+M)} = \frac{mv}{m+4m} = \frac{1}{5}v$$

충돌 후 합체된 물체의 운동에너지 $(\mathrm{KE})_\mathrm{f} = \frac{1}{2}(m+4m)V^2 = \frac{1}{2}5m(\frac{1}{5}v)^2 = \frac{1}{10}mv^2$

충돌로 인해 감소된 에너지 $\Delta E = (\mathrm{KE})_1 - (\mathrm{KE})_2 = \frac{1}{2}mv^2 - \frac{1}{10}mv^2 = \frac{2}{5}mv^2$

$$\therefore \frac{\Delta E}{(\mathrm{KE})_\mathrm{i}} = \frac{\frac{2}{5}mv^2}{\frac{1}{2}mv^2} = \frac{4}{5} = 0.8$$

(즉, 초기 에너지의 80%가 열에너지로 빠져 나가버린다)

[♣ 각자해보기] 그림 (1-67)처럼 질량 m인 물체가 정지 상태에 있는 질량 M인 물체와 충돌 후 붙어서 운동한다. 충돌과정에서 발생한 열량이 충돌 전 운동에너지의 $\frac{1}{4}$이다. 질량 m은 M의 몇 배인가?

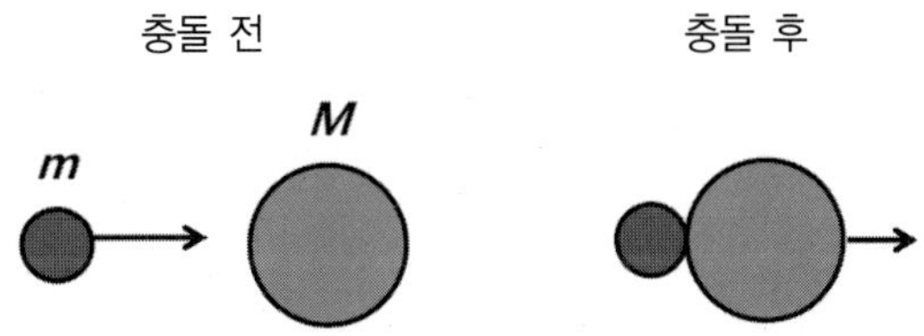

[그림 1-67] 질량 m인 물체가 정지해 있는 질량 M인 물체와 충돌 후 붙어서 운동.

[Q&A] $e^- \ e^- \rightarrow e^- \ e^- \ e^- \ e^+$ 반응이 일어나기 위한 최소 문턱에너지 (threshold energy)는 얼마인가? 운동량-에너지 보존을 이용해서 풀면?

$$p_1^\mu = (\frac{E}{c}, \vec{p}), \ p_2^\mu = (m_e c, \vec{0}), \ p_3^\mu = p_4^\mu = p_5^\mu = p_6^\mu = (m_e c, \vec{0})$$

에너지 보존 $E + m_e c^2 = 4\acute{E_e}$

$$\rightarrow \sqrt{|\vec{p_1}|^2 c^2 + m_e^2 c^2} + m_e c^2 = 4\sqrt{|\vec{p_3}|^2 c^2 + m_e^2 c^2} \quad Ⓐ$$

운동량 보존 $\vec{p_1} + 0 = \vec{p_3} + \vec{p_4} + \vec{p_5} + \vec{p_6} = 4\vec{p_3}$

$$\rightarrow \vec{p_3} = \frac{1}{4}\vec{p_1} \quad Ⓑ$$

두식 Ⓐ와 Ⓑ를 연립해서 풀면

$$\rightarrow \sqrt{|\vec{p_1}|^2 c^2 + m_e^2 c^2} + m_e c^2 = 4\sqrt{|\frac{\vec{p_1}}{4}|^2 c^2 + m_e^2 c^2}$$

$$\sqrt{|\vec{p_1}|^2 c^2 + m_e^2 c^2} + m_e c^2 = \sqrt{|\vec{p_1}|^2 c^2 + 16 m_e^2 c^2}$$

$$|\vec{p_1}|^2 c^2 + m_e^2 c^4 + 2m_e c^2 \sqrt{|\vec{p_1}|^2 c^2 + m_e^2 c^4} + m_e^2 c^4 = |\vec{p_1}|^2 c^2 + 16 m_e^2 c^4$$

$$2m_e c^2 \sqrt{|\vec{p_1}|^2 c^2 + m_e^2 c^4} = 14 m_e^2 c^4$$

$$2m_e c^2 E = 14 m_e^2 c^4 \qquad (\because \sqrt{|\vec{p_1}|^2 c^2 + m_e^2 c^4} = E)$$

$$\therefore E = 7 m_e c^2$$

[Q&A] 질량이 m인 물체가 $\frac{3}{5}c$의 속도로 와서 정면충돌하였다. 충돌 후 두 물체가 서로 붙어서 진행한다. 그럼, 붙은 물체의 질량(M)은 얼마인가?

비상대론적으로 단순히 생각하면, $M = m + m = 2m$이다. 그럼 이제 상대론을 고려해 보자.

에너지 보존 $E_1 + E_2 = E_M$

운동량 보존 $\vec{p_1} + \vec{p_2} = \vec{p_M}$

$$\rightarrow 0 = \vec{p_M} \qquad (\because \vec{p_1} = -\vec{p_2})$$

$$E_1 = E_2 \equiv E_m = \gamma m c^2 = \frac{mc^2}{\sqrt{1 - \frac{v^2}{c^2}}} = \frac{mc^2}{\sqrt{1 - \frac{(\frac{3}{5}c)^2}{c^2}}} = \frac{5}{4}mc^2$$

$$E_M^2 = |\vec{p_M}|^2 c^2 + M^2 c^4 = M^2 c^4 \qquad \rightarrow E_M = Mc^2$$

$$2E_m = E_M \text{에 의해서}$$

$$2 \times \frac{5}{4}mc^2 = Mc^2$$

$$\therefore M = \frac{5}{2}m$$

즉, 비상대론적 결과하고 다르다. 충돌 후 붙여서 가는 경우 운동에너지 (KE)가 정지 에너지로 변환 되어서, 질량이 증가한 것이다.

[Q&A] 질량 $9m_0$, 속도 $0.8c$인 입자와 질량 $12m_0$, 속도 $0.6c$인 입자가 충돌하였다. 그런 후 서로 붙여서 (stick together) 진행한다. 이 때 붙은 물체 (combined object)의 질량 (m_f)과 속력 (v_f)을 구하라.

운동량 보존 $\gamma_1 m_1 v_1 + \gamma_2 m_2 v_2 = \gamma_f m_f v_f$ $\qquad (\because \vec{p} = \gamma m_0 \vec{v})$

$$\frac{9m_0(0.8c)}{\sqrt{1-\frac{(0.8c)^2}{c^2}}} - \frac{12m_0(0.6c)}{\sqrt{1-\frac{(0.6c)^2}{c^2}}} = \frac{m_f(v_f)}{\sqrt{1-\frac{v_f^2}{c^2}}}$$

$$\rightarrow \frac{5}{3}9m_0(0.8c) - \frac{5}{4}12m_0(0.6c) = \frac{m_f v_f}{\sqrt{1-\frac{v_f^2}{c^2}}}$$

$$\therefore 3m_0 c = \frac{m_f v_f}{\sqrt{1-\frac{v_f^2}{c^2}}} \qquad Ⓐ$$

에너지 보존 $\gamma_1 m_1 c^2 + \gamma_2 m_2 c^2 = \gamma_f m_f c^2$ $\qquad (\because E = mc^2 = \gamma m_0 c^2)$

$$\gamma_1 = \frac{5}{3}, \gamma_2 = \frac{5}{4}$$

$$\rightarrow \frac{5}{3}9m_0c^2 + \frac{5}{4}12m_0c^2 = \frac{m_f c^2}{\sqrt{1-\frac{v_f^2}{c^2}}}$$

$$\therefore 30m_0c^2 = \frac{m_f c^2}{\sqrt{1-\frac{v_f^2}{c^2}}} \qquad Ⓑ$$

Ⓐ/Ⓑ를 계산하면

$$\therefore v_f = 0.1c$$

이 값을 Ⓐ에 대입하면

$$\therefore m_f = 29.84m_0$$

[Note] 충돌 전 두 물체의 총 질량은 $9m_0 + 12m_0 = 21m_0$이다.

[Q&A] 정지질량이 m_1이고 속도가 v인 입자가 정지질량이 m_2인 정지해 있는 물체에 충돌 한 후 흡수되어 버렸다. 합해진 입자 (resultant particle)의 정지 질량 (M)과 속도 (V)를 구하라.

고전적으로는 너무 쉽게 풀 수 있다. 상대론적으로 풀어보자.

에너지 보존 $\quad \gamma_1 m_1 c^2 + m_2 c^2 = \gamma M c^2$

운동량 보존 $\quad \gamma_1 m_1 v + 0 = \gamma M V$

$$\rightarrow V = \frac{\gamma_1 m_1 v}{\gamma_1 m_1 + m_2}$$

$$\rightarrow M = \frac{\gamma_1 m_1 + m_2}{\gamma} = \frac{\gamma_1 m_1 + m_2}{\frac{1}{\sqrt{1-(\frac{V}{c})^2}}} = (\gamma_1 m_1 + m_2)\sqrt{\frac{c^2 - (\frac{\gamma_1 m_1 v}{\gamma_1 m_1 + m_2})^2}{c^2}}$$

$$= \sqrt{\gamma_1^2 m_1^2 (1 - \frac{v^2}{c^2}) + m_2^2 + 2\gamma_1 m_1 m_2}$$

[Note] $\gamma_1 = \frac{1}{\sqrt{1-(\frac{v}{c})^2}} \rightarrow 1-(\frac{v}{c})^2 = \frac{1}{\gamma_1^2}$

$$\therefore M = \sqrt{m_1^2 + 2\gamma_1 m_1 m_2 + m_2^2}$$

즉, 고전적인 결과와는 다르게, 단순히 $M = m_1 + m_2$가 되는 것이 아니다. 또한 $\gamma_1 \rightarrow 1$ (고전적인 경우)로 갈 때, 쉽게 고전적 결과를 얻을 수 있다.

[Q&A] 에너지 E를 가진 입자 A가 정지한 입자 B에 충돌해, $A + B \rightarrow C_1 + C_2 + C_3 + ... + C_n$을 생성했다. 이 반응을 일어나게 하기 위한 최소 에너지 (문턱에너지, threshold)는 얼마인가? ($m_1 + m_2 + ... + m_n \equiv M$이라고 하자)

에너지 보존

$$\sqrt{|\vec{p}|^2c^2 + m_A^2c^4} + m_Bc^2 = \sqrt{|\vec{p}|^2c^2 + M^2c^4}$$

$$(M = m_{C_1} + m_{C_2} + m_{C_3} + \dots + m_{C_n})$$

$$|\vec{p}|^2c^2 + m_A^2c^4 + 2m_Bc^2\sqrt{|\vec{p}|^2c^2 + m_A^2c^4} + m_B^2c^4 = |\vec{p}|^2c^2 + M^2c^2$$

$$\rightarrow m_A^2c^4 + 2m_Bc^2\sqrt{|\vec{p}|^2c^2 + m_A^2c^4} + m_B^2c^4 = M^2c^2$$

$$m_A^2c^4 + 2m_Bc^2E_A + m_B^2c^4 = M^2c^2$$

$$\therefore E_A = \frac{M^2 - m_A^2 - m_B^2}{2m_B}c^2$$

1.5 각운동량

[Q&A] 1rad의 정의는?

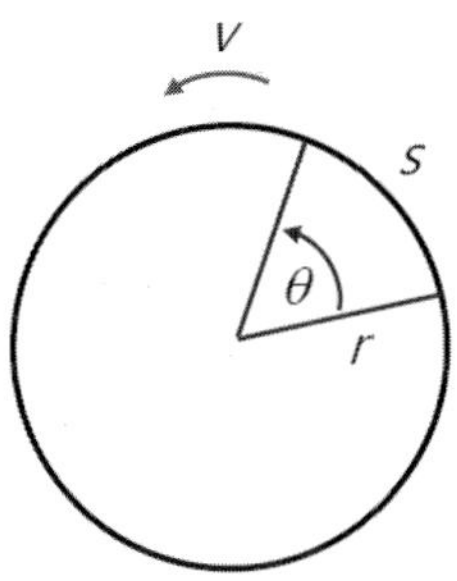

[그림 1-68] 반경 r, 원호의 길이 s인 물체가 v 속도로 원운동 한다.

그림 (1-68)에서 $s = r$일 때의 각도를 1rad라고 한다. 360°는 $s = 2\pi r$이므로

$$\theta \equiv \frac{s}{r}$$

$$\therefore 360^o = \frac{2\pi r}{r} = 2\pi \ \text{(rad)}$$

$$\therefore 1^o = \frac{\pi}{180} \ \text{(rad)}$$

$$1\text{rad} = \frac{180^0}{\pi} = 57.3^o$$

이다.

$$s = r\theta \quad \rightarrow \quad \frac{ds}{dt} = r\frac{d\theta}{dt}$$

$$\therefore v = rw$$

[☛ 정리] 60분법과 호도법

60분법	0°	30°	45°	60°	90°	180°	360°
호도법	0	$\frac{\pi}{6}$	$\frac{\pi}{4}$	$\frac{\pi}{3}$	$\frac{\pi}{2}$	π	2π

[Q&A] 각속도와 각가속도는?

각속도 (angular velocity, w) $\qquad w \equiv \frac{d\theta}{dt}$ [rad/s]

각가속도 (angular acceleration, α) $\qquad \alpha \equiv \frac{dw}{dt} = \frac{d}{dt}(\frac{d\theta}{dt}) = \frac{d^2\theta}{dt^2}$ [rad/s^{-2}]

등가속도운동과 등속원운동 비교

등가속도운동		등속원운동	
위치	x	각도	θ
속도	$v \equiv \frac{dx}{dt}$	각속도	$w \equiv \frac{d\theta}{dt}$
가속도	$a \equiv \frac{dv}{dt} = \frac{d^2x}{dt^2}$	각가속도	$\alpha \equiv \frac{dw}{dt} = \frac{d^2\theta}{dt^2}$
운동방정식	$v = v_0 + at$	운동방정식	$w = w_0 + \alpha t$
	$x = v_0 t + \frac{1}{2}at^2$		$\theta = w_0 t + \frac{1}{2}\alpha t^2$
	$v^2 - v_0^2 = 2ax$		$w^2 - w_0^2 = 2\alpha\theta$

[♣ 살펴보기] "각운동량보존의 법칙"을 기술하면?

각운동량 $\vec{L} \equiv \vec{r} \times \vec{p}$

$$L = r(mv) = r(mrm) = m^2 rw = Iw \qquad (\because v = rw)$$

$$\therefore \vec{L} = \vec{Iw}$$

관성모멘트 (moment of inertia, I) $\qquad I \equiv mr^2$

토크 (torque) $\qquad \vec{\tau} \equiv \vec{r} \times \vec{F} \qquad$ [Nm = J]

$$\vec{\tau} = \frac{d\vec{L}}{dt} = \frac{d(\vec{Iw})}{dt} = \vec{I\alpha}$$

외부에서 토크 (τ)가 작용하지 않으면 각운동량은 보존된다.

$$0 = \frac{d\vec{L}}{dt} \rightarrow \vec{L} = Iw = \text{상수}$$

$$\therefore I_i w_i = I_f w_f$$

[Q&A] 관성모멘트 (I)와 차원이 같은 것은?

① 일 × 시간　② 힘 × 거리　③ 각운동량 × 시간　④ 운동량 × (시간)^2

⑤ 구심력 × 속도

[정답] ③

[Q&A] 그림 (1-69)처럼 질량 M, 길이 L인 가늘고 균일한 막대 중심에 수직한 회전축에 대한 관성모멘트 I를 구하면?

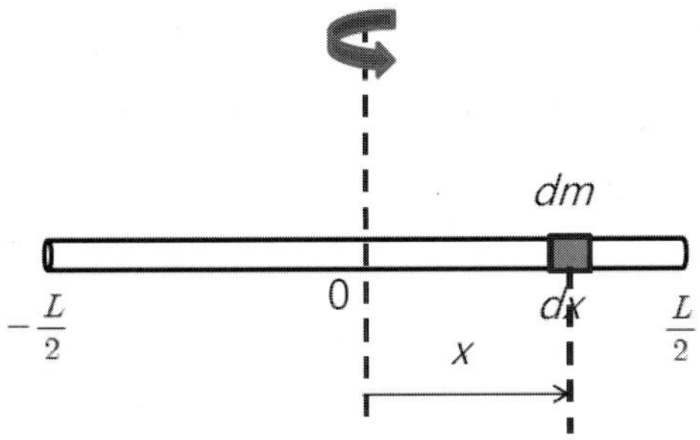

[그림 1-69] 질량 M, 길이 L인 가늘고 균일한 막대.

관성모멘트 (I)　$I \equiv \int r^2 dm$

선질량　$\lambda \equiv \dfrac{M}{L} \rightarrow \lambda = \dfrac{dm}{dx}$

$$\therefore I = \int r^2 dm = \int_{-\frac{L}{2}}^{\frac{L}{2}} x^2 \lambda dx = \frac{\lambda L^3}{12}$$

$$= \frac{\frac{M}{L} L^3}{12} = \frac{1}{12} M L^2$$

[♣ 각자해보기] 그림 (1-70)처럼 회전할 때, I값은?

[정답] $I = \dfrac{1}{3} M L^2$

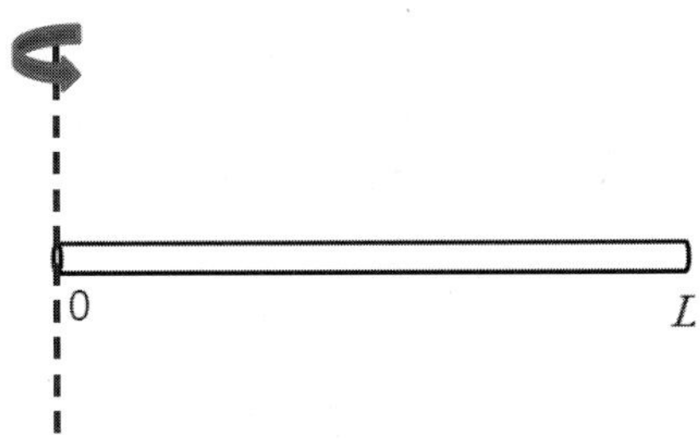

[그림 1-70] 질량 M, 길이 L인 가늘고 균일한 막대. 막대 끝을 축으로 회전하는 경우.

[Q&A] 그림 (1-71)처럼 반지름 R, 질량 M인 원판의 질량분포가 균일하며 중심에 수직축으로 회전할 때, I값은?

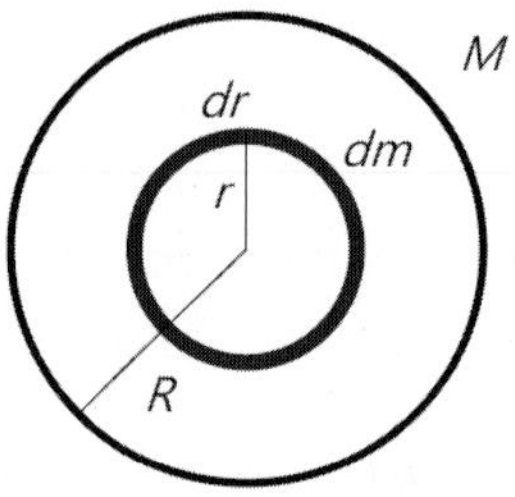

[그림 1-71] 원판을 반지름 r, 폭 dr, 질량 dm인 고리를 생각한 후 적분하면 된다.

면질량 $\sigma \equiv \dfrac{M}{\pi R^2} \rightarrow \sigma = \dfrac{dm}{dA} = \dfrac{dm}{2\pi r \times dr}$

(즉 질량이 dm인 고리를 펼쳐보면 가로 $2\pi r$, 세로 dr인 직사각형이다. 따라서 면적 $dA = 2\pi r dr$이다)

$$I = \int r^2 dm = \int_0^R r^2 \sigma (2\pi r dr) = \frac{1}{2}\pi\sigma R^4$$
$$= \frac{1}{2}\pi(\frac{M}{\pi R^2})R^4 = \frac{1}{2}MR^2$$

[♣ 각자해보기] 속이 비어있는 원통 (cylinder). 원통 축에 대해 회전할 때 I값은?

[정답] $I = MR^2$

[♣ 각자해보기] 속이 차있는 원통 (cylinder). 원통 축에 대해 회전할 때 I값은?

[정답] $I = \dfrac{1}{2}MR^2$

[Q&A] 그림 (1-72)처럼 속이 찬 구 (sphere)의 회전 관성모멘트 (I) 값은?

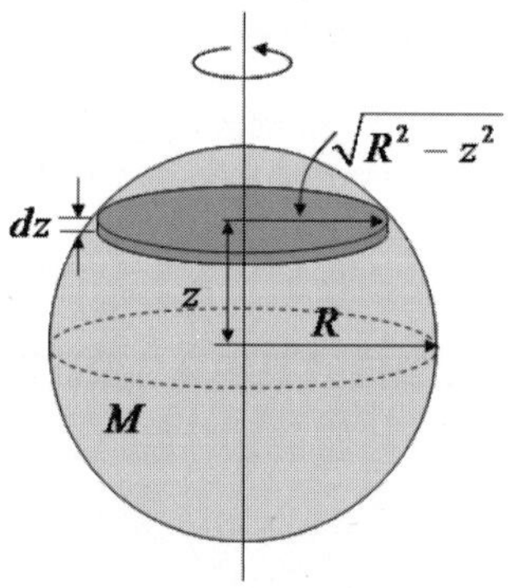

[그림 1-72] 반경 R인 속이 채워진 구 (sphere).

부피질량 $\rho \equiv \dfrac{V}{M} = \dfrac{\frac{4}{3}\pi R^3}{M} \quad \rightarrow \quad \rho = \dfrac{dm}{dV} = \dfrac{dm}{\pi r^2 \times dz}$

(즉 구를 면적이 $\pi r^2 = \pi(\sqrt{R^2 - z^2})^2 = \pi(R^2 - z^2)$, 높이가 dz인 원판으로 잘라보면, 부피는 $\pi r^2 \times dz$이다)

[Note] 반지름 R, 질량 M인 원판의 관성모멘트 $I = \dfrac{1}{2}MR^2$

$$\begin{aligned}
\rightarrow dI &= \frac{1}{2}dmr^2 \\
&= \frac{1}{2}(\rho dV)r^2 = \frac{1}{2}\rho(\pi r^2 dz)r^2 = \frac{1}{2}\rho\pi r^4 dz = \frac{1}{2}\rho\pi(\sqrt{R^2 - z^2})^4 dz \\
&= \frac{1}{2}\frac{M}{V}\pi(R^2 - z^2)^2 dz \\
\therefore\ I &= \int_{-R}^{R}\frac{1}{2}\frac{M}{V}\pi(R^2 - z^2)^2 dz = \frac{1}{2}\frac{M}{V}\pi 2\int_{0}^{R}(R^2 - z^2)^2 dz \\
&= \frac{M\pi}{V}\frac{8R^5}{15} = \frac{M\pi}{\frac{4}{3}\pi R^3}\frac{8R^5}{15} = \frac{2}{5}MR^2
\end{aligned}$$

[♣ 각자해보기] 속이 비어있는 구 (sphere). 중심축에 대해 회전할 때 I값은?

[정답] $I = \dfrac{2}{3}MR^2$

[Q&A] 그림 (1-73)처럼 길이 4 m, 질량 20 kg인 균일한 막대가 케이블에 의해 벽에 걸려있다. 질량 50 kg인 물체가 벽에서 3 m 지점에 연결되어 있을 때, 케이블에 걸리는 장력 (T)은 얼마인가?

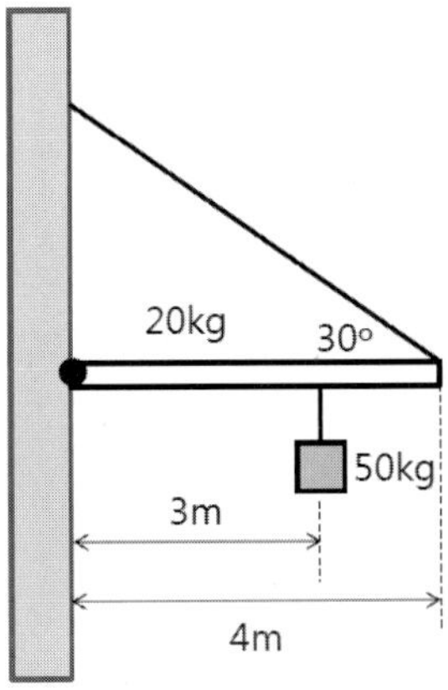

[그림 1-73] 토크 (torque).

토크 (torque) $\vec{\tau} \equiv \vec{r} \times \vec{F}$

$$2 \times 20 \times 10 + 3 \times 50 \times 10 = 4 \times T\sin 30^0$$

($\because$ 중력가속도 $g = 10\,[\frac{m}{s^2}]$)

$$\therefore T = 950\ \text{N}$$

[Q&A] 그림 (1-74)처럼 물체를 θ만큼 비틀어 가만히 놓으면 복원력에 의해 반대방향으로 회전하는 각조화운동 (angular harmonic oscillation)을 한다. 이 강체의 회전운동에서의 주기 $[T]$는?

$$\vec{\tau} = \frac{d\vec{L}}{dt} = \frac{d(I\vec{w})}{dt} = I\vec{\alpha}$$

복원토크 $= -k\theta$

회전에 대한 뉴턴 제2법칙 $I\ddot{\theta} = -k\theta \quad \rightarrow \ddot{\theta} + \frac{k}{I}\theta = 0$

$$\ddot{\theta} + w^2 = 0$$

$$w^2 \equiv \frac{k}{I} \qquad (w\text{: 각속도 혹은 각진동수})$$

주기 $T = \frac{2\pi}{w} = \frac{2\pi}{\sqrt{\frac{k}{I}}} = 2\pi\sqrt{\frac{I}{k}}$

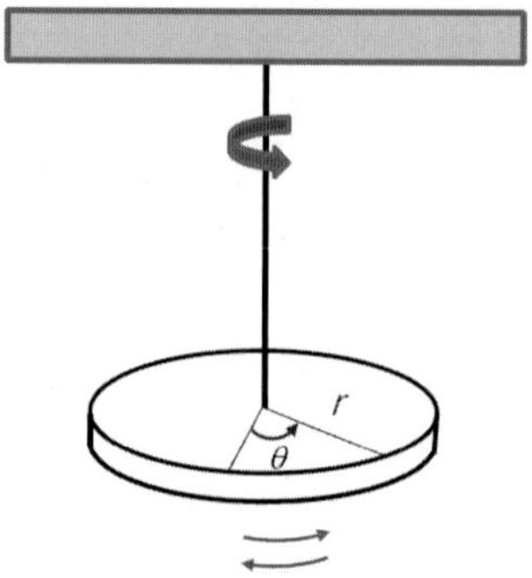

[그림 1-74] 비틀림 진자.

[Q&A] 비틀림 진자에서 질량 2×10^{-3} kg, 반지름 2.2 cm이고 1초를 주기로 진동한다. 비틀림 상수는?

$$k = \left(\frac{2\pi}{T}\right)I = \left(\frac{2\pi}{T}\right)\frac{1}{2}mR^2 = \left(\frac{2\pi}{1}\right) \times (2 \times 10^{-3})(2.2 \times 10^{-2})^2$$

$$= 1.91 \times 10^{-5}\text{N} \cdot \text{m/rad}$$

[Q&A] 그림 (1-75)처럼 수평축 A주위로 회전하는 물체의 주기를 구하면? (관성모멘트는 I, 질량은 m이다)

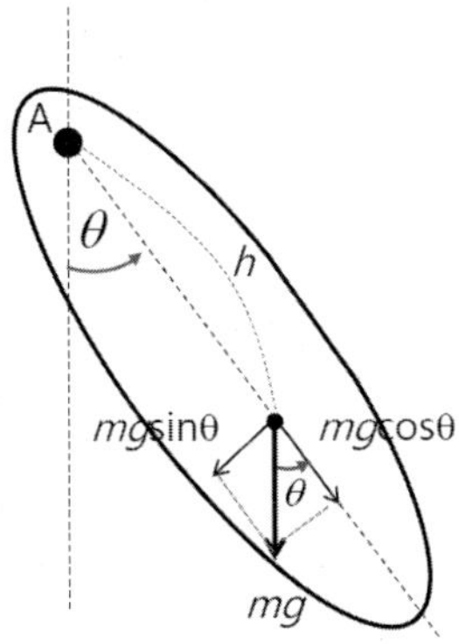

[그림 1-75] 물리진자.

$$\vec{\tau} = \frac{d\vec{L}}{dt} = I\vec{\alpha}$$

$$I\ddot{\theta} = -hmg\sin\theta \quad \rightarrow \quad I\ddot{\theta} + hmg\sin\theta = 0$$

$$\ddot{\theta} + \frac{hmg}{I}\sin\theta = 0$$

만약 θ가 작으면, $\sin\theta \simeq \theta$

$$\therefore\ \ddot{\theta} + \frac{hmg}{I}\theta = 0 \quad \rightarrow \quad \ddot{\theta} + w^2\theta = 0$$

$$w^2 \equiv \frac{hmg}{I} \qquad (w\text{: 각속도 혹은 각진동수})$$

주기 $T = \dfrac{2\pi}{w} = \dfrac{2\pi}{\sqrt{\dfrac{hmg}{I}}} = 2\pi\sqrt{\dfrac{I}{hmg}}$

[Note] 만약 모든 질량이 h만큼 떨어진 곳에 집중되어 있다고 하면, $I = mh^2$이다.

$$T = 2\pi\sqrt{\frac{I}{hmg}} = 2\pi\sqrt{\frac{mh^2}{hmg}} = 2\pi\sqrt{\frac{h}{g}}$$

즉, 1차원 단진자 주기와 동일하다 ($\because\ T = 2\pi\sqrt{\dfrac{l}{g}}$)

[☛ 차이점] 단진자는 질량이 길이 l만큼 떨어진 한 질점에 모여 있는 것이고, 물리진자는 크기를 가지고 있고 관성모멘트 (I)를 가지고 있다.

[Q&A] 회전운동에서 "일과 에너지 정리"는?

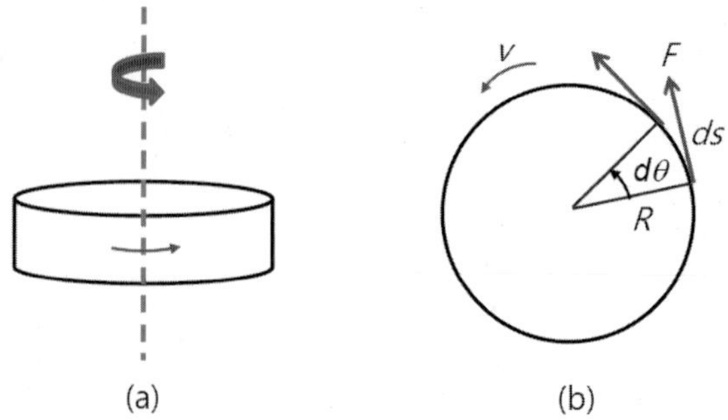

[그림 1-76] 고정된 축에 대해 회전하는 강체의 운동 (a). 위에서 본 모습 (b).

그림 (1-76)에서 해준 일 $dW \equiv \vec{F} \cdot \vec{ds} = Frd\theta = \tau d\theta$

$$W = \int dW = \int \tau d\theta = \int I\alpha d\theta = \int I\frac{dw}{dt}d\theta$$

$$= \int I\frac{d\theta}{dt}dw = \int_{w_1}^{w_2} Iwdw = \frac{1}{2}Iw_2^2 - \frac{1}{2}Iw_1^2$$

$$\equiv (\mathrm{KE})_2 - (\mathrm{KE})_1$$

회전운동의 경우 운동에너지 $\mathrm{KE} \equiv \frac{1}{2}Iw^2$

∴ 회전 시 해준 일은 운동에너지의 변화량으로 나타난다.

[Q&A] 다음 중 줄 (J)의 단위로 표시될 수 있는 것은?

① 질량 × 속도 ② 전하량 × 전류 ③ 관성능률 × (각속도)^2 ④ 플랑크상수 × 진동수
⑤ 기체상수 × 온도

[정답] ③, ④

[Q&A] 각운동량 (angular momentum, L)의 단위와 같은 것의 예를 들어라.

$\vec{L} = \vec{r} \times \vec{p}$ $[\mathrm{m} \cdot \mathrm{kg}\frac{\mathrm{m}}{\mathrm{s}} = \mathrm{kg}\frac{\mathrm{m}}{\mathrm{s}^2} \cdot \mathrm{m} \cdot \mathrm{s} = \mathrm{N} \cdot \mathrm{m} \cdot \mathrm{s} = \mathrm{J} \cdot \mathrm{s}]$

플랑크 상수 ($h = 6.62 \times 10^{-34}\,\mathrm{J} \cdot \mathrm{s}$)와 단위가 동일하다.

[Q&A] 그림 (1-77)에서 막대의 질량은 100 g, 추의 질량은 50 g이다. 왼쪽에서 추를 1개 달았을 때 평형상태이다. 그럼 이제 오른쪽 그림처럼 추를 5개 달면 평형상태를 유지하기 위해 오른쪽 줄에 몇 개의 추를 달아주어야 하는가?

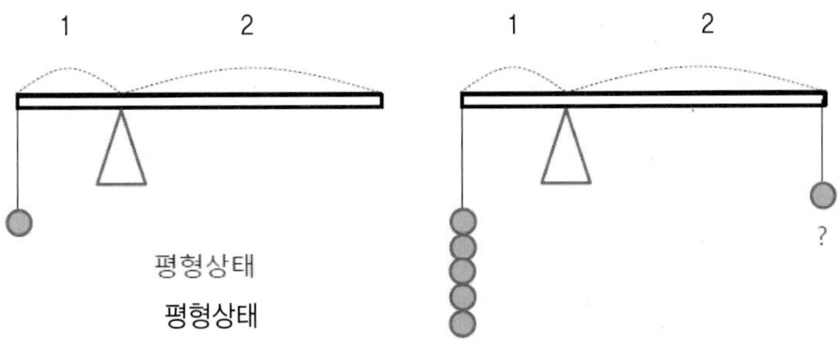

[그림 1-77] 추의 평형.

토크 (torque) $\vec{\tau} \equiv \vec{r} \times \vec{F}$

왼쪽 그림 $1 \times 50 = \frac{1}{2} \times 100 = 50$ (즉 양쪽이 50 = 50으로 평형을 이루고 있다.)

오른쪽 그림 $1 \times 50 \times 5 = \frac{1}{2} \times 100 + 2 \times x$

$\therefore x = 100$

추 1개 질량은 50이므로 추를 2개 매달아야 평형이 된다.

[Q&A] 양팔을 펼친 김연아 스케이트 선수가 1초에 2회전하고 있다. 이제 팔을 오므려 관성모멘트를 반으로 줄이면 초당 회전수는 어떻게 되는가?

$$\vec{\tau} = \frac{d\vec{L}}{dt}$$

외부에서 토크 (τ)가 작용하지 않으면 각운동량은 보존된다.

$$0 = \frac{d\vec{L}}{dt} \rightarrow \vec{L} = Iw = \text{상수}$$

$$\therefore I_i w_i = I_f w_f$$

$$w = 2\pi f$$

$$\rightarrow I_1(2\pi f_1) = I_2(2\pi f_2)$$

$$\therefore f_2 = \frac{I_1}{I_2} f_1 = \frac{I_1}{\frac{I_1}{2}} \times 2 = 4$$

초당 2회전에서 4회전으로 빨라진다. 따라서 스케이트 선수가 회전을 할 때 더욱더 빨리 하려면 팔을 가슴 옆쪽으로 오므리는 것을 볼 수 있다.

[Q&A] 아령 (dumbbell)이 그림 (1-78)처럼 연결되어서 회전하고 있다. 아령의 길이를 반으로 줄이면 회전 주기는 어떻게 되는가?

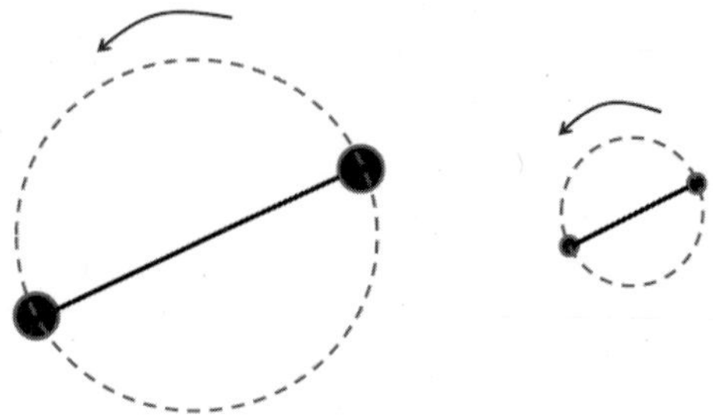

[그림 1-78] 길이를 반으로 줄이면 회전 속도가 빨라진다.

$$\vec{\tau} = \frac{d\vec{L}}{dt}$$

$$\rightarrow 0 = \frac{d\vec{L}}{dt} \rightarrow L = r(mv) = \text{상수}$$

$$\therefore rv = \frac{1}{2} r v_f \rightarrow v_f = 2v \quad \text{(속도는 2배 빨라진다)}$$

$$\text{주기 } T = \frac{2\pi r}{v}$$

$$\therefore T_{\frac{1}{2}r} = \frac{2\pi \frac{r}{2}}{2v} = \frac{2\pi r}{v} \times \frac{1}{4} = T \times \frac{1}{4}$$

[Q&A] 그림 (1-79)처럼 2개의 원판이 회전하고 있다. 두 원판의 각각에 어떠한 돌림힘도 작용하지 않으면서 두 원판을 붙인다고 가정하자. 최종 각속도 w를 구하라.

$$\vec{\tau} = \frac{d\vec{L}}{dt}$$

$$0 = \frac{d\vec{L}}{dt} \rightarrow \vec{L} = Iw = \text{상수}$$

$$\rightarrow I_1 w_1 + I_2 w_2 = (I_1 + I_2) w$$

$$\therefore w = \frac{I_1 w_1 + I_2 w_2}{I_1 + I_2}$$

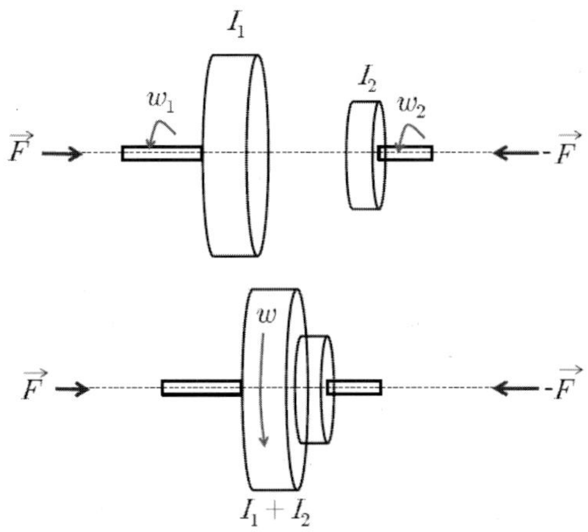

[그림 1-79] 외부 돌림 힘이 0이면 각운동량은 보존된다.

제2장

산란 (scattering)

2.1 산란단면적

원자모형

- 1903년. 나카오카 한타로. 토성 원자모형.
- 1906년. J. J. Thompson (1856-1940). 건포도-푸딩모형 (plum pudding model). 그림 (2-1)처럼 푸딩 같은 원자 내부에 건포도 같은 전자들이 듬성듬성 박혀있고, 원자는 전기적으로 중성이라고 주장했다.

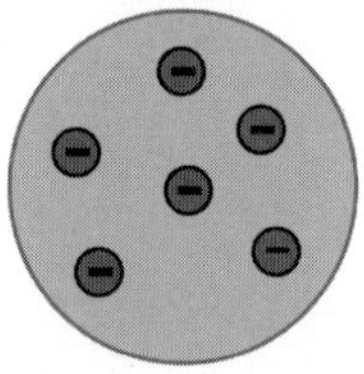

[그림 2-1] 톰슨의 건포도 푸딩 원자모형.

- 1911년. Rutherford 알파선 산란실험. 그림 (2-2)처럼 모든 질량이 거의 중앙에 집중된 원자핵이 있고 양전하를 가진다. 원자는 전기적으로 중성이기 때문에 이를 만족하기 위해 음전하를 가진 전자가 원자핵 주위를 운동하는 모형을 생각하였다.

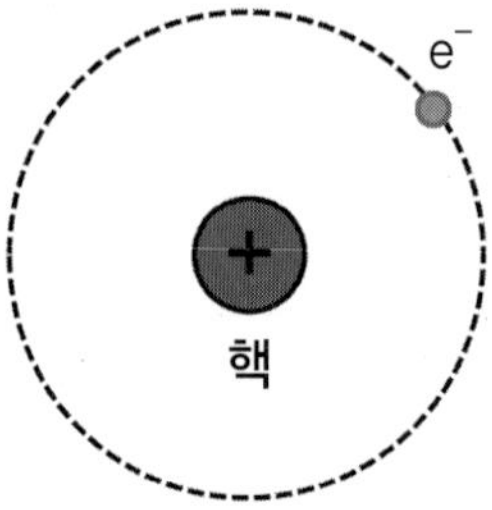

[그림 2-2] Rutherford 원자 모형.

Rutherford는 알파 (α)선 산란실험 결과의 놀라운 심정을 다음과 같은 문장으로 나타내었다.

> "It was almost as incredible as if you fired a 15-inch shell at a piece of tissue paper and it came back and hit you"

읽어보기 Ernest Rutherford (1871-1937)

뉴질랜드에서 태어난 영국의 핵물리학자로, 방사능의 법칙을 세웠으며 핵물리학의 아버지로 불린다. 영국 캠브리지 대학 캐번디쉬 연구소의 J. J. Thompson과 함께 일하였다. 1898년 캐나다 몬트리올의 맥길 대학교 (McGill university) 교수직을 맡으러 떠났으며 알파선, 베타선을 연구하였다. 지금도 맥길 대학 물리학과는 러더포드의 명성으로 유명하다. 1907년 영국 맨체스터 대학교로 돌아와서 알파선 산란실험을 진행하였다. 1919년 톰슨의 뒤를 이어 캐번디쉬 연구소에 돌아와 소장을 지냈다. 1937년에 사망했으며, 웨스트민스터 사원의 아이작 뉴턴과 켈빈 옆에 안치되었다. 1908년 "Investigations into the disinte-ation of the elements, and the chemistry of radioactive substances"로 노벨 화학상을 수상하였다. 1997년 그의 이름을 기리기 위해 원자번호 104인 rutherfordium이 제정되었다.

[Q&A] 전하가 Ze 인 핵에 알파입자를 충돌시킬 때, 최대한 접근할 수 있는 거리는?

에너지 보존 법칙

$$(\mathrm{KE})_{\text{전}} + (\mathrm{PE})_{\text{전}} = (\mathrm{KE})_{\text{후}} + (\mathrm{PE})_{\text{후}}$$

$$\rightarrow (\mathrm{KE})_{\text{전}} = (\mathrm{PE})_{\text{후}}$$

($\because r \rightarrow \infty$ 이므로, $(\mathrm{PE})_{\text{전}} \simeq 0$, 되돌아오는 순간의 속도는 0이기 때문에 $(\mathrm{KE})_{\text{후}} \simeq 0$)

$$\rightarrow \frac{1}{2}mv^2 = k\frac{2e\,Ze}{d}$$

$$\therefore d = \frac{4kZe^2}{mv^2}$$

Impact parameter (b)

(상황) 그림 (2-3)처럼 입사 입자가 거리 b (impact parameter) 만큼을 가지고 들어온다. 충돌을 한 후 산란각도 (scattering angle, θ)를 가지고 나간다.

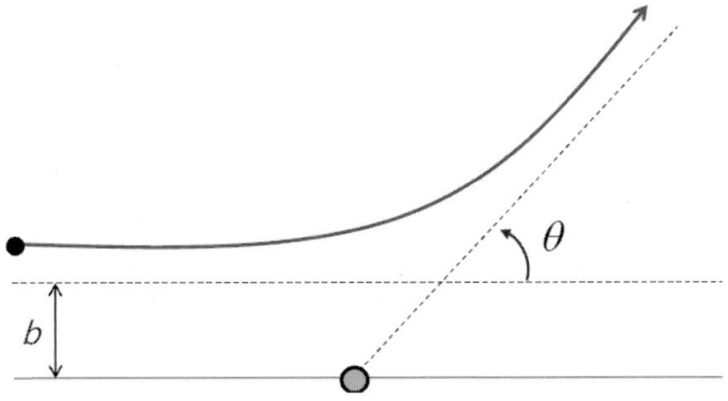

[그림 2-3] Impact parameter (b)와 산란각도 (θ).

[Q&A] 그림 (2-4)와 같을 때 impact parameter (b)가 작으면 작을수록 산란각도 (θ)는 커짐을 보여라.

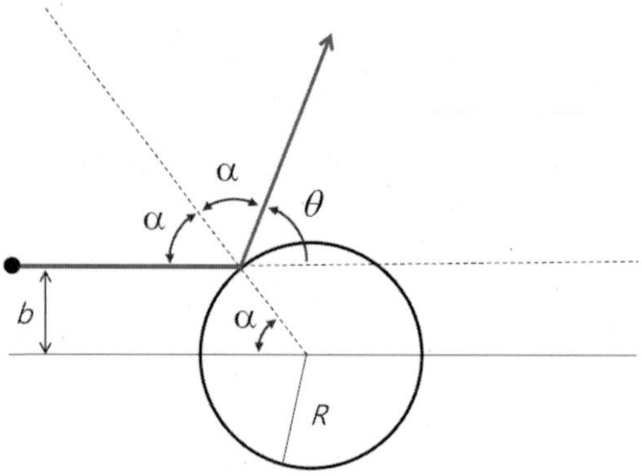

[그림 2-4] Impact parameter (b), 산란각도 (θ), 구의 반경 (R).

$$b = R\sin\alpha$$

$$\theta = \pi - 2\alpha$$

$$\therefore\ b = R\sin\alpha = R\sin\left(\frac{\pi}{2} - \frac{\theta}{2}\right) = R\cos\frac{\theta}{2}$$

$$\theta = \begin{cases} 2\cos^{-1}\left(\frac{b}{R}\right) & \text{if } b \le R \\ 0 & \text{if } b \ge R \end{cases}$$

$\rightarrow\ b \propto \cos\theta$

$\therefore$ θ가 커질수록 b가 작다.

산란단면적 (scattering cross section, σ)

(단위)

1b (barn) $= 10^{-28}\,\mathrm{m}^2$

$1\mathrm{mb} = 10^{-3}\mathrm{b},\ 1\mu\mathrm{b} = 10^{-6}\mathrm{b},\ 1\mathrm{nb} = 10^{-9}\mathrm{b},\ 1\mathrm{pb} = 10^{-12}\mathrm{b},\ 1\mathrm{fb} = 10^{-15}\mathrm{b}, 1\mathrm{ab} = 10^{-18}\mathrm{b}$

(개념)

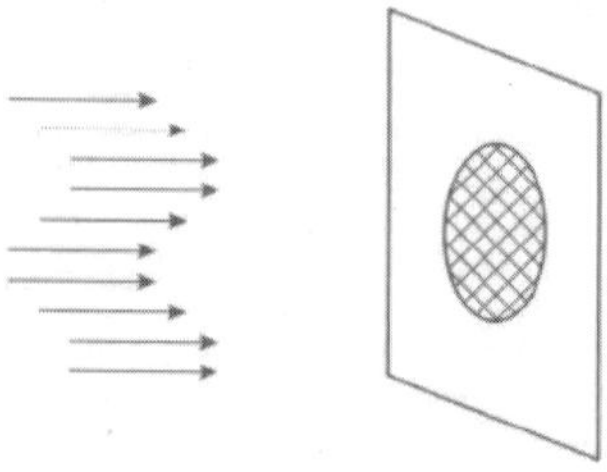

[그림 2-5] 산란단면적의 개념.

① 그림 (2-5)처럼 입사입자들이 반경이 r인 표적을 지나가면 모두 흡수되고 그 나머지 입자는 반응하지 않고 그냥 지나가 버린다. → 산란단면적 $\sigma = \pi r^2$

② 표적과 입사입자사이 인력 작용 → 흡수되는 입자수가 증가 → 산란단면적 증가

③ 표적과 입사입자사이 척력 작용 → 흡수되는 입자수가 감소 → 산란단면적 감소

(상황)

단위 면적당 단위 시간당 I_i 입자를 입사시킨다고 하자. 이 입자 빔이 원점 근처에 국한된 퍼텐셜과 서로 작용한 후 구면 좌표로 (θ, ϕ) 방향으로 산란되어 단위 입체각 $(d\Omega)$당 단위 시간당 I_{out} 개의 입자가 나간다고 하자.

미분 단면적 (微分斷面積, differential cross-section, $D(\theta)$)

$$D(\theta) \equiv \frac{d\sigma}{d\Omega} = \frac{I_{out}}{I_i}$$

그림 (2-6)과 같은 구면좌표를 고려하자.

표면적 $dA = rd\theta \times r\sin\theta d\phi = r^2 \sin\theta d\theta d\phi$

입체각 (solid angle) $d\Omega \equiv \dfrac{dA}{r^2}$

$$\rightarrow d\Omega \equiv \frac{dA}{r^2} = \frac{r^2 \sin\theta d\theta d\phi}{r^2} = \sin\theta d\theta d\phi$$

체적 (volume) $dV = dr \times dA = dr \times r^2 \sin\theta d\theta d\phi = r^2 \sin\theta\, dr\, d\theta\, d\phi = r^2 dr d\Omega$

총 단면적 (total cross section) $\sigma = \int d\sigma = \int D(\theta) d\Omega$

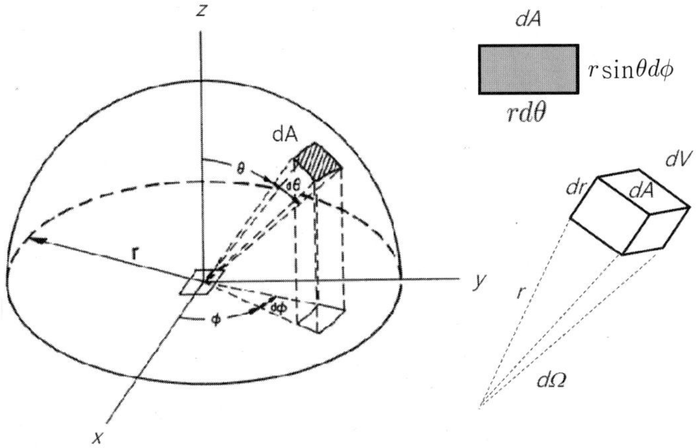

[그림 2-6] 구면좌표 (r, θ, ϕ)에서 면적요소 (dA), 부피요소 (dV), 입체각 $(d\Omega)$.

[Q&A] $d\Omega$를 적분하면 4π임을 보여라.

$$d\Omega = \sin\theta d\theta d\phi$$
$$\int d\Omega = \int_0^{\pi} \sin\theta d\theta \int_0^{2\pi} d\phi$$
$$= (-)\cos\theta|_0^{\pi} \times 2\pi = (-)[-1-1] \times 2\pi = 4\pi$$

만약에 북반구 (hemisphere)에 대해서만 계산을 하면 그림 (2-7)처럼 입체각은 2π이다.

$$\int d\Omega = \int_0^{\frac{\pi}{2}} \sin\theta d\theta \int_0^{2\pi} d\phi = (-)\cos\theta|_0^{\frac{\pi}{2}} \times 2\pi = (-1)[0-1] \times 2\pi = \times 2\pi$$

∴ 구 (sphere)에 대해서는 북반구 (2π), 남반구 (2π)을 합하면 총 4π가 되는 것이다.

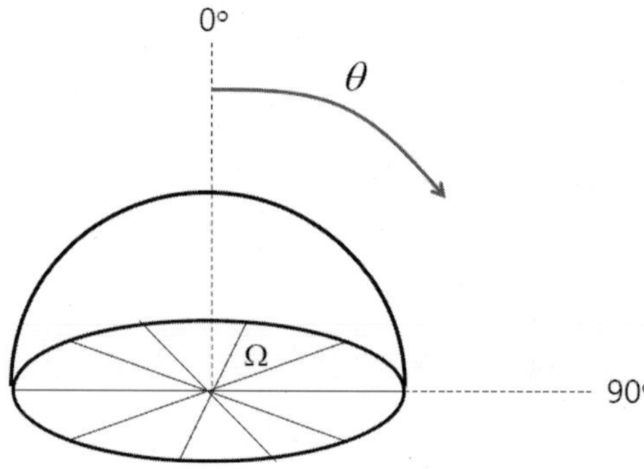

[그림 2-7] 원점을 중심으로 북반구에 대한 입체각은 2π이다.

[Q&A] $D(\theta) \equiv \frac{d\sigma}{d\Omega} = \left| \frac{b}{\sin\theta} \frac{db}{d\theta} \right|$를 유도하면?

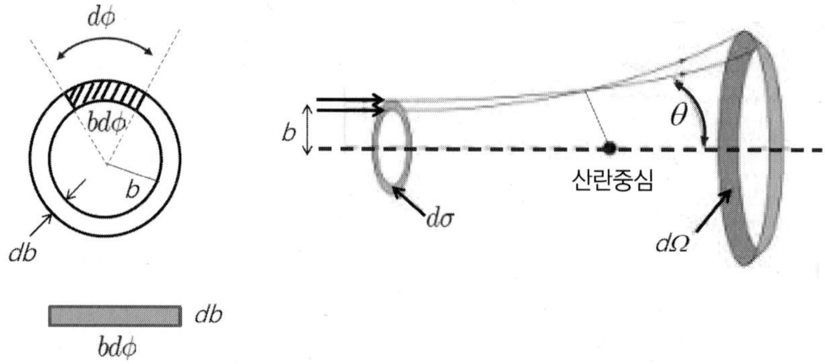

[그림 2-8] $d\sigma$속으로 들어온 입사 입자들은 모두 입체각 $d\Omega$ 속으로 산란된다.

그림 (2-8)처럼 임의의 impact parameter b에서 들어온 입자는 각도 θ에 있는 환 모양의 입체각 $d\Omega$ 고리내부 속으로 모두 보내진다.

$$d\sigma \text{ 면적} = db \times bd\phi = bdbd\phi$$

$$d\Omega = \sin\theta d\theta d\phi$$

$$\rightarrow D(\theta) \equiv \frac{d\sigma}{d\Omega} = \left| \frac{b}{\sin\theta} \frac{dbd\phi}{d\theta d\phi} \right| = \left| \frac{b}{\sin\theta} \frac{db}{d\theta} \right|$$

✎ 절대값을 붙인 이유는 개념적으로 면적이나 입체각이 음수가 될 수는 없기 때문이다.

[Q&A] 반경이 R인 단단한 구 (hard sphere)에서 $D(\theta) \equiv \dfrac{d\sigma}{d\Omega}$ 를 구하면?

[Note] 그림 (2-4)를 살펴보자.

$$b = R\sin\alpha$$

$$\theta = \pi - 2\alpha$$

$$\rightarrow \alpha = \frac{\pi - \theta}{2}$$

$$d\alpha = -\frac{1}{2}d\theta$$

$$\rightarrow b = R\sin\frac{\pi - \theta}{2} = R\cos\frac{\theta}{2}$$

$$db = -\frac{R}{2}\sin\frac{\theta}{2}d\theta$$

$$\therefore \frac{db}{d\theta} = -\frac{R}{2}\sin(\frac{\theta}{2})$$

$$D(\theta) \equiv \frac{d\sigma}{d\Omega} = \left| \frac{b}{\sin\theta} \frac{db}{d\theta} \right|$$

$$= \left| \frac{R\cos\frac{\theta}{2}}{\sin\theta}(-\frac{R}{2})\sin\frac{\theta}{2} \right| = \frac{R^2\cos\frac{\theta}{2}\sin\frac{\theta}{2}}{2\sin\theta}$$

[Note] $\sin 2x = 2\sin x\cos x \rightarrow \sin x = 2\sin\frac{x}{2}\cos\frac{x}{2}$

$$\therefore \frac{d\sigma}{d\Omega} = \frac{R^2}{2}\frac{\cos\frac{\theta}{2}\sin\frac{\theta}{2}}{2\cos\frac{\theta}{2}\sin\frac{\theta}{2}} = \frac{R^2}{4}$$

[Q&A] 단면적 (cross section, σ)은 얼마인가?

$$\sigma = \int d\sigma = \int D(\theta)d\Omega = \int \frac{d\sigma}{d\Omega}d\Omega$$

$$= \int \frac{R^2}{4}d\Omega = \frac{R^2}{4}\int \sin\theta d\theta d\phi$$

$$= \frac{R^2}{4}\int_0^{\pi} \sin\theta d\theta \int_0^{2\pi} d\phi = \frac{R^2}{4}(-)\cos\theta|_0^{\pi} \times 2\pi$$

$$= \frac{R^2}{4}\times(-1)[(-1)-1)]\times 2\pi = \frac{R^2}{4}\times 2\times 2\pi = \pi R^2$$

[☛ 중요]

① 눈치를 챘겠지만, 산란단면적이라는 것이 결국 입사입자가 볼 때 표적 (target)의 겉보기 면적이라는 것이다.

② σ는 θ, ϕ에 무관하다 (isotropic).

[Q&A] 파이온-양성자 (πp)를 충돌 시켰다고 하자. 산란단면적이 어느 정도 될지 추측해 보면?

강입자 (hadron)의 크기 $\sim$ 1fm (= 10^{-15} m)

$$\sigma \sim \pi R^2$$

$$\sim 3.14\times(10^{-15})^2\ \mathrm{m}^2 \sim 3\times 10^{-30}\ \mathrm{m}^2 \sim 30\times 10^{-3}\times 10^{-28} \sim \vartheta(30\ \mathrm{mb})$$

[Q&A] 그림 (2-9)에서 미분 및 총 산란 단면적을 구하라.

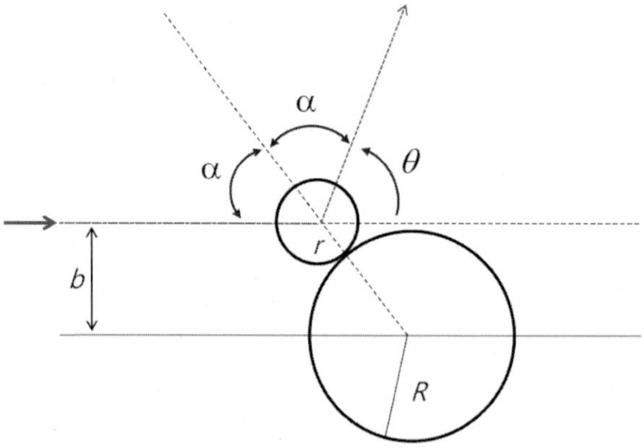

[그림 2-9] 반경 r인 강체구와 정지해 있던 반경 R인 강체구의 탄성충돌.

$$b = (r+R)\sin\alpha$$

$$2\alpha + \theta = \pi \quad \rightarrow \alpha = \frac{\pi - \theta}{2}$$

$$\therefore b = (r+R)\sin\alpha = (r+R)\sin\frac{\pi-\theta}{2} = (r+R)\cos\frac{\theta}{2}$$

$$db = -\frac{(r+R)}{2}\sin\frac{\theta}{2}d\theta$$

$$D(\theta) \equiv \frac{d\sigma}{d\Omega} = \left|\frac{b}{\sin\theta}\frac{db}{d\theta}\right|$$

$$= \left|\frac{(r+R)\cos\frac{\theta}{2}}{\sin\theta}\left(-\frac{(r+R)}{2}\right)\sin\frac{\theta}{2}\right| = \frac{(r+R)^2\cos\frac{\theta}{2}\sin\frac{\theta}{2}}{2\sin\theta}$$

[Note] $\sin 2x = 2\sin x\cos x \quad \rightarrow \quad \sin x = 2\sin\frac{x}{2}\cos\frac{x}{2}$

$$\therefore \frac{d\sigma}{d\Omega} = \frac{(r+R)^2}{2}\frac{\cos\frac{\theta}{2}\sin\frac{\theta}{2}}{2\cos\frac{\theta}{2}\sin\frac{\theta}{2}} = \frac{(r+R)^2}{4}$$

$$\sigma = \int d\sigma = \int D(\theta)d\Omega = \int \frac{d\sigma}{d\Omega}d\Omega$$

$$= \int \frac{(r+R)^2}{4}d\Omega = \frac{(r+R)^2}{4}\int \sin\theta d\theta d\phi$$

$$= \frac{(r+R)^2}{4}\int_0^{\pi}\sin\theta d\theta\int_0^{2\pi}d\phi = \frac{(r+R)^2}{4}(-)\cos\theta\Big|_0^{\pi}\times 2\pi$$

$$= \frac{(r+R)^2}{4}\times(-1)[(-1)-1]\times 2\pi = \frac{(r+R)^2}{4}\times 2\times 2\pi = \pi(r+R)^2$$

✎ 이 값은 입사 입자를 점으로 간주할 때 표적 (=두 강체 구)의 면적과 동일하다.

[♣ 살펴보기] 중성자와 양성자의 산란 단면적

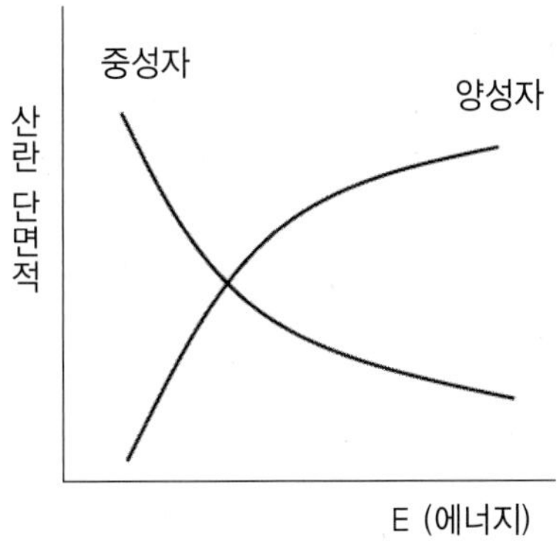

[그림 2-10] 에너지에 따른 중성자와 양성자의 산란 단면적.

① 중성자 경우

중성자 (n)의 에너지가 클수록 보는 면적이 작아진다. 즉, 빨리 지나가서 충분히 볼 시간이 없다. 서로 상호 작용할 시간이 없어서 그림 (2-10)처럼 산란단면적이 작아진다.

$$\rightarrow \text{ 중성자의 } \frac{1}{v} \propto \frac{1}{\sqrt{E}} \text{ 법칙 (저속 중성자의 경우 산란단면적이 크다)}$$

② 양성자 경우

저속인 경우, 전기적 반발력에 의해 원자핵에 접근 못한다. 고속의 경우, 전기적 반발력을 이기고 원자핵에 접근해 단면적이 커진다.

러더포드 산란

그림 (2-11)처럼 전하가 q_1이고 운동에너지가 E인 입자가 정지해 있고 전하 q_2인 무거운 입자에 부딪혀 산란된다.

① $b = \dfrac{q_1 q_2}{8\pi\epsilon_0 E}\cot\dfrac{\theta}{2}$ 임을 보여라.

② 미분산란단면적은?

③ 총 산란단면적 (σ)은? σ가 무한대 (∞) 임을 보여라.

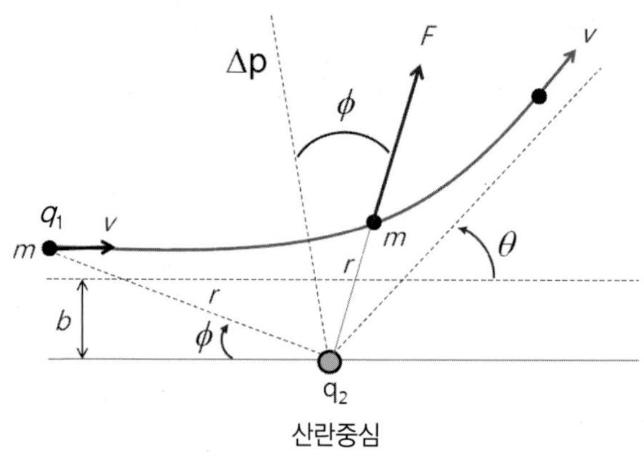

[그림 2-11] 러더포드 산란. 질량 m, 전하 q_1 입사 입자가 q_2와 상호 작용해 θ의 각도를 가지고 산란된다.

$$\vec{L} = \vec{r} \times \vec{p}$$

$$mr^2 w = mr^2 \frac{d\phi}{dt} = bmv$$

$$\rightarrow \frac{d\phi}{dt} = \frac{bv}{r^2}$$

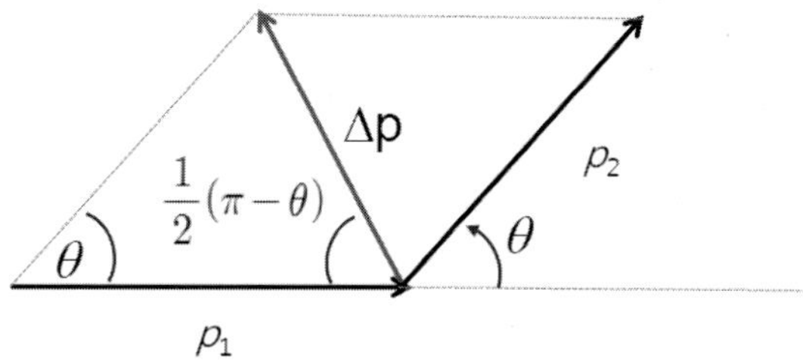

[그림 2-12] 러더포드 산란에서 선운동량 변화.

선운동량 변화식 $\overrightarrow{\Delta p} = \overrightarrow{p_2} - \overrightarrow{p_1} = \int \vec{F} dt$

$p_1 = mv$

$p_2 = mv$

그림 (2-12)에서 sine 공식을 사용하자.

$$\frac{\Delta p}{\sin\theta} = \frac{p_2}{\sin(\frac{\pi-\theta}{2})} = \frac{mv}{\sin(\frac{\pi-\theta}{2})}$$

[Note] $\sin 2x = 2\sin x \cos x \;\rightarrow\; \sin x = 2\sin\frac{x}{2}\cos\frac{x}{2}$

$$\therefore \Delta p = 2mv\sin\frac{\theta}{2}$$

충격량 $\int \vec{F} dt$와 운동량 변화 $\Delta \vec{p}$의 방향은 동일방향이다.

$$\rightarrow \int \vec{F} dt = \int F\cos\phi \, dt$$

$$\therefore \Delta p = \int F\cos\phi \, dt$$

$$2mv\sin\frac{\theta}{2} = \int_{-\infty}^{\infty} F\cos\phi \, dt$$

적분구간 $t[-\infty \sim \infty] \rightarrow \phi[-(\frac{\pi-\theta}{2}) \sim \frac{\pi-\theta}{2}]$

$$2mv\sin\frac{\theta}{2} = \int_{-\infty}^{\infty} F\cos\phi \, dt$$

$$= \int_{-\infty}^{\infty} F\cos\phi \frac{dt}{d\phi} d\phi = \int F\cos\phi \frac{r^2}{bv} d\phi$$

$$\rightarrow 2mv^2 b\sin\frac{\theta}{2} = \int_{-(\frac{\pi-\theta}{2})}^{\frac{\pi-\theta}{2}} Fr^2 \cos\phi\, d\phi$$

$$\therefore \frac{2mv^2 b}{Fr^2}\sin\frac{\theta}{2} = \int_{-(\frac{\pi-\theta}{2})}^{\frac{\pi-\theta}{2}} \cos\phi\, d\phi$$

쿨롬 힘 $F = \frac{1}{4\pi\epsilon_0}\frac{q_1 q_2}{r^2}$

$$\frac{2mv^2 b}{\frac{1}{4\pi\epsilon_0}\frac{q_1 q_2}{r^2} r^2}\sin\frac{\theta}{2} = \int_{-(\frac{\pi-\theta}{2})}^{\frac{\pi-\theta}{2}} \cos\phi\, d\phi = 2\cos\frac{\theta}{2}$$

$$\frac{2mv^2 b}{\frac{1}{4\pi\epsilon_0} q_1 q_2}\sin\frac{\theta}{2} = 2\cos\frac{\theta}{2}$$

$$\rightarrow b = \frac{q_1 q_2 2\cos\frac{\theta}{2}}{(4\pi\epsilon_0)2mv^2 \sin\frac{\theta}{2}} = \frac{q_1 q_2}{(4\pi\epsilon_0)mv^2}\cot\frac{\theta}{2}$$

$$E = \frac{1}{2}mv^2 \quad \rightarrow mv^2 = 2E$$

$$\therefore b = \frac{q_1 q_2}{(4\pi\epsilon_0)2E}\cot\frac{\theta}{2} = \frac{q_1 q_2}{8\pi\epsilon_0 E}\cot\frac{\theta}{2}$$

미분 산란 단면적 $D(\theta) \equiv \frac{d\sigma}{d\Omega} = \left|\frac{b}{\sin\theta}\frac{db}{d\theta}\right|$

$$D(\theta) = \left|\frac{b}{\sin\theta}\frac{db}{d\theta}\right|$$

$$= \frac{\frac{q_1 q_2}{8\pi\epsilon_0 E}\cot\frac{\theta}{2}}{\sin\theta} \times \frac{q_1 q_2}{8\pi\epsilon_0 E} \times \frac{1}{2}\csc^2\frac{\theta}{2} = \frac{(\frac{q_1 q_2}{8\pi\epsilon_0 E})^2}{2\sin\frac{\theta}{2}\cos\frac{\theta}{2}} \times \frac{\cos\frac{\theta}{2}}{\sin\frac{\theta}{2}} \times \frac{1}{2}\csc^2\frac{\theta}{2}$$

$$= \frac{(\frac{q_1 q_2}{8\pi\epsilon_0 E})^2}{4} \times \csc^4\frac{\theta}{2} = \frac{1}{4}(\frac{q_1 q_2}{8\pi\epsilon_0 E})^2 \csc^4\frac{\theta}{2} = (\frac{q_1 q_2}{16\pi\epsilon_0 E})^2 \csc^4\frac{\theta}{2}$$

총 산란 단면적 $\sigma = \int d\sigma = \int D(\theta) d\Omega = \int \frac{d\sigma}{d\Omega} d\Omega$

$$\sigma = \int (\frac{q_1 q_2}{16\pi\epsilon_0 E})^2 \csc^4\frac{\theta}{2} d\Omega$$

$$= \int_0^\pi (\frac{q_1 q_2}{16\pi\epsilon_0 E})^2 \csc^4\frac{\theta}{2}\sin\theta d\theta \int_0^{2\pi} d\phi = \int_0^\pi (\frac{q_1 q_2}{16\pi\epsilon_0 E})^2 \csc^4\frac{\theta}{2} 2\sin\frac{\theta}{2}\cos\frac{\theta}{2} d\theta \times 2\pi$$

$$= 4\pi(\frac{q_1 q_2}{16\pi\epsilon_0 E})^2 \int_0^\pi \csc^3\frac{\theta}{2}\cos\frac{\theta}{2} d\theta = 4\pi(\frac{q_1 q_2}{16\pi\epsilon_0 E})^2 \int_0^\pi \csc^2\frac{\theta}{2}\cot\frac{\theta}{2} d\theta$$

$$= 4\pi(\frac{q_1 q_2}{16\pi\epsilon_0 E})^2 [-\csc\frac{\theta}{2}|_0^\pi] = 4\pi(\frac{q_1 q_2}{16\pi\epsilon_0 E})^2 (-1+\infty)$$

$$\rightarrow \infty$$

✎ ∞ (무한대)의 원인: 쿨롬 힘이 $\frac{1}{r^2}$로 무한대까지 작용하기 때문이다. 비록 매우 작은 양이지만 쿨롬 힘에 의한 공헌이 있기 때문에 산란 단면적 값에 ∞를 피할 수 없다. 실제 실험에서는 θ가 어떤 cutoff이 있기 때문에 (θ_0) 결론적으로는 산란단면적에 유한 값을 얻게 된다.

LAB과 CM에서 각도와 산란단면적의 관계

(각도) 그림 (2-13)에서 θ_{CM}과 θ_{LAB}의 관계식

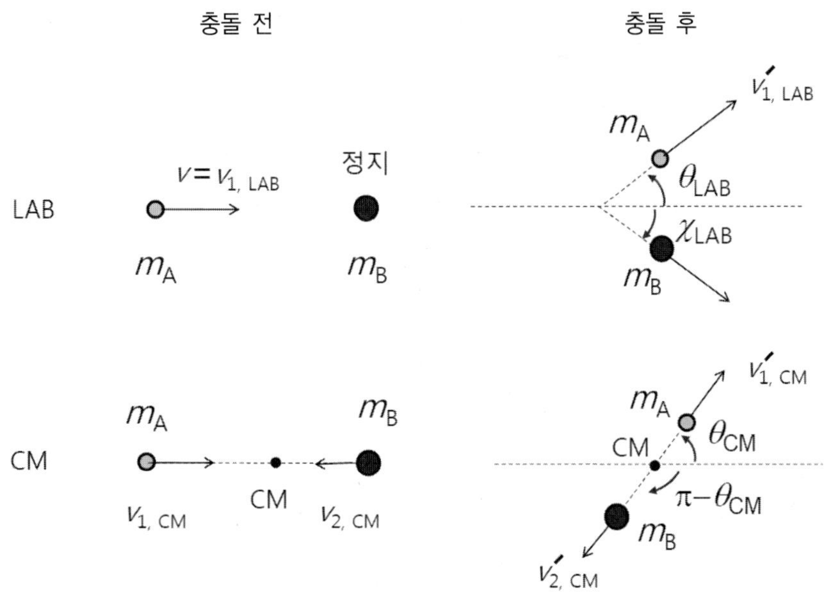

[그림 2-13] 정지한 표적 (target)에 질량 m_A인 입자가 입사 속도 v를 가지고 충돌 하는 경우 실험실계와 질량중심계의 충돌 전 후 상황.

- 실험실계

운동량보존

$$m_A v + 0 = (m_A + m_B) V_{CM} \qquad (\because m_B \equiv m_{target} \text{ 정지})$$

$$\therefore V_{CM} = \frac{m_A v}{m_A + m_B} \quad \text{(실험실계에서 질량중심은 } x\text{축을 따라 움직인다)} \qquad Ⓐ$$

$$v_{1,LAB} \equiv v$$

$$v_{2,LAB} \equiv v_{target} = 0$$

$$v_{1,CM} = v_{1,LAB} - V_{CM} = v - V$$

$$v_{2,CM} = v_{target} - V_{CM} = -V_{CM} = -V$$

✎ 개념적으로 생각해도 입사 속도 v가 $v_{1,CM}$과 V_{CM}으로 나누어졌다.

$\rightarrow v = v_{1,CM} + V_{CM}$

$$v_{1,CM} = v_{1,LAB} - V_{CM} = v - V$$

$$= v - \frac{m_A v}{m_A + m_B} = \frac{m_B v}{m_A + m_B}$$

- 질량중심계

$$\vec{P}_{CM,tot} = 0 \text{ (충돌 전 운동량 보존)}$$

$$\rightarrow \vec{p}_{1,CM} = \vec{p}_{2,CM}$$

$$m_A v_{1,CM} = m_B v_{2,CM}$$

$$m_A (v - V) = m_B V$$

$$\therefore V = \frac{m_A}{m_A + m_B} v \qquad Ⓑ$$

$\therefore$ Ⓐ = Ⓑ

또한 $v_{2,CM} = \dfrac{m_A}{m_B} v_{1,CM}$이 성립한다.

$$\vec{P'}_{CM,tot} = 0 \text{ (충돌 후 운동량 보존)}$$

$$\rightarrow \vec{p'}_{1,CM} = \vec{p'}_{2,CM}$$

$$m_A v'_{1,CM} = m_B v'_{2,CM}$$

$$\therefore v'_{2,CM} = \frac{m_A}{m_B} v'_{1,CM}$$

탄성충돌은 그림 (2-14)인 경우이다.

$$v_{1,CM} = v'_{1,CM}$$

$$v_{2,CM} = v'_{2,CM}$$

$$\rightarrow v_{2,CM} = v'_{2,CM} = V$$

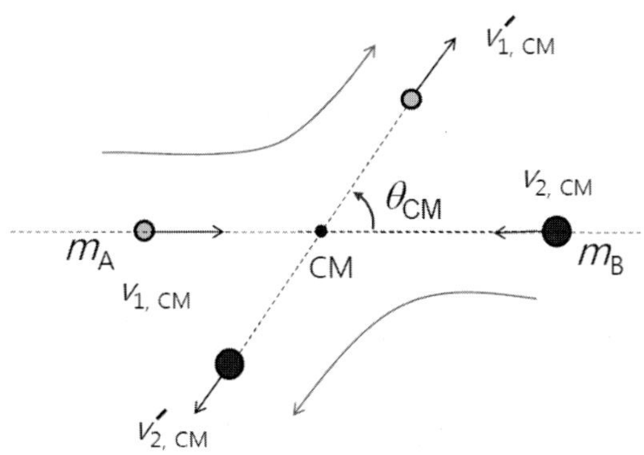

[그림 2-14] 질량 중심계에서 본 탄성충돌의 전 후 모습.

θ_{LAB}과 θ_{CM}의 관계식을 찾기 위해 그림 (2-15)를 보자.

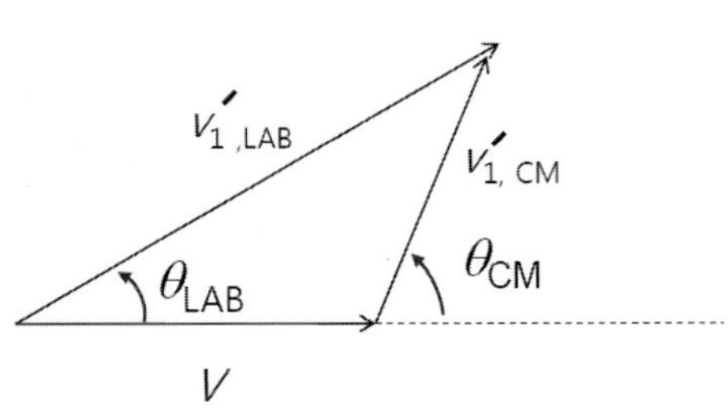

[그림 2-15] θ_L (=θ_{LAB})과 θ_C (=θ_{CM})와의 관계식. 충돌 후 속도 $v'_{1,\mathrm{LAB}}$이 $v'_{1,\mathrm{CM}}$과 V로 나누어졌다. 개념적으로 생각해도 $v'_{1,\mathrm{CM}}$과 V의 속도를 합하면 $v'_{1,\mathrm{LAB}}$이 되어야 한다.

$$v'_{1,LAB} = V + v'_{1,CM}$$

$$v'_{1,LAB}\sin\theta_{LAB} = v'_{1,CM}\sin\theta_{CM}$$

$$v'_{1,LAB}\cos\theta_{LAB} = V + v'_{1,CM}\cos\theta_{CM}$$

$$\rightarrow \tan\theta_{LAB} = \frac{v'_{1,CM}\sin\theta_{CM}}{V + v'_{1,CM}\cos\theta_{CM}} = \frac{\sin\theta_{CM}}{\frac{V}{v'_{1,CM}} + \cos\theta_{CM}}$$

[Note] $m_A v_{1,CM} = m_B v_{2,CM}$

$$\rightarrow v_{2,CM} = \frac{m_A}{m_B} v_{1,CM}$$

$$V = v_{2,CM} = \frac{m_A}{m_B} v_{1,CM} = \frac{m_A}{m_B} v'_{1,CM}$$

$$\rightarrow \frac{V}{v'_{1,CM}} = \frac{m_A}{m_B}$$

$$\therefore \tan\theta_{LAB} = \frac{\sin\theta_{CM}}{\frac{m_A}{m_B} + \cos\theta_{CM}}$$

$$\cos\theta_{LAB} = \frac{1}{\sqrt{\tan^2\theta_{LAB} + 1}}$$

$$\rightarrow \cos\theta_{LAB} = \frac{\cos\theta_{CM} + \frac{m_A}{m_B}}{\sqrt{1 + \frac{m_A^2}{m_B^2} + 2\frac{m_A}{m_B}\cos\theta_{CM}}}$$

[Q&A] 충돌 후 m_2의 LAB계와 CM계의 산란각도 $(\chi_{LAB}, \theta_{CM})$ 관계를 구하면?

$$v'_{2,LAB} = V + v'_{2,CM}$$

$$v'_{2,LAB}\sin\chi_{LAB} = -v'_{2,CM}\sin\theta_{CM}$$

$$v'_{2,LAB}\cos\chi_{LAB} = V - v'_{2,CM}\cos\theta_{CM}$$

$$= v'_{2,CM} - v'_{2,CM}\cos\theta_{CM} = v'_{2,CM}(1 - \cos\theta_{CM})$$

$$\rightarrow \tan\chi_{LAB} = \frac{\sin\theta_{CM}}{-\cos\theta_{CM} + \frac{V}{v'_{2,CM}}} = \frac{\sin\theta_{CM}}{1 - \cos\theta_{CM}} = \cot\left(\frac{\theta_{CM}}{2}\right)$$

$$\therefore \chi_{LAB} = \frac{\pi - \theta_{CM}}{2}$$

(에너지 비) 입사 입자 (m_A)의 충돌 전 후 에너지의 비율

$$\frac{E_o}{E_i} = \frac{\frac{1}{2}m_A v'^2_{1,\mathrm{LAB}}}{\frac{1}{2}m_A v^2_{1,\mathrm{LAB}}}$$ 의 비를 구해보자.

실험실계와 질량 중심계에서의 충돌 전 후의 상황을 모두 종합해서 그려보면 그림 (2-16)처럼 된다.

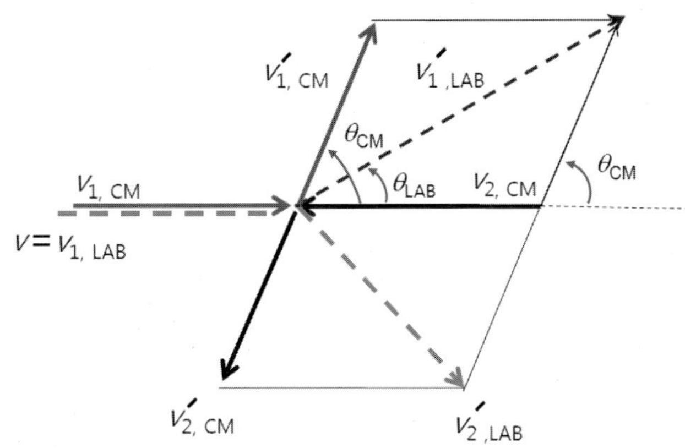

[그림 2-16] 실험실계와 질량 중심계에서의 충돌 전 후의 상황을 한 평면에 그려본 모습.

sine 법칙에 의해

$$v'^2_{1,LAB} = v'^2_{1,CM} + v^2_{2,CM} - 2v'_{1,CM}v_{1,CM}\cos(\pi - \theta_{CM})$$

[Note]

$$v_{1,LAB} \equiv v$$

$$v_{1,CM} = v'_{1,CM}$$

$$v_{1,CM} = v_{1,LAB} - V_{CM} = v - V$$

$$= v - \frac{m_A v}{m_A + m_B} = \frac{m_B v}{m_A + m_B}$$

$$\therefore v = \frac{m_A + m_B}{m_B} v_{1,CM}$$

$$v_{2,CM} = v'_{2,CM} = V = \frac{m_A v}{m_A + m_B}$$

$$\rightarrow v'^2_{1,LAB} = v^2_{1,CM} + v^2_{2,CM} + 2v_{1,CM}v_{1,CM}\cos\theta_{CM}$$

$$\rightarrow \frac{E_o}{E_i} = \frac{\frac{1}{2} m_A v_{1,\mathrm{LAB}}^{'2}}{\frac{1}{2} m_A v_{1,\mathrm{LAB}}^{2}} = \frac{v_{1,\mathrm{LAB}}^{'2}}{v_{1,\mathrm{LAB}}^{2}} = \frac{v_{1,\,CM}^2 + v_{2,\,CM}^2 + 2 v_{1,\,CM} v_{1,\,CM} \cos\theta_{CM}}{v^2}$$

$$= \frac{v_{1,\,CM}^2 \left[1 + \left(\frac{v_{2,\,CM}}{v_{1,\,CM}}\right)^2 + 2\frac{v_{2,\,CM}}{v_{1,\,CM}} \cos\theta_{CM}\right]}{\left(\frac{m_A + m_B}{m_B} v_{1,\,CM}\right)^2}$$

$A \equiv \frac{m_B}{m_A}$ 라고 하자.

$$\frac{v_{2,\,CM}}{v_{1,\,CM}} = \frac{\frac{m_A}{m_A + m_B} v}{\frac{m_B}{m_A + m_B} v} = \frac{m_A}{m_B} = \frac{1}{A}$$

$$\rightarrow \frac{E_o}{E_i} = \frac{v_{1,\,CM}^2 \left[1 + \left(\frac{v_{2,\,CM}}{v_{1,\,CM}}\right)^2 + 2\frac{v_{2,\,CM}}{v_{1,\,CM}} \cos\theta_{CM}\right]}{\left[\frac{m_A\left(1 + \frac{m_B}{m_A}\right)}{m_B} v_{1,\,CM}\right]^2}$$

$$= \frac{v_{1,\,CM}^2 \left[1 + \left(\frac{v_{2,\,CM}}{v_{1,\,CM}}\right)^2 + 2\frac{v_{2,\,CM}}{v_{1,\,CM}} \cos\theta_{CM}\right]}{v_{1,\,CM}^2 \left[\frac{1}{A}(1 + A)\right]^2}$$

$$= \frac{A^2\left[1 + \left(\frac{1}{A}\right)^2 + 2A\cos\theta_{CM}\right]}{(1+A)^2}$$

$$= \frac{1 + A^2 + 2A\cos\theta_{CM}}{(1+A)^2}$$

(예)

① $\theta_{CM} = 0$

$$\frac{E_o}{E_i} = \frac{1 + A^2 + 2A\cos\theta_{CM}}{(1+A)^2}$$

$$= \frac{1 + A^2 + 2A}{(1+A)^2} = 1$$

∴ 에너지 손실이 없다

② $\theta_{CM} = \pi$ (정면 충돌)

$$\frac{E_o}{E_i} = \frac{1+A^2+2A\cos\theta_{CM}}{(1+A)^2}$$

$$= \frac{1+A^2-2A}{(1+A)^2} = \left(\frac{1-A}{1+A}\right)^2 \equiv \alpha$$

$\therefore E_o = \alpha E_i$

③ 최대 손실 에너지

$$(\Delta E)_{\max} = (E_i - E_o)_{\max}$$

$$= E_i(1-\frac{E_o}{E_i})_{\max} = E_i(1-\alpha)_{\max}$$

$$\therefore \left(\frac{\Delta E}{E_i}\right)_{\max} = 1-\alpha$$

- 중성자 (n)가 입사해서 $^9\mathrm{Be}$에 충돌

$$\left(\frac{\Delta E}{E_i}\right)_{\max} = 1-\alpha = 1-\left(\frac{1-A}{1+A}\right)^2 = 1-\left(\frac{1-9}{1+9}\right)^2 = 0.36$$

- 중성자 (n)가 입사해서 $^{238}\mathrm{U}$에 충돌

$$\left(\frac{\Delta E}{E_i}\right)_{\max} = 1-\alpha = 1-\left(\frac{1-A}{1+A}\right)^2 = 1-\left(\frac{1-238}{1+238}\right)^2 = 0.02$$

☛ 원자력 발전소에서 일어나는 핵분열 시 중성자를 감속하기 위해서는 감속제로 $^9\mathrm{Be}$ 등을 사용하는 것이 효과적이라는 의미이다.

(산란단면적)

[☛ 중요] 어떤 기준계에서 보던지 산란 후 어떤 무한소 면적을 통과하는 입자의 개수는 동일할 것이다. 즉 LAB계에서 각도 θ_{LAB}으로 산란된 입자는 입체각 $d\Omega_{LAB}$안으로 들어가고, CM계에서 각도 θ_{CM}으로 산란된 입자는 입체각 $d\Omega_{CM}$으로 들어가는데, 이 두 경우가 같다는 것이다.

$$\rightarrow d\sigma(\theta_{LAB}, \phi_{LAB}) = d\sigma(\theta_{CM}, \phi_{CM})$$

[Note] $d\Omega_{LAB} = \sin\theta_{LAB}\, d\theta_{LAB}\, d\phi_{LAB}$

$d\Omega_{CM} = \sin\theta_{CM}\, d\theta_{CM}\, d\phi_{CM}$

$$\therefore \left(\frac{d\sigma}{d\Omega_{LAB}}\right)_{LAB} d\Omega_{LAB} = \left(\frac{d\sigma}{d\Omega_{CM}}\right)_{CM} d\Omega_{CM}$$

$$\rightarrow \left(\frac{d\sigma}{d\Omega_{LAB}}\right)_{LAB} = \left(\frac{d\sigma}{d\Omega_{CM}}\right)_{CM} \frac{d\Omega_{CM}}{d\Omega_{LAB}}$$

$$= \left(\frac{d\sigma}{d\Omega_{CM}}\right)_{CM} \frac{\sin\theta_{CM}\, d\theta_{CM}\, d\phi_{CM}}{\sin\theta_{LAB}\, d\theta_{LAB}\, d\phi_{LAB}}$$

ϕ-방향으로는 대칭

$$\rightarrow d\phi_{LAB} = d\phi_{CM}$$

$$\left(\frac{d\sigma}{d\Omega_{LAB}}\right)_{LAB} = \left(\frac{d\sigma}{d\Omega_{CM}}\right)_{CM} \frac{\sin\theta_{CM}\, d\theta_{CM}}{\sin\theta_{LAB}\, d\theta_{LAB}}$$

$$= \left(\frac{d\sigma}{d\Omega_{CM}}\right)_{CM} \frac{d(\cos\theta_{CM})}{d(\cos\theta_{LAB})}$$

[Note] $\cos\theta_{LAB} = \dfrac{\cos\theta_{CM} + \dfrac{m_A}{m_B}}{\sqrt{1 + \dfrac{m_A^2}{m_B^2} + 2\dfrac{m_A}{m_B}\cos\theta_{CM}}}$

$$\frac{d(\cos\theta_{CM})}{d(\cos\theta_{LAB})} = \frac{1 + \dfrac{m_A}{m_B}\cos\theta_{CM}}{\left(1 + \dfrac{m_A^2}{m_B^2} + 2\dfrac{m_A}{m_B}\cos\theta_{CM}\right)^{\frac{3}{2}}}$$

$$\therefore \left(\frac{d\sigma}{d\Omega_{LAB}}\right)_{LAB} = \frac{1 + \dfrac{m_A}{m_B}\cos\theta_{CM}}{\left(1 + \dfrac{m_A^2}{m_B^2} + 2\dfrac{m_A}{m_B}\cos\theta_{CM}\right)^{\frac{3}{2}}} \left(\frac{d\sigma}{d\Omega_{CM}}\right)_{CM}$$

[♣ 각자해보기] χ_{LAB}와 θ_{CM}에 대한 산란 단면적 관계

$$\left(\frac{d\sigma}{d\Omega_{LAB}(\chi_{LAB})}\right)_{LAB} = 4\cos\chi_{LAB}\left(\frac{d\sigma}{d\Omega_{CM}(\pi - \theta_{CM})}\right)_{CM} = 4\sin\frac{\theta_{CM}}{2}\left(\frac{d\sigma}{d\Omega_{CM}(\pi - \theta_{CM})}\right)_{CM}$$

(예)

① $m_B \gg m_A$

$$\frac{m_A}{m_B} \to 0$$

$$\therefore \left(\frac{d\sigma}{d\Omega_{LAB}}\right)_{LAB} \simeq \left(\frac{d\sigma}{d\Omega_{CM}}\right)_{CM}$$

[Note] $\cos\theta_{LAB} = \dfrac{\cos\theta_{CM} + \dfrac{m_A}{m_B}}{\sqrt{1 + \dfrac{m_A^2}{m_B^2} + 2\dfrac{m_A}{m_B}\cos\theta_{CM}}}$

$$\to \cos\theta_{LAB} \simeq \cos\theta_{CM}$$

$$\therefore \theta_{LAB} = \theta_{CM}$$

② $m_A = m_B$

$$\to \tan\theta_{LAB} \simeq \tan\frac{\theta_{CM}}{2}$$

$$\therefore \theta_{LAB} = \frac{\theta_{CM}}{2}$$

$$\therefore \left(\frac{d\sigma}{d\Omega_{LAB}}\right)_{LAB} = 4\cos\frac{\theta_{CM}}{2}\left(\frac{d\sigma}{d\Omega_{CM}}\right)_{CM}$$

③ $m_A = m_B$이면서 완전 탄성충돌을 하는 경우

$$\tan\theta_{LAB} \simeq \tan\frac{\theta_{CM}}{2}$$

$$\tan\chi_{LAB} \simeq \cot\left(\frac{\theta_{CM}}{2}\right) = \tan\left(\frac{\pi}{2} - \frac{\theta_{CM}}{2}\right)$$

$$\therefore \theta_{LAB} = \frac{\theta_{CM}}{2}$$

$$\chi_{LAB} = \frac{\pi}{2} - \frac{\theta_{CM}}{2}$$

$$\to \theta_{LAB} + \chi_{LAB} = \frac{\pi}{2}$$

$\therefore$ $m_A = m_B$이면서 완전 탄성충돌을 하는 경우 충돌 후 실험실계에서 두 입자는 서로 90°의 각도를 가지고 튀어 나간다.

2.2 휘도 (luminosity, L)

(정의) 단위 시간당 단위 면적당 지나가는 입자의 수

$$dN = L d\sigma$$

→ 어떤 반응이 일어나는 입자 수는 휘도에 그 반응이 일어나는 산란단면적을 곱해주면 구할 수 있다.

[Note] $L_{integrated} = \int L_{instantaneous} dt$

$L_{integrated}$ [cm^{-2}]

$L_{instantaneous}$ [cm^{-2}s^{-1}]

(예) LHC 실험 $L_{instantaneous} = 34 \sim 100 \times 10^{30}$ [cm^{-2}s^{-1}]

Belle-II 실험 $L_{instantaneous} = 2 \times 10^{35}$ [cm^{-2}s^{-1}]

[Q&A] 1953년에 F. Reines와 C. L. Cowan은 원자로에서 방출 되는 중성미자를 검출하였다. 사용한 검출기에는 3×10^{28}개의 양성자 표적이 있었으며 중성미자의 flux는 1.7×10^{19} [m^{-2}h^{-1}] 이다. 그들이 사용했던 검출 반응식은 역베타 붕괴인데 ($\overline{\nu_e} + p \rightarrow n + e^+$) 산란 단면적이 6×10^{-20}b 이라면 시간당 검출되는 중성미자의 개수는 몇 개 인가?

$$N = L\sigma \times N_{target}$$
$$= 1.7 \times 10^{19} \mathrm{m}^{-2}\mathrm{h}^{-1} \times 6 \times 10^{-20} \times 10^{-28}\mathrm{m}^2 \times 3 \times 10^{28}$$
$$= 3 \ [1/\mathrm{h}]$$

시간당 3개 정도 검출되어야 하는데, 실제 측정해 보니 이론적 계산과 동일하였다.

[Q&A] 태양 빛은 지구에서 수직한 평면에 초당 $1.4 \times 10^3 \mathrm{W/m^2}$ 비율로 도달한다. 태양 빛이 $5 \times 10^{14}\mathrm{Hz}$ 의 진동수를 가진다고 하자.

① 지구 표면에서 단위면적당 몇 개의 광자가 도달하는가?
광자 1개의 에너지 $E = h\nu$

$$= 6.6 \times 10^{-34}\mathrm{Js} \times 5 \times 10^{14}\mathrm{Hz} = 3.3 \times 10^{-19}\mathrm{J}$$

광자 1개 : 3.3×10^{-19}J $=$ x개 : 1.4×10^{3}W/m^{2}

$\therefore$ x개 $= 4.24\times 10^{21}$Hz

② 태양 출력은 얼마인가? 초당 몇 개의 광자가 방출되는가?

지구와 태양 사이의 거리 1.5×10^{11}m

태양에서 방출하는 광자의 개수나 단면적 $A = 4\pi r^2$을 빠져나가는 광자의 개수는 같다.

$$A = 4\pi r^2 = 4\pi(1.5\times 10^{11}\text{m})^2 = 2.8\times 10^{23}\text{m}^2$$

$$1\text{m}^2 : 4.24\times 10^{21}\text{Hz} = 2.8\times 10^{23}\text{m}^2 : x$$

$$\therefore x = 1.2\times 10^{45} \text{ [Hz]}$$

③ 지구 근처에는 단위 부피당 몇 개의 광자가 있는가?

광자는 빛이 속도 (c)로 단위 부피를 빠져나간다고 하자.

지구 표면에서 단위면적당 도달하는 광자의 개수 $= 4.24\times 10^{21}$Hz/m^2

$$\rightarrow \frac{4.24\times 10^{21}\dfrac{\text{Hz}}{\text{m}^2}}{c} = \frac{4.24\times 10^{21}\dfrac{\text{Hz}}{\text{m}^2}}{3\times 10^{8}\dfrac{\text{m}}{\text{s}}} \sim 1.4\times 10^{13}\left[\frac{1}{\text{m}^3}\right]$$

2.3 양자적 산란 이론

(상황) 그림 (2-17)처럼 질량 m_1, m_2인 2개의 입자가 퍼텐셜 $V(r)$의 영향 하에서 충돌할 때 Schrödinger 방정식을 풀고 싶다. 산란 (scattering)은 이체 문제 (2-body problem)이다.

(경계 조건)

쉬뢰딩거 (Schrödinger) 방정식

$$H\psi = E\psi$$

$$[-\frac{\hbar^2}{2\mu}\nabla^2 + V(r)]\psi = E\psi$$

환산질량 $\dfrac{1}{\mu} = \dfrac{1}{m_1} + \dfrac{1}{m_2}$

입사평면파 $\psi \sim Ae^{ikz}$ (z-방향으로 입사)

$k \equiv \dfrac{\sqrt{2\mu E}}{\hbar}$ (wave number)

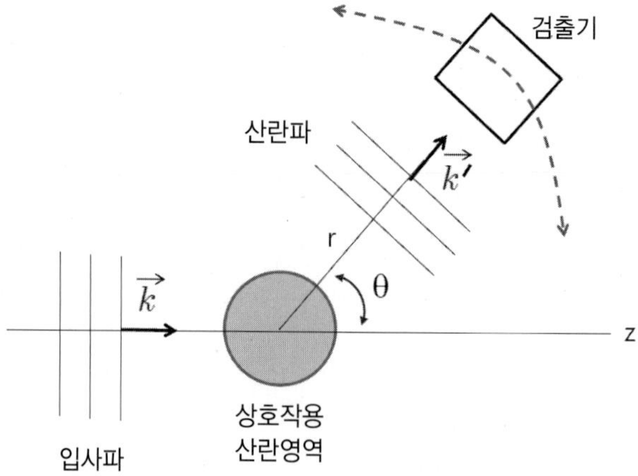

[그림 2-17] 입사파와 산란파를 평면파로 표시할 수 있다.

상호작용 산란영역에서 충돌 (interaction) 한 후 산란되어 나가는 구면파 (spherical wave)를 만든다.

산란 구면 평면파 형태 $\sim \dfrac{1}{r}e^{ikr}$ (원점에서 r-방향으로 퍼져나가는 산란)

또한 (θ, ϕ) 방향의 공헌 (contribution)도 고려해야 한다. 이것을 $f(\theta, \phi)$로 나타내자.

최종 산란 구면 평면파 형태 $\sim f(\theta, \phi) \times \dfrac{1}{r}e^{ikr}$

만약 ϕ-방향의 의존성이 없다고 가정하자.

산란 진폭 (scattering amplitude) $f(\theta, \phi)$
$\rightarrow f(\theta, \phi) \sim f(\theta)$ ($\because$ azimuthally symmetrical)

최종 파의 형태 $\psi(r, \theta) \simeq Ae^{ikz} + f(\theta)\dfrac{e^{ikr}}{r}$

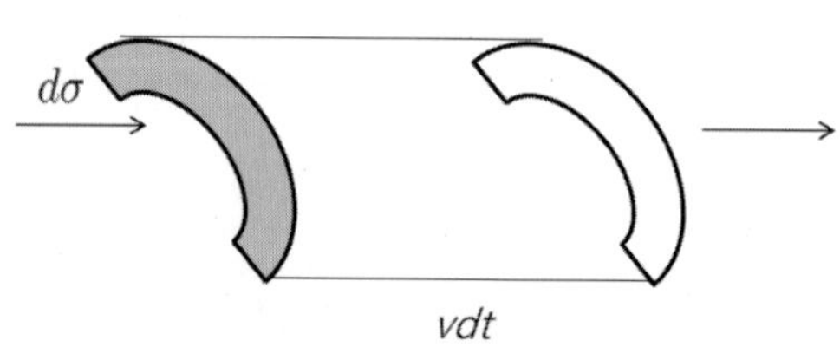

[그림 2-18] 입사파가 dt시간 동안 v속도로 면적 $d\sigma$를 지나갈 때의 부피요소 dV.

그림 (2-18)에서 입사파가 dt 시간 동안 v 속도로 면적 $d\sigma$를 지나갈 때의 확률 (probability)은

$$dP = |\psi_i|^2 dV = |A|^2 (vdt) d\sigma$$

인데 이것은 산란된 입자가 입체각 $d\Omega$속으로 들어가는 확률과 동일해야 한다.

$$dP = |\psi_f|^2 dV = \frac{|A|^2 |f|^2}{r^2}(vdt) r^2 d\Omega$$

$$\therefore\ d\sigma = |f|^2 d\Omega$$

미분 산란 단면적 $D(\theta) \equiv \dfrac{d\Omega}{d\sigma} = |f(\theta)|^2$

총 산란 단면적 $\sigma = \int d\sigma = \int |f(\theta)|^2 d\Omega = \int_0^\pi |f(\theta)|^2 \sin\theta d\theta \int_0^{2\pi} d\phi$

$$= 2\pi \int_0^\pi |f(\theta)|^2 \sin\theta d\theta$$

(변수분리법)

$\psi(r,\theta,\phi) = R(r)\Theta(\theta)\Phi(\phi)$로 놓고 쉬뢰딩거 (Schrödinger) 방정식을 풀면 다음과 같다.

R에 대한 방정식 $\dfrac{1}{r^2}\dfrac{d}{dr}(r^2 \dfrac{dR}{dr}) + \dfrac{2m}{\hbar^2}(E - V) - \dfrac{l(l+1)}{r^2} R = 0$ (radial equation)

Θ에 대한 방정식 $\dfrac{1}{\sin\theta}\dfrac{d}{d\theta}(\sin\theta \dfrac{d\Theta}{d\theta}) + [l(l+1) - \dfrac{m^2}{\sin^2\theta}]\Theta = 0$ (angular equation)

Φ에 대한 방정식 $\dfrac{d^2\Phi}{d\phi^2} + m^2\Phi = 0$ (azimuthal equation)

[♣ 조사해보기] 쉬뢰딩거 (Schrödinger) 방정식의 해

$$\begin{aligned}\psi(r,\theta,\phi) &= R(r)\Theta(\theta)\Phi(\phi) \\ &= R_{nl}(r)\Theta_{lm}(\theta)\Phi_m(\phi) \\ &\equiv R_{nl}(r) Y_{lm}(\theta,\phi) \\ &\equiv \frac{u_{nl}(r)}{r} Y_{lm}(\theta,\phi)\end{aligned}$$

$Y_{lm}(\theta,\phi)$: spherical harmonics

$$Y_{lm}(\theta,\phi) = \sqrt{\frac{2l+1}{4\pi}\frac{(l-m)!}{(l+m)!}}\, P_l^m(\cos\theta)\, e^{im\phi}$$

$P_l^m(\cos\theta)$: associated Legendre polynomials

[Note]

① 1차원 쉬뢰딩거 (Schrödinger) 방정식

$$[-\frac{\hbar^2}{2m}\nabla^2 + V(r)]\psi = E\psi$$

$$\rightarrow [-\frac{\hbar^2}{2m}\frac{d^2}{dx^2} + V(x)]\psi = E\psi$$

② 3차원 쉬뢰딩거 (Schrödinger) 방정식

$R \equiv \frac{u}{r}$로 놓고 위의 radial equation에 대입해서 풀어주면 다음을 얻을 수 있다.

$$[-\frac{\hbar^2}{2m}\frac{d^2}{dr^2} + V(x) + \frac{\hbar^2 l(l+1)}{2mr^2}]u = Eu$$

$$V_{effective} \equiv V(x) + \frac{\hbar^2 l(l+1)}{2mr^2}$$

$\frac{\hbar^2 l(l+1)}{2mr^2}$: centrifugal term

3차원의 경우, 1차원적인 쉬뢰딩거 (Schrödinger) 방정식과 형태는 동일한데, centrifugal term (구심력 항)이 첨가되고, 파동함수가 ψ에서 $u \equiv rR$로 바뀐 것에 불가하다.

2.4 Breit-Wigner (resonance) formular

산란단면적 $\sigma = \frac{4\pi}{k^2}\sum_l (2l+1)\sin^2\delta_l$

산란 진폭 $f(\theta) = \frac{1}{k}\sum(2l+1)e^{i\delta_l}\sin\delta_l P_l(\cos\theta)$

$$\frac{d\sigma}{d\Omega} = |f(\theta)|^2$$

$E \sim E_0 \quad \rightarrow \quad \sin\delta_l(E_0) \simeq 1$

즉, 어떤 특정 E_0값에서 $\sin\delta_l = 1$로 최대가 된다고 하자.

$\cos\delta_l(E_0) = 0 \rightarrow \delta_l(E_0) = \frac{\pi}{2}$

Taylor 정리

$$f(x) = f(a) + (x-a)f'(a) + \frac{(x-a)^2}{2!}f''(a) + \ldots$$

$$\sin\delta_l(E) \simeq \sin\delta_l(E_0) + (E-E_0)(\cos\delta_l(E)\frac{d\delta_l}{dE})_{E\simeq E_0} + \cdots$$

$$\simeq \sin\delta_l(E_0)$$

$$\cos\delta_l(E) \simeq \cos\delta_l(E_0) + (E-E_0)(-\sin\delta_l(E)\frac{d\delta_l(E)}{dE})_{E\simeq E_0} + \cdots$$

$$\simeq (E-E_0)(-\frac{d\delta_l(E)}{dE})_{E\simeq E_0} \equiv -\frac{2}{\Gamma}(E-E_0)$$

$(\frac{d\delta_l(E)}{dE})_{E\simeq E_0} \equiv \frac{2}{\Gamma}$, 여기서 Γ는 상수.

$$f(\theta) = \frac{1}{k}\sum(2l+1)e^{i\delta_l}\sin\delta_l P_l(\cos\theta)$$

$$\equiv \frac{1}{k}\sum(2l+1)f_l(E)P_l(\cos\theta)$$

$$f_l(E) \equiv e^{i\delta_l}\sin\delta_l$$

$$= \frac{1}{e^{-i\delta_l(E)}}\sin\delta_l(E) = \frac{\sin\delta_l(E)}{\cos\delta_l(E) - i\sin\delta_l(E)} = \frac{1}{-\frac{2}{\Gamma}(E-E_0) - i}$$

$$= \frac{\frac{\Gamma}{2}}{(E-E_0) + i\frac{\Gamma}{2}}$$

$\frac{d\sigma}{d\Omega} = |f(\theta)|^2$ 이므로, $\sigma \sim |f_l(E)|^2$ 로 에너지 의존성을 가진다.

$$\sigma \sim |f_l(E)|^2 \sim \frac{\frac{\Gamma^2}{4}}{(E-E_0)^2 + \frac{\Gamma^2}{4}}$$

$$\frac{d\sigma}{d\Omega} = |f(\theta)|^2$$

$$\rightarrow \sigma = \int d\sigma = \int |f(\theta)|^2 d\Omega = \int |f(\theta)|^2 \sin\theta d\theta d\phi = 2\pi\int |f(\theta)|^2 \sin\theta d\theta$$

$$f(\theta) \equiv \frac{1}{k}\sum(2l+1)f_l(E)P_l(\cos\theta)$$

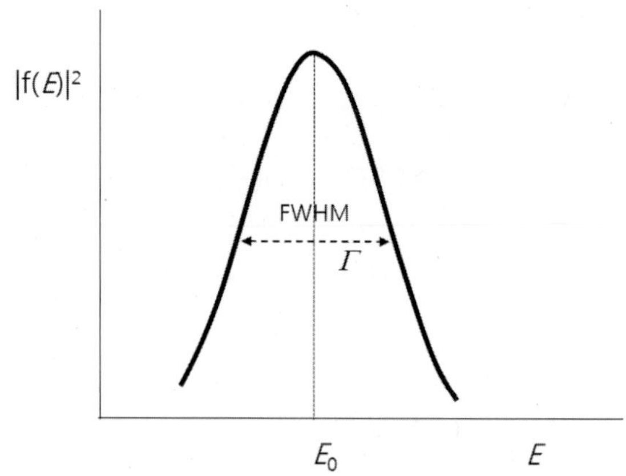

[그림 2-19] FWHM (Full Width of the curve at its Half Maximum).

$$|f_l(E)|^2 \sim \frac{\frac{\Gamma^2}{4}}{(E-E_0)^2+\frac{\Gamma^2}{4}}$$

$$\sigma = \int \frac{1}{k^2}\sum_l\sum_{l'}(2l+1)(2l'+1)\frac{\frac{\Gamma^2}{4}}{(E-E_0)^2+\frac{\Gamma^2}{4}}P_l(\cos\theta)P_{l'}(\cos\theta)\sin\theta d\theta 2\pi$$

[Note] $\int_0^\pi P_l(\cos\theta)P_{l'}(\cos\theta)\sin\theta d\theta = \frac{2}{2l+1}\delta_{ll'}$

$$\sigma = \frac{1}{k^2}\sum_l\sum_{l'}(2l+1)(2l'+1)\frac{\frac{\Gamma^2}{4}}{(E-E_0)^2+\frac{\Gamma^2}{4}}\frac{2}{2l+1}\delta_{ll'}2\pi$$

$$= 2\pi\frac{1}{k^2}\sum_l(2l+1)^2\frac{\frac{\Gamma^2}{4}}{(E-E_0)^2+\frac{\Gamma^2}{4}}\frac{2}{2l+1}$$

$$= \frac{4\pi}{k^2}\sum_l(2l+1)\frac{\frac{\Gamma^2}{4}}{(E-E_0)^2+\frac{\Gamma^2}{4}}$$

2.5 부분파 분석 (partial wave analysis)

[Q&A] 그림 (2-20)과 같은 구면 네모 우물 (인력) potential에 의한 산란에 의한 산란 단면적을 구하라.

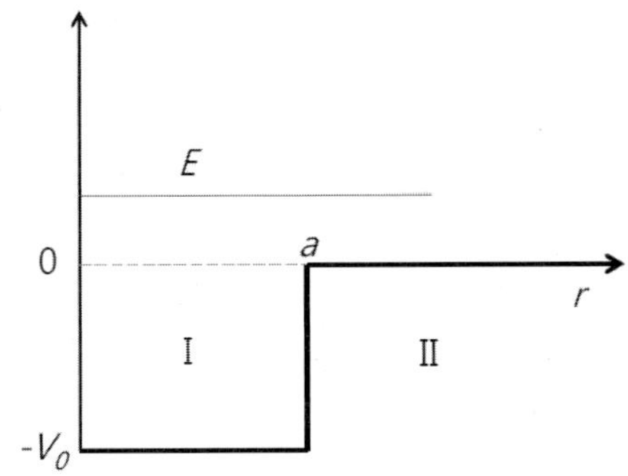

[그림 2-20] 구면 네모 우물 (인력) potential.

쉬뢰딩거 방정식

$$\{\frac{1}{r}\frac{d^2}{dr^2} - \frac{l(l+1)}{r^2} + \frac{2mE}{\hbar^2} - \frac{2mV}{\hbar^2}\}R_{kl} = 0$$

양변에 r를 곱한 후 $u(r) \equiv rR(r)$로 놓는다.

$$\{\frac{d^2}{dr^2} - \frac{l(l+1)}{r^2} + \frac{2mE}{\hbar^2} - \frac{2mV}{\hbar^2}\}u(r) = 0$$

$$\rightarrow \quad \ddot{u} - \frac{l(l+1)}{r^2}u + \frac{2m}{\hbar^2}[E - V(r)]u = 0$$

만약, $ka \ll 1$ (에너지가 작은 경우) $\rightarrow$ $l \simeq 0$ (s-wave인 경우만 살펴보자)

영역 (I), $r < a$

$$\ddot{u} + \frac{2m}{\hbar^2}[E - (-V_0)]u = \ddot{u} + \frac{2m}{\hbar^2}(E + V_0)u = 0$$

$$\ddot{u}_I + k_1^2 u_I = 0, \qquad k_1^2 \equiv \frac{2m}{\hbar^2}(E + V_0)$$

일반해 $\rightarrow$ $u_I(r) = A\sin k_1 r + B\cos k_1 r$

조건 $\lim_{r\rightarrow 0} rR = \lim_{r\rightarrow 0} u = 0 \quad \rightarrow \quad B = 0$

$$\therefore u_I(r) = A\sin k_1 r$$

영역 (II), $r > a$

$$\ddot{u} - \frac{l(l+1)}{r^2}u + \frac{2m}{\hbar^2}[E - V(r)]u = 0$$

$$\rightarrow \qquad \ddot{u}_{II} + \frac{2mE}{\hbar^2}u_{II} = 0$$

$$\ddot{u}_{II} + k^2 u_{II} = 0\,, \qquad k^2 \equiv \frac{2mE}{\hbar^2}$$

일반해 $\rightarrow$ $u_{II}(r) = C\sin kr + D\cos kr \equiv C\sin(kr + \delta_{l=0})$

경계조건

① $\quad u_I(r)|_{r=a} = u_{II}(r)|_{r=a}$

② $\quad \dot{u}_I(r)|_{r=a} = \dot{u}_{II}(r)|_{r=a}$

①과 ②를 동시에 쓰면

$$\left.\frac{\frac{du_I(r)}{dr}}{u_I(r)}\right|_{r=a} = \left.\frac{\frac{du_{II}(r)}{dr}}{u_{II}(r)}\right|_{r=a}$$

혹은 $\left.\frac{d\ln u_I(r)}{dr}\right|_{r=a} = \left.\frac{d\ln u_{II}(r)}{dr}\right|_{r=a}$ 로 쓸 수도 있다.

$$\rightarrow \quad \left.\frac{Ak_1\cos k_1 r}{A\sin k_1 r}\right|_{r=a} = \left.\frac{Ck\cos(kr + \delta_0)}{C\sin(kr + \delta_0)}\right|_{r=a}$$

$$\frac{\tan k_1 a}{k_1} = \frac{\tan(ka + \delta_0)}{k}$$

$$\therefore \tan(ka + \delta_0) = \frac{k}{k_1}\tan k_1 a$$

$$\rightarrow ka + \delta_0 = \tan^{-1}\left(\frac{k}{k_1}\tan k_1 a\right)$$

$$\therefore \ \delta_0 = \tan^{-1}\left(\frac{k}{k_1}\tan k_1 a\right) - ka$$

낮은 에너지 $k, \delta_0 \rightarrow small\,, \quad \tan(ka + \delta_0) \simeq ka + \delta_0$

$$\tan(ka + \delta_0) \simeq ka + \delta_0 = \frac{k}{k_1}\tan k_1 a$$

$$\rightarrow \delta_0 = \frac{k}{k_1}\tan k_1 a - ka$$

$$= ka(\frac{\tan k_1 a}{k_1 a} - 1)$$

산란단면적 $\sigma = \frac{4\pi}{k^2}\sum_l (2l+1)\sin^2\delta_l$

$$\simeq \frac{4\pi}{k^2}\sin^2\delta_0 \qquad (\because l=0 \text{ s-wave})$$

[Note] $\sin\theta \simeq \theta - \frac{1}{3!}\theta^3 + \ldots$

$$\sigma \simeq \frac{4\pi}{k^2}\sin^2\delta_0 = \frac{4\pi}{k^2}\delta_0^2$$

$$= \frac{4\pi}{k^2}[ka(\frac{\tan k_1 a}{k_1 a} - 1)]^2 = 4\pi a^2(\frac{\tan k_1 a}{k_1 a} - 1)^2$$

$$\tan\delta_0 = \tan(\frac{k}{k_1}\tan k_1 a - ka) \equiv \tan(\alpha - \beta)$$

$$= \frac{\sin(\alpha-\beta)}{\cos(\alpha-\beta)} = \frac{\sin\alpha\cos\beta - \sin\beta\cos\alpha}{\cos\alpha\cos\beta + \sin\alpha\sin\beta} = \frac{\tan\alpha - \tan\beta}{1+\tan\alpha\tan\beta}$$

$$= \frac{\frac{k}{k_1}\tan k_1 a - \tan ka}{1 + \frac{k}{k_1}\tan k_1 a \tan ka}$$

만약 $k_1 a \to \frac{\pi}{2}$ 이면, $\tan k_1 a \to \infty$

$$\tan\delta_0 = \frac{A-B}{1+AB} = \frac{A(1-\frac{B}{A})}{A(\frac{1}{A}+B)} \to \frac{1}{B}$$

$$\tan\delta_0 \sim \frac{1}{\tan ka} \sim \frac{1}{ka} \to \infty \quad (\because k \to small)$$

$$\therefore \delta_0 \simeq \frac{\pi}{2}$$

$$\to \sin\delta_0 = \sin\frac{\pi}{2} = 1$$

산란단면적 $\sigma = \frac{4\pi}{k^2}\sum_l (2l+1)\sin^2\delta_l$

$$\simeq \frac{4\pi}{k^2}\sin^2\delta_0 \qquad (\because l=0 \text{ s-wave})$$

$$\simeq \frac{4\pi}{k^2}\times 1$$

$$\therefore \sigma_{max} = \frac{4\pi}{k^2}$$

$$\tan k_1 a \to \infty \qquad (\Rightarrow k_1 a = n \times \frac{\pi}{2},\ n = 1, 2, 3 \ldots)$$

$\to$ s-wave resonance

[Q&A] 질량이 m인 입자가 hard sphere potential에 의해 산란된다.

① 에너지가 작은 영역에서 산란단면적 (σ)을 구하라. (5 keV 양성자, a = 6 fm)

$$V(r) = \begin{cases} \infty & r < a \\ 0 & r > a \end{cases}$$

쉬뢰딩거 방정식

$$\ddot{u} - \frac{l(l+1)}{r^2} u + \frac{2m}{\hbar^2}[E - V(r)]u = 0$$

낮은 에너지 영역 $\to l \sim 0$

영역 (I), $r < a$

$$\ddot{u}_I + \frac{2m}{\hbar^2}[E - \infty]u_I = 0$$

$$\to \ddot{u}_I = 0 \qquad (\because u_I(r) = 0 \text{ 의 가능성 밖에는 없다})$$

즉, hard sphere이므로 wave function이 구 내부로 들어갈 수가 없다.

$$\therefore u_I(r) = 0$$

영역 (II), $r > a$

$$\ddot{u}_{II} + \frac{2m}{\hbar^2}[E - 0]u_{II} = 0$$

$$\ddot{u}_{II} + k^2 u_{II} = 0,\ k^2 \equiv \frac{2mE}{\hbar^2}$$

일반해 $\to$ $u_{II}(r) = A\sin kr + B\cos kr \equiv C\sin(kr + \delta_{l=0})$

경계조건: 단단한 구 내부로 뚫고 갈 수 없으므로 $r = a$에서 파동함수는 0이여야 한다.

$$u_I(r)|_{r=a} = u_{II}(r)|_{r=a}$$

$$0 = C\sin(ka + \delta_{l=0})$$

$$\to ka + \delta_0 = 0$$

$$\therefore \delta_0 = -ka$$

산란단면적 $\sigma = \frac{4\pi}{k^2}\sum_l (2l+1)\sin^2\delta_l$

$$\simeq \frac{4\pi}{k^2}\sin^2\delta_0 \qquad (\because l=0 \text{ s-wave})$$

$$= \frac{4\pi}{k^2}\sin^2(ka) \sim \frac{4\pi}{k^2}(ka)^2$$

$$= 4\pi a^2$$

즉, 고전적인 산란단면적 (πa^2)의 4배 값이다.

$$k^2 \equiv \frac{2mE}{\hbar^2} = \frac{2(m_p c^2)E}{(\hbar c)^2} = \frac{2(939.57\frac{\text{MeV}}{c^2}c^2)5\times 10^{-3}\text{MeV}}{(197.3\text{MeV}\cdot\text{fm})^2} \sim 0.24\times 10^{-3} fm^{-2}$$

$\therefore k \sim 0.0155 fm^{-1}$

$\delta_0 = -ka = -0.093\text{ rad} = -5.33^\circ$

$\therefore \sigma = \frac{4\pi}{k^2}\sin^2 ka = \frac{4\pi}{0.24\times 10^{-3} fm^{-2}}\sin^2(5.33) = 4.5\text{barn}$

② 에너지가 큰 영역에서 산란단면적 (σ)을 구하라. (700 MeV 양성자, $a = 6$ fm)

각운동량

$$L = ap = \hbar l \quad \rightarrow l = \frac{ap}{\hbar} = \frac{a\hbar k}{\hbar} = ak$$

$$\therefore l_{\max} \sim ka$$

산란단면적 $\sigma = \frac{4\pi}{k^2}\sum_l (2l+1)\sin^2\delta_l$

$$\simeq \frac{4\pi}{k^2}\sum_l (2l+1)\frac{1}{2} \qquad (\because <\sin^2\delta_l> = \frac{1}{2})$$

$$\simeq \frac{4\pi}{k^2}\frac{1}{2}\sum_{l=0}^{l_{\max}}(2l+1) = \frac{2\pi}{k^2}(l_{\max}+1)^2 \qquad (\because \sum_{l=0}^{n}(2l+1) = (n+1)^2)$$

$$\simeq \frac{2\pi}{k^2}(l_{\max})^2 = \frac{2\pi}{k^2}(ka)^2 = 2\pi a^2$$

즉, 고전적인 산란단면적 (πa^2)의 2배 값이다.

$\therefore \sigma = 2\pi(6fm)^2 = 2.26$ barn

[Q&A] 질량 m인 입자가

$$V(r) = \begin{cases} -V_0 & r<a \\ 0 & r>a \end{cases}$$

인 상태에 있다. 에너지가 0이고 각운동량도 0인 묶인 상태 (bound state)에 있을 V_0의 최소

값은?

Schrödinger 방정식 $\ddot{u} - \frac{l(l+1)}{r^2}u + \frac{2m}{\hbar^2}[E - V(r)]u = 0$

$l \simeq 0$ (s-wave인 경우)

영역 I ($r < a$)

$$\ddot{u} + \frac{2m}{\hbar^2}[E - (-V_0)]u = \ddot{u} + \frac{2m}{\hbar^2}(E + V_0)u = 0$$

$$\ddot{u}_I + k_1^2 u_I = 0\ , \qquad k_1^2 \equiv \frac{2m}{\hbar^2}(E + V_0)$$

일반해 $u_I(r) = A\sin k_1 r + B\cos k_1 r$

조건 $\lim_{r\to 0} rR = \lim_{r\to 0} u = 0 \quad \to \quad B = 0$

$$\therefore u_I(r) = A\sin k_1 r$$

영역 II ($r > a$)

$$\ddot{u} - \frac{l(l+1)}{r^2}u + \frac{2m}{\hbar^2}[E - V(r)]u = 0$$

$$\to \qquad \ddot{u}_{II} + \frac{2mE}{\hbar^2}u_{II} = 0$$

$$\ddot{u}_{II} - \kappa^2 u_{II} = 0, \qquad \kappa^2 \equiv -\frac{2mE}{\hbar^2} \qquad (\because E < 0 \to \kappa^2 > 0)$$

해 $u_{II}(r) = Ce^{-\kappa r}$

경계조건

$$u_I(r)|_{r=a} = u_{II}(r)|_{r=a}$$

$$\to A\sin k_1 a = Ce^{-\kappa a} \qquad \text{Ⓐ}$$

$$\dot{u}_I(r)|_{r=a} = \dot{u}_{II}(r)|_{r=a}$$

$$\to Ak_1\cos k_1 a = C(-\kappa)e^{-\kappa a} \qquad \text{Ⓑ}$$

Ⓐ ÷ Ⓑ

$$\frac{A\sin k_1 a}{Ak_1\cos k_1 a} = \frac{Ce^{-\kappa a}}{C(-\kappa)e^{-\kappa a}} \qquad \to \frac{\tan k_1 a}{k_1} = -\frac{1}{\kappa}$$

$$\therefore \tan k_1 a = -\frac{k_1}{\kappa}$$

만약 $k_1 a = \frac{\pi}{2}$ 이면 $\tan k_1 a \to \infty$

$$\therefore\ \kappa \to 0$$

(즉 $\kappa^2 \equiv -\dfrac{2mE}{\hbar^2}$ 이고 문제의 조건에서 $E \to 0$ 이면 $\kappa \to 0$ 임을 알 수 있다.)

$$k_1 a = \frac{\pi}{2}$$

$$k_1 a \equiv \frac{\sqrt{2m(E+V_0)}}{\hbar} a = \frac{\pi}{2}$$

$$\frac{\sqrt{2mV_0}}{\hbar} a = \frac{\pi}{2} \quad (\because E \to 0)$$

$$\therefore\ V_0 = \frac{\hbar^2 \pi^2}{8ma^2}$$

[♣ 각자해보기] 작은 속도를 가진 입자가 $V(r) = V_0 \delta(r-a)$ 에서 산란될 때, 총 산란단면적 (σ)을 구하라.

2.6 Green 함수 방법

시간에 무관한 쉬뢰딩거 (Schrödinger) 방정식

$$H\psi = E\psi$$

$$\left[-\frac{\hbar^2}{2m}\nabla^2 + V(r)\right]\psi = E\psi$$

$$\nabla^2 + \frac{2mE}{\hbar^2}\psi = \frac{2m}{\hbar^2}V\psi$$

Helmholtz 방정식 $\quad (\nabla^2 + k^2)\psi = U(\vec{r})\psi$

$$k^2 \equiv \frac{2mE}{\hbar^2}$$

$$U(\vec{r}) \equiv \frac{2m}{\hbar^2} V(\vec{r})$$

일반해 = homogeneous solution + particular solution

$$(\nabla^2 + k^2)\psi_{homogeneous} = 0 \quad \to \quad \phi_{\text{incident}}(\vec{r}) = e^{ik_0 r}$$

위 방정식을 푸는 방법 중의 하나는 Green 함수를 도입하는 것이다.

$$\psi(\vec{r}) = \phi_{\text{incident}}(\vec{r}) + \int G(\vec{r}-\vec{r'})\, U(\vec{r'})\psi(\vec{r'})d^3r'$$

$$(\nabla^2 + k^2)\, G(\vec{r}-\vec{r'}) = \delta\,(\vec{r}-\vec{r'}) \qquad Ⓐ$$

즉, 해를 구하는 것은 Green 함수 $G(\vec{r}-\vec{r'})$을 구하는 것으로 귀결된다고 볼 수 있다.

Fourier 변환식

$$G(\vec{r}-\vec{r'}) = \frac{1}{(2\pi)^3}\int e^{i\vec{q}\cdot(\vec{r}-\vec{r'})}G(\vec{q})d^3q \qquad Ⓑ$$

$$\delta(\vec{r}-\vec{r'}) = \frac{1}{(2\pi)^3}\int e^{i\vec{q}\cdot(\vec{r}-\vec{r'})}d^3q$$

식 Ⓐ에 대입

좌변 $\quad \frac{1}{(2\pi)^3}\int e^{i\vec{q}\cdot(\vec{r}-\vec{r'})}G(\vec{q})d^3q = [(iq)^2 + k^2]\frac{1}{(2\pi)^3}\int e^{i\vec{q}\cdot(\vec{r}-\vec{r'})}G(\vec{q})d^3q$

우변 $\quad \frac{1}{(2\pi)^3}\int e^{i\vec{q}\cdot(\vec{r}-\vec{r'})}d^3q$

$$(\nabla^2 + k^2) \rightarrow (-q^2 + k^2)G(\vec{q}) = 1$$

$$\therefore G(\vec{q}) = \frac{1}{k^2 - q^2}$$

식 Ⓑ에 대입

$$\begin{aligned}
G(\vec{r}-\vec{r'}) &= \frac{1}{(2\pi)^3}\int e^{i\vec{q}\cdot(\vec{r}-\vec{r'})}G(\vec{q})d^3q \\
&= \frac{1}{(2\pi)^3}\int e^{i\vec{q}\cdot(\vec{r}-\vec{r'})}\frac{1}{k^2-q^2}d^3q \\
&= \frac{1}{(2\pi)^3}\int e^{i\vec{q}\cdot(\vec{r}-\vec{r'})}\frac{1}{k^2-q^2}q^2\sin\theta dq d\theta d\phi \qquad (\because d^3q = q^2\sin\theta dq d\theta d\phi) \\
&= \frac{1}{(2\pi)^3}\int_0^\infty \frac{q^2dq}{k^2-q^2}\int_0^\pi e^{iq|\vec{r}-\vec{r'}|\cos\theta}\sin\theta d\theta\int_0^{2\pi}d\phi
\end{aligned}$$

[Note] 적분하기

① $\int_0^\pi e^{iq|\vec{r}-\vec{r'}|\cos\theta}\sin\theta d\theta$?

$$x \equiv \cos\theta \;\rightarrow\; dx = -\sin\theta d\theta$$

$$[0, \pi] \;\rightarrow\; [1, -1]$$

$$= (-1)\int_{1}^{-1} e^{iq|\vec{r}-\vec{r}'|x}dx = \int_{-1}^{1} e^{iq|\vec{r}-\vec{r}'|x}dx = \frac{1}{iq|\vec{r}-\vec{r}'|}e^{iq|\vec{r}-\vec{r}'|x}\Big|_{-1}^{+1}$$

$$= \frac{1}{iq|\vec{r}-\vec{r}'|}[e^{iq|\vec{r}-\vec{r}'|} - e^{-iq|\vec{r}-\vec{r}'|}]$$

② $\int_0^{2\pi} d\phi = 2\pi$

$$\rightarrow G(\vec{r}-\vec{r}') = \frac{2\pi}{(2\pi)^3}\int_0^{\infty}\frac{q^2dq}{k^2-q^2}\frac{1}{iq|\vec{r}-\vec{r}'|}[e^{iq|\vec{r}-\vec{r}'|} - e^{-iq|\vec{r}-\vec{r}'|}]$$

$$= \frac{1}{4\pi^2 i|\vec{r}-\vec{r}'|}\int_{-\infty}^{\infty}\frac{qe^{iq|\vec{r}-\vec{r}'|}dq}{k^2-q^2}$$

[Q&A] $\int_{-\infty}^{\infty}\frac{qe^{iq|\vec{r}-\vec{r}'|}dq}{k^2-q^2}$ 를 어떻게 적분할 것인가?

그림 (2-21)처럼 $q = \pm k$에서 pole을 가진다.

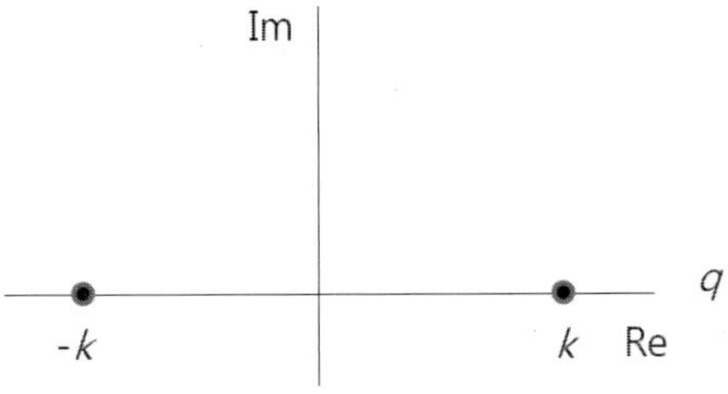

[그림 2-21] $q = \pm k$에서 pole을 가지며 이것을 어떻게 피하면서 적분을 할 것인가의 문제이다.

① 첫 번째 가능성
적분 contour를 그림 (2-22)처럼 잡을 수 있다.

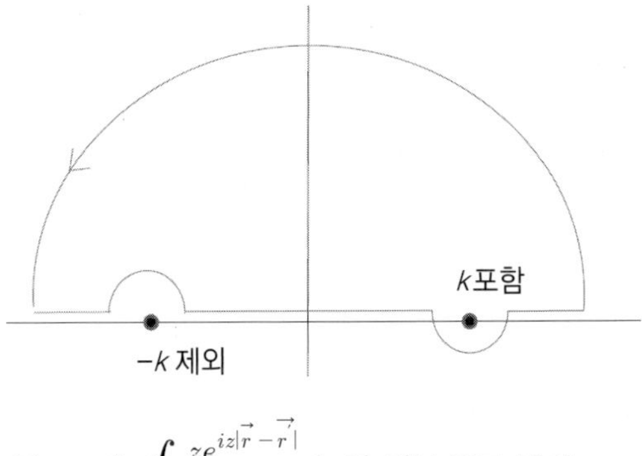

[그림 2-22] $\oint \frac{ze^{iz|\vec{r}-\vec{r}'|}}{z^2-k^2}dz$ 의 적분 경로 잡기.

$$\oint \frac{ze^{iz|\vec{r}-\vec{r}'|}}{z^2-k^2}dz = \int_{-\infty}^{\infty} + \int (\text{큰 반경 경로})$$

$$z = Re^{i\theta}$$

$$\rightarrow \frac{1}{R\rightarrow\infty} \rightarrow 0$$

$$\therefore \oint \frac{ze^{iz|\vec{r}-\vec{r}'|}}{z^2-k^2}dz = \int_{-\infty}^{\infty}$$

$$= \int_{-\infty}^{\infty} \frac{qe^{iq|\vec{r}-\vec{r}'|}dq}{q^2-k^2}$$

[Note] Residue theorem

$$f(z) = \frac{g(z)}{h(z)}$$

$$R = \frac{g}{h'}\Big|_{z=z_0}$$

$$\rightarrow \oint \frac{ze^{iz|\vec{r}-\vec{r}'|}}{z^2-k^2}dz = 2\pi i \sum Res$$

$$= 2\pi i \frac{ze^{iz|\vec{r}-\vec{r}'|}}{2z}\Big|_{z=k}$$

$$= \pi i e^{ik|\vec{r}-\vec{r}'|}$$

$$\rightarrow G(\vec{r}-\vec{r}') = \frac{1}{4\pi^2 i|\vec{r}-\vec{r}'|} \ (-)\ \pi i e^{ik|\vec{r}-\vec{r}'|} = -\frac{e^{ik|\vec{r}-\vec{r}'|}}{4\pi|\vec{r}-\vec{r}'|}$$

$\therefore$ Outgoing wave

② 두 번째 가능성

적분 contour를 그림 (2-23)처럼 잡는 경우이다.

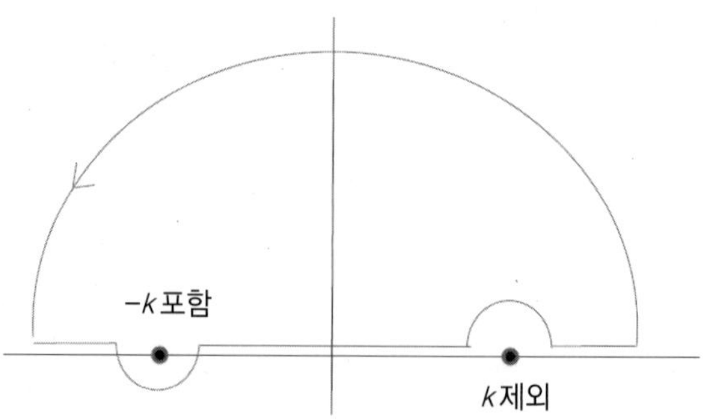

[그림 2-23] $\oint \frac{ze^{iz|\vec{r}-\vec{r}'|}}{z^2-k^2}dz$ 의 적분 경로 잡기.

[♣ 각자해보기]

$$G(\vec{r}-\vec{r'}) = -\frac{e^{-ik|\vec{r}-\vec{r'}|}}{4\pi|\vec{r}-\vec{r'}|}$$

∴ Incoming wave

따라서 최종적으로 산란파는 outgoing wave이므로, 2가지 가능성 중에 첫 번째가 우리의 주 관심사이다.

$$\therefore\ G(\vec{r}-\vec{r'}) = -\frac{e^{ik|\vec{r}-\vec{r'}|}}{4\pi|\vec{r}-\vec{r'}|}$$

최종 해

$$\begin{aligned}\psi(\vec{r}) &= \phi_{\text{incident}}(\vec{r}) + \int G(\vec{r}-\vec{r'})\,U(\vec{r'})\psi(\vec{r'})d^3r' \\ &= \phi_{\text{incident}}(\vec{r}) + \int \left(-\frac{e^{ik|\vec{r}-\vec{r'}|}}{4\pi|\vec{r}-\vec{r'}|}\right)\frac{2m\,V(\vec{r'})}{\hbar^2}\psi(\vec{r'})\,d^3r' \\ &= \phi_{\text{incident}}(\vec{r}) - \frac{m}{2\pi\hbar^2}\int \frac{e^{ik|\vec{r}-\vec{r'}|}}{|\vec{r}-\vec{r'}|}V(\vec{r'})\psi(\vec{r'})\,d^3r'\end{aligned}$$

(예)

① $\nabla^2\phi = -4\pi\rho$

Helmholtz 방정식과 비교 $(\nabla^2 + k^2)\psi = U(\vec{r})\psi$

$$G(\vec{r}-\vec{r'}) = -\frac{e^{ik|\vec{r}-\vec{r'}|}}{4\pi|\vec{r}-\vec{r'}|}$$

$k = 0$인 case이다.

$$\rightarrow G(\vec{r}-\vec{r'}) = -\frac{e^{ik|\vec{r}-\vec{r'}|}}{4\pi|\vec{r}-\vec{r'}|} \rightarrow -\frac{e^{i0|\vec{r}-\vec{r'}|}}{4\pi|\vec{r}-\vec{r'}|} = -\frac{1}{4\pi|\vec{r}-\vec{r'}|}$$

② Klein-Gordan 방정식

$$(\nabla^2 - \frac{m^2c^2}{\hbar^2})\phi = 0$$

$$k = i\kappa$$

$$\kappa \equiv \frac{mc}{\hbar}$$

$$\to G(\vec{r}-\vec{r}') = -\frac{e^{ik|\vec{r}-\vec{r}'|}}{4\pi|\vec{r}-\vec{r}'|} \to -\frac{e^{i(i\kappa)|\vec{r}-\vec{r}'|}}{4\pi|\vec{r}-\vec{r}'|} = -\frac{e^{-\kappa|\vec{r}-\vec{r}'|}}{4\pi|\vec{r}-\vec{r}'|}$$

$$= -\frac{e^{-\frac{mc}{\hbar}|\vec{r}-\vec{r}'|}}{4\pi|\vec{r}-\vec{r}'|}$$

2.7 Born 근사법

(가정) 그림 (2-24)처럼 $V(\vec{r}')$이 $\vec{r}' = 0$근처의 일정 지역에만 (=localized) 작용한다고 하자.
즉, 표적 (target)을 벗어난 영역에서는 급격히 0으로 떨어진다.

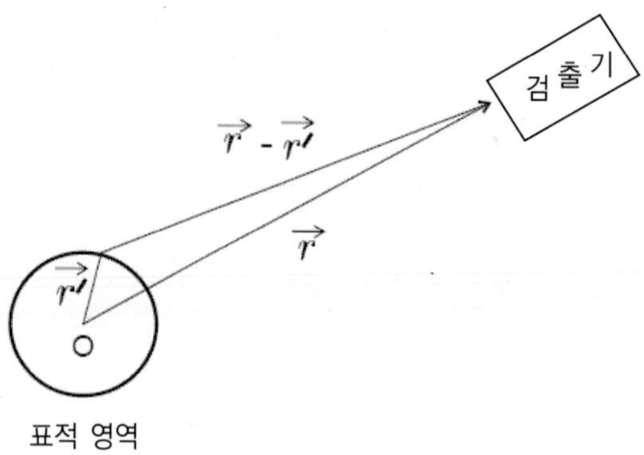

[그림 2-24] $V(\vec{r}')$이 $\vec{r}' = 0$근처의 일정 지역에만 (=localized) 작용.

$$\psi(\vec{r}) = \phi_{\text{incident}}(\vec{r}) - \frac{m}{2\pi\hbar^2}\int \frac{e^{ik|\vec{r}-\vec{r}'|}}{|\vec{r}-\vec{r}'|} V(\vec{r}')\psi(\vec{r}')\, d^3r'$$

$$|\vec{r}-\vec{r}'| = \sqrt{(\vec{r}-\vec{r}')\cdot(\vec{r}-\vec{r}')}$$

$$= (r^2 + r'^2 - 2\vec{r}\cdot\vec{r}')^{\frac{1}{2}} = [r^2(1+\frac{r'^2}{r^2} - \frac{2\vec{r}\cdot\vec{r}'}{r^2})]^{\frac{1}{2}}$$

$$\simeq [r^2(1-\frac{2\vec{r}\cdot\vec{r}'}{r^2})]^{\frac{1}{2}} \qquad (\because r \gg r')$$

$$\simeq r(1-\frac{\vec{r}\cdot\vec{r}'}{r^2})$$

$$k|\vec{r}-\vec{r'}| = kr\left(1-\frac{\vec{r}\cdot\vec{r'}}{r^2}\right) = kr-\frac{kr\vec{r}\cdot\vec{r'}}{r^2} = kr-k\frac{\vec{r}}{r}\cdot\vec{r'} = kr-k\hat{r}\cdot\vec{r'}$$

$$= kr-\vec{k}\cdot\vec{r'}$$

$$\frac{e^{ik|\vec{r}-\vec{r'}|}}{|\vec{r}-\vec{r'}|} \simeq \frac{e^{i(kr-\vec{k}\cdot\vec{r'})}}{|\vec{r}|} = \frac{e^{ikr}}{r}e^{-i\vec{k}\cdot\vec{r'}}$$

$$\rightarrow \psi(\vec{r}) = \phi_{\text{incident}}(\vec{r}) - \frac{m}{2\pi\hbar^2}\int\frac{e^{ik|\vec{r}-\vec{r'}|}}{|\vec{r}-\vec{r'}|}V(\vec{r'})\psi(\vec{r'})\,d^3r'$$

$$= \phi_{\text{incident}}(\vec{r}) - \frac{m}{2\pi\hbar^2}\int\frac{e^{ikr}}{r}e^{i\vec{k}\cdot\vec{r'}}V(\vec{r'})\psi(\vec{r'})\,d^3r' \qquad Ⓐ$$

그런데 그림 (2-25)에서 보듯이 이 식은 $r\rightarrow\infty$로 갈 때 (asymptotic limit) 다음과 같은 형태가 되어야 할 것이다.

[Note] $\psi(r,\theta) \simeq Ae^{ikz} + f(\theta)\frac{e^{ikr}}{r}$

$$\rightarrow \psi(r,\theta) \simeq Ae^{i\vec{k_0}\cdot\vec{r}} + f(\theta,\phi)\frac{e^{i\vec{k}\cdot\vec{r}}}{r} \qquad Ⓑ$$

$\therefore$ $r\rightarrow\infty$에서 우리는 $\phi_{\text{incident}}(\vec{r}) + \phi_{\text{scattered}}(\vec{r})$의 합을 볼 것이다.

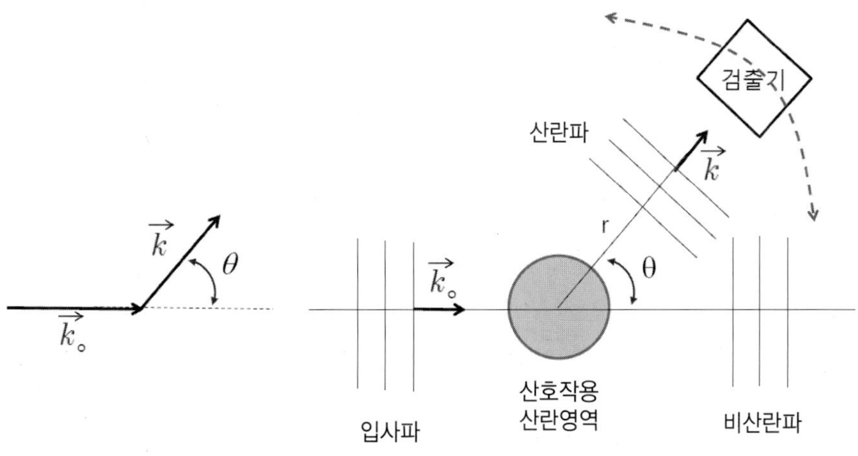

[그림 2-25] Born 근사에서 입자파와 산란파는 평면파로 근사할 수 있다.

식 Ⓐ와 식 Ⓑ를 비교

$$\therefore f(\theta,\phi) = -\frac{m}{2\pi\hbar^2}\int e^{-i\vec{k}\cdot\vec{r'}}V(\vec{r'})\psi(\vec{r'})\,d^3r'$$

식 Ⓐ

$$0^{\text{th}}\ \text{order} \qquad \psi_0(\vec{r}) = \phi_{\text{incident}}(\vec{r})$$

$$1^{\text{st}}\ \text{order 근사} \qquad \psi_1(\vec{r}) = \phi_{\text{incident}}(\vec{r}) - \frac{m}{2\pi\hbar^2}\int \frac{e^{ik|\vec{r}-\vec{r}'|}}{|\vec{r}-\vec{r}'|} V(\vec{r}')\psi_0(\vec{r}')\,d^3r'$$

$$= \phi_{\text{incident}}(\vec{r}) - \frac{m}{2\pi\hbar^2}\int \frac{e^{ik|\vec{r}-\vec{r}'|}}{|\vec{r}-\vec{r}'|} V(\vec{r}')\,\phi_{\text{incident}}(\vec{r}')\,d^3r'$$

$$\rightarrow f(\theta,\phi) = -\frac{m}{2\pi\hbar^2}\int e^{-i\vec{k}\cdot\vec{r}'} V(\vec{r}')\phi_{\text{incident}}(\vec{r}')\,d^3r'$$

$$\phi_{\text{incident}}(\vec{r}') = e^{i\vec{k}_0\cdot\vec{r}'}$$

$$\therefore f(\theta,\phi) = -\frac{m}{2\pi\hbar^2}\int e^{-i\vec{k}\cdot\vec{r}'} V(\vec{r}')e^{i\vec{k}_0\cdot\vec{r}'}\,d^3r'$$

$$= -\frac{m}{2\pi\hbar^2}\int e^{i(\vec{k}_0-\vec{k})\cdot\vec{r}'} V(\vec{r}')\,d^3r'$$

$$= -\frac{m}{2\pi\hbar^2}\int e^{i\vec{q}\cdot\vec{r}'} V(\vec{r}')\,d^3r' \qquad (\vec{q} \equiv \vec{k}_0 - \vec{k})$$

[Note] $$\frac{d\sigma}{d\Omega} = |f(\theta,\phi)|^2$$

$$= \frac{m^2}{4\pi^2\hbar^4}\left|\int e^{i\vec{q}\cdot\vec{r}'} V(\vec{r}')\,d^3r'\right|^2$$

[♣ 살펴보기] 포텐셜이 구대칭 (spherically symmetric potential)이며 탄성충돌의 경우, Born 근사를 사용한 $\frac{d\sigma}{d\Omega}$의 형태.

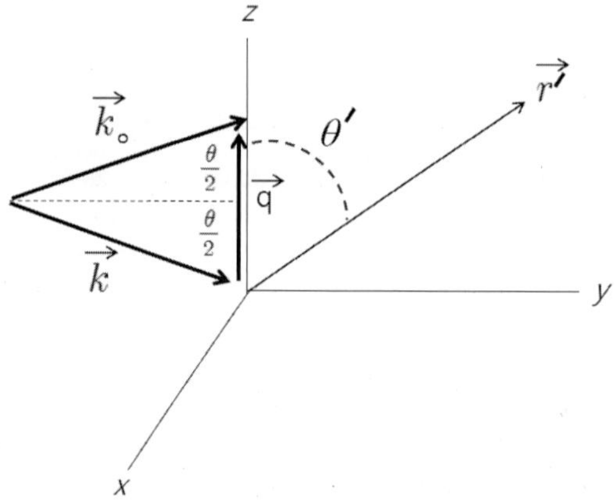

[그림 2-26] 탄성충돌에서의 운동량 교환. 입사파의 방향은 $\vec{k}_0$, 산란파의 방향은 $\vec{k}$이고 사이각은 θ이다.

그림 (2-26)처럼 $\vec{q}$의 방향을 z-축으로 택하자.

$$\vec{q} \equiv \vec{k_0} - \vec{k}$$

$$q = |\vec{k_0} - \vec{k}| = \sqrt{k_0^2 + k^2 - 2k_0 k\cos\theta}$$

$$k_0 = k \qquad (\because \text{ 탄성충돌})$$

$$\rightarrow q = \sqrt{k^2 + k^2 - 2kk\cos\theta} = k\sqrt{2(1-\cos\theta)} = 2k\sin\frac{\theta}{2}$$

$$\vec{q} \cdot \vec{r'} = qr'\cos\theta'$$

$$V(\vec{r'}) = V(r') \qquad (\because \text{ 구대칭})$$

$$f(\theta, \phi) \rightarrow f(\theta) = -\frac{m}{2\pi\hbar^2}\int e^{i\vec{q}\cdot\vec{r'}}V(\vec{r'})\,d^3r' \qquad (\because\ \phi\text{에 무관})$$

$$d^3r' = r'^2\sin\theta' dr' d\theta' d\phi'$$

$$f(\theta) = -\frac{m}{2\pi\hbar^2}\int e^{i\vec{q}\cdot\vec{r'}}V(r')\,r'^2\sin\theta' dr' d\theta' d\phi'$$

$$= -\frac{m}{2\pi\hbar^2}\int_0^\infty r'^2 V(r')\,dr' \int_0^\pi e^{iqr'\cos\theta'}\sin\theta' d\theta' \int_0^{2\pi} d\phi'$$

[Note] $\int_0^\pi e^{iqr'\cos\theta'}\sin\theta' d\theta'$ 적분하기

$$x \equiv \cos\theta \ \rightarrow \ dx = -\sin\theta d\theta$$

$$[0, \pi] \rightarrow [1, -1]$$

$$= (-1)\int_1^{-1} e^{iqr'x}dx = \int_{-1}^1 e^{iqr'x}dx = \frac{1}{iqr'}e^{iqr'x}\Big|_{-1}^{+1}$$

$$= \frac{1}{iqr'}[e^{iqr'} - e^{-iqr'}] = \frac{2\sin qr'}{qr'}$$

$$f(\theta) = -\frac{m}{2\pi\hbar^2}\int_0^\infty r'^2 V(r')\,dr' \ \frac{2\sin qr'}{qr'} \ 2\pi$$

$$= -\frac{2m}{q\hbar^2}\int_0^\infty r' V(r')\sin qr' dr'$$

$$\therefore \frac{d\sigma}{d\Omega} = |f(\theta, \phi)|^2$$

$$= \frac{4m^2}{q^2\hbar^4}\left|\int_0^\infty r' V(r')\sin qr' dr'\right|^2$$

[Q&A] 쿨롬 포텐셜인 경우 Born 근사에 의한 산란 단면적 구하기

① $V(r) = \dfrac{Z_1 Z_2 e^2}{r}$ 로 주어질 때 $\dfrac{d\sigma}{d\Omega}$ 는?

$$\frac{d\sigma}{d\Omega} = \frac{4m^2}{q^2\hbar^4}\left|\int_0^\infty r' V(r')\sin qr'\,dr'\right|^2$$

$$= \frac{4m^2}{q^2\hbar^4}\left|\int_0^\infty r'\frac{Z_1 Z_2 e^2}{r'}\sin qr'\,dr'\right|^2$$

$$= \frac{4m^2 Z_1^2 Z_2^2 e^4}{q^2\hbar^4}\left|\int_0^\infty \sin qr'\,dr'\right|^2$$

[Note] $\int_0^\infty \sin qr'\,dr'$ 적분하기

$$\int_0^\infty \sin qr\,dr = \lim_{\lambda\to 0}\int_0^\infty e^{-\lambda r}\sin qr\,dr$$

$$= \lim_{\lambda\to 0}\int_0^\infty e^{-\lambda r}\frac{e^{iqr}-e^{-iqr}}{2i}dr$$

$$= \frac{1}{2i}\lim_{\lambda\to 0}\left\{\frac{e^{-(\lambda-iq)r}}{-(\lambda-iq)}\Big|_0^\infty - \frac{e^{-(\lambda+iq)r}}{-(\lambda+iq)}\Big|_0^\infty\right\}$$

$$= \frac{1}{2i}\lim_{\lambda\to 0}\left\{\frac{1}{\lambda-iq}+\frac{-1}{\lambda+iq}\right\}$$

$$= \frac{1}{2i}\lim_{\lambda\to 0}\left\{\frac{2iq}{\lambda^2+q^2}\right\} = \frac{q}{q^2} = \frac{1}{q}$$

$$\vec{q} \equiv \vec{k} - \vec{k'}$$

$$q^2 = |\vec{k}-\vec{k'}|^2 = k^2 + k'^2 - 2\vec{k}\cdot\vec{k'}$$

탄성 충돌 $k = k'$

$$\therefore\ q^2 = k^2 + k^2 - 2kk\cos\theta = 2k^2(1-\cos\theta) = 4k^2\sin^2\frac{\theta}{2}$$

$$\rightarrow \frac{d\sigma}{d\Omega} = \frac{4m^2 Z_1^2 Z_2^2 e^4}{q^2\hbar^4}\left|\int_0^\infty \sin qr'\,dr'\right|^2$$

$$= \frac{4m^2 Z_1^2 Z_2^2 e^4}{q^2\hbar^4}\times\left|\frac{1}{q}\right|^2$$

$$= \frac{4m^2 Z_1^2 Z_2^2 e^4}{q^4\hbar^4}$$

$$= \frac{4m^2 Z_1^2 Z_2^2 e^4}{\hbar^4 (4k^2 \sin^2 \frac{\theta}{2})^2} = \frac{m^2 Z_1^2 Z_2^2 e^4}{4\hbar^4 k^2} \frac{1}{\sin^4 \frac{\theta}{2}}$$

[Note] $E = \frac{p^2}{2m} = \frac{(\hbar k)^2}{2m} \rightarrow k^2 = \frac{2mE}{\hbar^2}$

$$\therefore \frac{d\sigma}{d\Omega} = \frac{m^2 Z_1^2 Z_2^2 e^4}{4\hbar^4 (\frac{2mE}{\hbar^2})^2} \frac{1}{\sin^4 \frac{\theta}{2}}$$

$$= \frac{Z_1^2 Z_2^2 e^4}{16E^2} \frac{1}{\sin^4 \frac{\theta}{2}}$$

② 만약 입사 입자가 α 입자이고 에너지가 8 MeV인데 금핵 (gold nucleus)과 충돌 후 산란각도가 $\theta = 61^o$일 때 $\frac{d\sigma}{d\Omega}$ 값은?

[Note] $\hbar c = 197.3$ MeV • fm

$$\alpha = \frac{e^2}{\hbar c} = \frac{1}{137}$$

$$\frac{d\sigma}{d\Omega} = \frac{Z_1^2 Z_2^2 e^4}{16E^2} \frac{1}{\sin^4 \frac{\theta}{2}}$$

왼쪽 항 (m^2/rad)하고 오른쪽 항 (MeV^{-2})하고 단위가 서로 맞지 않는다. 따라서 단위까지 정확히 써서 표현하면 다음과 같다.

$$\rightarrow \frac{d\sigma}{d\Omega} = \frac{Z_1^2 Z_2^2 e^4}{16E^2} \left(\frac{e^2}{\hbar c}\right)^2 (\hbar c)^2 \frac{1}{\sin^4 \frac{\theta}{2}}$$

$$= \left(\frac{Z_1 Z_2 \alpha}{4}\right)^2 \left(\frac{\hbar c}{E}\right)^2 \frac{1}{\sin^4 \frac{\theta}{2}}$$

$$= \frac{2^2 \times 79^2}{4} \times (\frac{1}{137})^2 \times \left(\frac{197.3}{8}\right)^2 \times \frac{1}{\sin^2 (\frac{61}{2})}$$

$$= 30.87\,\mathrm{fm}^2 \simeq 0.31 \times 10^{-28}\,\mathrm{m}^2$$

~ 0.31 barn

2.8 유가와 (Yukawa) 퍼텐셜 산란단면적

그림 (2-27)처럼 전하량 Z_1e를 가진 입자가 입사해서 전하량 Z_2e를 가진 핵과의 충돌 후 산란된다. 하지만 핵력이 짧은 거리에서만 작용한다고 하자.

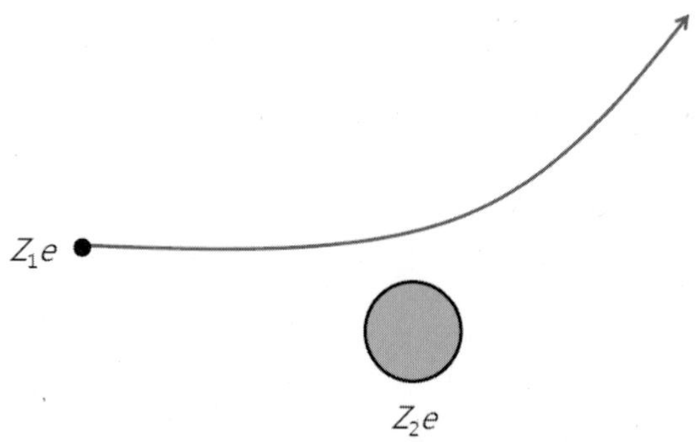

[그림 2-27] Yukawa potential. 원자핵에서 결합력을 나타내는 모델이다.

유가와 (Yukawa) 퍼텐셜 = shielded Coulomb potential

$$\Phi = \frac{Z_2 e}{r} e^{-\frac{r}{a}}$$

a는 상수

포텐셜 에너지 $V(r) = Z_1 e \times \Phi = \frac{Z_1 Z_2 e^2}{r} e^{-\frac{r}{a}}$

[Note] $f(\theta, \phi) = -\frac{m}{2\pi\hbar^2}\int e^{i\vec{q}\cdot\vec{r'}} V(\vec{r'})\, d^3r'$

$d^3r' = r'^2 \sin\theta' dr' d\theta' d\phi'$

$\vec{q} \equiv \vec{k} - \vec{k'}$

(계산하기)

$$f(\theta, \phi) = -\frac{m}{2\pi\hbar^2}\int e^{i(\vec{k}-\vec{k'})\cdot\vec{r'}} V(\vec{r'})\, d^3r'$$

$$= -\frac{m}{2\pi\hbar^2}\int e^{i|\vec{k}-\vec{k'}|r'\cos\theta'} \frac{Z_1 Z_2 e^2}{r'} e^{-\frac{r'}{a}} r'^2 \sin\theta' dr' d\theta' d\phi'$$

$$= -\frac{mZ_1Z_2e^2}{2\pi\hbar^2}\int_0^\infty \frac{1}{r'}e^{-\frac{r'}{a}}r'^2\int_0^\pi e^{i|\vec{k}-\vec{k}'|r'\cos\theta'}\sin\theta' d\theta' \int_0^{2\pi} d\phi'$$

$$\therefore f(\theta,\phi) \rightarrow f = -\frac{mZ_1Z_2e^2}{2\pi\hbar^2}\int_0^\infty \frac{1}{r'}e^{-\frac{r'}{a}}r'^2 dr' \int_0^\pi e^{i|\vec{k}-\vec{k}'|r'\cos\theta'}\sin\theta' d\theta' \times 2\pi$$

[Note] $\int_0^\pi e^{i|\vec{k}-\vec{k}'|r'\cos\theta'}\sin\theta' d\theta'$ 적분하기

$$x \equiv \cos\theta \rightarrow dx = -\sin\theta d\theta$$

$$[0, \pi] \rightarrow [1, -1]$$

$$= (-1)\int_1^{-1} e^{i|\vec{k}-\vec{k}'|r'x}dx = \int_{-1}^{1} e^{i|\vec{k}-\vec{k}'|r'x}dx = \frac{1}{i|\vec{k}-\vec{k}'|r'}e^{i|\vec{k}-\vec{k}'|r'x}\Big|_{-1}^{+1}$$

$$= \frac{1}{i|\vec{k}-\vec{k}'|r'}[e^{i|\vec{k}-\vec{k}'|r'} - e^{-i|\vec{k}-\vec{k}'|r'}]$$

$$\rightarrow f = -\frac{mZ_1Z_2e^2}{2\pi\hbar^2}\int_0^\infty \frac{1}{r'}e^{-\frac{r'}{a}}r'^2 dr' \ \frac{1}{i|\vec{k}-\vec{k}'|r'}[e^{i|\vec{k}-\vec{k}'|r'} - e^{-i|\vec{k}-\vec{k}'|r'}] \times 2\pi$$

$$= -\frac{mZ_1Z_2e^2 2\pi}{2\pi\hbar^2}\frac{1}{i|\vec{k}-\vec{k}'|}\int_0^\infty e^{-\frac{r'}{a}} \ [e^{i|\vec{k}-\vec{k}'|r'} - e^{-i|\vec{k}-\vec{k}'|r'}]dr'$$

$$= -\frac{mZ_1Z_2e^2 2\pi}{2\pi\hbar^2}\frac{1}{i|\vec{k}-\vec{k}'|} \ \int_0^\infty [e^{-\frac{r'}{a}+i|\vec{k}-\vec{k}'|r'} - e^{-\frac{r'}{a}-i|\vec{k}-\vec{k}'|r'}]dr'$$

[Note] $\int_0^\infty \left[e^{-\frac{r'}{a}+i|\vec{k}-\vec{k}'|r'} - e^{-\frac{r'}{a}-i|\vec{k}-\vec{k}'|r'}\right]dr'$ 적분하기

$$\int_0^\infty \left[e^{(-\frac{1}{a}+i|\vec{k}-\vec{k}'|)r'} - e^{(-\frac{1}{a}-i|\vec{k}-\vec{k}'|)r'}\right]dr'$$

$$= \frac{e^{(-\frac{1}{a}+i|\vec{k}-\vec{k}'|)r'}}{-\frac{1}{a}+i|\vec{k}-\vec{k}'|}\Big|_0^\infty - \frac{e^{(-\frac{1}{a}-i|\vec{k}-\vec{k}'|)r'}}{-\frac{1}{a}-i|\vec{k}-\vec{k}'|}\Big|_0^\infty$$

$$= \frac{-1}{-\frac{1}{a}+i|\vec{k}-\vec{k}'|} - \frac{-1}{-\frac{1}{a}-i|\vec{k}-\vec{k}'|}$$

$$= \frac{2i|\vec{k}-\vec{k}'|}{\frac{1}{a^2}+|\vec{k}-\vec{k}'|^2}$$

$$\rightarrow f = -\frac{mZ_1Z_2e^2 2\pi}{2\pi\hbar^2}\frac{1}{i|\vec{k}-\vec{k'}|} \times \frac{2i|\vec{k}-\vec{k'}|}{\frac{1}{a^2}+|\vec{k}-\vec{k'}|^2}$$

$$= -\frac{m}{2\pi\hbar^2}\frac{4\pi Z_1Z_2e^2}{\left[\frac{1}{a^2}+|\vec{k}-\vec{k'}|^2\right]}$$

[Note] $|\vec{k}-\vec{k'}|^2 = k^2 + k'^2 - 2\vec{k} \cdot \vec{k'}$

탄성 충돌 $k = k'$

$$= k^2 + k^2 - 2kk\cos\theta = 2k^2(1-\cos\theta) = 4k^2\sin^2\frac{\theta}{2}$$

$$\rightarrow f = -\frac{m}{2\pi\hbar^2}\frac{4\pi Z_1Z_2e^2}{\left[\frac{1}{a^2}+|\vec{k}-\vec{k'}|^2\right]}$$

$$= -\frac{2mZ_1Z_2e^2}{\hbar^2}\frac{1}{\left[\frac{1}{a^2}+4k^2\sin^2\frac{\theta}{2}\right]}$$

[Note] $E = \frac{p^2}{2m} = \frac{(\hbar k)^2}{2m} \rightarrow k^2 = \frac{2mE}{\hbar^2}$

$$\therefore f = -\frac{2mZ_1Z_2e^2}{\hbar^2}\frac{1}{\left[\frac{1}{a^2}+4\frac{2mE}{\hbar^2}\sin^2\frac{\theta}{2}\right]}$$

$$= -\frac{Z_1Z_2e^2}{\left[4E\sin^2\frac{\theta}{2}+\frac{\hbar^2}{2ma^2}\right]}$$

$$\therefore \frac{d\sigma}{d\Omega} = |f|^2$$

$$= \left[\frac{Z_1Z_2e^2}{4E\sin^2\frac{\theta}{2}+\frac{\hbar^2}{2ma^2}}\right]^2$$

만약에 $a \rightarrow \infty$ 이면 $V(r) = \frac{Z_1Z_2e^2}{r}e^{-\frac{r}{a}} \rightarrow \frac{Z_1Z_2e^2}{r}$. 즉 쿨롬 포텐셜로 근사된다.

$$\frac{d\sigma}{d\Omega} = \left[\frac{Z_1Z_2e^2}{4E\sin^2\frac{\theta}{2}+\frac{\hbar^2}{2ma^2 \rightarrow \infty}}\right]^2$$

$$\simeq \left[\frac{Z_1 Z_2 e^2}{4E\sin^2\frac{\theta}{2}} \right]^2$$

$$= \left[\frac{Z_1 Z_2 e^2}{4\frac{p^2}{2m}\sin^2\frac{\theta}{2}} \right]^2 = \left[\frac{Z_1 Z_2 e^2}{\frac{p^2}{2m}} \right]^2 \times \frac{1}{\sin^4\frac{\theta}{2}}$$

$\therefore$ 러더포드 산란

[Note] $\theta \simeq 0 \to \dfrac{d\sigma}{d\Omega}$ 커진다. (forward scattering)

[♣ 각자해보기] 포텐셜이 $V(r) = -V_0 e^{-\frac{r^2}{a^2}}$ 형태로 주어질 때, Born 근사법에 의한 산란단면적을 구하라.

제3장

핵반응

3.1 원자와 원자핵 구성

원자 쪼개기

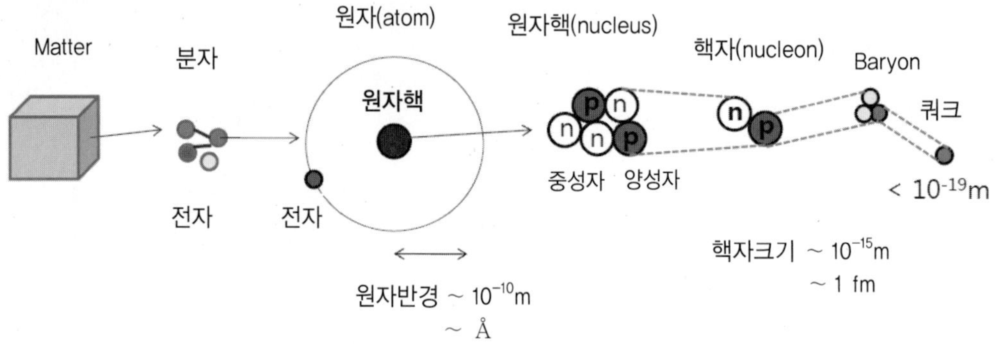

[그림 3-1] 원자의 내부구조 및 크기.

물질을 이루는 기본 구성단위를 생각해보자. 그림 (3-1)처럼 물질을 계속 쪼개면 분자가 나오고, 분자는 원자로 구성되어 있다. 원자는 원자핵 (nucleus)과 원자핵 주위를 마치 위성처럼 돌고 있는 전자로 되어 있는데, 원자반경은 10^{-10}m (=1Å)이다. 라틴어인 원자핵 (nucleus)은 "nut"의 의미를 가지므로 단단한 견과류에 비유를 한 것이라고 볼 수 있다. 전자는 더 이상 쪼갤 수 없는 기본입자 중의 하나이며 내부 구조 (inner structure)를 가지고 있지 않다. 또한 음으로 (negatively) 대전 (charged) 되어 있다. 원자핵은 멀리서 보면 마치 벌집에 엄청나게 많은 벌들이 모여 있어 하나의 커다란 덩어리처럼 보인다. 하지만 가까이 가서 확대해서 보면 결국 양성자와 중성자로 되어 있고 원자핵의 크기는 대략 10^{-14}m 이다. 양성자는 양으로 (positively) 대전 (charged) 되어 있고 중성자는 전기적으로 중성이므로, 결과적으로 원자핵은 양으로 대전되어 있는데, 전자의 전하량과 균형을 이루어, 원자는 전체적으로 볼 때 중성 (neutral)을 이룬다. 따라서 물질을 서로 구별시켜 주는 것이 양성자 개수라고 할 수 있다 (예로, 수소원자는 양성자 1개, 탄소 원자는 양성자 6개, 철은 26개, 우라늄은 92개 등). 일반적으로 양성자와 중성자를 핵자 (nucleon)이라고 하는데 핵자의 크기는 1fm (fermi, 10^{-15}m) 정도이다. 핵자의 구성요소는 쿼크 (quark)로 양성자, 중성자도 쿼크로 구성되어 있고 현재까지는 더 이상 쪼갤 수 없는 입자이다. 따라서 현재까지 실험적으로 알려진 사실은 전자와 쿼크는 더 이상의 내부 구성 물질 (constituents)을 가지지 않는 기본입자라는 것이다.

[Q&A] 입자 가속기는 분해능이 아주 좋은 현미경이라고 볼 수 있다. 1TeV의 에너지라면 어느 영역까지 갈 수 있는가?

$E = h\nu = h\dfrac{c}{\lambda}$

$\therefore \lambda = \dfrac{hc}{E}$

에너지가 크면 클수록 λ가 짧은 영역까지 갈 수 있다.

$E = 1\,\text{TeV}$

$$\therefore \lambda = \frac{1240\text{eV} \cdot \text{nm}}{1\text{TeV}} = \frac{1240\text{eV} \cdot 10^{-9}\text{m}}{10^{12}\text{eV}}$$
$$\simeq 10^{-18}\text{m}$$

[☛ 요약]

물질 내부를 보기 위해 우리는 매우 짧은 거리까지 들어가야 한다. 그러기 위해서는 분해능이 아주 좋은 현미경이 필요하다. 가속기란 것이 바로 현대과학이 만들어낸 우수한 덩치가 큰 실험 도구 중의 하나인 것이다.

원자 크기

① 원자의 크기는 대략 ϑ(Å $= 10^{-10}$m)이다.

② 천연으로 존재하는 원소 중 제일 작은 것은 수소이고 제일 큰 것은 우라늄이다. 수소를 1로 할 때 10배 정도 차이가 난다.

[Q&A] 원자를 광학현미경으로는 볼 수 없는 이유가 무엇인가?

가시광선 700 nm (red), 550 nm (green), 400 nm (blue)

원자크기 ~ Å

∴ 원자의 크기가 가시광선 파장보다 작기 때문이다 (즉, 분해능이 좋지 못한 경우이다.)

[Q&A] 원자는 무엇으로 구성되어 있는가?

① 전자, 광자, 중성자

② 전자, 양성자, α선, β선, γ선

③ 전자, 양성자, α선, β선

④ 전자, 양성자, 중성자

⑤ 전자, 양성자, 중성자, α선, β선, γ선

[정답] ④

[Q&A] 전자와 양성자의 질량비는?

$$\frac{m_p}{m_e} = \frac{1.6726 \times 10^{-27}\text{kg}}{9.11 \times 10^{-31}\text{kg}} \simeq 1836$$

∴ 양성자는 전자에 비해 약 ~2000배 정도 무겁다고 생각하면 된다.

원자핵

[Q&A] 원자에서 중심부의 원자핵 질량과 전자 질량의 비는?

$$\frac{m_e}{m_p + m_n} \simeq \frac{9.11\times10^{-31}}{2\times1.67\times10^{-27}} \sim 0.00025$$

∴ 원자핵 질량의 99.99% 이상이 모두 중심부에 몰려 있음을 알 수 있다.

[Q&A] 원자핵을 구성하고 있는 것은?

① 양성자와 전자 ② 양전자와 전자 ③ 중성자와 전자 ④ 양성자와 중성자
⑤ 중성자와 양전자

[정답] ④

[Q&A] 원자핵에 대한 설명 중 틀린 것은?

① 원자핵은 양전자를 가진다.
② 원자핵 속의 양성자수와 중성자수는 항시 같다.
③ 원자핵의 크기는 $\sim\vartheta$(fm) 이다.
④ 질량수는 원자핵 속의 양성자수와 중성자수를 합한 것이다.
⑤ 원자핵은 양성자와 중성자로 구성되어 있는데, 이를 핵자 (nucleon)이라고 한다.

[정답] ②

[Q&A] 핵자 (nucleon) 내부의 전하분포를 조사하기 위해 전자의 총에너지는 어느 정도이면 가능한가?

$$\begin{aligned} p &= \frac{h}{\lambda} = \frac{2\pi\hbar}{\lambda} = \frac{2\pi\hbar c}{\lambda c} \\ &= \frac{2\pi\times197.3\text{MeV}\cdot\text{fm}}{1\text{fm}\cdot\text{c}} \\ &= 1239.04\frac{\text{MeV}}{\text{c}} \end{aligned}$$

$$E^2 = E_0^2 + (\vec{p}c)^2 = (\vec{p}c)^2 + m_0^2c^4$$

$$\rightarrow E = pc \qquad (\because\ p\text{값에 비해 전자의 질량 무시})$$

$$\begin{aligned} &= 1239.04\frac{\text{MeV}}{\text{c}}\text{c} \\ &\simeq 1000\text{MeV} \\ &\sim 1\text{GeV} \end{aligned}$$

∴ 핵자의 크기인 1fm까지 조사를 하려면 ~1GeV 정도의 에너지가 필요하다.

[♣ 조사해보기] 핵력 (nuclear force, strong interaction, 강력)

원자핵을 구성하고 있는 핵자 사이에 작용하는 힘.

① 중력이나 전자기력은 거리에 따라 $\propto \frac{1}{r^2}$ 인 장거리력이지만, 강력은 매우 짧은 거리에서만 작용 (~1 fm) 한다.

② 양성자–양성자, 양성자–중성자, 중성자–중성자 사이에 동일한 핵력이 작용한다. 즉, 양성자, 중성자를 구별하지 않는다.

[Q&A] 1935년 Yukawa는 핵력을 매개하는 중간자의 존재를 예언하였다. 핵력이 작용하는 거리를 대략 ~1.5 fm 정도라고 가정하고 미지 중간자의 질량을 구하면?

$$\Delta E \Delta t \sim \hbar$$

$$\therefore \Delta E \sim \frac{\hbar}{\Delta t} \sim \frac{\hbar}{\frac{R}{c}} \sim \frac{\hbar c}{R}$$

$$\rightarrow m_X c^2 = \frac{\hbar c}{R}$$

$$\therefore m_X = \frac{\hbar}{Rc} = \frac{1.05 \times 10^{-34} \mathrm{J \cdot s}}{1.5 \times 10^{-15} \mathrm{m} \times 3 \times 10^8 \frac{\mathrm{m}}{\mathrm{s}}} \sim 2.3 \times 10^{-28} \mathrm{kg}$$

$$\therefore \frac{m_X}{m_e} = \frac{2.3 \times 10^{-28} \mathrm{kg}}{9.1 \times 10^{-31} \mathrm{kg}} \sim 200$$ (전자 질량보다 대략 ~200배 정도 큰 입자를 서로 주고받는다고 생각하였다)

1936년에 Anderson에 의해 μ (뮤온, $m_\mu = 0.113u = 207m_e = 105.7\frac{\mathrm{MeV}}{c^2}$)이 발견되었는데, 이 뮤온이 유가와가 가정한 미지의 입자라고 처음에는 생각하였으나, 나중에 다시 π메존 (중간자)임을 알게 되었는데, 1940년대에 Bristol에서 Powell에 의해 발견 되었다.

$$(m_{\pi^\pm} \sim 140\frac{\mathrm{MeV}}{c^2} \sim 273\mathrm{m_e},\ m_{\pi^0} \sim 135\frac{\mathrm{MeV}}{c^2} \sim 264\mathrm{m_e})$$

[Q&A] 원자반경에 대한 핵반경의 비는?

$$\frac{R_{\text{핵}}}{R_{\text{원자}}} \simeq \frac{10^{-15}m}{10^{-10}m} \sim 10^{-5}$$

∴ 핵반경에 비해 원자반경은 $10^5 = 10^2 \times 10^3$ 배가 크다. 이것을 비유하면, 서울 남산에서 천안사이의 거리 (~100km)에 해당한다.

암시

① "원자 속은 텅텅 비어있다?"

원자 level로 들어가면, 원자핵과 이웃하는 원자핵 사이의 거리가 마치 ~100 km나 떨어진 허허 벌판이므로, 공간이 거의 텅텅 비어 있다는 것이다. 따라서 우리 눈으로 보이지는 않는 X선 같은 것을 주사하면, 비어있는 공간을 자유롭게 뚫고 지나갈 수 있다. 즉, 우리가 보는 것만이 모든 것이 아니라는 것을 의미한다고 할 수 있다. 하지만, 실제 우리 세계에서는 전기적 반발력 때문에 쉽게 뚫고 지나갈 수 없다.

② "질량의 99.99% 이상이 거의 질점에 해당하는 원자핵에 모여 있다?"

(비유) 위의 2가지 사실로부터 원자를 200 m정도인 운동장이라고 하자.

$$\frac{R_{원자}}{R_{핵}} \sim \frac{200m}{x} = 10^5$$

$$\rightarrow \therefore x = 2 \times 10^{-3}\text{m} = 2\text{mm}$$

따라서 200 m 정도 되는 운동장 (원자)의 중앙에 2 mm 크기에 해당하는 좁쌀 (핵)에 질량의 대부분 (99.99% 이상)이 모여 있는 그림이 그려진다.

[Q&A] 원자핵의 기호에 대해 설명하라.

$^{A}_{Z}X$ 혹은 $_{Z}X^{A}$

X: 원소기호

Z: 원자번호. 양성자수 = 전자수

A: 질량수. 양성자수 + 중성자수. 중성자수 $(N) = A - Z$.

(예) 수소 ($^{1}_{1}\text{H}$), 탄소 ($^{12}_{6}\text{C}$), 산소 ($^{16}_{8}\text{O}$), 양성자 ($^{1}_{1}\text{H}$), α 입자 ($^{4}_{2}\text{He}$), 전자 ($^{0}_{-1}e, e^-, \beta^-$), 중성자 ($^{1}_{0}n$), 양전자 ($^{0}_{1}e, e^+, \beta^+$)

[Q&A] 우라늄 ($^{235}_{92}\text{U}$)에서 중성자수 (N)와 양성자수(Z)가 바르게 된 것은?

① (235, 92) ② (92, 235) ③ (92, 143) ④ (143, 235) ⑤ (143, 92)

[정답] ⑤

[Q&A] 원자번호는 같으나 질량수가 다른 원자를 무엇이라고 하는가?

① 전자 ② 중간자 ③ 중성자 ④ 동위원소 ⑤ 방사선

[정답] ④

[Q&A] 동위원소들 사이의 질량차는 무엇에 의해 결정되는가?

① 전자 ② 중간자 ③ 중성자 ④ 양성자 ⑤ 광자

[정답] ③

[♣ 조사해보기] 동위원소의 예

원소		존재비
수소 (hydrogen)	^1H	99.985
	$^2H(={}^2D)$	0.015
헬륨 (helium)	^3He	1.3×10^{-4}
	^4He	$\simeq 100$
탄소 (carbon)	^{12}C	98.892
	^{13}C	1.108
산소 (oxygen)	^{16}O	99.759
	^{17}O	0.037
	^{18}O	0.204
네온 (neon)	^{20}Ne	90.920
	^{21}Ne	0.257
	^{22}Ne	8.820

[Q&A] 염소 (Cl)는 질량수가 35와 37인 동위원소가 혼합되어 있는데, 원자량은 35.5이다. 이들의 구성비는?

$^{35}Cl(N_1)$, $^{37}Cl(N_2)$라고 하자.

$$\frac{35\times N_1 + 37\times N_2}{N_1 + N_2} = 35.5$$

$$\rightarrow N_1 : N_2 = 3:1$$

[Q&A] 원자핵의 크기를 예상해 보면?

원자핵은 거의 구에 가까운 모양을 가지며, 실험적 결과에 의하면, 거리에 따른 핵의 전하밀도 (charge density)는 핵의 종류에 관계없이 일정하다.

핵밀도 (r) ~ 일정

$$\frac{\text{양성자수} + \text{중성자수}}{\text{핵의부피}} \sim \frac{A}{\frac{4}{3}\pi R^3} \sim const$$

(A: 질량수)

$$\rightarrow A \propto R^3$$

$$\therefore R \propto A^{\frac{1}{3}}$$

$$R = R_0 A^{\frac{1}{3}},\ R_0 \sim 1.2\,\mathrm{fm}$$

핵의 밀도는 일정하기 때문에, 핵자를 하나 더해도 중앙밀도는 일정해야 한다. 이것은 마치 소금 결정이 생기는 것과 동일한 것으로 크기는 커지나 여전히 밀도는 일정한 것을 의미 한다.

✎ 1fm = 1 femtometer (펨토미터) = 1 fm = 10^{-15} m

[Q&A] 원자핵 A와 B의 질량비가 $m_A : m_B = 1 : 64$ 라면 반경의 비는 얼마인가?

$$R \propto A^{\frac{1}{3}}$$

$$R_A \sim (1)^{\frac{1}{3}} \sim 1$$

$$R_B \sim (64)^{\frac{1}{3}} \sim (4)^{3\times\frac{1}{3}} \sim 4$$

$$\therefore R_A : R_B = 1 : 4$$

[Q&A] 전형적인 핵의 밀도를 계산하면?

$$\rho = \frac{M}{V} = \frac{Am_p}{\frac{4}{3}\pi(R_0A^{\frac{1}{3}})^3} = \frac{1.67\times10^{-27}\text{kg}}{\frac{4}{3}\pi(1.2\times10^{-15}\text{m})^3} = 2\times10^{17}\frac{\text{kg}}{\text{m}^3}$$

물의 밀도에 비해, $2\times10^{14}(\rho_{water} = 10^3\frac{\text{kg}}{\text{m}^3})$배 크다.

✎ 물체가 차지하는 대부분의 공간은 텅텅 비어 있다고 생각할 수 있다.

[Q&A] 질량수가 A인 원자핵의 밀도가 질량수에 관계없음을 보여라.

질량수가 A인 원자핵의 질량 $\simeq 1u \times A = 1.66\times10^{-24}\text{g} \times A$

$$V = \frac{4}{3}\pi R^3 = \frac{4}{3}\pi(R_0A^{\frac{1}{3}})^3 = \frac{4}{3}\pi R_0^3 A$$

$$= \frac{4}{3}\pi(1.2\times10^{-15}\text{m})^3 A = 7.2\times10^{-45}m^3 A$$

($\therefore$ 원자핵의 체적은 질량수에 비례)

$$\rightarrow \rho = \frac{1.66\times10^{-24}\text{g}\times A}{7.2\times10^{-39}\text{cm}^3\times A} = 2.3\times10^{14}\frac{\text{g}}{\text{cm}^3} = 2.3\times10^{17}\frac{\text{kg}}{\text{m}^3}$$

즉, 원자핵의 밀도가 질량수 A에 관계없이 모든 원자핵에 대해 1cm^3당 ~2억톤으로 같다.

[Q&A] 단위체적당 핵자 (nucleon)의 개수는?

$$V = \frac{4}{3}\pi R^3 = \frac{4}{3}\pi(R_0A^{\frac{1}{3}})^3 = \frac{4}{3}\pi R_0^3 A$$

$$\therefore \text{\# of nucleons per unit volume} = \frac{A}{\frac{4}{3}\pi R_0^3 A} = \frac{3}{4\pi(1.2\,\text{fm})^3} \sim 0.19\frac{1}{\text{fm}^3}$$

3.2 Q-value (붕괴에너지, disintegration energy)

정지해 있던 X입자가 Y와 Z입자로 그림 (3-2)처럼 붕괴하였다. 붕괴 전후의 에너지차를 구해보자.

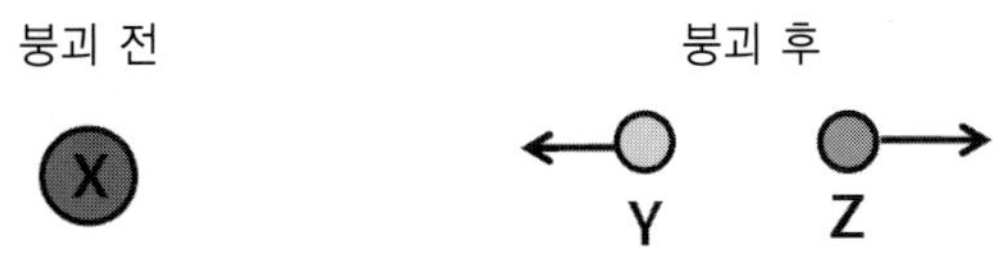

[그림 3-2] $X \rightarrow Y + Z$ 붕괴 전 과 후. 선운동량이 보존되려면 Y와 Z입자는 서로 반대 방향으로 쪼개져야 한다.

[Note] $E = E_0 + \mathrm{KE} = m_0 c^2 + \mathrm{KE}$

에너지보존 $m_X c^2 + \mathrm{KE_X} = m_Y c^2 + \mathrm{KE_Y} + m_Z c^2 + \mathrm{KE_Z}$

$$m_X c^2 = m_Y c^2 + \mathrm{KE_Y} + m_Z c^2 + \mathrm{KE_Z} \quad (\because \mathrm{KE_X} = 0)$$

$$\mathrm{KE_Y} + \mathrm{KE_Z} = m_X c^2 - m_Y c^2 - m_Z c^2$$

왼쪽 항: 붕괴 후 총 운동에너지 (KE) $\equiv Q =$ 붕괴에너지

$$\therefore Q = m_X c^2 - (m_Y c^2 + m_Z c^2)$$

붕괴 전후 질량 차에 의해 생긴 에너지

일반화 $A + B \rightarrow C + D$

$$m_A c^2 + \mathrm{KE_A} + m_B c^2 + \mathrm{KE_B} = m_C c^2 + \mathrm{KE_C} + m_D c^2 + \mathrm{KE_D}$$

$$m_A c^2 + m_B c^2 - m_C c^2 - m_D c^2 = \mathrm{KE_C} + \mathrm{KE_D} - \mathrm{KE_A} - \mathrm{KE_B}$$

$$m_A c^2 + m_B c^2 - (m_C c^2 + m_D c^2) = \mathrm{KE_C} + \mathrm{KE_D} - (\mathrm{KE_A} + \mathrm{KE_B})$$

$$\therefore Q \equiv (\mathrm{KE_C} + \mathrm{KE_D}) - (\mathrm{KE_A} + \mathrm{KE_B}) = (m_A c^2 + m_B c^2) - (m_C c^2 + m_D c^2)$$

물리적 의미: 상황에 따라 충돌 후 KE는 충돌 전 KE 보다 클 수도 있고, 작을 수도, 혹은 동일할 수도 있다. 그래서 이 값을 구해보면 어떤 process인지에 대한 정보를 얻을 수 있다.

Q-value = (붕괴에너지, disintegration energy, reaction energy)
= 충돌 전 후의 질량 차
= 충돌 후 전의 운동에너지 (KE) 차

① $Q > 0$ (explosive): 질량에너지는 충돌 전이 더 크다. 그러나 KE는 충돌 후가 충돌 전보다 크다. 이 말은 질량에너지가 운동에너지로 전환되었다는 것을 의미. 발열반응.

② $Q = 0$ (elastic scattering, 탄성충돌)

③ $Q < 0$ (sticky): 충돌 후 KE가 충돌 전 KE보다 작다. 즉, 입사 운동에너지를 흡수 혹은 소멸해 질량으로 전환했음을 의미. 흡열반응. 어떤 반응이 일어나기 위해서 입사하는 입자의 최소에너지가 존재함을 알 수 있다.

[Q&A] Q-value를 구하면?

① $\pi^- + p \to K^0 + \Lambda^0$

반응 전 총 질량 $140 + 938 = 1078$ [MeV/c^2]

반응 후 총 질량 $498 + 1116 = 1614$ [MeV/c^2]

$\therefore Q$ = 충돌 전 후의 질량 차 = -536 MeV < 0

→ 반응 후 질량이 반응 전 보다 커, 질량-에너지 보존이 위배되지 때문에 위 반응은 자연적으로는 결코 일어나지 않는다. 하지만 입사 입자들이 운동에너지를 가지고 충돌하는 경우는 가능하다.

② $K^- + p \to \pi^0 + \Lambda^0$

반응 전 총 질량 $494 + 938 = 1432$ [MeV/c^2]

반응 후 총 질량 $135 + 1116 = 1251$ [MeV/c^2]

$\therefore Q$ = 충돌 전 후의 질량 차 = 181 MeV > 0

→ 충돌 전 총질량이 충돌 후 총 질량보다 커서 충돌 후 π^0와 Λ^0를 생성하기에 충분하다. 생성되고 남은 여분의 에너지는 π^0와 Λ^0의 운동에너지로 전환될 것이다.

[Q&A] $n \to p + e^- + \overline{\nu_e}$ 붕괴의 경우, 전자가 가질 수 있는 최대 운동에너지는 얼마인가?

에너지 보존 $m_n c^2 + 0 = m_p c^2 + (\mathrm{KE})_\mathrm{p} + m_e c^2 + (\mathrm{KE})_\mathrm{e} + 0 + (\mathrm{KE})_\nu$

튀어나오는 전자의 최대 운동에너지는 중성미자가 나오지 않을 때이고 또한 양성자가 가까스로 생성되기만 하고 밖으로 튀어 나가지 않는 경우이다 → $(\mathrm{KE})_\mathrm{p} \simeq 0$

$$\therefore (\mathrm{KE})_{\mathrm{e,\,max}} \simeq m_n c^2 - m_p c^2 - m_e c^2 = m_n c^2 - (m_p + m_e)c^2 = m_n c^2 - m_H c^2$$

$$m_n = 1.00867\,u$$

$$m_H = 1.00783u$$

$$\rightarrow (\mathrm{KE})_{e,\max} \simeq (m_n - m_H)c^2 = 840 \times 10^{-6} uc^2$$

$$1u = 931.5 \frac{\mathrm{MeV}}{c^2}$$

$$\therefore (\mathrm{KE})_{e,\max} \simeq 840 \times 10^{-6} \times 931.5 \frac{\mathrm{MeV}}{c^2} c^2 = 0.782\mathrm{MeV}$$

조사해보기

가상의 입자로 제안된 중성미자는 거의 20년이 지난후인 1953년에 F. Reines와 C. L. Cowan에 의해 원자로 중성미자를 이용하여 측정에 최초로 성공하였다.

$$\overline{\nu_e} + p \rightarrow n + e^+$$

원자로에서 핵붕괴에 의해 나온 반전자중성미자 ($\overline{\nu_e}$)가 표적인 양성자에 충돌하면 중성자와 양전자가 생긴다. 방출된 양전자 (e^+)는 전자를 만나서 바로 쌍소멸 ($e^+ + e^- \rightarrow \gamma + \gamma$)을 한다. 한편 중성자는 액체섬광검출용액에 용해된 카드뮴 (cadmium chloride)에 의해 포획되는데, 카드뮴은 중성자를 잘 흡수하는 성질을 가지고 있다. 따라서, 중성자를 포획한 카드뮴이 여기상태 (excite)로 올라갔다가 ground 상태로 떨어지면서 광자를 방출한다.

$$n + {}^{113}\mathrm{Cd} \rightarrow {}^{114}\mathrm{Cd}^* \rightarrow {}^{114}\mathrm{Cd} + \gamma$$

이 공적으로 F. Reines는 1995년에 노벨상을 수상하였다. (C. L. Cowan는 1974년에 사망함)

[Q&A] Inverse beta decay ($\overline{\nu_e} + p \rightarrow n + e^+$, 역베타 붕괴, IBD) 반응을 일으킬 수 있는 반중성미자의 최소 입사 에너지는 얼마인가?

위 반응식의 역베타 붕괴가 입사된 모든 반중성미자에 대해 일어나는 것은 아닐 것이다. 즉, 에너지가 작은 중성미자가 입사해서 양성자에 충돌한다고 해도 양성자는 끔적도 안한다. 따라서 어떤 최소한의 문턱에너지 (threshold energy)를 넘는 반중성미자에 대해서만 위 반응이 일어난다. 따라서 에너지-질량보존에 의해

$$E_\nu + m_p c^2 + (\mathrm{KE})_p = m_n c^2 + (\mathrm{KE})_n + m_e c^2 + (\mathrm{KE})_e$$

$$\rightarrow E_\nu + m_p c^2 = m_n c^2 + (\mathrm{KE})_n + m_e c^2 + (\mathrm{KE})_e \qquad (\because \text{양성자 정지 상태})$$

식이 성립하는데, 최소 전자에너지는 중성자와 전자의 운동에너지가 0일 때이다. (즉, 가까스로 생성만 되고 밖으로 튀어나가지 않을 때가 최소이다)

$$\therefore (E_\nu)_{\min} \sim m_n c^2 + m_e c^2 - m_p c^2$$
$$= 939.5\,\text{MeV} + 0.5\text{MeV} - 938.2\text{MeV}$$
$$= 1.8\,\text{MeV}$$

[Q&A] 1964년 R. Davis는 ~ 600톤의 염소(Cl) 용액 검출기를 미국 South Dakoda주의 Homestake 지하 1.5 km 금광산에 설치 완성하였다. 다음과 같은 베타붕괴 반응을 이용하여 태양에서 오는 태양 중성미자를 검출하였다.

$$\nu_e + {}^{37}_{17}Cl \to {}^{37}_{18}\text{Ar} + e^-$$

이 반응을 일으키기 위한 최소 입사 중성미자의 에너지는 얼마인가?

에너지 보존 $\quad E_\nu + M_{Cl}c^2 + \text{KE}_{Cl} = M_{Ar}c^2 + \text{KE}_{\text{Ar}} + m_e c^2 + \text{KE}_{\text{e}}$

(여기서 KE가 모두 0일 때가 최소일 때이다)

$$(E_\nu)_{\min} = (M_{Ar} + m_e - M_{Cl})c^2 = (36.966776 + 0.000549 - 36.965903)uc^2$$
$$= 0.001422 \times 931.5\frac{\text{MeV}}{c^2}c^2 = 1.324\text{MeV}$$

따라서 태양에서 오는 중성미자의 에너지가 최소한 1.32 MeV이상은 되어야 하고 Raymond Davis Jr.는 태양 중성미자 검출에 성공하였고 2002년 노벨상을 수상하였다.

[Q&A] ${}^3_1\text{H} \to {}^3_2\text{He} + e^- + \overline{\nu_e}$ 에서 방출되는 전자의 최대 에너지를 구하면? 또한 붕괴에너지 Q -value 구해보라.

$$Q = [M_H - (M_{He} + m_e)]c^2 \approx (M_H - M_{He})c^2 \quad (\because \text{전자의 질량 무시})$$
$$= (3.016050u - 3.016030u)c^2$$
$$= 0.000020\text{uc}^2$$
$$= 0.000020 \times 931.5\frac{\text{MeV}}{c^2}c^2$$
$$= 0.01863\,\text{MeV}$$

[Note] $Q = (\text{KE})_{\text{He}} + (\text{KE})_{\text{e}^-} + (\text{KE})_{\overline{\nu_e}}$ 에서 He은 전자나 중성미자에 비해 상대적으로 무겁기 때문에, 대부분의 운동에너지는 전자와 중성미자가 분배해서 가지고 튀어 나온다고 생각할 수 있다.

$$\therefore Q \sim (\text{KE})_{\text{e}^-} + (\text{KE})_{\overline{\nu_e}}$$

그런데 만약, $(\mathrm{KE})_{\overline{\nu_e}} \approx 0$일 때, 전자의 운동에너지가 최대가 될 것이다. 즉, Q-value를 모두 전자가 가지고 나온다 ($\rightarrow 0.01863\,\mathrm{MeV}$).

[Q&A] 정지해 있는 Λ^0입자의 붕괴결과로 나타나는 양성자와 파이온의 운동에너지를 구하라.

$$(m_\Lambda = 1115.6\frac{\mathrm{MeV}}{c^2},\ m_p = 938.3\frac{\mathrm{MeV}}{c^2},\ m_\pi = 139.6\frac{\mathrm{MeV}}{c^2})$$

$$\Lambda^0 \rightarrow p + \pi^-$$

선운동량 보존 $\quad 0 = \overrightarrow{p_p} + \overrightarrow{p_\pi} \qquad \therefore \overrightarrow{p_p} = -\overrightarrow{p_\pi}$

크기 $\quad \therefore |\overrightarrow{p_p}| = |\overrightarrow{p_\pi}|$

질량-에너지보존 $\quad m_\Lambda c^2 + \mathrm{KE}_\Lambda = m_p c^2 + \mathrm{KE}_\mathrm{p} + m_\pi c^2 + \mathrm{KE}_\pi$

$$Q \equiv m_\Lambda c^2 - m_p c^2 - m_\pi c^2 = \mathrm{KE}_\mathrm{p} + \mathrm{KE}_\pi - \mathrm{KE}_\Lambda = \mathrm{KE}_\mathrm{p} + \mathrm{KE}_\pi$$

($\because \mathrm{KE}_\Lambda = 0$ 정지 상태이었으므로)

$$\mathrm{KE}_\mathrm{p} = \frac{p_p^2}{2m_p} \rightarrow p_p^2 = 2m_p\mathrm{KE}_\mathrm{p}$$

$$\mathrm{KE}_\pi = \frac{p_\pi^2}{2m_\pi} \rightarrow p_\pi^2 = 2m_\pi\mathrm{KE}_\pi$$

$\therefore 2m_p\mathrm{KE}_\mathrm{p} = 2m_\pi\mathrm{KE}_\pi$ ($\because |\overrightarrow{p_p}| = |\overrightarrow{p_\pi}|$에 의해)

$$\rightarrow \frac{\mathrm{KE}_\mathrm{p}}{\mathrm{KE}_\pi} = \frac{m_\pi}{m_p}$$

$$Q \equiv \mathrm{KE}_\mathrm{p} + \mathrm{KE}_\pi = \frac{m_\pi}{m_p}\mathrm{KE}_\pi + \mathrm{KE}_\pi = (1 + \frac{m_\pi}{m_p})\mathrm{KE}_\pi$$

$$Q \equiv m_\Lambda c^2 - m_p c^2 - m_\pi c^2 = (m_\Lambda - m_p - m_\pi)c^2$$

$$\therefore \mathrm{KE}_\pi = \frac{m_p}{m_p + m_\pi}Q$$

$$= \frac{938.3\frac{\mathrm{MeV}}{c^2}}{938.3\frac{\mathrm{MeV}}{c^2} + 139.6\frac{\mathrm{MeV}}{c^2}}(1115.6 - 938.3 - 139.6)\frac{\mathrm{MeV}}{c^2}c^2 = 32.81MeV$$

$$= \frac{938.3}{1077.9} \times 37.7\mathrm{MeV}$$

$$Q \equiv \mathrm{KE}_\mathrm{p} + \mathrm{KE}_\pi \rightarrow \mathrm{KE}_\mathrm{p} = Q - \mathrm{KE}_\pi$$

$$\therefore \mathrm{KE}_\mathrm{p} = Q - \mathrm{KE}_\pi = 37.7 - 32.81 = 4.89\mathrm{MeV}$$

[Q&A] 그림 (3-3)처럼 고에너지로 가속된 m_1이 정지한 m_2와 충돌했다. $m_1 + m_2 \rightarrow M_1 + M_2 + ... + M_n$ 반응을 가능하게 하는 문턱에너지 (threshold energy)는 얼마인가?

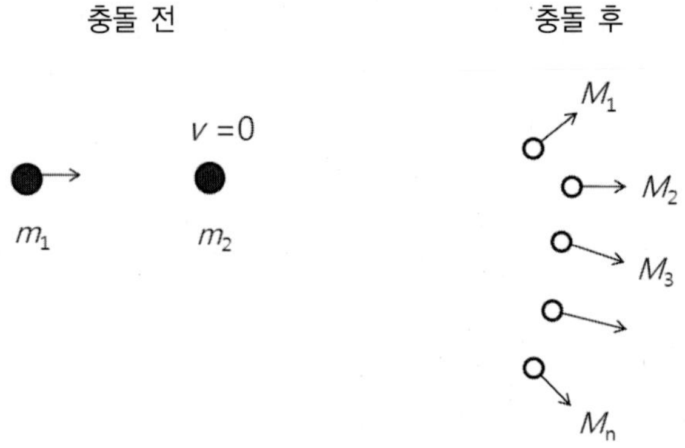

[그림 3-3] $m_1 + m_2 \rightarrow M_1 + M_2 + ... + M_n$ 반응.

LAB 계

$$E_{LAB} = m_1c^2 + \mathrm{KE}_1 + m_2c^2 + \mathrm{KE}_2 = m_1c^2 + \mathrm{KE}_1 + m_2c^2 \quad (\because \mathrm{KE}_2 = 0\,.\ m_2 = \text{정지})$$

CM 계

정의 $\quad {}_{CM}\overrightarrow{P_{tot}} = 0$

$$E_{CM} = (M_1 + M_2 + M_3 + ... + M_n)c^2 + \mathrm{KE}_1(M_1) + \mathrm{KE}_2(M_2) + ... + \mathrm{KE}_\mathrm{n}(M_n)$$

에너지가 최소인 경우는 $M_1, M_2, ..., M_n$ 입자가 생성만 되고, 운동에너지 (KE)가 없을 때이다. (즉, 튀어 나가지 않는 경우)

$$\therefore E_{CM} = (M_1 + M_2 + M_3 + ... + M_n)c^2$$

[Note] $E^2 - p^2c^2 = m^2c^4 =$ invariant quantity

$$E_{LAB}^2 - P_{LAB}^2c^2 = E_{CM}^2 - P_{CM}^2c^2 = E_{CM}^2 \qquad (\because \text{정의 } {}_{CM}\overrightarrow{P_{tot}} = 0)$$

$$(m_1c^2 + \mathrm{KE}_1 + m_2c^2)^2 - (p_1c)^2 = (M_1 + M_2 + ... + M_n)^2c^4 \ (\because P_{LAB} = p_1 + p_2 = p_1.\ p_2 \text{ 정지})$$

$$m_1:\ E_1^2 = p_1^2c^2 + m_1^2c^4 \qquad \rightarrow (p_1c)^2 = E_1^2 - (m_1c^2)^2 = (\mathrm{KE}_1 + m_1c^2)^2 - (m_1c^2)^2$$

$$\rightarrow (m_1c^2 + \mathrm{KE}_1 + m_2c^2)^2 - [\mathrm{KE}_1 + m_1c^2)^2 - (m_1c^2)^2] = (M_1 + M_2 + ... + M_n)^2c^4$$

이 식을 풀어주면

$$
\begin{aligned}
2\mathrm{KE}_1 &= [(M_1+M_2+\ldots+M_n)c^2]^2-[m_1c^2+m_2c^2]^2 \\
&= [(M_1+M_2+\ldots+M_n)c^2+m_1c^2+m_2c^2]\times \\
&\quad [(M_1+M_2+\ldots+M_n)c^2-(m_1c^2+m_2c^2)]
\end{aligned}
$$

$$
\begin{aligned}
\therefore \mathrm{KE}_1 &= \frac{1}{2m_2c^2}[(m_1+m_2+M_1+M_2+\ldots+M_n)c^2]\times[(M_1+M_2+\ldots+M_n-m_1-m_2)c^2] \\
&= \frac{1}{2m_2c^2}[(m_1+m_2+M_1+M_2+\ldots+M_n)c^2]\times(-Q)
\end{aligned}
$$

($\because\ Q \equiv [m_1+m_2-M_1-M_2-\ldots-M_n]c^2$ Q는 반응 전 후의 질량차이다)

$$\therefore\ \mathrm{KE}_{\mathrm{threshold}} \equiv \mathrm{KE}_1 = \frac{-Q}{2m_2}(m_1+m_2+M_1+M_2+\ldots+M_n)$$

[Q&A] Bevatron에서 반응식 $p+p \rightarrow p+p+p+\bar{p}$. 반양성자를 생성시키기 위해 고정 양성자 표적에 6.4 GeV 양성자를 충돌시켰다. 반양성자를 만들기 위해 필요한 입사 양성자의 문턱에너지는?

$$
\begin{aligned}
Q &= [m_p+m_p-(m_p+m_p+m_p+m_{\bar{p}})]c^2 \\
&= (2\mathrm{m_p}-4\mathrm{m_p})\mathrm{c}^2 = -2\mathrm{m_p}\mathrm{c}^2 = -2\times 938\frac{\mathrm{MeV}}{c^2}c^2 = 1886 MeV \\
&\simeq -1.88\ \mathrm{GeV}
\end{aligned}
$$

$$
\begin{aligned}
\mathrm{KE}_{\mathrm{threshold}} \equiv \mathrm{KE}_1 &= \frac{-Q}{2m_2}(m_1+m_2+M_1+M_2+\ldots+M_n) \\
&= -\frac{Q}{2m_p}(m_p+m_p+m_p+m_p+m_p+m_{\bar{p}}) = -\frac{Q}{2m_p}6m_p = -3Q \\
\therefore\ \mathrm{KE}_{\mathrm{threshold}} &= -3\times(-1.88) = 5.6\,\mathrm{GeV}
\end{aligned}
$$

[Q&A] $p+p \rightarrow p+p+\pi^0$ 반응에서 π^0를 생성하기 위한 문턱 운동에너지는 얼마인가?

$$
\begin{aligned}
Q &= [m_p+m_p-(m_p+m_p+m_\pi)]c^2 \\
&= -m_\pi c^2 = -135\ \mathrm{MeV}
\end{aligned}
$$

[Note] $\mathrm{KE}_{\mathrm{threshold}} = \dfrac{-Q}{2m_2}(m_1+m_2+M_1+M_2+\ldots+M_n)$

$$\therefore\ \mathrm{KE}_{\mathrm{threshold}} = \frac{-Q}{2m_p}(m_p+m_p+m_p+m_p+m_\pi)$$

$$= \frac{-Q}{2m_p}(4m_p + m_\pi)$$

$$= 135\frac{4(938)+135}{2(938)} = 280 \text{ MeV}$$

[Q&A] 그림 (3-4)처럼 $A + B \rightarrow X + Y$로 표현되는 핵반응이 있다. 만약 흡열반응이라면 붕괴에너지 Q는 음수이다. 따라서 이 반응이 일어나려면 들어오는 입자는 문턱에너지(threshold, E_{th})라 불리는 최소에너지 이상이 필요하다. $E_{th} = -Q(1+\frac{m_A}{m_B})$ 임을 보여라.

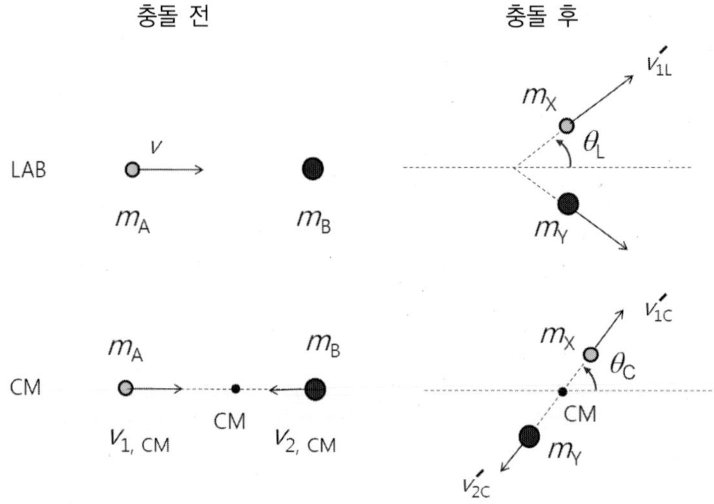

[그림 3-4] 실험실계와 질량 중심계에서의 충돌 전 후의 모습.

(방법1)

운동량보존 $\quad m_A v + 0 = (m_A + m_B) V_{CM} \qquad (\because m_B$ 정지)

$$\therefore V_{CM} = \frac{m_A v}{m_A + m_B}$$ (실험실계에서 질량중심은 x축을 따라 움직인다)

질량 중심계에서 m_A의 속도 $\quad v_{1,\,CM} = v - V_{CM}$

질량 중심계에서 m_B의 속도 $\quad v_{2,\,CM} = v_{target} - V_{CM} = 0 - V_{CM} = -V_{CM}$

$$\therefore v_{1,\,CM} = v - V_{CM} = v - (\frac{m_A}{m_A + m_B})v = \frac{m_B}{m_A + m_B}v$$

$$\therefore v_{2,\,CM} = -V_{CM} = -\frac{m_A}{m_A + m_B}v$$

질량 중심계에서 문턱 (threshold)에서는 $v_{1C}' = v_{2C}' = 0$ 이다. 즉, 입자가 생기기만 하고 운동에너지를 가지고 진행하지 않는 경우가 최소이다.

에너지 보존 (질량 중심계에서)

$$m_A c^2 + \frac{1}{2} m_A (v_{1,CM})^2 + m_B c^2 + \frac{1}{2} m_B (v_{2,CM})^2$$

$$= m_X c^2 + \frac{1}{2} m_X (v_{1c}')^2 + m_Y c^2 + \frac{1}{2} m_Y (v_{2c}')^2$$

$$\rightarrow m_A c^2 + \frac{1}{2} m_A (v_{1,CM})^2 + m_B c^2 + \frac{1}{2} m_B (v_{2,CM})^2 = m_X c^2 + m_Y c^2$$

$$(\because v_{1C}' = v_{2C}' = 0)$$

$$\rightarrow \frac{1}{2} m_A (v_{1,CM})^2 + \frac{1}{2} m_B (v_{2,CM})^2 = -m_A c^2 - m_B c^2 + m_X c^2 + m_Y c^2$$

$$\frac{1}{2} m_A \left(\frac{m_B}{m_A + m_B} v\right)^2 + \frac{1}{2} m_B \left(-\frac{m_A}{m_A + m_B} v\right)^2$$

$$= -(m_A c^2 + m_B c^2 - m_X c^2 - m_Y c^2) = -Q$$

$$(\because m_A c^2 + m_B c^2 - m_X c^2 - m_Y c^2 \equiv Q)$$

$$\frac{1}{2}\left(\frac{m_A m_B}{m_A + m_B}\right) v^2 = -Q$$

문턱운동에너지 $E_{th} = \frac{1}{2} m_A v^2$

$$\therefore E_{th} = -Q\left(\frac{m_A + m_B}{m_B}\right) = -Q\left(1 + \frac{m_A}{m_B}\right)$$

(방법2)

[Note] $\mathrm{KE_{CM}} = \frac{m_B}{m_A + m_B} \mathrm{KE_{LAB}}$

$$Q \equiv \mathrm{KE_{final}} - \mathrm{KE_{initial}}$$

$= \mathrm{KE_X} + \mathrm{KE_Y} - (\mathrm{KE_A} + \mathrm{KE_B})$ 를 이용한다.

[Note] Q값은 LAB 혹은 CM에서 동일하다.

$$\rightarrow Q = (\mathrm{KE_{final}} - \mathrm{KE_{initial}})_{\mathrm{LAB}} = (\mathrm{KE_{final}} - \mathrm{KE_{initial}})_{\mathrm{CM}}$$

그런데 CM계에서 문턱에너지는 두 입자를 생성하고 이것들의 운동에너지 (KE)를 0으로 하는 것이 최소일 것이다.

$$\therefore\ Q = (\mathrm{KE}_{\mathrm{final}} - \mathrm{KE}_{\mathrm{initial}})_{\mathrm{LAB}} = (-\mathrm{KE}_{\mathrm{initial}})_{\mathrm{CM}}$$

$$\therefore\ Q = -\mathrm{KE}_{\mathrm{initial},\mathrm{CM}} \equiv -\mathrm{KE}_{\mathrm{CM,threshold}}$$

$$\mathrm{KE}_{\mathrm{LAB}} = \frac{m_A + m_B}{m_B}\mathrm{KE}_{\mathrm{CM}}$$

$$\rightarrow \mathrm{KE}_{\mathrm{LAB,th}} = \frac{m_A + m_B}{m_B}\mathrm{KE}_{\mathrm{CM,th}}$$

$$= \frac{\mathrm{m_A} + \mathrm{m_B}}{\mathrm{m_B}}(-Q)$$

$$\therefore E_{th} \equiv \mathrm{KE}_{\mathrm{LAB,th}} = \frac{m_A + m_B}{m_B}(-Q) = -Q(1 + \frac{m_A}{m_B})$$

[Q&A] 정지한 $^3\mathrm{H}$ 표적에 p가 충돌하였다. $p + {}^3\mathrm{H} \rightarrow {}^2\mathrm{H} + {}^2\mathrm{H}$ 반응이 일어나기 위한 최소 양성자의 운동에너지는?

$$Q = [m(p) + m({}^3\mathrm{H}) - 2m({}^2\mathrm{H})]c^2$$

$$= (1.007825u + 3.016049u - 2 \times 2.014102u)c^2$$

$$= -4.033\ \mathrm{MeV} \qquad (\because\ 1u = 931.5\frac{\mathrm{MeV}}{c^2})$$

$$\therefore E_{th} = -Q(1 + \frac{\mathrm{m_A}}{\mathrm{m_B}}) = -Q(1 + \frac{\mathrm{m_p}}{\mathrm{m}({}^3\mathrm{H})}) = 5.381\,\mathrm{MeV}$$

[♣ 각자해보기] $K^+ \rightarrow \pi^0 + e^+ + \nu_e$ 붕괴 반응에서 생성되는 양전자 (e^+)와 중성 파이온 (π^0)의 최대 에너지는 얼마인가?

[Q&A] 어떤 물체가 전자기파 형태로 에너지 E를 방출하였다. 이 물체의 질량은 얼마만큼 감소하였는가?

① $\frac{E}{c}$　② Ec　③ $\frac{E^2}{c}$　④ $\frac{E}{c^2}$　⑤ $\frac{c}{2E^2}$

[정답] ④　$(\because\ E = \Delta mc^2)$

[Q&A] 정지상태의 원자핵이 질량 m_1, m_2 딸핵으로 붕괴되었다. 두 딸핵의 운동 에너지 (KE) 비는?

선운동량 보존　$m_1 v_1 = m_2 v_2$

$$(\mathrm{KE})_1 = \frac{1}{2}m_1 v_1^2$$

$$(\mathrm{KE})_2 = \frac{1}{2}m_2 v_2^2 = \frac{1}{2}m_2\left(\frac{m_1 v_1}{m_2}\right)^2 = \frac{1}{2}\frac{m_1^2}{m_2}v_1^2$$

$$\therefore \frac{(\mathrm{KE})_1}{(\mathrm{KE})_2} = \frac{\frac{1}{2}m_1 v_1^2}{\frac{1}{2}\frac{m_1^2}{m_2}v_1^2} = \frac{m_2}{m_1}$$

3.3 결합에너지 (binding energy, BE)

수소원자의 경우를 살펴보자.

$$m_e c^2 + m_p c^2 = m_H c^2 + 13.6\mathrm{eV}$$

(반응식의 의미)

① 오른쪽 항에서 수소원자에 13.6eV 의 에너지를 주면 왼쪽 항처럼 전자와 양성자로 분리할 수 있다는 것.

② 각각의 입자로 있을 때보다 결합해서 수소원자로 있을 때 에너지가 낮다. 즉 안정하다.

③ 결합에너지 (binding energy, BE)

$$(m_e c^2 + m_p c^2) - m_H c^2 = 13.6\mathrm{eV}$$

∴ 충돌 전 후의 질량 차

(일반화)

양성자 Z개, 중성자 N개, 원자핵 질량 M이라고 하자.

충돌 전후의 질량 차 (= 결손): $\Delta m = Zm_p + Nm_n - M$

$\Delta E = \Delta mc^2$ (질량-에너지 등가원리)

$\therefore \mathrm{BE} = \Delta E = (Zm_p + Nm_n - M)c^2$

[Q&A] 중수소 (=이중수소, ${}^2_1\mathrm{H}$, deuterium) 원자에서 양성자와 중성자를 분리시키려면 얼마의 에너지를 주어야 하는가?

$$m_d = 2.013554u$$
$$m_p = 1.007276u$$
$$m_n = 1.008665u$$

$$m_d + \mathrm{X}_{\text{에너지}} \rightarrow m_p + m_n$$

중수소에 에너지를 주어야만 원자핵 속 결합해 있는 양성자와 중성자를 따로 따로 분리할 수 있다.

질량결손

$$\Delta m = m_p + m_n - m_d = 0.002388u$$

(그림 (3-5)처럼 이만큼의 에너지를 외부에서 주면 결합에너지를 끊을 수 있다)

$$\therefore\ X_{에너지} = \Delta mc^2 = 0.002388u = 0.002388 \times 931.5\frac{\text{MeV}}{c^2}c^2 = 2.224MeV$$

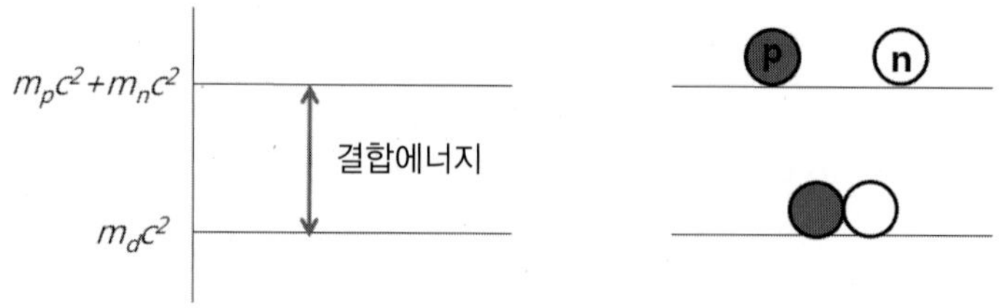

[그림 3-5] 중수소의 결합에너지.

[Note] 수소원자의 경우, 전자의 에너지 준위는 $E_n = -13.6(\frac{Z^2}{n^2})\text{eV}$ 이므로 전자를 분리하기 위해서는 외부에서 13.6 eV의 에너지를 주면 된다. 그러나 핵자에 있는 양성자와 중성자를 분리하려면 ~5배 정도가 큰 에너지가 필요하다는 것을 알 수 있다.

[Q&A] 정지한 양성자에 전자가 결합하여 바닥상태의 수소원자를 형성할 때 1개의 광자가 방출된다고 할 때, 방출된 광자의 파장은 대략 얼마인가?

$$m_ec^2 + m_pc^2 = m_Hc^2 + 13.6\text{eV}$$

∴ 13.6 eV에 해당하는 에너지가 방출된다.

$$E = \frac{hc}{\lambda} \rightarrow \lambda = \frac{hc}{E}$$

$$\therefore\ \lambda = \frac{hc}{E} = \frac{1240\text{eV} \cdot \text{nm}}{13.6\text{eV}} = 91.17\,\text{nm} \simeq 910\,\text{Å}$$

✎ 가시광선 (visible)은 파장이 대략 ~380 nm (보라, 3800 Å) ~770 nm (빨강, 7700 Å) 이다.

[Q&A] 헬륨 (^4_2He)의 결합에너지를 구하면?

$$^4_2\text{He} + 에너지 \rightarrow 2m_p + 2m_n$$

헬륨원자에 에너지를 주어야만 2개의 양성자와 2개의 중성자로 분리할 수 있다.

질량 결손

$$\Delta m = 2m_p + 2m_n - m_{He}$$

$$m_p = 1.007276u$$
$$m_n = 1.008665u$$

$$m_{He} = 4.001506u$$

$$1u = 931.5\frac{\text{MeV}}{c^2}$$

$$\begin{aligned}\therefore \Delta E = \Delta mc^2 &= (2m_p + 2m_n - m_{He})c^2 \\ &= [2(1.007276u) + 2(1.008665u) - 4.001506u]c^2 \\ &= 0.030376uc^2 = 0.030376 \times 931.5\frac{\text{MeV}}{c^2}c^2 = 28.3MeV\end{aligned}$$

[Q&A] 수소원자의 결합에너지는 13.6 eV 이다. 전자 1개와 양성자가 결합하여 1개의 수소 원자를 구성할 때 얼마의 질량이 손실되는가?

$$m_e c^2 + m_p c^2 = m_H c^2 + 13.6\text{eV}$$

∴ (양성자 질량 + 전자 질량) − (수소원자 질량) > 13.6 eV/c^2

$$13.6\ \text{eV}/c^2 = 13.6 \times \frac{1}{935.1 \times 10^6} \times 1uc^2 \times \frac{1}{c^2} = 1.46 \times 10^{-8}u$$

$$(\because 1u = 931.5\frac{\text{MeV}}{c^2})$$

보통의 경우 질량차가 너무 작아 무시해 버린다.

[Q&A] 핵자당 결합에너지를 구하면?

원자번호 Z

질량수 A

원자핵의 질량 m_N

양성자 질량 m_p

중성자 질량 m_n

질량 결손 $\Delta m = [Zm_p + (A-Z)m_n] - m_N$

결합에너지 $E = \Delta mc^2 = [Zm_p + (A-Z)m_n - m_N]c^2$

핵자당 평균 결합에너지 $= \dfrac{E}{A} = \dfrac{\Delta mc^2}{A}$

각 원소에 대해 핵자당 평균 결합에너지를 그려보면 그림 (3-6)처럼 된다. 이 값은 핵자가 원자핵에서 얼마나 강하게 결합되어 있는가를 나타내주는데, 이 값이 크면 안정하고, 작은 값은 불안정하다.

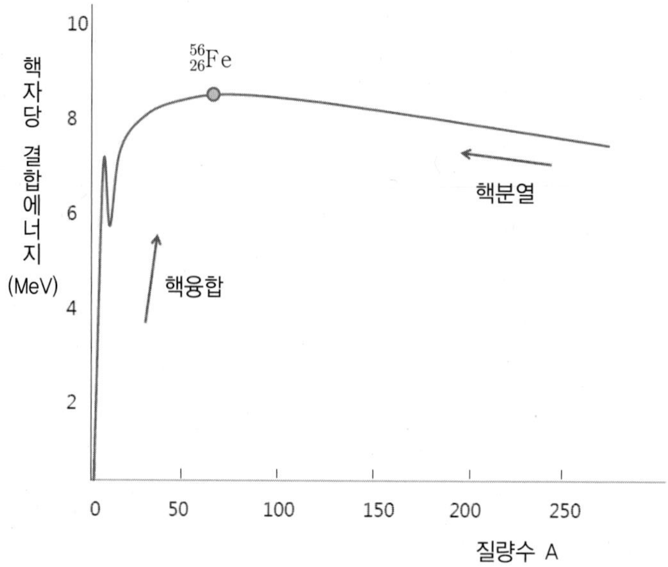

[그림 3-6] 핵자당 결합에너지.

일반적으로 final state energy가 작아야 안정된 것이고, 자연은 이 방향으로 가려고 한다. 그런데 핵분열이나 핵융합 반응 모두 final state energy가 initial state보다 크므로 안정되기 위해서는 외부로 에너지를 방출할 수밖에 없다.

[☛ 요약]

① 질량수가 60 근처에서 ($^{56}_{26}$Fe)에서 ~8.8 MeV로 최대로 이 근처의 원자핵이 가장 안정하다.

② 질량수가 60보다 가벼운 것은 결합하여 무거운 원자핵이 되는 것이 안정하다 (핵융합).

③ 질량수가 60보다 무거운 것은 분열하여 가벼운 원자핵이 되는 것이 안정하다 (핵분열).

④ 탄소 ($^{12}_{6}$C) 보다 가벼운 원소들을 제외하고 핵자당 결합에너지는 7.5~8.5 MeV이다.

⑥ 질량수가 210 이상, 원자번호가 83보다 큰 원자핵은 모두 불안정하다.

[Q&A] $^{238}_{92}$U 의 $\dfrac{\mathrm{BE}}{A}$?

$$^{1}_{1}\mathrm{H} \times 92 = 1.0078u \times 92 = 92.7176u$$

$$^{1}_{0}n \times 146 = 1.0087u \times 146 = 147.2702u$$

$$^{238}_{92}\mathrm{U} \ \text{핵의 질량} = 238.0508u$$

$$\rightarrow \ E = \Delta mc^2 = 1.9370u = 1.9370 \times 931.5 \frac{\mathrm{MeV}}{c^2} c^2 = 1804.315\mathrm{MeV}$$

$$\therefore \frac{\mathrm{BE}}{A} \sim \frac{1804.315}{238} \sim 7.58\ \mathrm{MeV}$$

✎ 핵자당 결합에너지 7 ~ 8 MeV

[Q&A] 양성자를 0.6 MeV로 가속해 리튬에 충돌시켰다. 다음 반응 ($^1_1H + ^7_3Li \rightarrow ^4_2He + ^4_2He$)에서 질량 결손에 의해 방출된 에너지는 얼마인가? 이 반응에서 측정된 두 헬륨 원자핵의 운동에너지 합은 17.9 MeV이다.

$$m(\text{Li}) = 7.0160u$$
$$m(p) = 1.0078u$$
$$m(\text{He}) = 4.0026u$$
$$1u = 931.5\frac{\text{MeV}}{c^2}$$

$$\therefore \Delta E = \Delta mc^2 = (m_p + m_{Li} - 2m_{He})c^2 = 0.0186uc^2$$
$$= 0.0186 \times 931.5\frac{\text{MeV}}{c^2}c^2 \simeq 17.3\ \text{MeV}$$

반응 전 후의 에너지

$\therefore$ 0.6 + 17.3 = 17.9

[Q&A] ^7_3Li 원자핵의 질량은 3개 양성자와 4개 중성자를 합한 질량보다 0.0042 u 만큼 작다. ^7_3Li의 결합에너지는?

$$\therefore \Delta E = \Delta mc^2 = 0.042uc^2 = 0.042 \times 931.5\frac{\text{MeV}}{c^2}c^2 = 39.1\ \text{MeV}$$

3.4 방사능

(1) 핵 방사선 발견

(배경)

- 1896년 프랑스의 Henri Becquerel (1852~1908)은 우라늄 광석 근처에 있던 사진 건판이 가시광선에 노출되지 않았는데도 불구하고 감광된 것을 발견 함.
- Marie Curie (1867~1934)와 Pierre Curie (1859~1906) 부부 조사 시작. 1898년 Pitchblende에서 우라늄 보다 더 강한 방사선을 내는 폴로늄 (Po)과 라듐 (Ra)을 발견. 1903년 베크럴과 노벨상 공동 수상. 마리 퀴리는 Po와 Ra 발견 업적으로 1911년 노벨 화학상도 수상.

(종류)

방사선의 진로에 전기장이나 자기장을 걸어주면 3종류로 분리된다.

종류	본체	전하량	투과력	상대적 질량	전기장 ($\vec{E}$) 에서	자기장 ($\vec{B}$) 에서
α선	${}^4_2$He 헬륨 핵	$+2e$	약	~7300	(−)쪽으로 약간 휨	$\vec{F}=q\vec{v}\times\vec{B}$ 힘을 받음
β선	β^-, β^+. 고에너지 전자(양전자)	$-e$	중간	1	(+)쪽으로 많이 휨	α선과 반대방향
γ선	고에너지 광자	0	강	0	직진	직진

[Note] $m_p = 938.28\dfrac{\text{MeV}}{c^2}$

$$m_e = 0.511\frac{\text{MeV}}{c^2}$$

$$m(He) \simeq 4m_p$$

$$m_e \simeq \frac{1}{1840}m_p$$

$$\rightarrow m(He) = 4m_p = 4\times 1840\, m_e = 7300m_e$$

✎ 개념적으로 생각할 때, 원자 번호가 큰 원자핵은 양성자가 많기 때문에 이들 사이의 쿨롬 척력에 대항해서 양성자들을 묶어 놓으려면 강한 핵력 (=강력)이 작용해야 할 것이고 핵자간의 결합이 불안정해 질 수밖에 없다. 따라서 안정된 원자핵으로 변환하는 (붕괴)과정에서 방사선이 방출되는 것이다.

[Q&A] 전자기력과 강력의 크기를 비교해 보면?

[Note] 수소원자에서 전자기력을 받고 있는 전자를 떼어내기 위해서 (H + 13.6eV → p + e⁻) 13.6 eV가 필요하다.

$p\bar{p}$ 원자의 경우 binding 에너지를 계산해 보자.

(수소원자)

$$E_n = -R(\frac{Z^2}{n^2}) = -\frac{1}{2}mc^2\alpha^2(\frac{Z^2}{n^2}) = -13.6(\frac{\text{Z}^2}{\text{n}^2})\text{eV}$$

$$\rightarrow E_1 \simeq 13.6\text{eV} \sim \vartheta(14\text{eV})$$

$p\bar{p}$ (양성자–반양성자)

환산질량 (reduced mass)

$$\frac{1}{\mu} = \frac{1}{m_p} + \frac{1}{m_p} = \frac{2}{m_p} \quad \rightarrow \mu = \frac{1}{2}m_p \simeq \frac{1}{2} \times 2000m_e = 1000m_e$$

$$\rightarrow E \simeq 14\text{eV} \times 1000 = 14\text{keV}$$

Deuteron (np)의 결합에너지 (binding energy, BE) ~ 2.2 MeV

$$\text{전자기력}\ (p\bar{p}) \sim \vartheta(14\text{keV})$$

$$\text{강력}\ (np) \sim \vartheta(2.2\text{MeV})$$

$$\therefore \frac{\text{전자기력}}{\text{강력}} \sim \frac{14\text{keV}}{2.2\text{MeV}} \sim 6.3 \times 10^{-3} \sim \vartheta(10^{-2})$$

(원자핵의 안정성)

일반적으로 Z > 83, A > 209가 넘는 원자핵은 전기적 쿨롬 반발력이 크게 때문에 불안정하고 붕괴되면서 방사선을 방출한다. 그림 (3-7)처럼 가벼운 원자핵에서는 N=Z에서 안정되어 있고, 무거운 원자핵은 N > Z에서 더 안정되어 있다.

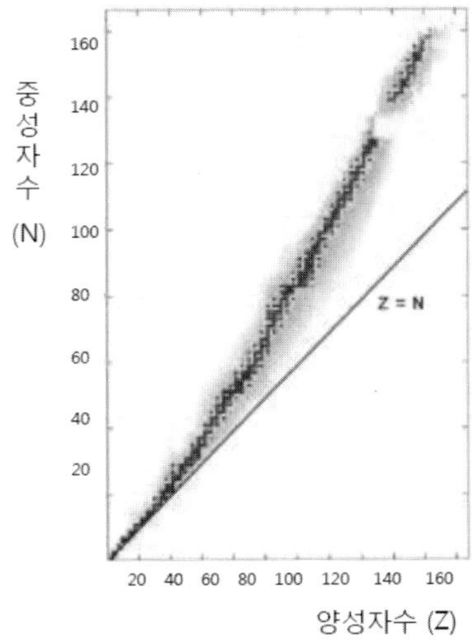

[그림 3-7] 안정한 원자핵의 양성자 수 (Z)와 중성자 수 (N).

(투과력)

그림 (3-8)처럼 α선은 종이 1장 정도의 두께를 투과하지 못하며, β선은 알루미늄 같은 ~4 mm 정도의 얇은 금속판으로 차단할 수 있다. γ선은 투과력이 강하여 수 cm 두께의 납판을 투과한다.

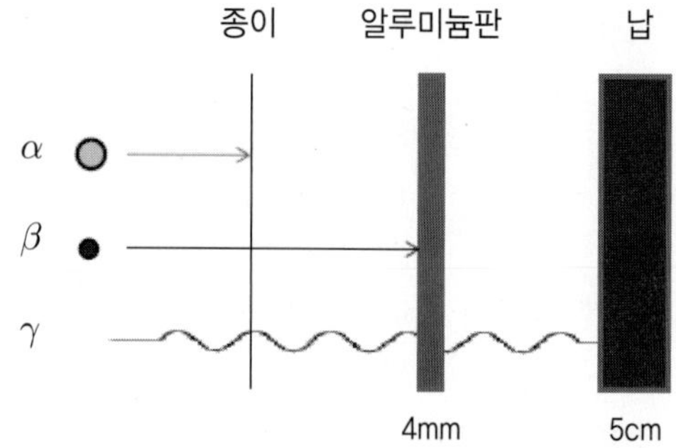

[그림 3-8] 방사선의 투과력.

[Q&A] 방사선 동위원소에서 방출되는 것 중에서 전기장의 영향을 받지 않는 입자는?

① α 입자 ② β 입자 ③ γ 선 ④ 양전자 (positron) ⑤ 모두 영향을 받는다

[정답] ③

[Q&A] γ선의 에너지는 어느 정도인가?

γ선의 파장은 0.1 nm ~ 0.0001 nm 정도이다.

[Note] $E = h\nu = h\dfrac{c}{\lambda}$

$$hc = 1240\mathrm{eV} \cdot \mathrm{nm}$$

$$E = \frac{hc}{\lambda} = \frac{1240\mathrm{eV} \cdot \mathrm{nm}}{10^{-1}\mathrm{nm}} = 12400\mathrm{eV} = 12.4\,\mathrm{keV}$$

$$E = \frac{hc}{\lambda} = \frac{1240\mathrm{eV} \cdot \mathrm{nm}}{10^{-4}\mathrm{nm}} = 1.24 \times 10^{3} \times 10^{4}\mathrm{eV} = 1.24 \times 10^{7}\mathrm{eV} = 12.4\mathrm{MeV}$$

$\therefore\ E_{\gamma-ray}$ = 수 ϑ(keV) ~ 수 ϑ(MeV)

[Q&A] γ선에 대한 설명은?

① 투과력이 약하다. ② $+2e$의 전하량을 가진다. ③ 전기장에서 휜다.

④ 파장이 가시광선보다 짧은 전자기파이다. ⑤ 방사능 물질에서 항시 방출된다.

[정답] ④

[Q&A] 전자기장에서의 방사선의 경로에 대해 설명하면?

그림 (3-9)처럼 α입자의 전하는 $+2e$이므로 전기장에서 (-)쪽으로 휘어간다. 자기장에서는 로렌쯔 힘을 받으므로, $\vec{F} = q\vec{v} \times \vec{B}$에 의해 위쪽 방향으로 휜다. β입자는 전하량이 $-e$이므로 α입자와 반대 방향이다.

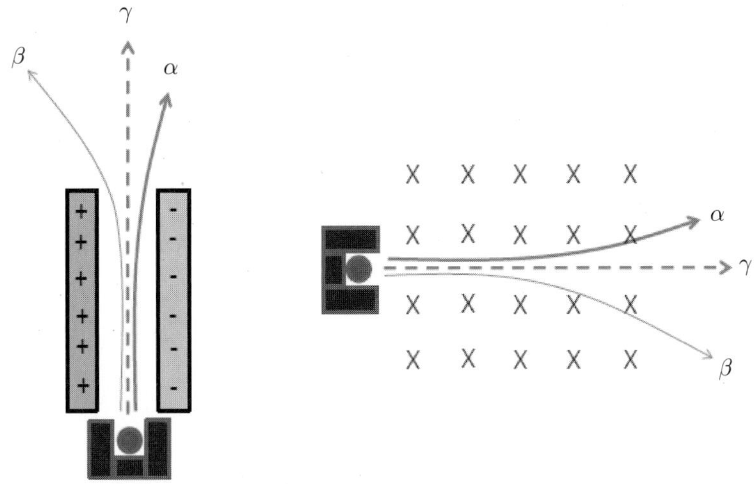

[그림 3-9] 전기장 ($\vec{E}$)과 자기장 ($\vec{B}$)에서 방사선의 궤적. 자기장 (×)의 방향은 지면으로 들어가는 방향을 의미한다.

[♣ 조사해보기] 방사선 세기의 단위?

① 베크럴 $1Bq \equiv 1 decay/s$

② 큐리 $1Ci = 3.7 \times 10^{10} Bq = 3.7 \times 10^{10}$ (붕괴/s)

③ cpm (count per minute). 1000 cpm = (0.01 ~ 0.03 μCi)

④ Roentgen (뢴트겐). 1R = 1 kg에 8.78 mJ의 에너지를 전달하는 능력

⑤ 라드 (rad). 어떤 물질 (신체)에 흡수된 에너지. 1 rad = 0.01 J/kg = 0.01 Gy

⑥ 그레이 (gray, Gy). 1 Gy = 1물질 1 kg당 1 J의 방사선 에너지가 흡수될 때. 1Gy = 100 rad

⑦ 렘 (rem, roentgen equivalent in man)

⑧ RBE (relative biological effectiveness)

⑨ 시버트 (sievert, Sv). 1 Sv = 100 rem. 1 mSv = 0.1 rem

[♣ 조사해보기] 방사선 피복선량 크기

상황	피복선량 (mSv)
알프스 등산 1주	~ 0.03
유럽왕복 비행기 1회 탑승	0.07
X선 1회 촬영	0.3 ~ 1
1인당 연간 자연방사성	2.4
일반인 연간 허용량	5
위 X선 1회 주시	13
암치료 종사자 연간 허용량	50

✎ 자연방사선: 자연에서 일상적으로 나오는 방사선
인공방사선: 가전제품, 공항검색 장치, X선장치, 원자력발전소 등에서 나오는 방사선
X-ray의 경우, 연 2~3회 정도의 촬영은 자연 방사선 수준이다.

[Note] 방사선을 막는 방법

① 대부분의 경우 방사선은 모든 방향으로 방사된다. 따라서 그 세기는 거리의 제곱에 반비례하기 때문에 거리가 멀어질수록 피폭량은 현저히 줄어든다.
② 방사선 물질 근처에 밀도가 큰 물질을 두어 흡수하게 하는 것이다. 납이나 콘크리트 등이 효과적이다. 중성자의 경우 물과 파라핀을 이용하는데 이는 $(n-p)$ 탄성충돌 (elastic scattering)을 이용하는 것이다.

(2) α 붕괴

원자핵 반응식

$$^{A}_{Z}X \rightarrow {}^{A-4}_{Z-2}Y + \alpha (= {}^{4}_{2}\mathrm{He})$$

원자핵에서 $\alpha (= {}^{4}_{2}\mathrm{He})$ 입자가 방출되어 어미핵 $({}^{4}_{2}X)$은 원자번호가 2개 감소하고, 질량수는 4개가 감소한 딸 핵 $({}^{A-4}_{Z-2}Y)$이 된다.

✎ $${}^{238}_{92}\mathrm{U} \rightarrow {}^{234}_{90}\mathrm{Th} + {}^{4}_{2}\mathrm{He}$$

$${}^{226}_{88}\mathrm{Ra} \rightarrow {}^{222}_{86}\mathrm{Rn} + {}^{4}_{2}\mathrm{He}$$

[Q&A] α 입자란 무엇인가?

물리학과 학생들에게 물어보아도 바로 잘 대답을 못한다. 원소기호 ${}^{4}_{2}\mathrm{He}$가 헬륨이라는 것은 대부분 학생들이 잘 알고 있는데, "그럼 헬륨이 α 입자인가?" 하고 물어보면 대답을 흐린다. 정확히 말해서 α 입자는 ${}^{4}_{2}\mathrm{He}$에서 전자 2개를 모두 제거한 상태이다. 따라서 양성자 2개와 중성자 2개가 결합되어 있는 상태이다. ${}^{4}_{2}\mathrm{He}^{2+}$로 쓰는 것이 의미가 명확하다. 전하는 전자를 2개를 잃은 상태이므로 $+2e$이다.

[Q&A] ${}^{4}\mathrm{He}$ 원자핵에서 1개의 양성자를 떼어내는데 필요한 에너지는 얼마인가?

${}^{4}\mathrm{He}$ 원자핵에서 1개의 양성자를 떼어내면 ${}^{3}\mathrm{H}$ (3 중양성자)이 된다.

$\mathrm{m}({}^{4}\mathrm{He}) = 3727.409\ (\mathrm{MeV}/c^2)$

$\mathrm{m}({}^{3}\mathrm{H}) = 2808.944\ (\mathrm{MeV}/c^2)$

$m(p) \quad = 938.280 \quad (\text{MeV}/c^2)$

$^4\text{He} \quad +$ 에너지 $\rightarrow \ ^3\text{H} + p$

$\therefore$ 에너지 $= (2808.944 + 938.280) - 3727.409 = 3747.224 - 3727.409 = 18.8\,\text{MeV}$

[Q&A] α 붕괴 시 Q-value를 구하면?

에너지 보존

$$M_X c^2 = M_Y c^2 + \text{KE}_\text{Y} + m_\alpha c^2 + \text{KE}_\alpha \quad (\because \text{ 어미핵은 초기에 정지})$$

Q-value = 충돌 전 후의 질량 차

= 충돌 후 전의 운동에너지 (KE) 차

$$\therefore Q = M_X c^2 - M_Y c^2 - m_\alpha c^2 > 0 \qquad (\because M_X > M_Y + m_\alpha)$$

즉, 외부에서 에너지를 받지 않고 스스로 자발적으로 이루어지는 현상임을 알 수 있다.

(예) $^{236}_{94}\text{Pu} \rightarrow ^{232}_{92}\text{U} + ^{4}_{2}\text{He}$

$$Q = (M_{Pu} - M_U - m_\alpha)c^2 = (236.046071u - 232.037168u - 4.002603u)c^2 = 5.87\text{MeV} > 0$$

$(\because 1u = 931.5\dfrac{\text{MeV}}{c^2})$ $\qquad \therefore$ 자발적 붕괴

[Q&A] 그림 (3-10)처럼 질량수 A인 핵이 붕괴 (2-body decay) 할 때, α입자의 운동에너지를 계산하라.

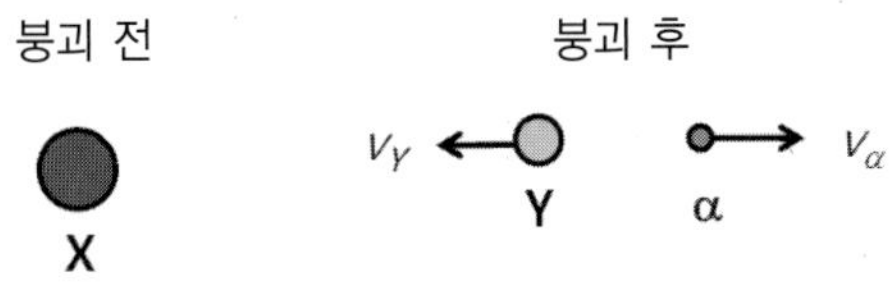

[그림 3-10] $X \rightarrow Y + \alpha$ 붕괴.

(선)운동량보존 $\qquad 0 = M_Y v_Y - m_\alpha v_\alpha \qquad (\because$ 서로 반대 방향)

$$Q = M_X c^2 - M_Y c^2 - m_\alpha c^2$$

$$= \text{KE}_\text{Y} + \text{KE}_\alpha - \text{KE}_\text{X} = \text{KE}_\text{Y} + \text{KE}_\alpha \qquad (\because \text{KE}_\text{X} = 0)$$

$$= \frac{1}{2}M_Y v_Y^2 + \frac{1}{2}m_\alpha v_\alpha^2$$

$$= \frac{1}{2}M_Y\left(\frac{m_\alpha v_\alpha}{M_Y}\right)^2 + \frac{1}{2}m_\alpha v_\alpha^2 = \frac{1}{2}m_\alpha v_\alpha^2\left(\frac{m_\alpha}{M_Y} + 1\right) = \text{KE}_\alpha\left(\frac{m_\alpha}{M_Y} + 1\right)$$

$$\therefore \mathrm{KE}_\alpha = \frac{Q}{\frac{m_\alpha}{M_Y}+1}$$

[Note] $\frac{m_\alpha}{M_Y}+1 \simeq \frac{4}{A-4}+1 = \frac{4}{A-4}$

$$\therefore \mathrm{KE}_\alpha = \frac{Q}{\frac{4}{A-4}} = \frac{A-4}{A}Q$$

[Note] α붕괴하는 원자핵의 질량수는 대부분 210이 넘는다.

$\frac{A-4}{A} = 1 - \frac{4}{A} \simeq 1 \ (\because \frac{4}{A} \to small)$

$\mathrm{KE}_\alpha \approx Q$

∴ 붕괴 시 α입자는 그림 (3-11)처럼 Q-value의 대부분을 운동에너지로 가지고 튀어나옴을 알 수 있다.

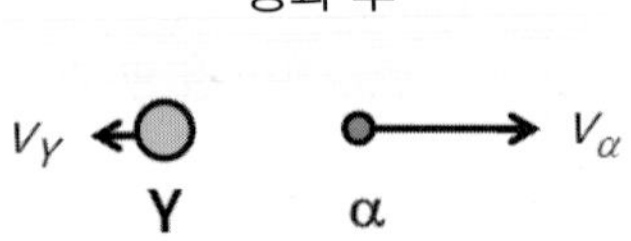

[그림 3-11] α 붕괴에서 튀어나오는 α입자들의 운동에너지.

[☛ 중요] α붕괴에서 튀어나오는 α입자들의 운동에너지는 아래 표와 같이 연속적인 값이 아니라 어떤 특정한 상수 값으로 단일 에너지를 가지고 있다.

원자핵	KE_α(MeV)
$^{232}\mathrm{Th}$	4.01
$^{238}\mathrm{U}$	4.19
$^{238}\mathrm{Pu}$	5.50
$^{212}\mathrm{Po}$	8.78

[Q&A] ${}^{210}_{84}\mathrm{Po} \to {}^{206}_{82}\mathrm{Pb} + {}^{4}_{2}\mathrm{He}$에서 방출된 α입자의 에너지를 5.3 MeV라고 하자. 딸핵의 질량을 구하라. (단, $M_{Po} = 209.9829u$, $m_\alpha = 4.0026u$)

$$Q = \frac{A}{A-4}\mathrm{KE}_\alpha = \frac{210}{210-4}5.30 = 5.40\mathrm{MeV}$$

$$1u : 931.50\frac{MeV}{c^2} = x(u) : 5.40MeV$$

$$\rightarrow x(u) = 0.0058uc^2$$

$$Q = M_X c^2 - M_Y c^2 - m_\alpha c^2$$

$$\therefore M_Y c^2 = M_X c^2 - m_\alpha c^2 - Q$$

$$= (209.9829u - 4.0026u - 0.0058u)c^2 = 205.9745uc^2$$

$$\rightarrow M_Y = 205.9745u$$

[♣ 알아보기] α붕괴와 양자역학적 tunneling 효과

α붕괴 시 딸핵과 α입자 사이의 반발력에 의한 전기적 퍼텐셜에너지를 계산해 보자.

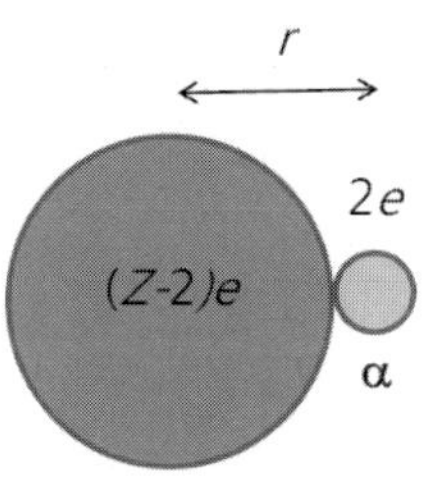

[그림 3-12] α붕괴 시 딸핵과 α입자 사이의 전기적 퍼텐셜에너지.

그림 (3-12)처럼 α입자가 거리가 r만큼 떨어진 핵의 바깥쪽에 있다고 가정하자. 핵의 전하량은 $+(Z-2)e$이고 α입자의 전하량은 $+2e$이다. 이들 사이에는 쿨롬 반발력에 의한 퍼텐셜은 $k\frac{(Z-2)e \times 2e}{r^2}$이다.

$$\therefore U = k\frac{2(Z-2)e^2}{r} = \frac{1.44\mathrm{MeV} \cdot \mathrm{fm}\,(90-2)}{8\mathrm{fm}} \simeq 30\mathrm{MeV}$$

$$(\because ke^2 = 1.44\mathrm{MeV} \cdot \mathrm{fm})$$

앞에서 α붕괴 시 튀어나오는 α입자의 운동에너지는 4~8MeV 정도이므로 고전역학적으로 α입자는 30 MeV나 되는 퍼텐셜장벽을 뚫고 나올 수가 없다. 하지만 이것은 그림 (3-13)처럼 양자역학적인 터널링 (tunneling) 효과에 의해서 가능하다. 확률적으로 투과가 가능하고 근사적인 투과확률은 $\sim e^{-2kL}$이다.

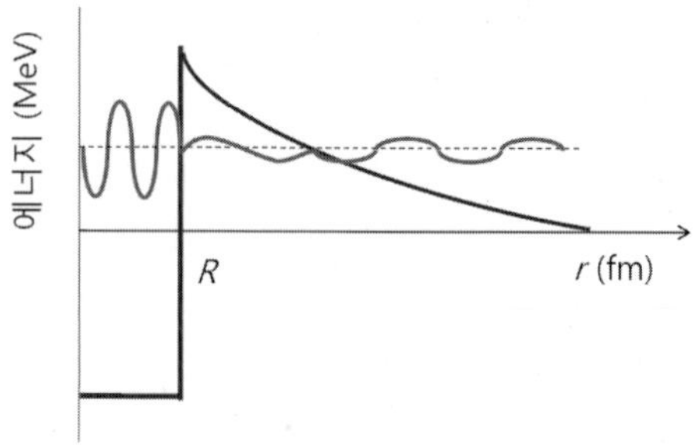

[그림 3-13] α 입자의 퍼텐셜에너지 장벽과 터널링 효과.

[☛ 요약정리]

① α붕괴가 일어나는 핵의 질량수는 대부분 200이 넘어간다. ($\therefore \dfrac{m_\alpha}{M_Y} \to 0$)

② α붕괴시 붕괴에너지의 대부분은 α입자의 운동에너지이다. ($\therefore \mathrm{KE}_\alpha \simeq Q$)

③ α입자 운동에너지는 연속적인 값이 아니라 한 값이다.

[Q&A] 넓이 2 nm, 높이 4 eV인 potential 장벽에 에너지가 0.1 eV인 입사가 입사할 때, 터널링에 의한 투과할 확률이 T_0라고 하자. 장벽의 넓이를 3 nm로 넓혔을 때, 투과할 확률은 얼마인가?

[Note] 근사적인 투과확률 $\sim e^{-2kL}$

넓이 2 nm $\rightarrow$ $T_0 \sim e^{-2k(2L)}$ $\quad\therefore (e^{-2kL})^2 = T_0$

넓이 3 nm $\rightarrow$ $T \sim e^{-2k(3L)} = (e^{-2kL})^3 = (T_0^{\frac{1}{2}})^3 = T_0^{\frac{3}{2}}$

(3) β 붕괴

원자핵 반응식

- β^- 붕괴: ${}^A_ZX \to {}^{A}_{Z+1}Y + e^- + \overline{\nu_e}$
- β^+ 붕괴: ${}^A_ZX \to {}^{A}_{Z-1}Y + e^+ + \nu_e$

β선은 전자의 흐름이다.

(예)

① ${}^{14}_{6}\mathrm{C} \to {}^{14}_{7}\mathrm{N} + e^- + \overline{\nu_e}$

② ${}^{12}_{5}\mathrm{B} \to {}^{12}_{6}\mathrm{C} + e^- + \overline{\nu_e}$

③ ${}^{137}_{55}\mathrm{Cs} \to {}^{137}_{56}\mathrm{Ba} + e^- + \overline{\nu_e}$

④ ${}^{12}_{7}\mathrm{N} \to {}^{12}_{6}\mathrm{C} + e^+ + \nu_e$

⑤ $^{22}_{11}\mathrm{Na} \rightarrow {}^{22}_{10}\mathrm{Ne} + e^{+} + \nu_e$

⑦ $n \rightarrow p + e^{-} + \overline{\nu_e}$

⑧ $p \rightarrow n + e^{+} + \nu_e$

[♣ 조사해보기] β선의 에너지 스펙트럼

그림 (3-14)처럼 ^{14}C 에서 방출되는 β선 (전자)의 에너지 스펙트럼을 조사해 보니, α붕괴와 다르게 연속적이라는 것이 관측되었다. 즉, α붕괴처럼 된다면, 2-body 붕괴이므로 특정한 (discrete) 어떤 값을 가져야 하는데, 이런 peak은 보이지 않고 그림 (3-15)처럼 연속적인 스펙트럼이 관측되었다.

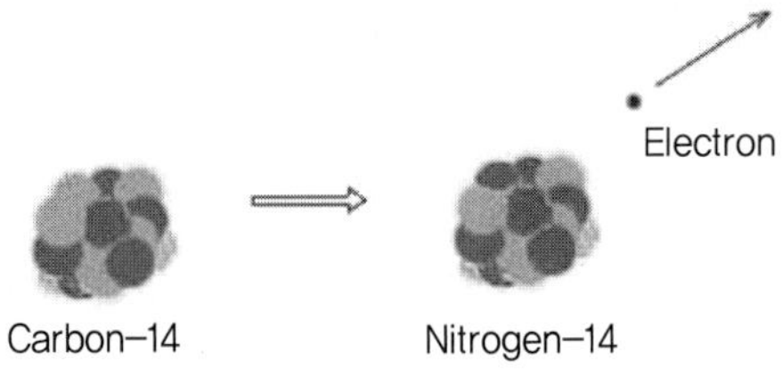

[그림 3-14] $^{14}_{6}\mathrm{C} \rightarrow {}^{14}_{7}\mathrm{N} + e^{-}$ 의 β 붕괴.

이 현상을 보고, Bohr는 "어쩌면 β붕괴에서는 에너지와 운동량이 보존되지 않을지도?" 모른다고 여길 정도였다. β붕괴에서 에너지와 운동량 보존을 위해 1931년 Pauli가 관측되지 않는 가상의 입자인 중성입자를 제안하였고, "neutron"이라고 명명하였다. 이 neutron은 Chadwick이 발견한 neutron (중성자)을 말하는 것이 아니기 때문에, 이름의 혼동을 피하기 위해, 1934년 Fermi가 제안한 "neutrino (중성미자, ν)"로 명명되었고, "little neutral one"의 의미를 가지고 있다. 관측하기가 어려워 1952년에 이르러서야 처음으로 관측되었다.

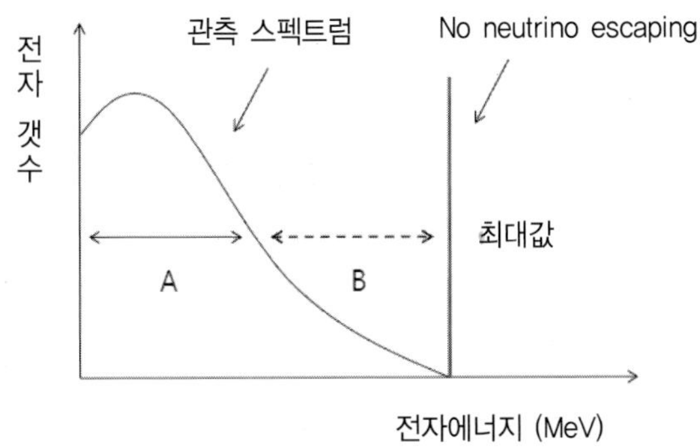

[그림 3-15] β붕괴에서 측정된 전자의 에너지 스펙트럼. 전자의 운동에너지는 [0 ~ 최대값] 사이로 연속적인 스펙트럼 가진다.

그림 (3-15)에서 만약 측정된 전자의 에너지가 A값이라면, 중성미자는 B값에 해당하는 에너지를 가지고 빠져나감을 알 수 있다. 또한, 전자의 에너지가 최대값을 가진다면, 이때는 중성미자가 에너지를 가지고 빠져나가지 않는 경우에 해당한다 (no ν escaping). 따라서 일반적인 경우 전자와 중성미자가 서로 적당히 에너지를 배분하면서, β붕괴되고 있다고 볼 수 있다.

[Q&A] β붕괴에서 나오는 전자는 어디서 온 것인가? 혹시 원자핵 주위를 돌고 있는 최외각 전자가 튀어나오는 것은 아닌가?

$n \rightarrow p + e^-$ 혹은 $p \rightarrow n + e^+$로 변환하면서 전자 (양전자)가 방출되는 것이다. 또한 만약 원자 궤도에 있는 전자가 방출되었다면 기껏해야 수십 eV 정도의 운동에너지를 가지고 나올 것인데, 베타선 전자의 운동에너지는 보통 수백 keV 정도이다.

[Note] 수소 원자의 경우 전자의 바닥상태 에너지가 -13.6 eV

[Q&A] β붕괴에서 방출되는 전자가 원자핵 내부에 들어 있을 수 없는 이유는?

기본적으로 β붕괴에서 방출되는 전자의 운동에너지 값은 ≤ 1 MeV 정도이다. 원자핵의 크기는 대략 ~ 10 fm 정도라고 가정해 보자.

(방법1)

$$\Delta x \Delta p \sim \hbar$$

$$\therefore \Delta p \sim \frac{\hbar}{\Delta x} = \frac{\hbar c}{\Delta x\, c} = \frac{197.3\mathrm{MeV} \cdot \mathrm{fm}}{10\,\mathrm{fm}\, c} \simeq 20\frac{\mathrm{MeV}}{c}$$

$$E = \sqrt{(\Delta p^2 c^2) + m_e^2 c^4} = \sqrt{(20\frac{\mathrm{MeV}}{c})^2 c^2 + (0.511 MeV)^2} \approx 20\mathrm{MeV}$$

$$\therefore \mathrm{KE} = E - m_e c^2 \simeq E = 20\mathrm{MeV}$$

$\therefore$ β붕괴에서 방출되는 전자가 원자핵 속에서 온 것이라면 운동에너지가 최소한 $\sim$ 20MeV 정도는 되어야 하는데, 실제로 측정된 값은 ~ 1 MeV 정도이다.

(방법2) 핵자당 결합에너지는 대략 7~8 MeV이므로 전자의 질량을 모두 에너지 ($E_e = 0.511$ MeV)로 전환시킨다고 해도 훨씬 부족하다.

(방법3) $p = \sqrt{2mE}$

$$\therefore \Delta x \sim \frac{\hbar}{\Delta p} = \frac{\hbar}{\sqrt{2mE}} = \frac{\hbar c}{\sqrt{2mc^2 E}}$$

$$= \frac{197.3\mathrm{MeV} \cdot \mathrm{fm}}{\sqrt{2 \times 0.511\mathrm{MeV} \times 1\mathrm{MeV}}} \sim 195.17\,\mathrm{fm} \gg \vartheta(1\,\mathrm{fm})$$

핵자 (nucleon)의 크기가 ~1fm인데 이것 보다 크므로 원자핵 밖에까지 널리 퍼져있다. 즉, 핵 속에 있을 수가 없다.

[Q&A] 원자핵이 β 붕괴를 일으킬 때 전자와 함께 방출되는 입자로 에너지 보존을 설명하기 위해 도입되었고 나중에 발견된 이 입자는?

① 양성자 ② 중성자 ③ 광자 ④ 파이온 ⑤ 중성미자

[정답] ⑤

[Q&A] ${}^{238}_{92}U$ 이 자연적으로 방사성 붕괴를 하여 최종적으로 납 (Pb) 동위원소가 된다. 동위원소 중 어느 것이 되는가? 또한, α붕괴와 β붕괴의 횟수를 구하라.

납 동위원소: ${}^{208}_{82}Pb$, ${}^{207}_{82}Pb$, ${}^{206}_{82}Pb$

[Note] 방사성 원소붕괴에서 질량수가 감소하는 것은 α붕괴뿐이며 4배수로 감소한다. 또한 원자번호 증가는 β붕괴뿐으로 +1씩 증가한다.

∴ α붕괴를 8번하면 질량수 32 감소로, 238−32=206과 원자번호는 92−16(=2×8) = 76을 얻는다. ${}^{206}_{76}Pb$형태가 되어야 한다. 하지만, 원자번호가 76인 Pb는 없고, 82인 Pb만 존재하므로, 결국 β붕괴 6(=82−76)번이 필요하다.

[Q&A] 다음 반응식에서 ${}^{239}_{92}U \rightarrow {}^{239}_{93}Np + ?$, 무엇이 들어가야 하는가?

[정답] ${}^{239}_{92}U$ (양성자수 92, 중성자수 147)

${}^{239}_{93}Np$ (양성자수 93, 중성자수 146)

∴ ${}^{239}_{92}U$ 속에 있는 중성자가 양성자와 전자로 전환된 것이다.

∴ 전자

[Q&A] β^+ 붕괴에서 $Q = (M_P - M_D - 2m_e)c^2$ 임을 보여라.

β^+ 붕괴: ${}^{A}_{Z}P \rightarrow {}^{A}_{Z-1}D + e^+ + \nu_e$

(예, $p \rightarrow n + e^+ + \nu_e$. 자연 상태에서 양성자 붕괴는 아직까지 발견되지 않았다. 핵 내부에서 양성자는 β^+ 붕괴를 한다. 중성자 질량이 양성자 질량보다 크기 때문에 β^+ 붕괴의 정확한 표현은

$$\text{에너지} + p \rightarrow n + e^+ + \nu_e$$

이다. 하지만 우리는 β^+ 붕괴가 항상 에너지가 높을 때만 일어나는 것을 알기 때문에 에너지는 생략하고 $p \rightarrow n + e^+ + \nu_e$ 형태로 쓰고 있다)

	핵들의 질량	
	반응 전	반응 후
	${}^{A}_{Z}P : M_P - Zm_e$	${}^{A}_{Z-1}D : M_D - (Z-1)m_e$
		$e^+ : m_e$
		$\nu_e : 0$
합	$M_P - Zm_e$	$M_D - Zm_e + 2m_e$

$$\rightarrow \text{ 질량손실의 차: } M_P - Zm_e - (M_D - Zm_e + 2m_e) = (M_P - M_D - 2m_e)$$

$$\therefore Q = (M_P - M_D - 2m_e)c^2$$

[Q&A] ${}^{23}_{10}\mathrm{Ne} \rightarrow {}^{23}_{11}\mathrm{Na} + e^- + \overline{\nu_e}$로 붕괴 시 방출되는 전자의 최대 운동에너지는?

Q = 반응 전 후의 질량 차 = $(M_P - M_D - m_e)c^2 \simeq (M_P - M_D)c^2$

($\because$ 전자의 질량 무시. 또한 중성미자의 운동에너지도 무시할 때가 전자의 최대 운동에너지이다)

$$\therefore Q = (22.94465u - 22.989768u)c^2 = 0.004697 \times 931.5\frac{\mathrm{MeV}}{c^2} = 4.375\mathrm{MeV}$$

[Q&A] 방사선 핵종 ${}^{32}\mathrm{P} \rightarrow {}^{32}\mathrm{S} + e^- + \nu$ ($T_{\frac{1}{2}} = 14.3d$)로 붕괴한다. 어떤 특정 붕괴사건에서 가능한 최대에너지 1.71 MeV 전자가 방출된다. 이때, 되튀는 ${}^{32}\mathrm{S}$ 원자의 운동에너지는?

전자 KE가 최대면 중성미자는 나오지 않는다.
운동량보존: $P_s = -P_e$ (크기는 같고 방향반대)

$$K_s = \frac{P_s^2}{2M_s} = \frac{P_e^2}{2M_s}$$

[Note] $E^2 = (pc)^2 + m^2c^4$

$$E = mc^2 + \mathrm{KE}$$

$$\rightarrow (mc^2 + \mathrm{KE})^2 = (pc)^2 + m^2c^4$$

$$m^2c^4 + 2mc^2\mathrm{KE} + \mathrm{KE}^2 = p^2c^2 + m^2c^4$$

$$\therefore (pc)^2 = \mathrm{KE}^2 + 2\mathrm{KE}\,mc^2$$

$$p_e = \frac{1}{c}\sqrt{\mathrm{KE}^{\,2} + 2\mathrm{KE}\,\mathrm{m_e}c^2}$$

$$\therefore K_s = \frac{p_s^2}{2M_s} = \frac{p_e^2}{2M_s} = \frac{(p_e c)^2}{2M_s c^2} = \frac{\mathrm{KE}^{\,2} + 2\mathrm{KE}\,\mathrm{m_e}c^2}{2M_s c^2}$$

$$= \frac{(1.71\mathrm{MeV})^2 + 2(1.71\mathrm{MeV})0.511\mathrm{MeV}}{2 \cdot 32\mathrm{u} \cdot 932\frac{\mathrm{MeV}}{u}} = 7.83\times 10^{-5}\mathrm{MeV} = \vartheta(78.3\mathrm{eV})$$

(4) γ 붕괴

핵도 다른 입자와의 격렬한 충돌에 의해 여기 (excited)될 수 있다. 그러나 핵은 주로 α붕괴나 β붕괴 후에 excited state가 된다.

$$^A_Z X^* \rightarrow {}^A_Z X + \gamma$$

원자핵이 순식간에 안정한 상태로 되면서 남은 에너지만큼 전자기파 (광자, γ)를 방출한다. γ선이 방출되어도 원자번호나 질량수는 불변이다.

✎ 원자에서 방출된 γ 에너지는 $\mathrm{eV} < E_\gamma < \mathrm{keV}$이지만, 원자핵의 경우는 $E_\gamma \sim \mathrm{MeV}$이다. 이렇게 큰 에너지의 γ가 방출되면, 자연스럽게 핵도 뒤쪽으로 밀려야 하고 이 효과를 보정해 주어야 한다.

(예) $^{12}_{5}\mathrm{B} \rightarrow {}^{12}_{6}\mathrm{C}^* + e^- + \overline{\nu_e}$

$\hookrightarrow {}^{12}_{6}\mathrm{C}^* \rightarrow {}^{12}_{6}\mathrm{C} + \gamma$

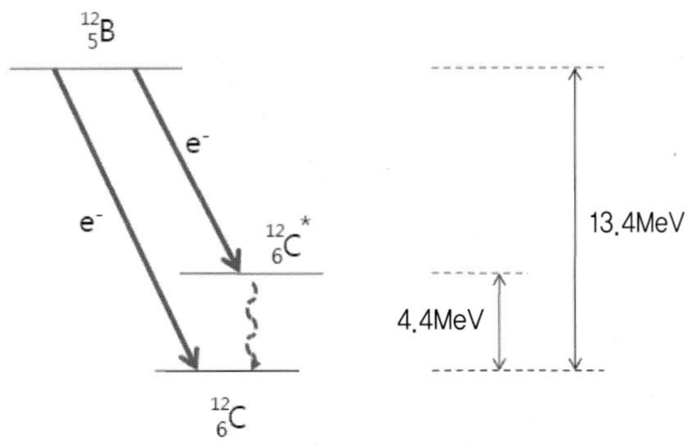

[그림 3-16] $^{12}_{5}\mathrm{B}$ 붕괴.

그림 (3-16)에서와 같이 ${}^{12}_{5}\mathrm{B}$는 β붕괴를 통해 바닥상태인 ${}^{12}_{6}\mathrm{C}$로 바로 떨어지던지 아니면 ${}^{12}_{6}\mathrm{C}^*$ 여기 상태로 떨어지던지 2가지 모두 가능하다. 후자의 경우, ${}^{12}_{6}\mathrm{C}^*$ 상태는 ${}^{12}_{6}\mathrm{C}$로 떨어지면서 4.4 MeV에 해당하는 γ를 방출하므로, 만약 중성미자 (ν)가 에너지를 가지고 빠져나가지 않는다면, 전자는 최대 (13.4 − 4.4) = 9 MeV 에너지를 가지고 방출됨을 알 수 있다.

[Q&A] ${}^{12}N \rightarrow {}^{12}C^* + e^+ + \nu_e$

$\hookrightarrow {}^{12}\mathrm{C}^* \rightarrow {}^{12}\mathrm{C} + \gamma(4.43\mathrm{MeV})$

방출되는 β^+ 입자의 최대 운동에너지를 구하라.

우선 $m({}^{12}\mathrm{C}^*)$의 질량을 알아야 한다.

$$\therefore m({}^{12}\mathrm{C}^*) = 12u + 4.43\mathrm{MeV} = 12u + 4.43\frac{1u}{931.5} = 12.004756u$$

[Note] β^+ 붕괴 $\quad Q = (M_P - M_D - 2m_e)c^2$

$$\rightarrow Q = (12.018613 - 12.004756 - 2\times 0.000549)uc^2 = 11.89\mathrm{MeV}$$

즉, ${}^{12}\mathrm{C}^*$의 recoil 에너지 그리고 중성미자의 운동에너지도 무시하면, Q-value 값을 전자가 모두 가지고 튀어 나올 것이다

$$\therefore (E_{e^-})_{\max} \simeq 11.89\mathrm{MeV}$$

3.5 핵분열

${}^{235}_{92}\mathrm{U}$의 핵분열 과정

(상황) ${}^{235}\mathrm{U}$에 낮은 에너지의 중성자 (n, 열중성자)를 충돌시키면, 예측은 중성자를 포획해서 ${}^{236}\mathrm{U}$ 정도의 원소가 생길 것으로 생각했으나 결과는 그림 (3-17)처럼 예상하고 완전히 달랐는데, 질량수 90~100와 135~145 정도의 두 원자핵 (=딸핵)으로 분열하면서 2~3개의 중성자와 에너지를 방출하였다. 이 때 나오는 딸핵은 일정하지 않고 여러 가지가 나온다.

$${}^{1}_{0}n + {}^{235}_{92}\mathrm{U} \rightarrow {}^{236}_{92}\mathrm{U} \rightarrow {}^{90}_{36}\mathrm{Kr} + {}^{143}_{56}\mathrm{Ba} + 3{}^{1}_{0}n + Q$$

$${}^{1}_{0}n + {}^{235}_{92}\mathrm{U} \rightarrow {}^{236}_{92}\mathrm{U} \rightarrow {}^{94}_{38}\mathrm{Sr} + {}^{140}_{54}\mathrm{Xe} + 2{}^{1}_{0}n + Q \text{ 등등}$$

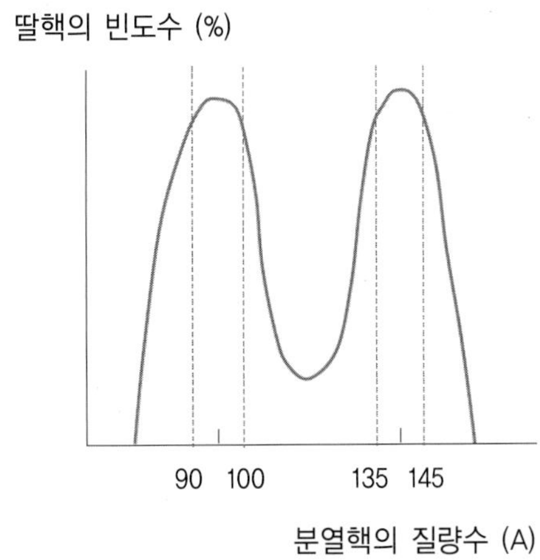

[그림 3-17] ^{235}U 의 핵분열된 딸핵들의 질량분포.

[☛ 존재비]

① 천연 우라늄 중에서 $^{235}_{92}U$ (0.72%), $^{238}_{92}U$ (99.27%)비로 존재한다. $^{238}_{92}U$ 은 중성자를 흡수해 버리고 핵분열을 일으키지 않는다. 핵분열은 $^{235}_{92}U$ 만 일으킨다.

② 농축우라늄은 $^{235}_{92}U$ 의 함유 비율을 높인 것이다. 원자폭탄의 경우 90% 이상을 농축해서 사용한다. 또한 $^{239}_{94}Pu$ 를 사용하기도 한다.

③ 원자로는 천연 우라늄을 그대로 사용하거나 $^{235}_{92}U$ 를 2~5% 정도만 농축해 사용한다.

[♣ 생각해보기]

원자분열이 아닌 핵분열을 이용하는 것인데, 왜 우리는 핵발전소라는 표현 보다는 통상 원자력발전소 (예, 한빛/한울 원자력발전소 등) 라고 부를까?

[Q&A] $^{1}_{0}n + ^{235}_{92}U \rightarrow ^{236}_{92}U \rightarrow ^{90}_{36}Kr + ^{143}_{56}Ba + (?)^{1}_{0}n + Q$ 핵분열 반응에서 방출되는 중성자의 개수는 몇 개인가?

왼쪽 항 중성자수 1 + (235-92) = 144

오른쪽 항 중성자 수 (90-36) + (143-56) = 58 + 83 = 141

∴ 3개

[Q&A] 핵 분열할 때 $^{1}_{0}n + ^{235}_{92}U \rightarrow ^{236}_{92}U \rightarrow ^{94}_{38}Sr + ^{140}_{54}Xe + 2^{1}_{0}n$ 방출되는 에너지는?

반응 전 총질량

$^{235}_{92}U$ 235.0439u

$^{1}_{0}n$ 1.0087u

반응 후 총질량

$^{94}_{40}\mathrm{Sr}$ $93.9063u$

$^{140}_{58}\mathrm{Xe}$ $139.9053u$

$2^{1}_{0}n$ $2.0174u$

$$Q = \Delta mc^2 = (236.0526 - 235.8290)u = 0.2236 \times 931.5 \frac{\mathrm{MeV}}{c^2} c^2$$

~ 208 MeV $\sim \vartheta(200\,\mathrm{MeV})$ 한번 핵 분열시 발생하는 에너지

[Q&A] $^{238}_{92}\mathrm{U}$ 의 핵자당 binding energy (BE)는 7.6 MeV이다. 이 핵의 질량이 반인 핵의 핵자당 BE는 $\sim$ 8.6MeV이다. 만약 $^{238}\mathrm{U}$ 핵이 붕괴되어 그림 (3-18)처럼 똑같은 크기의 핵 2개가 된다면, 이 과정에서 얼마의 에너지가 방출되겠는가?

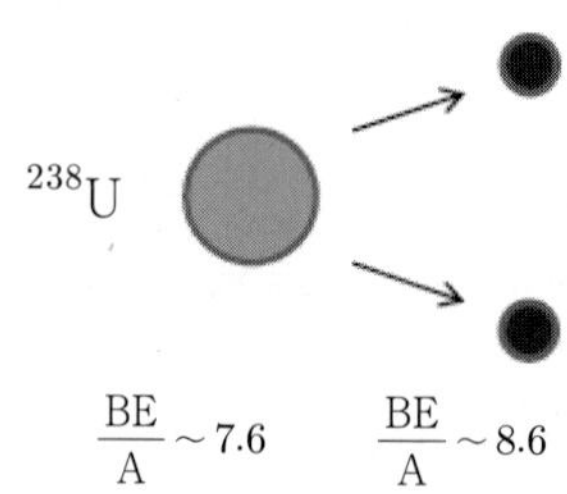

[그림 3-18] $^{238}_{92}\mathrm{U}$ 의 붕괴.

BE (binding energy)가 클수록 안정할 것이다. 분열시 각 핵자마다 (8.6-7.6) = 1 MeV가 방출될 것이므로, 전체에너지는 238 (핵자) × 1MeV = 238 MeV $\sim \vartheta(200\,\mathrm{MeV})$ = 한번 핵 분열시 발생하는 에너지이다.

[Q&A] 핵분열 시 우라늄 한 개가 발생하는 에너지는 $\vartheta(200\,\mathrm{MeV})$이다. J로 환산하면?

$$1\mathrm{eV} = 1.6 \times 10^{-19}\mathrm{C} \times 1\mathrm{V} = 1.6 \times 10^{-19}\mathrm{CV} = 1.6 \times 10^{-19}\mathrm{J}$$

$$\therefore 200\ \mathrm{MeV} = 200 \times 10^6 \times 1.6 \times 10^{-19} = 3.2 \times 10^{-11}\mathrm{J}$$

[Q&A] 1 g의 $^{235}\mathrm{U}$가 핵 분열시 발생하는 에너지는?

$N_A : 235g = x : 1g$

$\rightarrow x = 2.561 \times 10^{21}$ (즉 1 g 속에 들어 있는 우라늄의 개수)

[Note] $\vartheta(200\,\mathrm{MeV}) = 3.2 \times 10^{-11}\mathrm{J}$ = 한번 핵 분열시 발생하는 에너지

1개 : $3.2 \times 10^{-11}\mathrm{J}$ = 2.561×10^{21} 개 : x

$\rightarrow x = 8.19 \times 10^{10}\mathrm{J}$

혹은,

$$1\text{개} : 200\text{ MeV} = 2.561\times10^{21} : x$$
$$\rightarrow x = 5.2\times10^{23}\text{ MeV}$$

[Q&A] kWh로 표시하면?

$$1\text{Wh} = 1\text{W}\times1\text{h} = 1\frac{\text{J}}{\text{s}}\times3600\text{ s} = 3600\text{J}$$
$$1\text{kWh} = 10^3\text{W}\times1\text{h} = 10^3\frac{\text{J}}{\text{s}}\times3600\text{ s} = 3.6\times10^6\text{J}$$
$$\rightarrow x = 8.19\times10^{10}\text{ J} = 8.19\times10^{10}\times\frac{\text{kWh}}{3.6\times10^6} = 2.28\times10^4\text{kWh}$$

혹은 $23\times10^{-1}\times10^4\times10^3\,Wh \simeq 23\text{ MWh}$

[Q&A] 핵분열 할 때 질량이 0.01% 감소하는 물질이 있다고 하자. 이 물질 1 kg이 핵분열 한다면 방출된 에너지는 몇 [J]인가?

질량결손 $1\text{kg}\times\frac{0.01}{100} = 10^{-4}\text{kg}$

$$\therefore\ E = \Delta mc^2 = 10^{-4}\text{kg}\times(3\times10^8\frac{\text{m}}{\text{s}})^2 = 9\times10^{12}\text{J}$$

[Q&A] 탄소가 완전연소하면 CO_2가 될 때 4.2 eV가 발생한다고 한다. 그럼 탄소 1 g이 완전연소 할 때 발생하는 에너지는?

$$4.2\text{ eV} = 4.2\times1.6\times10^{-19}\text{J} = 6.7\times10^{-19}\text{J}$$
$$N_A : 12g = x : 1g$$
$$\rightarrow x = 5.0\times10^{22}\ \text{개}$$

탄소 1개 연소 에너지가 $4.2\text{eV} = 6.7\times10^{-19}\text{J}$

$$1\text{개} : 6.7\times10^{-19}\text{J} = 5.0\times10^{22} : x(\text{J})$$
$$\rightarrow x = 3.4\times10^4\ \text{J}$$

[Q&A] $\frac{^{235}\text{U}(1\text{g})}{\text{C}(1\text{g})}$ 연소할 때 나오는 에너지 비는?

$$\frac{^{235}\text{U}(1\text{g})}{\text{C}(1\text{g})} = \frac{8.19\times10^{10}\text{J}}{3.4\times10^4\text{J}} \sim 2\times10^6$$

즉, 우라늄이 200만 배 정도 효율이 높다.

$\rightarrow$ $^{235}U(1g) \sim 2\times10^{6}C(1g) \sim C(2\times10^{3}\times10^{3}g) \sim C(2000kg) \sim C$(2톤)

우라늄 1g의 효과는 석탄 연료 2톤의 효과에 동일하다는 것이다.

[Q&A] 매일 하루 5g의 ^{235}U를 연소시키는 원자로가 있다. 출력은?

$N_A : 235g = x : 5g$

$\rightarrow x = 1.28\times10^{22}$ (5g 속에 들어 있는 우라늄 원자 개수)

1개 분열: 200MeV $= 1.28\times10^{22} : x$

$\rightarrow x = 256\times10^{22}\text{MeV} = 256\times10^{22}\times10^{6}\times1.6\times10^{-19}\text{J} = 4.096\times10^{11}\text{J}$

$$\text{Power} = \frac{dW}{dt}\left[\frac{J}{s}\equiv W\right]$$

$$= \frac{4.096\times10^{11}\text{J}}{24\times60\times60s} = 4740\text{kW}$$

[Q&A] 1 kW의 출력을 얻으려면 매초 몇 번의 ^{235}U 분열이 일어나야 하는가?

$\sim$200MeV/fission $= 3.2\times10^{-11}$J/fission

$1\text{ kW} = 1000\text{W} = 1000(\frac{J}{s})$

$\rightarrow$ 1 fission : $3.2\times10^{-11}\text{J} = N_{fissions} : 1000(\frac{J}{s})$

$$\therefore N_{fissions} = 3.1\times10^{13}$$

[♣ 각자해보기]

① 1kg의 ^{235}U가 핵 분열시 발생하는 에너지는?

5.12×10^{26} MeV

② kWh로 표시하면?

2.27×10^{7} kWh

③ 1년 동안의 출력 (W)

2.6 MW

④ 1W를 생산하는데 필요한 ^{235}U의 핵 분열 횟수는?

3.1×10^{10}[fissions/s]

[Q&A] 1J를 얻기 위해서는 몇 번의 핵분열이 일어나야 하는가?

한번 핵 분열시 발생하는 에너지 ϑ(200MeV) $= 3.2\times10^{-11}$J

1번 분열 : $3.2 \times 10^{-11} = x : 1\,\mathrm{J}$

$\rightarrow \quad \therefore 3.1 \times 10^{10}$ 번

[Q&A] 3000 MW 전력을 생산하려면 단위 시간동안 얼마만큼의 우라늄이 핵분열을 해야 하는가? 1초에 소비되는 질량을 구하고 하루에 얼마만큼이 필요한가?

한번 핵 분열시 발생하는 에너지 $\vartheta(200\mathrm{MeV}) = 3.2 \times 10^{-11}\mathrm{J}$

1번 분열 : $3.2 \times 10^{-11} = x : 3000 \times 10^{6} (\frac{\mathrm{J}}{s})$

$\rightarrow 0.94 \times 10^{20}$번 붕괴

우라늄 1개의 질량

$$N_A : 235g = 1\text{개} : x$$

$$\rightarrow x = 3.9 \times 10^{-25}\mathrm{kg}$$

1번 붕괴 : 한 개질량 $(= 3.9 \times 10^{-25}\mathrm{kg}) = 0.94 \times 10^{20}$ 붕괴 : $x(\mathrm{kg})$

$\rightarrow x = 3.7 \times 10^{-5}\mathrm{kg} = 37\,\mathrm{mg}$

즉 37mg 있으면 1초에 0.94×10^{20} 붕괴가 일어난다.

하루에 필요한 양

$$3.7 \times 10^{-5}\mathrm{kg} \times 24 \times 60 \times 60 = 3.2\mathrm{kg}$$

[Q&A] 고리 원전 3호기 출력은 100만 kW이다. 효율이 50%라고 가정할 때, 이 출력을 얻기 위해 필요한 우라늄의 질량은 매초 몇 kg인가?

한번 핵 분열시 발생하는 에너지 $\vartheta(200\mathrm{MeV}) = 3.2 \times 10^{-11}\mathrm{J}$

효율 50%; $0.5 \times 3.2 \times 10^{-11} = 1.6 \times 10^{-11}\mathrm{J}$

1번 분열 : $1.6 \times 10^{-11} = x : 1000 \times 10^{3} (\frac{\mathrm{J}}{s})$

$\rightarrow 6.2 \times 10^{19}$번 붕괴

우라늄 1개의 질량

$$N_A : 235g = 1\text{개} : x$$

$$\rightarrow x = 3.9 \times 10^{-25}\mathrm{kg}$$

1번 붕괴 : 한 개 질량 $(= 3.9 \times 10^{-25}\mathrm{kg}) = 6.2 \times 10^{19}$ 붕괴 : $x(\mathrm{kg})$

$\rightarrow x = 2.4 \times 10^{-5}\mathrm{kg} = 24\mathrm{mg}$

하루에 필요한 양

$$2.4 \times 10^{-5}\mathrm{kg} \times 24 \times 60 \times 60 = 2.0\mathrm{kg/day}$$

[Q&A] ~ 185 MeV 에너지가 ${}^{235}_{92}U$ 의 중성자 핵분열에서 방출된다. 만일 원자로 내에서 ${}^{235}_{92}U$ 가 계속적으로 100 MW의 전력을 생산한다며, 1kg의 우라늄을 다 소진할 때 까지 걸리는 시간은?

1번 붕괴 : 185MeV = x번 붕괴 : $100\times10^6(\frac{J}{s})$

→ 3.38×10^{18} 붕괴/s

1kg속에 들어 있는 우라늄의 갯 수

$$N_A : 235g = x : 1000g$$

$$\rightarrow x = 2.561\times10^{24}$$

1초 : 3.38×10^{18} 붕괴 = x초 : 2.561×10^{24} 붕괴

$$\rightarrow x = 7.58\times10^5 s = 8.78 \text{ (days)}$$

[Q&A] 원자로에서 연쇄 반응 속도를 제어하기 위해 카드뮴 (Cd) 막대를 사용한다. 이유는?

[정답] 붕소 (B)나 카드뮴 (Cd)이 중성자를 잘 흡수하기 때문이다.

[Q&A] 핵분열에서 느린 중성자 (=열중성자)가 필요하다. 빠른 중성자를 느린 중성자로 만들기 위해서 사용하는 물질은?

[정답] 물 (=중수), 흑연 등의 감속제가 필요하다. [$\because$ $(n-p)$탄성충돌 이용]

[Q&A] 석탄 1000 kg의 에너지와 같은 양을 방출하는 우라늄의 양을 계산하라. (단, 석탄의 경우 29 MJ/kg의 에너지가 방출된다고 한다)

석탄 1 kg → 29 MJ

석탄 1000 kg → 29×10^3 MJ = 29 GJ

1g의 ${}^{235}U$가 핵 분열시 발생하는 에너지 = 8.19×10^{10}J

$$\rightarrow 1\,g : 8.19\times10^{10}J = x : 29\ GJ$$

$$\therefore x = \frac{29GJ\times1g}{8.19\times10^{10}J} = 3.54\times10^{-1}g = 0.35g$$

✎ ϑ(200 MeV)를 얻기 위해 우라늄은 0.35 g이면 되지만, 석탄은 1톤이 필요하다는 것이다.

원전 중성미자 (reactor neutrino)

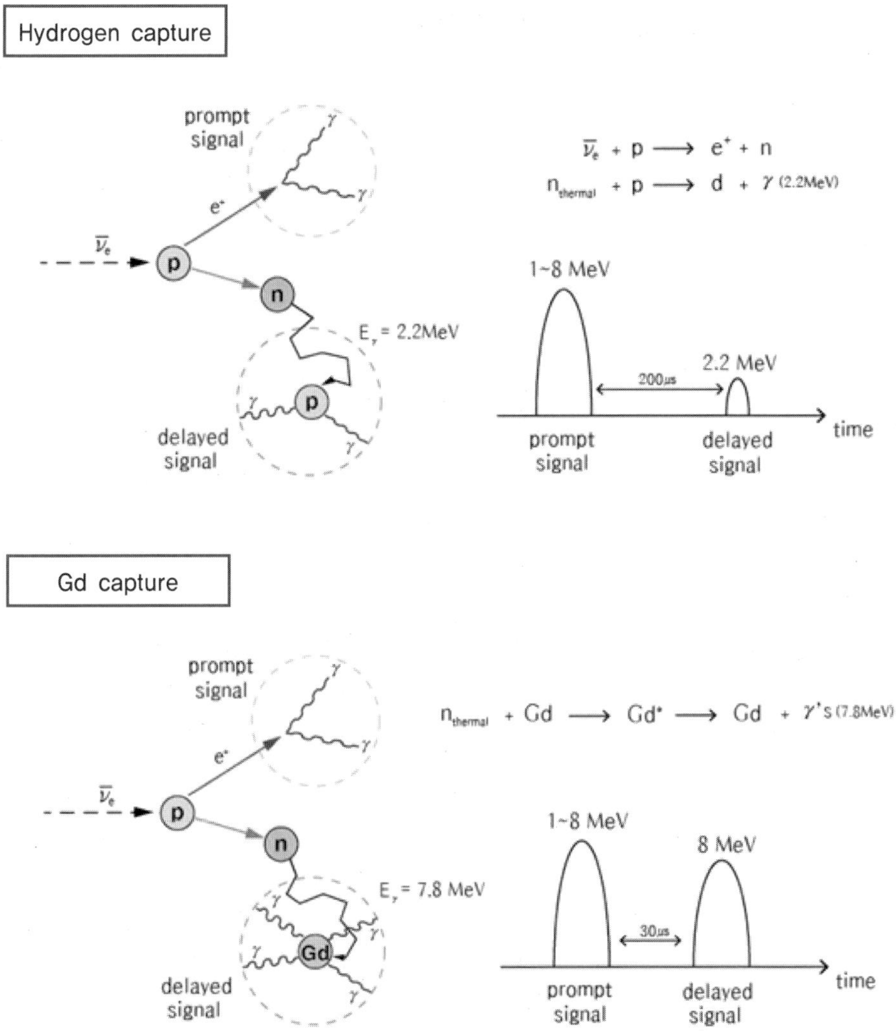

[그림 3-19] Inverse beta decay ($\overline{\nu_e} + p \rightarrow n + e^+$, 역베타 붕괴, IBD). 수소 포획과 가돌리늄 포획의 경우.

원자로에서 핵분열 반응이 일어날 때 무수한 반전자 중성미자 ($\overline{\nu_e}$)가 방출된다. 원자로에서 방출되는 중성미자는 inverse beta decay ($\overline{\nu_e} + p \rightarrow n + e^+$, 역베타 붕괴, IBD) 반응을 이용하여 검출할 수 있다. 그림 (3-19)처럼 입사한 반전자 중성미자는 검출기 내의 양성자와 충돌하여 양전자 (e^+)와 중성자 (n)를 생성한다. 양전자 (e^+)는 곧바로 전자 (e^-)를 만나서 쌍소멸하고 ~1 MeV의 에너지를 방출하는데 이것을 prompt signal 이라고 한다. 한편 중성자는 ~200 μs 정도 진행하다가 검출기 내의 양성자 (=수소, hydrogen)에 포획 (captured) 된 후 이것이 다시 붕괴하면서 ~2.2 MeV의 에너지를 방출하는데 이것을 delayed signal 이라고 한다. 따라서 prompt signal과 delayed signal이 ~200 μs 의 시간차를 두고 생긴다면 이것이 바로 중성미자의 신호라고 볼 수 있다.

그런데 만약 가돌리늄 (Gd)를 검출기 내에 용해시키면 가돌리늄은 중성자를 포획하는 산란 단면적이 ^{155}Gd의 경우는 61,400 barn이고 ^{157}Gd 255,000 barn으로 매우 크다. 그래서 중성자를 포획한 후 여기상태 (excited state)로 올라갔다가 기저상태 (ground state)로 떨어지면서 ~8 MeV의 에너지를 방출한다. 가돌리늄이 중성자를 포획하는 전형적인 시간은 ~30μs 정도이다. 따라서 가돌리늄 (Gd)이 용해된 경우 prompt signal과 delayed signal이 ~30 μs 의 시간차를 두고 관측된다면 이것 또한 중성미자의 신호이다.

[Q&A] Inverse beta decay ($\overline{\nu_e} + p \rightarrow n + e^+$, 역베타 붕괴, IBD) 반응을 일으킬 수 있는 반중성미자의 최소 입사 에너지 (threshold energy)는?

(방법1) Q-value 공부할 때, 이미 이 문제는 풀었다.

$$E_\nu + m_p c^2 + (\mathrm{KE})_\mathrm{p} = m_n c^2 + (\mathrm{KE})_\mathrm{n} + m_e c^2 + (\mathrm{KE})_\mathrm{e}$$

$$\rightarrow\ E_\nu + m_p c^2 = m_n c^2 + (\mathrm{KE})_\mathrm{n} + m_e c^2 + (\mathrm{KE})_\mathrm{e} \qquad (\because \text{양성자 정지 상태})$$

여기서 최소 전자에너지는 중성자와 전자의 운동에너지가 0일 때이다.

$$\therefore (E_\nu)_{\mathrm{min}} \sim m_n c^2 + m_e c^2 - m_p c^2$$
$$= 939.5\,\mathrm{MeV} + 0.5\mathrm{MeV} - 938.2\mathrm{MeV}$$
$$= 1.8\,\mathrm{MeV}$$

(방법2)

[Note] $m_1 + m_2 \rightarrow M_1 + M_2 + \ldots + M_n$ 반응

$$\mathrm{KE}_{\mathrm{threshold}} \equiv \mathrm{KE}_1 = \frac{-Q}{2m_2}(m_1 + m_2 + M_1 + M_2 + \ldots + M_n)$$

$$Q \equiv (m_1 + m_2 - M_1 - M_2 - \ldots - M_n)c^2$$

Q는 반응 전 후의 질량차이다.

$$\therefore Q = (m_p - m_e - m_n)c^2$$

$$\mathrm{KE}_{\mathrm{threshold}} = \frac{-Q}{2m_2}(m_1 + m_2 + M_1 + M_2)$$
$$= \frac{-(m_p - m_e - m_n)c^2(m_p + m_e + m_n)}{2m_p}$$

$$= \frac{[(m_e + m_n)^2 - m_p^2]\, c^2}{2m_p}$$

$$\simeq 1.8 \text{ MeV}$$

[Q&A] 양전자가 가질 수 있는 에너지는?

에너지 보존

$$E_\nu + m_p c^2 = m_e c^2 + E_e + m_n c^2 + E_n$$

$$E_e = E_\nu + m_p c^2 - m_e c^2 - m_n c^2 - E_n$$

$$\therefore E_e \simeq E_\nu - (m_e c^2 + m_n c^2 - m_p c^2) = E_\nu - 1.80\text{MeV}$$

($\because E_n \sim 0$, 중성자는 생성되기만 하고 운동에너지를 안 가지고 튀어나간다고 가정하자)

∴ 양전자의 에너지 분포는 입사 중성미자의 에너지에 따라 연속적인 분포를 가진다.

[Q&A] 검출기에서 IBD의 prompt 신호의 에너지를 측정하면 입사된 중성미자의 에너지를 알 수 있다. 둘의 관계식을 구하면?

$E_{e^+e^-} = 0.511 \times 2 = 1.02$ MeV

$E_\nu = E_e - 1.80$ 인데, 우리는 양전자 1개의 에너지만을 측정할 수는 없고, 양전자는 생기면 전자를 만나 바로 쌍소멸하면서 1.02 MeV를 방출하기 때문에, 1.80-1.02 = 0.78 MeV만 남는다.

$\therefore E_\nu = E_{prompt} + 0.78$

(개념적으로 쌍소멸 할 때, 정지 상태로 가까스로 만들어지면, 1.02 Me를 방출하는데, e^+ 가 KE를 가지고 나가기 때문에 측정된 prompt 에너지 (E_{prompt})는 이 보다 큰 값을 측정하게 된다.

[Q&A] 만약에 핵분열 당 ~200 MeV의 에너지가 방출된다고 할 때, GW당 fission의 수는?

1 fission : 200 MeV = x : 0.624×10^{22} (MeV/s)

$x = 3.1 \times 10^{19}$ (fission/s)

[Note] $1\text{Wh} = 1\text{W} \times 1\text{h} = 1\frac{\text{J}}{\text{s}} \times 3600\,\text{s} = 3600\text{J}$

$1\text{eV} = 1.6 \times 10^{-19}\text{C} \times 1\text{V} = 1.6 \times 10^{-19}\text{CV} = 1.6 \times 10^{-19}\text{J}$

$1\text{J} = \frac{\text{eV}}{1.6 \times 10^{-19}}$

$\rightarrow 1\text{kWh} = 2.25 \times 10^{25}\,\text{eV}$

$\therefore 1\text{GW} = 0.624 \times 10^{22}\,\frac{\text{MeV}}{\text{s}}$

[Q&A] 그림 (3-20)처럼 원자로 연료봉에서 핵분열을 해서, 1 fission 당 ~6개의 중성미자 (ν)가 방출된다고 하면, GW당 방출되는 중성미자의 개수는?

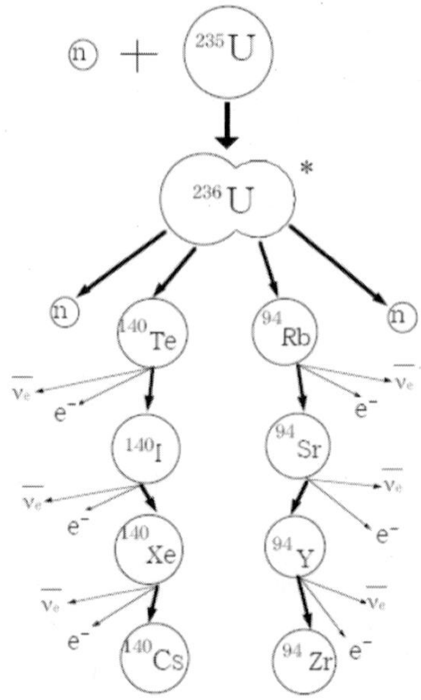

[그림 3-20] ^{235}U 의 핵분열. 1 분열당 6개의 중성미자가 방출된다.

중성미자 개수

$$\begin{aligned} 1\text{GW} &= 3.1\times 10^{19}\ \ (\text{fission/s}) \\ &= 3.1\times 10^{19}\times 6 \\ &= 18.6\times 10^{19}\simeq \vartheta(2\times 10^{20}) \end{aligned}$$

(예) 프랑스 Chooz 실험은 열출력이 8.4 GW인 원자로를 이용하였다. 여기서 방출되는 중성미자의 개수는?

$$\text{열출력}\quad 8.4\,\text{W} = 8.4\times 0.624\times 10^{22}\,\frac{MeV}{s}$$

$$(\because 1\text{GW} = 0.624\times 10^{22}\,\frac{\text{MeV}}{\text{s}})$$

초당 일어나는 fission의 개수

$$1\ \text{fission} : 200\,\text{MeV} = x : \ 8.4\times 0.624\times 10^{22}\ \ (\text{MeV/s})$$

$$\therefore x = \frac{8.4\times 0.624\times 10^{22}}{200}\ \ (\text{fission/s})$$

초당 방출되는 중성미자의 개수

$$1 \text{ fission} : \ 6\text{개 (중성미자)} \ = \ \frac{8.4\times0.624\times10^{22}}{200} : y$$

$$\therefore y \simeq \vartheta(10^{21}) \quad \text{(중성미자/s)}$$

3.6 핵융합

두 핵자 혹은 가벼운 핵들 ($A < 20$)이 결합하여 좀 더 무거운 핵을 형성하고 그 결과로 에너지가 방출된다. 즉 반응 후 핵의 질량이 반응 전 핵 질량보다 작기 때문에 그 질량 감소로부터 에너지가 방출되는 것이다.

(예) 태양 중심에서는 고온 고압에서 수소가 융합되어 헬륨으로 변하면서 많은 양의 에너지가 방출된다.

(예) ^2_1H 의 존재비는 0.015%이지만 바닷물 속에 무진장하게 존재한다.

① D-D 반응

$$^2_1\text{H} + ^2_1\text{H} \rightarrow ^3_2\text{He} + ^1_0n + 3.27\,\text{MeV}$$

$$^2_1\text{H} + ^2_1\text{H} \rightarrow ^3_1\text{H} + ^1_1\text{H} + 4.03\,\text{MeV}$$

② D-T 반응

$$^2_1\text{H} + ^3_1\text{H} \rightarrow ^4_2\text{He} + ^1_0n + 17.58\,\text{MeV}$$

[♣ 알아보기] 열핵반응 (thermonuclear reaction) 이란?

(+) 전기를 가진 두 입자를 결합시켜 핵융합 반응을 일으키기 위해서는 전기적 쿨롬반발력을 이기고 반응할 수 있게 외부에서 엄청난 크기의 에너지를 주어야 한다. 일반적으로 열적운동을 주어서, 연료입자들을 고온으로 가열시켜 핵융합을 시킨다.

[Q&A] 수소핵 2개를 반응시켜 10 fm 이내로 접근시키려고 한다. 어느 정도의 온도를 주어야 하는가?

포텐셜 에너지 $U = k\dfrac{e^2}{r}$

$$ke^2 = 8.99\times10^9\frac{\text{Nm}^2}{\text{C}^2}\times(1.6\times10^{-19}\text{C})^2$$

$$= 2.3\times10^{-13}\mathrm{J\,fm} = 2.3\times10^{-13}\times\frac{\mathrm{eV}}{1.6\times10^{-19}}\mathrm{fm} = 1.44\mathrm{MeV\,fm}$$

$$\therefore U = k\frac{e^2}{r} = \frac{1.44\mathrm{MeV}\cdot\mathrm{fm}}{10\mathrm{fm}} = 144\mathrm{keV}$$

두 핵을 정면 충돌 시키려면 각각의 핵에 최소한 ~70keV의 운동에너지가 필요하다.
온도 T에서 입자 하나가 갖는 평균 에너지

$$<\mathrm{KE}> = \frac{3}{2}k_BT$$

$$\therefore T = \frac{2<\mathrm{KE}>}{3k_B} = \frac{2}{3}\frac{70\times10^3\mathrm{eV}}{8.62\times10^{-5}\frac{\mathrm{eV}}{\mathrm{K}}} \sim 5\times10^8\mathrm{K}\ \text{(5억도 정도가 필요)}$$

양자역학적으로 tunneling이 가능하기 때문에 order가 하나 낮은 $T\approx5\times10^7$K 정도면 핵융합이 가능 할 것으로 보임. 하지만, 여전히 지구상에서 이 정도의 온도를 얻는데 쉽지는 않다.

읽어 볼거리

수소폭탄은 핵융합폭탄으로 그 중심에 원자폭탄 (핵분열폭탄)을 폭발시켜 핵융합에 필요한 고온을 얻고 있다. 1954년 Castle Bravo 명명된 15Mt 수소폭탄 제조되어 마샬군도 Bikini 섬에서 폭발실험을 하였다.

에너지를 얻는 원리

① 핵분열: 원자폭탄, 원자로
② 핵융합: 태양, 수소폭탄

[Q&A] ${}^2_1\mathrm{H} + {}^2_1\mathrm{H} \rightarrow {}^4_2\mathrm{He}$ 반응에서 Q-value를 구하라.

질량-에너지 보존

$$Q = 2m_Hc^2 - M_{He}c^2$$
$$= (2\times2.014102u - 4.002603u)c^2 = 0.0025601\times931.5\frac{\mathrm{MeV}}{c^2}c^2$$
$$= 23.80\mathrm{MeV}$$

[Note] Q-value = 충돌 전 후의 질량 차
= 충돌 후 전의 운동에너지 (KE) 차

핵융합: 반응 전 질량 > 반응 후 질량 ($\because Q > 0$)

[Q&A] ${}^{2}_{1}\mathrm{H} + {}^{2}_{1}\mathrm{H} \rightarrow {}^{3}_{2}\mathrm{He} + (?)$ 반응에서 들어갈 것은?

[정답] ${}^{1}_{0}n$ (중성자)

[Q&A] 핵융합의 효율을 어느 정도인가?

(입력) 핵융합을 일으키기 위해서는 수소를 2 fm 정도 접근해야 한다고 하자.

$$\rightarrow U = k\frac{e^2}{r} = \frac{1.44\mathrm{MeV} \cdot \mathrm{fm}}{2\,\mathrm{fm}} = 0.72\,\mathrm{MeV}$$

(출력) ${}^{2}_{1}H + {}^{2}_{1}H \rightarrow {}^{4}_{2}He$ 반응에서 Q-value 값

$$\rightarrow Q = 2m_H c^2 - M_{He}c^2 = 23.80\,\mathrm{MeV}$$

$$\therefore \text{ 효율} = \frac{23}{0.7} \sim 33\text{배 이상}$$

[♣ 태양에너지]

1938년 미국의 Hans Albrecht Bethe (1906 ~ 2005)는 태양 에너지의 발생 원리를 설명하였고, 1967년에 노벨상을 수상하였다.

① 수소 chain (양성자-양성자 순환과정, proton-proton cycle)

4개의 수소 핵이 1개의 헬륨 핵이 되는 과정이다.

$${}^{1}\mathrm{H} + {}^{1}\mathrm{H} \rightarrow {}^{2}\mathrm{H} + e^{+} + \nu + 0.42\mathrm{MeV}$$
$${}^{2}\mathrm{H} + {}^{1}\mathrm{H} \rightarrow {}^{3}\mathrm{He} + \gamma + 5.49\mathrm{MeV}$$
$${}^{3}\mathrm{He} + {}^{3}\mathrm{He} \rightarrow {}^{4}\mathrm{He} + 2\,{}^{1}\mathrm{H} + 12.86\mathrm{MeV}$$

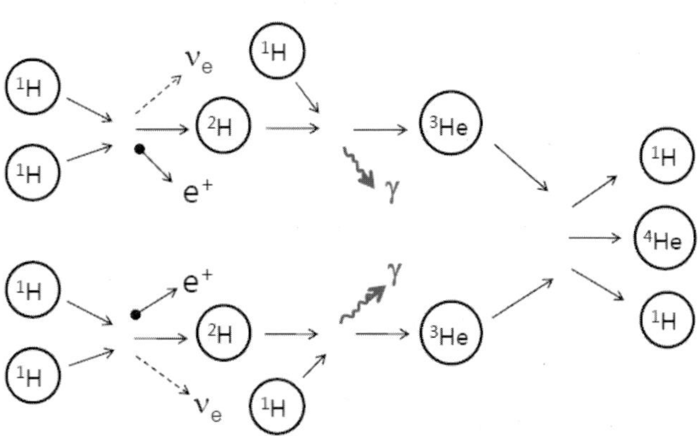

[그림 3-21] 수소 체인 (양성자-양성자 순환과정).

위 그림으로부터 이 때 방출하는 에너지를 계산해 보면,

$2 \times (0.42 + 5.49) + 12.86 = 24.68\text{MeV}$

양전자 $e^+e^- \rightarrow 2\gamma\ (= 2 \times 0.511\text{MeV})$ 에서

양전자 2개를 방출하므로 $0.511 \times 2 = 2.04\text{MeV}$

따라서 $24.68 + 2.04 = 26.72\,\text{MeV}$ 정도가 된다.

수소 체인을 정리하면 다음과 같은 과정이고, 여기서 바로 방출에너지를 구할 수도 있는데, 앞의 값과 동일하다.

$$4{}^1_1\text{H} \rightarrow {}^4_2\text{He} + 2e^+ + 2\nu_e + 2\gamma$$

$$\therefore Q = (4 \times 1.007825 - 4.002603)uc^2$$
$$\simeq 26.7MeV$$

[☛ 정리]

태양은 $4p \rightarrow \text{He} + 2e^+$의 핵융합으로 에너지를 얻는다고 볼 수 있다.

질량 차 $(4 \times 1.007825 - 4.002603)u = 0.0286u$

$$\frac{0.0286u}{4 \times 1.0078u} = 0.007 = 0.7\%$$

즉, 이 값은 $4p$ 질량의 0.7%에 해당한다.

[Q&A] 태양에서 수소 체인 반응이 일어나는 비율은?

단위 시간 단위 제곱미터당 지표면에 도달하는 태양에너지의 양: $1.4 \times 10^3\text{W}$

태양과 지구 사이의 거리: 1억5천만 km $= 1.5 \times 10^{11}\text{m}$

$1\text{m}^2 : 1.4 \times 10^3\text{W} = 4\pi\text{r}^2 : x$

$\rightarrow x$(총 power) $\sim 4 \times 10^{26}\text{W}$

$=$ luminosity $=$ 태양에 의해 방출되는 총 power $= 4 \times 10^{20}\text{MW}$

수소체인당 방출에너지

$\sim 27\text{MeV} = 27 \times 10^6 \times 1.6 \times 10^{-19}\text{J} = 4 \times 10^{-12}\text{J}$

$\rightarrow$ 1회융합 : $4 \times 10^{-12}\text{J} = x : 4 \times 10^{26}(\frac{\text{J}}{s})$

$\therefore x \sim 10^{38}$(즉 매초 10^{38}번 정도의 핵융합이 태양에서 발생함)

수소체인에서 양성자 4개가 반응에 들어가기 때문에 매초 $\sim 4 \times 10^{38}$개의 양성자가 소모되

고 있다.

태양질량	2×10^{30}kg
양성자 1개 질량	1.676×10^{-27}kg
태양이 가진 양성자 총 개수	$\sim 10^{57}$개

태양이 다 연소할 때 까지 걸리는 시간

$$\rightarrow \frac{10^{57}}{10^{38}} \sim 10^{19}\,(s)$$

$$1\text{년} = 60 \times 60 \times 24 \times 356 = 31{,}536{,}000\text{초} \sim 10^7 s$$

$$\rightarrow \frac{10^{19}}{10^7} \sim 10^{12}\text{년} \sim 1\text{조년}$$

따라서 우리가 살아 있는 동안 태양이 다 타버려서 사라질 걱정은 하지 않아도 된다!

[Q&A] 태양이 매일 하루 얼마만큼 수소를 헬륨으로 태우면서 변환시키는가?

매초 태양 방출 에너지	$\sim 4 \times 10^{26}\,(\mathrm{W} = \frac{\mathrm{J}}{\mathrm{s}})$
하루 종일 태양 방출 에너지	$\sim 4 \times 10^{26} \times 24 \times 60 \times 60\mathrm{J} = 3.4 \times 10^{31}\mathrm{J}$
양성자 1개 질량	1.676×10^{-27}kg
수소체인 1번에 필요한 양성자 수	4개
수소체인 1번에 필요한 양성자 총질량	$1.676 \times 10^{-27} \times 4 = 6.6 \times 10^{-27}$kg
수소체인 1번당 방출 에너지	4×10^{-12}J

$$\rightarrow 6.6 \times 10^{-27}\mathrm{kg} : 4 \times 10^{-12}\mathrm{J} = x : 3.4 \times 10^{31}\mathrm{J}$$

$$\therefore x \simeq 5 \times 10^{16}\mathrm{kg} = 50 \times 10^{12} \times 10^3\mathrm{kg} = 50\text{조톤}$$

[Q&A] 태양이 매초 9×10^{26} J의 에너지를 만들어 낸다고 할 때, 매 초당 감소하는 질량 [kg]은?

$$E = \Delta mc^2$$

$$\therefore \Delta m = \frac{E}{c^2} = \frac{9 \times 10^{26}}{(3 \times 10^8)^2} = 10^{10}\ [\mathrm{kg}]$$

[Q&A] $p + p \rightarrow {}^2\mathrm{H} + e^+ + \nu_e$에서 ν가 가질 수 있는 최대 에너지는?

질량-에너지 보존

$$m_p c^2 + (\mathrm{KE})_\mathrm{p} + m_p c^2 + (\mathrm{KE})_\mathrm{p} = m_{^2H} c^2 + (\mathrm{KE})_{^2\mathrm{H}} + \mathrm{m_e c^2} + (\mathrm{KE})_\mathrm{e} + E_\nu$$

KE가 0일 때가 중성미자가 가지고 튀어나오는 에너지가 최대가 될 것이다.

$$\rightarrow m_p c^2 + 0 + m_p c^2 + 0 = m_{^2H} c^2 + 0 + m_e c^2 + 0 + (E_\nu)_{\max}$$

$$\therefore \ (E_\nu)_{\max} = 2 m_p c^2 - m_{^2H} c^2 - m_e c^2$$

$$= 2 \times 938.3 - 1875.6 - 0.511\text{MeV} = 0.421\text{MeV}$$

[Q&A] 1 g의 수소가 핵융합으로 발생하는 에너지는 얼마인가?

1 g 속에 포함되어 있는 수소핵의 숫자 ($^1_1$H) = N_A

수소체인 $4^1_1\text{H} \rightarrow {}^4_2\text{He} + 2e^+ + 2\nu_e + 2\gamma$

수소체인 1번에 필요한 양성자 수 4개

4개의 양성자를 사용해 방출하는 에너지, 즉 수소체인당 방출에너지

$$\sim 27\text{MeV} = 27 \times 10^6 \times 1.6 \times 10^{-19}\text{J} = 4 \times 10^{-12}\text{J}$$

수소체인 1번붕괴 (= 4개 양성자) : $4 \times 10^{-12}\text{J} = N_A : x$

$$\rightarrow x = \frac{N_A \times 4 \times 10^{-12}\text{J}}{4} = \frac{6.02 \times 10^{23} \times 4 \times 10^{-12}\text{J}}{4} = 6.5 \times 10^{11}\text{J}$$

[♣ 각자해보기] 1 kg은?

[정답] $\sim 6 \times 10^{14}\text{J}$

[Q&A] 만약 태양이 방출하는 총 power가 4×10^{20} MW라고 하자. 그럼 매초 태양에서 소모되는 수소의 질량은?

1g의 수소 핵융합시 발생하는 에너지 $6.5 \times 10^{11}\text{J}$

1g : $6.5 \times 10^{11}\text{J} = x : 4 \times 10^{20}\text{MW}$

$$\rightarrow x = \frac{4 \times 10^{26} \frac{\text{J}}{\text{s}} \text{g}}{6.5 \times 10^{11}\text{J}} = 6 \times 10^{11}\text{kg}$$ (매초 6억톤의 수소를 소진)

[Q&A] 태양수소가 다 소비 될 때까지 걸리는 시간?

태양질량 $2 \times 10^{30}\text{kg}$

1초 : $6 \times 10^{11} kg$ 소진 = x(초) : $2 \times 10^{30}\text{kg}$

$$\rightarrow x = \frac{2 \times 10^{30}}{6 \times 10^{11}} = 0.33 \times 10^{19} \sim \vartheta(10^{19})$$

[Q&A] 탄소 1g이 완전 연소할 경우 $3.4 \times 10^4\text{J}$ 에너지가 발생한다. 수소 1g 핵융합하고 비교해 보면?

$$\rightarrow \frac{6.5 \times 10^{11}\text{J}}{3.4 \times 10^4\text{J}} \simeq 1.9 \times 10^7 \sim 2000 \times 10^4$$ (2천만배)

[Q&A] 핵분열과 핵융합을 비교하면?

1g의 ^{235}U 핵분열시 발생 에너지 $8.19\times10^{10}J$

1g의 수소 핵융합시 발생하는 에너지 $6.5\times10^{11}J$

$$\therefore \frac{\text{핵융합}}{\text{핵분열}} = \frac{6.5\times10^{11}}{8.3\times10^{10}} \sim 7.8 \sim \vartheta(10)$$

핵융합에너지가 핵분열시 방출에너지 보다 ~10배 정도 더 크다.

② 탄소 cycle (=chain)

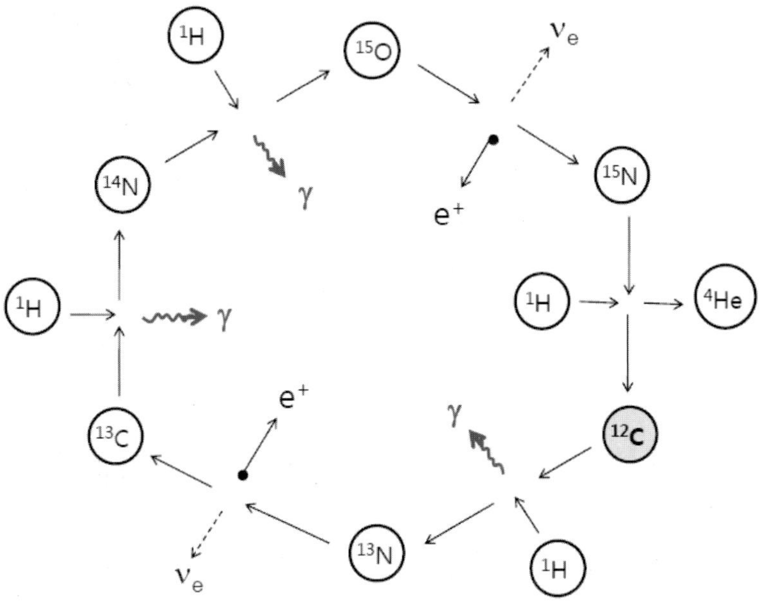

[그림 3-22] 탄소 체인. ^{12}C 는 시작점과 끝점에서 있어 촉매역할을 한 것처럼 보인다.

태양보다 더 뜨거운 내부를 가진 별들에서는 그림 (3-22)과 같은 탄소 cycle이 진행될 수 있다. (개념적으로 ^{12}C 는 수소 체인에서 만들어진 ^4He 3개를 모으면 만들 수 있다)

$$^{12}C + {}^1H \rightarrow {}^{13}N + \gamma + 1.95MeV$$

$$^{13}N \rightarrow {}^{13}C + e^+ + \nu_e + 1.20MeV$$

$$^{13}C + {}^1H \rightarrow {}^{14}N + \gamma + 7.55MeV$$

$$^{14}N + {}^1H \rightarrow {}^{15}O + \gamma + 7.34MeV$$

$$^{15}O \rightarrow {}^{15}N + e^+ + \nu_e + 1.68MeV$$

$$^{15}N + {}^1H \rightarrow {}^{12}C + {}^4He + 4.96MeV$$

각 방출에너지를 모두 더해 보면 24.68 MeV를 얻는다. 또한 두 개의 양전자 (e^+)가 방출되므로 $e^+e^- \rightarrow 2\gamma\,(= 2 \times 0.511\text{MeV})$ 에너지를 더해 주면 총 24.68 + 2.04 = 26.72 MeV를 얻게 된다.

연속적으로 일어나는 모든 반응을 한꺼번에 적어보면 다음과 같은데, 처음에 시작된 탄소는 끝 반응에서도 재생된 것처럼 보여 마치 촉매 역할을 한 것과 같다.

$$
\begin{aligned}
&{}^{12}\text{C} + p + {}^{13}\text{N} + p + {}^{13}\text{C} + p + {}^{14}\text{N} + {}^{15}\text{O} + p + {}^{15}\text{N} \\
&\rightarrow {}^{13}\text{N} + {}^{13}\text{C} + e^+ + \nu + {}^{14}\text{N} + {}^{15}\text{O} + {}^{15}\text{N} + e^+ + \nu + {}^{4}\text{He} + {}^{12}\text{C}
\end{aligned}
$$

따라서 이 경우 Q-value 값은

$$
\begin{aligned}
4p \rightarrow {}^{4}\text{He} + 2e^+ + 2\nu_e \\
4(M_H - m_e)c^2 = (M_{He} - 2m_e)c^2 + 2m_e c^2 + Q \\
\therefore Q &= (4M_H - M_{He} - 4m_e)c^2 \\
&= (4 \times 1.007825u - 4.002603u - 4 \times 0.000549u)c^2 \\
&= 24.65\text{MeV}
\end{aligned}
$$

이다. 별 빛은 별의 표면에서만 나오지만, 태양과 별 내부에서 만들어진 중성미자는 태양과 별 바깥쪽으로 빠져 나오고 다른 물질과 상호작용을 거의 하지 않으면서 지구에 도달한다. 따라서 이런 중성미자를 지구에서 바로 관측할 수 있다면, 현재 태양 및 별 내부에서 어떤 일이 일어나고 있는지에 관한 많은 정보를 실시간으로 알 수 있는 것이다. 망원경을 사용하지 않고 태양 및 별 내부를 알 수 있다는 의미에서 중성미자 천문학 (neutrino astronomy)의 탄생이라고 볼 수 있다. 일본의 카미오카 광산 지하 1.5km에 있는 Super-Kamiokande (SK)실험은 약 5만톤의 물탱크에서 중성미자를 관측하고 있다. 카미오카 시청 입구에는 "우리는 땅속에서 별을 봅니다" 라는 문구의 현판을 볼 수 있다.

[♣ 조사해보기] 태양 표준 모형 (Solar Standard Model, SSM)이란?

태양에너지의 발생 원인은 매우 복잡하지만 태양 표준 모델로 잘 정리되어 있고, 태양에 관한 한 많은 부분이 아주 잘 설명되고 있다. 태양 내부에서는 핵융합 반응이 일어나는데, 수소 chain (양성자-양성자 순환과정, PP-1), 탄소 cycle (탄소-탄소 순환과정, PP-2), ${}^{7}_{4}\text{Be}$이 전자를 포획하는 대신에 양성자를 흡수하는 PP-3 cycle이 있다. 기본적으로 태양에서는 전자 중성미자 (ν_e)만 생성된다. 얼마만큼 관측할 수 있는지를 각 반응별로 그림 (3-23)처럼 그릴 수 있다.

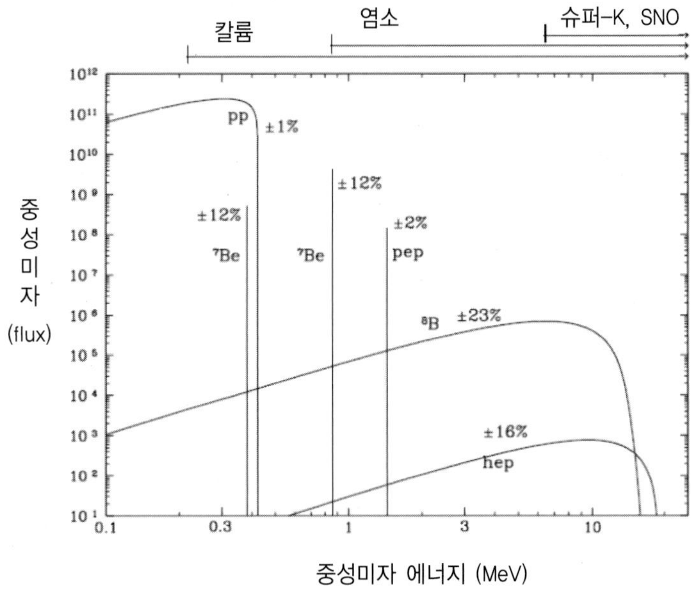

[그림 3-23] 여러 가지 반응에 의한 태양 중성미자 스펙트럼.

① PP 반응

$^1H + {}^1H \rightarrow {}^2H + e^+ + \nu_e + 0.42\text{MeV}$ 이므로, 이 반응에서 방출되는 중성미자는 모두 0.42 MeV 이하에 위치하고 있음을 알 수 있다.

질량-에너지 보존: $m_p c^2 + KE_p + m_p c^2 + KE_p \rightarrow m_{2_H} c^2 + KE_{2_H} + m_e c^2 + KE_{e^+} + E_\nu$

중성미자의 에너지가 최대일 경우는 KE 항이 모두 0으로 갈 때이므로,

$$\therefore (E_\nu)_{max} = 2m_p c^2 - m_{2_H} c^2 - m_e c^2$$
$$= (2 \times 938.3 - 1875.6 - 0.511)\text{MeV} = 0.421\text{MeV}$$

② ^7Be의 경우

$^7_4Be + e^- \rightarrow {}^7_3Li + \nu_e + 0.86\text{MeV}$ 반응식이 가능한데 ^7Be이 전자를 포획한 후 중성미자만 방출한다. 이 때 방출되는 모든 에너지를 중성미자가 가지고 나오므로 한 가지 고정 스펙트럼만 관측된다. 그러나 여기된 (excited) 리튬 원자핵이 만들어진 경우, 바닥상태로 전이하면서 방출되는 에너지도 전체 반응의 ~10% 정도를 차지하는데 이 때 에너지는 ~0.38 MeV 이다.

③ pep 반응

$p + e^- + p \rightarrow {}^2_1\mathrm{H} + \nu_e + 1.44\mathrm{MeV}$. 여기서 방출되는 에너지의 대부분을 중성미자가 가지고 나온다.

④ ${}^8_5\mathrm{B}$ 원자핵

${}^8_5\mathrm{B} \rightarrow {}^8_4\mathrm{Be}^* + e^+ + \nu_e + 14.02\mathrm{MeV}$. 보론 8 원자핵이 베타 붕괴를 한다. 고에너지 중성미자 방출의 주 소스 채널이다.

⑤ hep 반응

태양에서 아주 드물게 일어나는 반응으로, 헬륨 3 원자핵이 양성자를 흡수하면서 일어난다. $p + {}^3_2\mathrm{He} \rightarrow {}^4_2\mathrm{He} + e^+ + \nu_e + 18.77\mathrm{MeV}$. 그래프에서 보듯이 PP 반응에 비해 10^{-9} 정도 작다.

[Q&A] 태양에너지가 지표에서 단위면적당 1.4 kW의 비율로 도달한다고 하자. 이 에너지상실로 태양 질량은 1초에 얼마나 감소하는가?

단위시간당 단위면적당 지구에 도달하는 태양 에너지 $= 1.4\,\mathrm{kW/m^2}$
지구와 태양사이 거리 $= 1.496 \times 10^8$ km

$$1\,\mathrm{m^2} : 1.4\,\mathrm{kW} = 4\pi r^2 : x$$
$$\therefore x = 3.84 \times 10^{26}\ [\mathrm{W} = \mathrm{J/s}]$$
즉, 태양이 방출하는 총 power

$$E = mc^2 \rightarrow m = \frac{E}{c^2}$$
$$\therefore m \simeq \frac{4 \times 10^{26}\,\mathrm{J}}{(3 \times 10^8 \frac{\mathrm{m}}{\mathrm{s}})^2} = 4.4 \times 10^9\mathrm{kg}$$

[Note] 태양질량 2×10^{30}kg이므로 태양 질량이 다 소진될 때까지의 시간을 당장 걱정할 필요가 없다.

제4장

빚

4.1 빛 현상

반사 (reflection, 反射)

[Q&A] 왜 대부분의 금속은 은백색인가?

자유전자 때문이다. 원자핵 주위를 도는 전자는 쿨롬 힘에 의해 구속되어 있는데 빛을 흡수해 자유롭게 되려고 할 것이다. 그런데 금속의 경우 자유전자가 많고, 자유전자는 속박을 이미 벗어나 있다. 그래서 빛 (γ)을 잘 흡수하려고 하지 않는다. 따라서 모든 파장의 빛을 다 반사하므로 하얀색 (white) 쪽을 만든다.

[♣ 생각해보기]

① 왜 금은 노란색인가?

② 왜 다이아몬드는 무색인가?

반사의 법칙

그림 (4-1)처럼 경계면에서 입사각 (θ)과 반사각 (θ')은 같다.

→ 입사각 (θ) = 반사각 (θ')

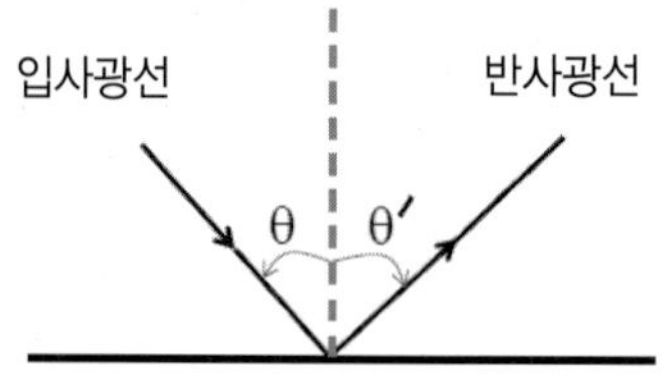

[그림 4-1] 입사각과 반사각은 동일하다.

✎ 반사의 종류에는 그림 (4-2)처럼 두 가지가 있다.

① 정반사: 거울처럼 매끈한 표면에서의 반사로 일정한 방향으로 반사한다.

② 난반사: 종이 면처럼 울퉁불퉁해서 반사된 빛이 여러 방향으로 흩어진다.

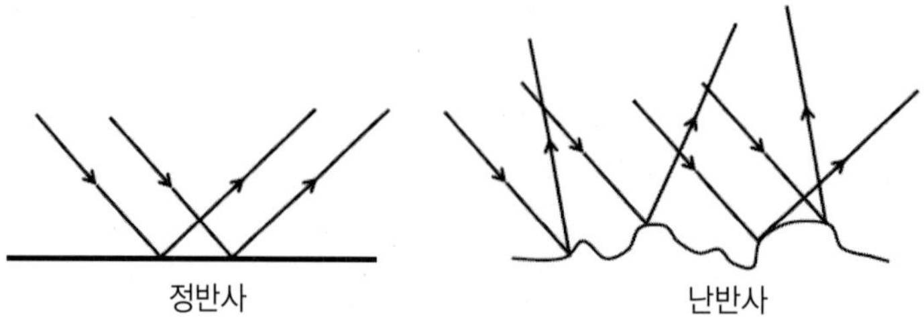

[그림 4-2] 정반사와 난반사.

[Q&A] 우리가 물체를 어느 방향에서도 볼 수 있는 이유는?

[정답] 난반사

난반사의 예

① 우리가 달 표면을 볼 수 있는 이유도 난반사 때문이다

② 비가 오지 않는 날 아스팔트 표면은 울퉁불퉁해서 난반사로 인해 도로가 잘 보인다. 그러나 비 온 날은 빗물이 도로표면의 울퉁불퉁함을 다 막아 매끄러워져 정반사가 일어나 밤에 운전을 해 보면 차선이 잘 보이지 않는다.

③ 잔잔하고 넓은 바다의 석양 역시 정반사이며, 이것은 비온 날의 도로면에서 반대편 차가 전조등을 켜고 올 때와 같은 상황이라고 볼 수 있다. 즉, 석양의 효과를 비오는 날 도시의 도로에서 느껴 볼 수 있다는 것은 색다른 재미라고 볼 수 있다.

[♣ 생각해보기]

영화관의 스크린을 거울로 만든다면 어떻게 될까?

[Q&A] 조그마한 손거울로 자신의 얼굴을 보면 얼굴 부위만 보인다. 그럼 멀리 떨어져서 보면 모든 모습이 다 보일까?

작은 거울로 얼굴을 보면 얼굴 부위만 볼 수 있다. 그렇다고 손거울을 멀리 떨어져서 본다고 해서 자신의 모든 부분을 볼 수 있는 것은 아니다. 즉 자신의 모습을 다 보려면 결국 거울 크기가 큰 것을 사용해야 한다. 거울을 멀리 놓으면 다 볼 수 있을 것 같다는 생각은 대표적인 오개념이다.

굴절 (refraction, 屈折)

[Q&A] 굴절이란? 그럼 파동이 굴절되는 이유는?

성질이 다른 두 매질을 파동이 지나가면서 진행 방향이 꺾이는 현상. 매질에 따라 전파 속도가 다르기 때문이다. 하지만 그림 (4-3)처럼 진동수는 매질 속에서도 변하지 않는다.

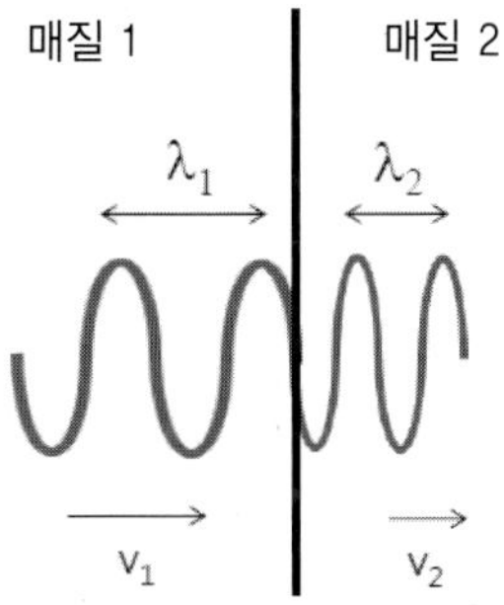

[그림 4-3] 파동이 두 매질 속을 진행할 때 파장은 변경되지만 진동수는 불변이다.

[Note] $v = \lambda f$

v (속도)

λ (파장)

$f = \dfrac{1}{T}$ (진동수 = 1/주기)

빛의 진동수는 파원의 진동에 의해 결정된다.

[Q&A] 파장이 3 m이고 주기가 $\dfrac{1}{2.5}$초인 파의 속력은?

$$v = \lambda f = \frac{\lambda}{T} = \frac{3}{\dfrac{1}{2.5}} = 7.5\ [\text{m/s}]$$

[Q&A] 매질 (예, 물) 속에 들어간 빛의 속력은 어떻게 될까?

① 빛의 속력은 항시 동일하다. ② 빨라진다. ③ 느려진다. ④ 정지한다. ⑤ 알 수 없다.

[정답] ③

[Q&A] 물속에서의 빛은 공기와 비교할 때 어떤가?

① 파장 길어지고 진동수 불변

② 파장 짧아지고 진동수 불변

③ 파장, 진동수 모두 불변

④ 파장 불변 진동수 커짐

⑤ 파장 불변 진동수 작아짐

[정답] ②

뉴턴의 설명

기본적으로 뉴턴은 빛을 입자라고 생각을 했다. 그는 빛의 굴절 현상을 보고 그림 (4-4)와 같은 설명을 했다.

	공기		물	
x축 속도 성분	v_x	$=$	v_x	(동일)
y축 속도 성분	v_y	$<$	v_y'	(물속에서 빠르다)

뉴턴은 v_y'가 v_y보다 커야 위 그림처럼 빛이 진행해 갈 수 있다고 생각했다. 즉, 물속에서는 빛의 속도가 빨라진다 라고 주장하였다.

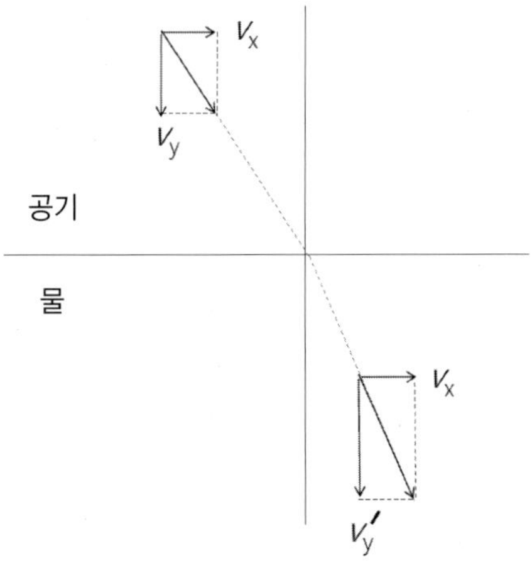

[그림 4-4] 뉴턴이 생각하는 물속에서의 빛의 진행.

호이겐스의 설명

빛을 파동이라고 생각했다. 진행하는 파를 볼 때, 파면에 있는 모든 점들이 새로운 파를 만들어 내는 파원이다. 이 파원들이 작은 구면파를 만들어내고, 이 구면파들이 중첩되면서 새로운 파면들이 형성된다라고 주장한다.

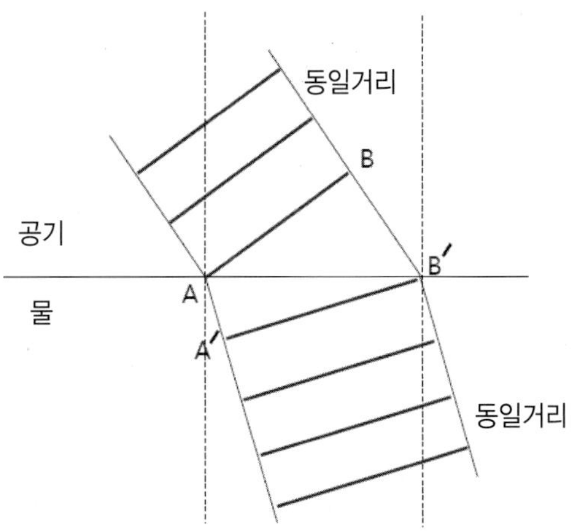

[그림 4-5] 호이겐스가 생각하는 물속에서의 빛의 진행.

그림 (4-5)에서 공기 중에서 왼쪽 빛이나 오른쪽 빛이나 동일거리를 진행한다. 물속에서도 이것은 마찬가지이다. 이제 공기에서 물속으로 진입하는 구간에서는 왼쪽 빛이 AA′를 진행할 때, 오른쪽 빛은 BB′ 거리를 진행한다.

왼쪽 빛이 간 거리 (AA′) > 오른쪽 빛이 간 거리 (BB′)

(비유) 이것은 그림 (4-6)처럼 설명 할 수 있다. 회전 축 A점을 중심으로 막대가 설치되어 있고 막대를 사람들이 잡고 뛸 준비를 하고 있다고 하자. 같이 회전하기 위해서는 안쪽에 있는 사람보다는 바깥쪽에 있는 사람이 훨씬 더 빨리 달려야 한다.

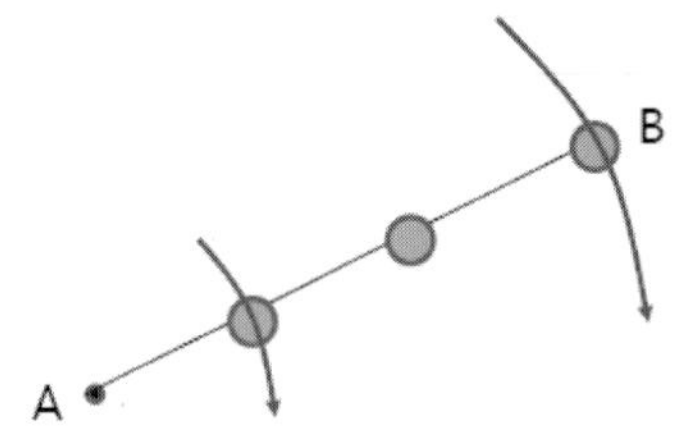

[그림 4-6] 축 A점을 중심으로 막대가 회전한다.

따라서 공기 중에서 물속으로 들어간 빛은 A점을 중심으로 순간적으로 브레이크가 걸려 왼쪽 빛이 AA′를 진행할 때, 오른쪽 빛은 BB′ 거리를 간다. 즉 A점을 지나는 빛은 속도가 느려져야한다. 따라서 물속에서 빛의 속도가 느려진다는 것이다. 이것은 뉴턴의 설명과는 반대의 결과를 얻은 것이다. 그럼 도대체 누가 옳은 것인가?

페르마 원리

[Q&A] 해수욕장에서 사람이 물속에 빠져서 도움을 청하고 있다. 그럼 어떤 경로를 택해야 하는가?

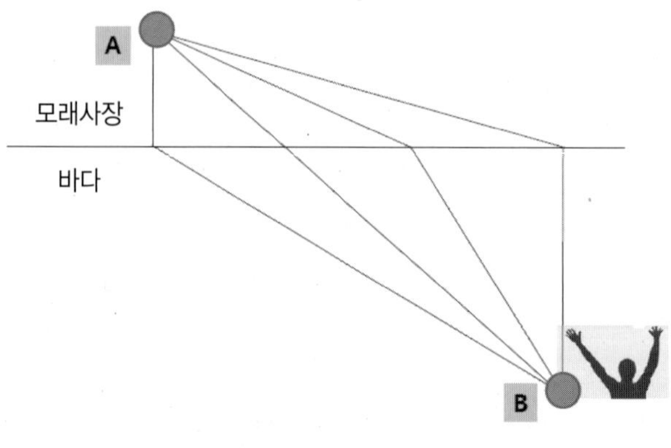

[그림 4-7] B지점에서 물속에 빠진 사람을 구하기 위해 A에 있는 구조 요원은 직선 경로를 달려가지 않는다.

상식적으로 생각해도 뛰어가는 것이 수영해 가는 것보다 빠르기 때문에 구조요원은 그림 (4-7)에서 경로 ④를 택하는 것이 가장 현명한 방법이다. 빛도 마찬가지로 물속에서 속도가 느려지기 때문에 경계면에서 B지점까지 갈 때 시간이 최소가 되도록 진행하는 것이다.

(굴절률)

① (절대) 굴절률: 빛이 진공에서 어떤 매질로 진행할 때의 비율

$$n = \frac{c}{v}$$

c (진공에서의 속도)

v (매질 내에서 속도)

(예) 1 기압, 589 nm에서 측정

물질	굴절률 (n)
진공	1
물	1.33
유리	1.5 ~ 1.9
다이아몬드	2.42
기름	1.52

[Q&A] 굴절률이 가장 큰 물질은?

① 공기 ② 물 ③ 유리 ④ 석영 ⑤ 다이아몬드

[정답] ⑤

② 상대 굴절률: 매질 1에 대한 매질 2의 굴절률

$$n_{12} \equiv \frac{v_1}{v_2} = \frac{\frac{c}{n_1}}{\frac{c}{n_2}} = \frac{n_2}{n_1}$$

스넬 (Willebrord van Roijen Snell, 1621)의 법칙

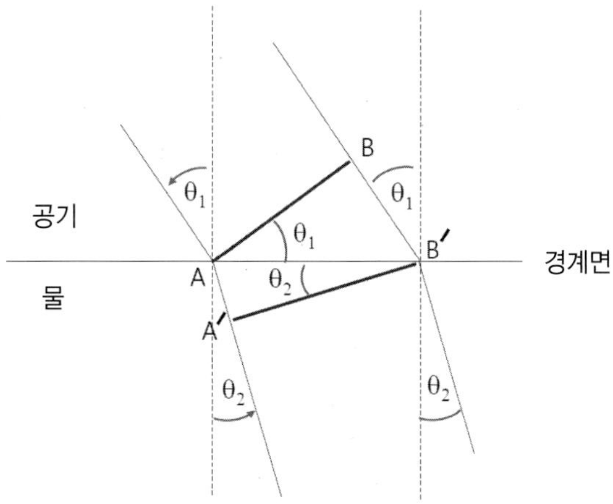

[그림 4-8] 두 매질에서 속력과 파장이 다르므로 굴절이 일어난다.

(방법1) 그림 (4-8)에서

$$\frac{BB'}{AA'} = \frac{v_1 t}{v_2 t} = \frac{AB'\sin\theta_1}{AB'\sin\theta_2} = \frac{\sin\theta_1}{\sin\theta_2}$$

$$\rightarrow \frac{v_1}{v_2} = \frac{\sin\theta_1}{\sin\theta_2}$$

$$\frac{\frac{c}{n_1}}{\frac{c}{n_2}} = \frac{\sin\theta_1}{\sin\theta_2} \qquad \rightarrow \frac{n_2}{n_1} = \frac{\sin\theta_1}{\sin\theta_2}$$

$$\therefore n_1\sin\theta_1 = n_2\sin\theta_2$$

(방법2)

(BB') 거리 $= v_1 t$

$$\sin\theta_1 = \frac{v_1 t}{AB'}$$

(AA') 거리 $= v_2 t$

$$\sin\theta_2 = \frac{v_2 t}{AB'}$$

$$\rightarrow AB' = \frac{v_1 t}{\sin\theta_1} = \frac{v_2 t}{\sin\theta_2}$$

$$\rightarrow \frac{v_1}{v_2} = \frac{\sin\theta_1}{\sin\theta_2}$$

$$\therefore n_1\sin\theta_1 = n_2\sin\theta_2$$

[Q&A] 매질 1에서 빛의 속력이 $\frac{4}{5}c$이고 매질 2에서 $\frac{2}{3}c$이다. 입사각이 30^o일 때 굴절각은 얼마인가?

$$\frac{n_2}{n_1} = \frac{\sin\theta_1}{\sin\theta_2}$$

$$\frac{\frac{c}{v_2}}{\frac{c}{v_1}} = \frac{\sin\theta_1}{\sin\theta_2} \qquad \rightarrow \frac{v_1}{v_2} = \frac{\sin\theta_1}{\sin\theta_2}$$

$$\therefore \frac{\frac{4}{5}c}{\frac{2}{3}c} = \frac{\sin 30^o}{\sin\theta_2} \qquad \rightarrow \frac{4}{5}c \times \frac{3}{2c} = \frac{\frac{1}{2}}{\sin\theta_2}$$

$$\rightarrow \sin\theta_2 = \frac{\frac{1}{2}}{\frac{12}{10}} = \frac{5}{12}$$

[Q&A] 매질 1에서 매질 2로 입사하는 파동의 속도를 2배로 하면 파장은 몇 배가 되는가?

$$\frac{n_2}{n_1} = \frac{\sin\theta_1}{\sin\theta_2} = \frac{v_1}{v_2} = \frac{\lambda_1}{\lambda_2}$$

$\therefore$ 2배

[Q&A] 그림 (4-9)에서 $n_1 < n_2$일 때, 빛은 어느 쪽으로 굴절 되는가?

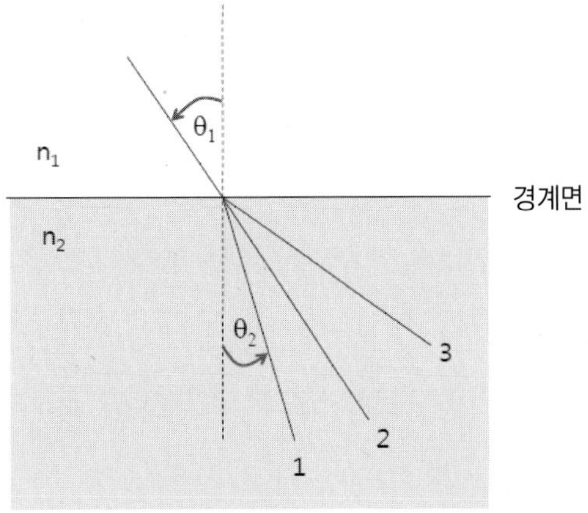

[그림 4-9] 굴절률이 $n_1 < n_2$일 때 빛의 경로.

스넬의 법칙 $n_1\sin\theta_1 = n_2\sin\theta_2$

$\downarrow \uparrow \quad \uparrow \downarrow$

$\rightarrow \sin\theta_1 > \sin\theta_2$

$\therefore \theta_1 > \theta_2$

①번 경로처럼 굴절 되어야 한다.

[♣ 생각해보기] $n_1 > n_2$ 이면, 빛의 경로는?

빛의 굴절에 의한 현상

① 아지랑이, 신기루

② 물에 담긴 젓가락이 굽어보인다.

[Q&A] 그림 (4-10)처럼 물체를 물속에 넣고 보면 실제보다 떠 보인다. 물속 1 m 깊이에 있는 동전은 몇 m 깊이에 있는 것처럼 보이는가?

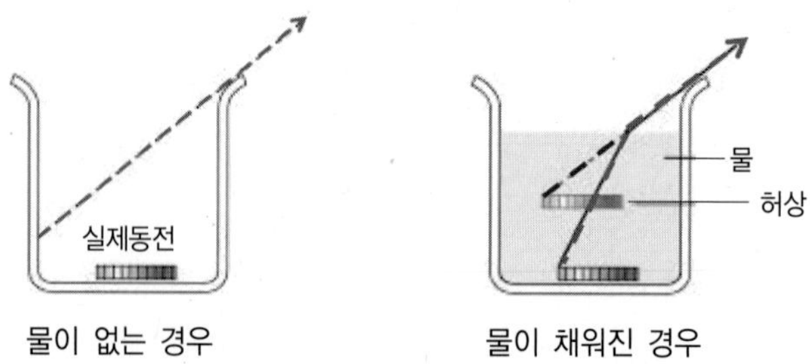

[그림 4-10] 물이 채워진 용기 바닥에 있는 동전이 떠 보인다.

그림 (4-11)에서 다음과 같은 식이 성립한다.

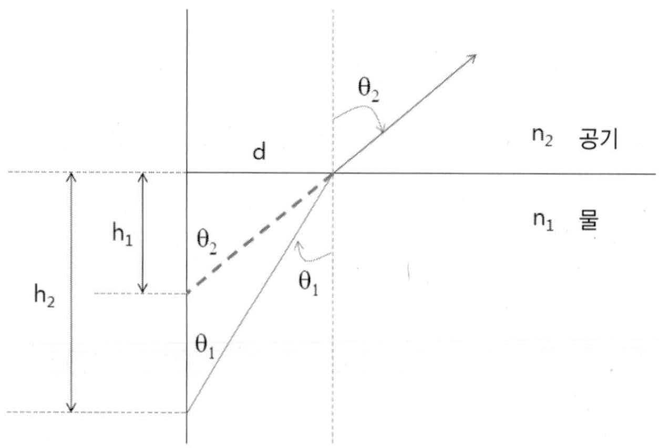

[그림 4-11] 동전의 겉보기 깊이 (h_1)와 실제 깊이 (h_2)와의 관계.

스넬의 법칙

$$\frac{n_2}{n_1} = \frac{\sin\theta_1}{\sin\theta_2}$$

$$\tan\theta_1 = \frac{d}{h_1}$$

$$\tan\theta_2 = \frac{d}{h_2}$$

만약 우리가 동전을 용기 위에서 본다면 ($\theta_1, \theta_2 \rightarrow$ 작은 경우),

$$\tan\theta_1 \simeq \sin\theta_1$$

$$\tan\theta_2 \simeq \sin\theta_2$$

$$\therefore \frac{n_2}{n_1} = \frac{\sin\theta_1}{\sin\theta_2} \simeq \frac{\tan\theta_1}{\tan\theta_2} = \frac{\frac{d}{h_1}}{\frac{d}{h_2}} = \frac{h_2}{h_1}$$

$$\frac{1}{1.33} = \frac{h_2}{1} \rightarrow h_2 = \frac{1}{1.33}$$

$$\therefore h_2 = 0.75\,\mathrm{m}$$

[♠ 찾아보기] 소리의 굴절

빛과 마찬가지로, 소리도 굴절 현상을 보인다. 낮에는 소리가 위로 퍼지고, 밤에는 아래로 퍼진다. 이것은 "낮 말은 새가 듣고 밤 말은 쥐가 듣는다." 하는 속담과 일맥상통한다. 즉 우리 조상들은 경험적으로 이 사실을 이미 알고 있었다.

[Q&A] 왜 도로에서 위험 신호로 빨강색을 사용하는 것일까?

빨강색 파장이 파랑색 쪽 보다 굴절률이 적기 때문이다.

회절 (diffraction, 回折)

파동이 진행하다가 장애물을 만나거나 좁은 틈을 지날 때, 그 뒤쪽까지 파동이 전달되는 현상을 말한다. 단어적 의미는 돌아올 회, 꺽을 절, 즉 파동이 장애물 뒤쪽으로 에돌아 들어가는 현상으로 입자가 아닌 파동적 성질에서만 나타난다.

[Q&A] 잔잔한 호수에 돌멩이를 던져 만든 수면파처럼 파장이 긴 것은 장애물을 만나면 에돌아(=회절)한다는 것이 쉽게 이해가 가는데, 만약 빛도 회절이 일어날까?

빛도 역시 회절이 일어난다. 단지 파장이 짧아서 상대적으로 약하게 보일 뿐이다.

(예)

① 담장너머 사람의 소리를 들을 수 있다. (소리의 회절)
② 방파제 뒤로 파도가 전달된다. (파동의 회절)
③ 건물 뒤나 산 너머에서도 전파를 수신할 수 있다.
④ 길거리를 가다가 건물의 그림자를 보면 아주 또렷하지 않다.

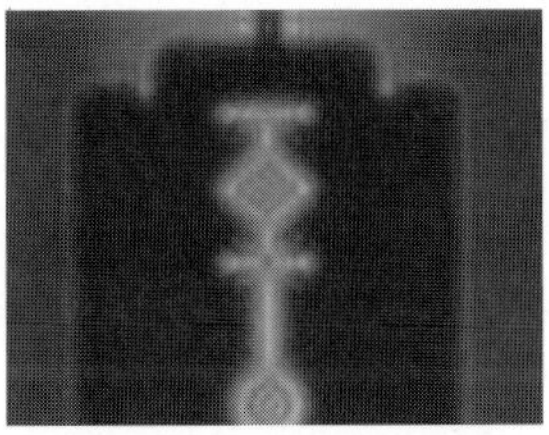

[그림 4-12] 칼끝이 날카로운 면도날에서의 회절.

⑤ 그림 (4-12)처럼 면도날 구멍을 통과한 레이저 빛의 그림자에서 회절무늬가 나타난다. 면도날 칼끝은 매우 날카롭기 때문에 에돌아가지 않는다면 그림자가 선명해야 한다.

✎ 소리도 파동의 일종이므로 틈이나 구멍을 지날 때 회절이 일어난다.

[☛ 요약]

① 회절은 틈 간격이 좁을수록 잘 일어난다.

② 회절은 파장이 길수록 잘 일어난다.

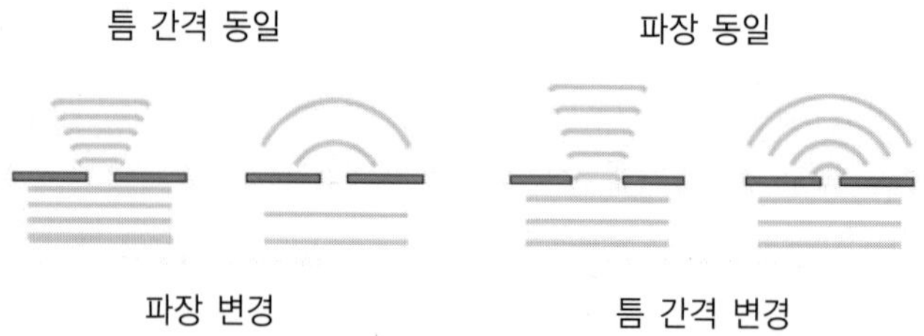

[그림 4-13] 회절 조건.

[♣ 생각해보기] 굴절과 회절의 차이점은?

굴절은 속력변화가 생기고 회절은 속력변화가 없다.

[Q&A] 빛이 회절 격자에 입사할 때 중심상에서 가장 멀리 떨어진 색은 무엇인가?

① 빨강 ② 주황 ③ 노랑 ④ 녹색 ⑤ 보라

[정답] ①

간섭 (interference, 干涉)

두 개의 파동이 어떤 매질에서 전파되어 중첩 (superposition)될 때 동일 위상으로 중첩되면 진폭이 커지고 서로 반대 위상으로 중첩되면 진폭이 작아지는 현상을 파동의 간섭이라고 한다.

Thomas Young (1773-1829) 이중 슬릿 (double slit) 실험

1801년 토마스 영은 그림 (4-14)와 같은 실험을 했는데, 스크린에 밝고 어둡이 교대로 나타나는 현상을 발견하였다.

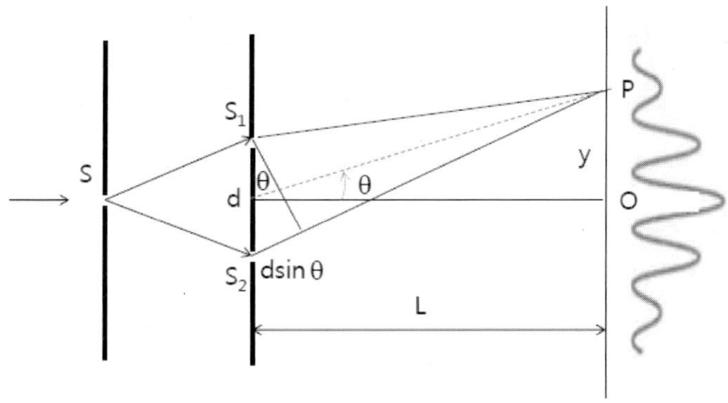

[그림 4-14] Young 이중 슬릿 빛의 간섭 실험.

경로차가 파장의 정수배 일 때 보강 간섭이 일어난다.

$$d\sin\theta = n\lambda, \quad n = 0,1,2,3,\ldots$$

경로차가 반파장의 홀수배 일 때 상쇄 간섭이 일어난다.

$$d\sin\theta = (n+\frac{1}{2})\lambda = \frac{\lambda}{2}(2n+1), \quad n = 0,1,2,3,\ldots$$

[Q&A] 스크린에 보강 간섭이 일어나는 지점은?

슬릿을 지난 광선은 거의 평형하게 진행한다고 가정하자.

경로차 $d\sin\theta \simeq d\tan\theta \qquad (\because \theta \simeq \text{작은 각도})$

$$\rightarrow d\frac{y}{L} = n\lambda$$

$$\therefore y = \frac{n\lambda L}{d}$$

[Q&A] 영의 이중 슬릿 간섭 실험에서 $L = 50$ cm, 빛의 파장 500 nm, $d = 0.10$ mm라고 하자. 스크린에서 간섭무늬의 중심 근처에 있는 서로 이웃한 밝은 띠 사이의 거리는 얼마인가?

$$d\sin\theta = n\lambda$$

$$\sin\theta \approx \tan\theta = \frac{y}{L}$$

$$\rightarrow d\frac{y}{L} = n\lambda$$

(n)번째 극대점

$$y_n = \frac{n\lambda L}{d}$$

$(n+1)$번째 극대점

$$y_{n+1} = \frac{(n+1)\lambda L}{d}$$

$$\therefore\ \Delta y = y_{n+1} - y_n = \frac{L\lambda}{d}$$

$$= \frac{0.5 \times 500 \times 10^{-9}}{0.1 \times 10^{-3}} = 250 \times 10^{-5}\ \mathrm{m} = 2.5\ \mathrm{mm}$$

산란 (scattering, 散亂)

파동은 진행 중에 크기가 비슷하거나 작은 것을 만나면 그 알갱이를 중심으로 사방으로 퍼져 나가는데 이런 현상을 산란이라고 한다.

빛이 미립자에 의해 산란되는 것은 미립자가 빛의 파동에너지를 흡수하여 진동하고 그 진동에너지가 사방으로 퍼지기 때문이다.

레일리 산란 (Rayleigh scattering)

전자기파가 파장보다 매우 작은 입자에 의하여 탄성 산란되는 현상이다. 빛이 기체나 투명한 액체 및 고체를 통과할 때 발생한다. 산란의 세기는 파장의 네제곱에 반비례한다.

→ 레일리산란 강도 $I \propto \frac{1}{\lambda^4}$

[Q&A] 하늘이 파란 이유는?

산란이 파장에 강하게 의존한다는 것은 청색광이 적색광보다 잘 산란된다는 것을 의미한다. 대기에서 청색 파장이 더 긴 파장 (붉은 파장)보다 큰 범위로 산란되기 때문에 하늘을 보면 푸른색으로 보이게 된다.

읽어보기　왜 일몰과 일출 때 하늘은 붉은색일까요?

우리나라의 눈부시도록 아름다운 파란 가을 하늘은 정말 아름답지요. 그리고 신년 초 새벽, 동해 앞 바다에 본 일출이나 또는 일몰 때 지평선에서 본 붉은 노을진 하늘도 빼 놓을 수 없는 장관 중의 하나이지요?

하늘이 색깔을 갖는 것은 우선 대기 중에 있는 입자들과 (molecules) 밀접한 관계가 있습니다. 즉, 태양 빛이 대기 중을 통과하면서 이들 입자와 충돌하는 것을 의미합니다. 그런데, 태양 빛은 파장이 긴 붉은색부터 파장이 짧은 파란색 빛까지, 다양한 파장으로 구성되어 있고, 파란색 빛이 빨간색보다 훨씬 더 쉽게 산란됩니다. (사실은 적외선, 자외선에 해당하는 파장도 가지고 있으나, 우리 눈으로는 직접 볼 수가 없으니까, 눈으로 보이는 가시광선만 이야기하겠습니다)

(빛을 프리즘을 통해 보거나, 무지개만 해도 여러 가지색으로 구성되어 있고, 예전에 우리나라 대부분의 가정에서는 연탄을 사용했는데, 처음엔 빨간색이었다가, 온도가 높아지면 파장이 짧은 파란색이 나오는 것을 상기하시면, 빛이 여러 파장을 가졌다는 사실이 쉽게 이해가 될 것입니다.)

쉽게 생각해서, 빨간색 빛은 파장이 길기 때문에 대기를 통과하면서 장애물인 공기 중의 입자를 만나도 그냥 구렁이 담 넘어 가듯이 넘어 갈 수 있는데 (산란이 잘 안 일어나는데), 상대적으로 파장이 짧은 파란색 빛은 장애물을 만나기만 하면 부딪쳐 사방으로 뿔뿔이 흩어진다고 생각하면 될 것 같습니다.

그리고 또 고려해야 될 사항은 바로 대기층의 두께에 있습니다. 지구에 있는 우리에게는 대기의 두께가 항상 같지만, 태양 빛이 대기를 통과해서 올 때, 태양 빛이 느끼는 대기의 두께는 다른 것을 의미합니다. 태양이 우리의 머리에 있을 때가 태양이 지평선에 있을 때 보다 짧은 것을 바로 알 수 있습니다. 즉, 이 말을 다르게 해석하면, 저녁에 지평선에서 오는 빛이 오후에 머리 위에서 오는 빛보다 대기층을 더 많이 가로질러 온다고 볼 수 있습니다. (혹시 이해가 안가면, 종이 위에 원형의 지구를 그리고 다시 대기층을 그린 후 태양을 머리 위에 (12시 방향에) 또 하나는 지평선 위에 (3시 방향) 그린 후, 직선을 그려서 확인해 보시길 바랍니다. 과연 어느 쪽이 길이가 더 긴가요?)

(사족: 대부분의 과학 선생님들의 홈페이지에 가보면, 친절한 그림까지 그려서 설명을 해 주고 있는데, 대기층의 두께를 일출/일몰, 그리고 오후에 다르게 표현하고 있는데, 이것은 잘못된 것입니다)

따라서 이제 위의 이 두 상황을 종합하겠습니다. 따라서 태양이 우리의 머리 위에 있는 오후 12시 경우는, "하늘의 모든 방향에서 산란" 된 파란색 빛이 상대적으로 빨간색보다 우리 눈에 많이 들어오니까 하늘이 파랗게 보이는 것이고, 일몰이나 일출 때, 파란색 빛은 긴 대기층을 오면서 다른 곳으로 다 뿔뿔이 산란되어서, 상대적으로 산란이 적게 일어나는 빨간색이 대기층을 가로질러 우리 시야에 많이 들어오기 때문에 빨갛게 보이는 것입니다. 이해가 쉽게 가는지요?

혹시, 여러분의 여자 친구나 사랑하는 사람이 이런 질문을 했을 때, 저처럼 꼬치꼬치 따지면서 대답하면 매력 빵점이라는 것은 아시겠지요. 따라서 왜 저녁노을이 붉게 보이느냐고 물어보면, 우린 물론 정답은 알고 있지만 꼭 이렇게 대답하세요.

"그것은 밤이 되면 우리들의 마음이 너그러워지고 붉어지기 때문이지."

응, 낭만적이고 매력적인 사람이라고 한 점이라도 점수를 따지 않을까요? 효과가 있기를 바랍니다.

읽어보기 왜 구름, 안개 (haze) 등은 하얀색을 (white)을 나타낼까?

우선, 구름이나 안개가 무엇으로 구성되어 있는지를 좀 생각해야 합니다. 예, 바로 맞습니다. 작은 물방울 (water droplets)나 얼음 결정체 (ice crystals) 들이 아닐까 생각합니다. 따라서 결국 구름이라는 것은 하늘의 조그마한 영역에 엄청나게 많은 (즉, 밀도가 높은) 물방울들의 집합체라 볼 수 있습니다.

이제 이런 밀도가 높은 지역을 여러 파장을 가진 빛이 지나간다고 했을 때, 어떤 쪽의 파장이 더 많이 산란된다고 생각하세요? 파란색? 아니면 빨간색? 아니면? No idea?

상식적으로 생각해도, 파장의 장단에 관계없이 모든 파장이 다 산란되지 않을까요? 앞에서도 이야기했듯이 파장이 짧은 파란색의 빛은 장애물 만나면 잘 산란된다고 했으니까 당연히 여기저기로 산란이 되어 흩어질 것이고, 이제 파장이 긴 빨간색 빛도, 구렁이 담 넘어가려고 하지만, 주위에 장애물 격에 해당하는 물방울이나 조그마한 얼음 덩어리들이 너무나 많이 있기 때문에, 피해 갈려고 해도 선택의 여지가 없이 충돌해 산란할 수밖에 없지 않을까요? (즉, 백화점 같은 곳은 장소는 좁은데 사람이 많으니까, 자신이 아무리 조심히 피해 가려고 해도 다른 사람하고 부딪쳐야 하는 경우도 많이 경험할 수 있지요) 전 이렇게 생각하는데 여러분은 어떠세요?

그럼, 결국은 파장의 장단에 관계없이 모든 파장의 빛이 산란되니까, 모든 빛을 모은 최후의 빛의 색깔은 무엇일까요? 혹시 여러분 미술시간에 3원색 서로 섞으면 무슨 색이 나오지요? 이 말은 이제 빛을 프리즘으로 분리하는 것이 아니라, 역으로 따로 따로 분리된 여러가지 색깔의 빛을 하나로 모으면 무슨 색인지 이 질문으로 귀결되네요. 예, 바로 정답은 하얀색 (white)입니다. 즉, 우리 맨눈으로 보면 태양 광선은 하얀색이니까요. 그래서 결국 구름이 white로 보이는 것입니다.

또한, 우리가 먹는 우유 (milk)가 white로 보이는 이유도 마찬가지 아닐까요? 즉, 우유라는 것도 작은 fat globules (지방 입자)이 엄청 많이 모여서 구성된 것이기 때문입니다. 그럼, 상대적으로 non-fat 우유는, 같은 논리로 무슨 색깔이 나와야 할까요? 여러분의 상상력을 실험해 보겠습니다.

[☛ 정리] 알갱이가 굵은 입자들 (눈, 설탕, 구름 등)은 모든 파장의 빛을 똑같이 산란시키므로 흰색으로 보인다.

[Q&A] 바다를 보면 푸른 녹색으로 보인다. 그 이유는?

햇빛이 바닷물 속으로 들어갈 때 물 분자 알갱이들과 충돌이 일어난다. 그런데 파란색 계통은 산란이 잘 일어나 흩어져버리고 물속으로 잘 흡수되지 않으며 일부만 들어간다. 하지만 빨강색 쪽이 주로 바다 속으로 흡수된다. 따라서 가시광선에서 빨간색 빛이 빠진 보색이 바로 푸른 녹색 계통의 색깔이다.

[☛ 정리] 바다나 호수가 파랗게 보이는 이유는 하늘이 파랗게 보이는 이유와 같다.

[Q&A] 그럼 같은 바다라도 색깔이 다르게 보이는 이유는?

바닷물이 맑은 푸른빛을 띠는 경우는 바닷물 속에 불순물이 없을 경우이다. 만약 바다에 모래 알갱이나 플랑크톤 또는 물고기들이 많을 경우에는 태양광선이 이것들과 부딪혀 산란 또는 반사 작용을 일으켜 바닷물의 색깔이 달라질 수도 있다.

[Q&A] 그럼 왜 물 컵이나 그릇 등에 담겨져 있는 물은 왜 투명하게 보이는 것일까?

이것은 깊이와 관련이 있다. 깊이에 따라 태양광선의 흡수와 산란이 다르기 때문에 어느 정도 깊이가 되어야 물이 파랗게 보이는 것이다.

[Q&A] 바다의 색깔과는 다르게 왜 파도의 색깔은 흰색일까?

파도를 구성하고 있는 것은 결국 물방울인데, 이 물방울들이 자유롭게 운동하기 때문에 빛이 이들과 충돌할 때 방향이나 충돌 횟수에 제한이 없다. 따라서 가시광선의 어느 한 파장만을 반사하는 것이 아니라 모든 파장을 한꺼번에 반사한다. 결국 모든 색이 다 섞이면 흰색이다.

[Q&A] 어떤 물체가 빨간색으로 보인다는 것의 의미는 무엇인가?

가시광선에서 빨간색을 제외한 나머지 색깔은 다 흡수하고 빨간색만 반사한다.

[Q&A] 창문에 있는 유리창이 투명하게 보이는 이유는?

유리는 딱딱한 고체라고 생각할지도 모르지만, 엄밀히 말하면 고체는 아니다. 즉 겉보기에는 고체이지만 내부는 액체처럼 고체 내부의 원자와 분자들이 느슨하게 결합되어 있다. 유리는 고체도 아니고 액체도 아닌 특별한 형태를 갖지 못하는 "무정형 물질"이다. 창문에 끼어 있는 오래된 유리의 경우 위쪽과 아래쪽의 두께를 측정해 보면 아래쪽 두께가 더 두껍다. 시간이 지남에 따라 내부 성분들이 아래쪽으로 흘러내린 것이다. 따라서 내부가 느슨하게 결합되어 있기 때문에 모든 빛이 그 사이로 지나가기 때문에 결국 유리는 투명하게 보이는 것이다.

읽어보기 무지개는 과연 7가지 색일까?

빛을 프리즘으로 분리하거나 무지개를 보면 색이 연속적으로 변하기 때문에 정확히 7가지 색깔로 구분한다는 것이 매우 어렵다. 그런데 어떻게 7가지 색이라고 할 수 있을까? 무지개를 과학적으로 연구한 최초의 사람은 뉴턴이다. 뉴턴이 살던 시대의 분위기는 음악은 매우 중요한 과목이었다. 또한 그때까지 기본색은 5가지였다 (빨강, 노랑, 초록, 파랑, 보라). 그런데 음악은 "도/래/미/파/솔/라/시"의 7음계가 있었기 때문에 색에서도 2가지를 더 첨가해서 7가지색으로 하고 싶었을 것이다. 현재 우리가 무지개를 7가지 색깔로 알고 있는 것은 뉴턴의 "7색설"에 기초한 학교 교육의 영향이라고 볼 수 있을 것 같다.

[Q&A] 달 표면에서 본 하늘의 색깔은?

① 흰색 ② 빨간색 ③ 노란색 ④ 파란색 ⑤ 검정색

[정답] ⑤ (달에는 대기가 없기 때문에 공기에 의한 산란 현상이 없다)

편광 (polarization, 偏光)

햇빛 또는 백열등과 같은 자연광은 빛의 진행 방향에 수직 방향으로 진동한다. 이 빛을 편광면에 통과시키면 한쪽 방향으로만 진동하게 된다. 이 때 특정 방향으로만 진동하는 빛을 편광이라고 한다. 편광 현상은 빛의 횡파라는 증거가 된다.

✎ 만약 종파라면 진행방향으로도 편광판에 의해 차단 할 수 있을 것이므로 편광판을 나오는 빛이 없어야 할 것이다.

(반사, 굴절에 의한 편광 현상)

그림 (4-15)처럼 유리면에 입사되는 빛은 반사와 굴절의 법칙에 따라 일부가 반사되고 일부는 굴절한다. 이 때 반사되는 빛의 세기는 편광상태에 따라 달라진다.

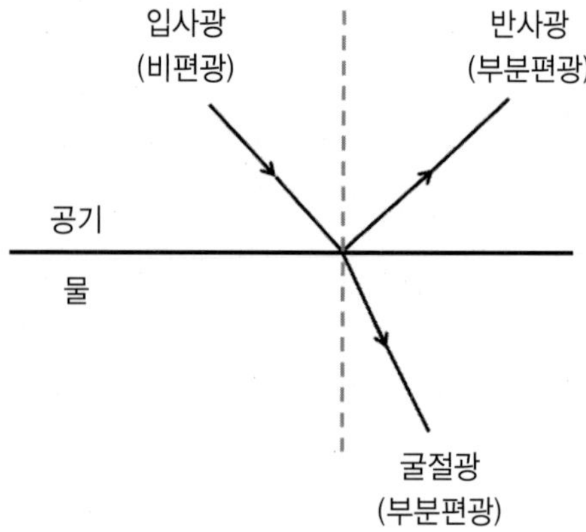

[그림 4-15] 반사, 굴절에 의한 편광 현상.

[♣ 브루스터 (Brewster) 법칙]

그림 (4-16)처럼 입사각이 브루스터 각이 되면 반사되는 빛은 모두 편광된다. 즉 반사광이 완전 편광 될 때의 입사 편광각을 브루스터 각도 (θ_p)라고 한다.

$\theta_p + \theta_2 = 90^o$

스넬의 법칙

$$n_1 \sin\theta_1 = n_2 \sin\theta_2$$

$$\rightarrow n_1 \sin\theta_p = n_2 \sin(90 - \theta_p)$$

$$= n_2 \cos\theta_p$$

$$\frac{n_2}{n_1} = \frac{\sin\theta_p}{\cos\theta_p}$$

$$\therefore \tan\theta_p = \frac{n_2}{n_1}$$ ✎ 브루스터 (Brewster) 법칙

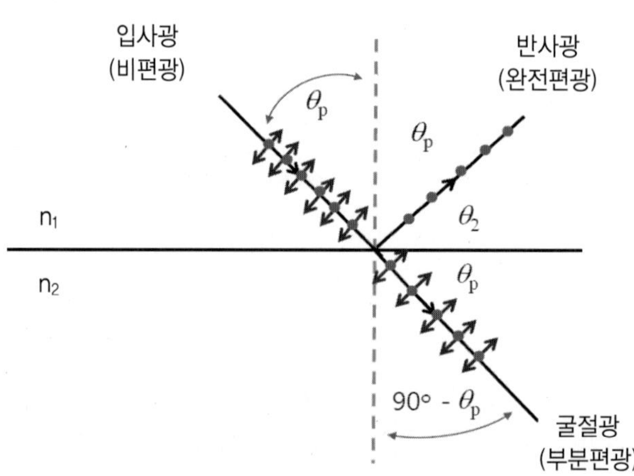

[그림 4-16] 브루스터 (Brewster) 법칙. (⇔)은 입사면에 대해 평형성분이고 (•)은 수직성분이다. 브루스터 각도로 들어온 빛의 반사광은 완전 편광된다.

(예) 공기-유리면의 브루스터 각도는 $\theta_p \simeq 56^o$ 이다.

[Q&A] 입사각이 0도나 90도 일 때 반사광은 편광 되는가?
[정답] 아니다

[Q&A] 브르스터 법칙을 이용하면 다음 중 어떤 것을 얻을 수 있는가?
① 간섭무늬 ② 회절무늬 ③ 빛의 파장변화 ④ 편광 ⑤ 빛의 흡수
[정답] ④

[♣ 말루스 법칙]

편광판 1개를 통과한 빛의 세기는 $I_1 = \frac{1}{2}I_0$ 이고 두 편광판의 편광축 사이각을 θ 라고 하면 두 번째 편광판을 통과한 빛의 세기는 $I_2 = I_1\cos^2\theta$ 이다.

$$\therefore I_2 = I_1\cos^2\theta = \frac{1}{2}I_0\cos^2\theta$$

[Note] 빛의 세기는 전기장의 제곱에 비례한다. 따라서 파동에너지는 진폭의 제곱에 비례한다.

[Q&A] 편광과 관계있는 것은?
① 음파 ② 종파 ③ 횡파 ④ 회절 ⑤ 반사
[정답] ③

[♣ 정리]

빛은 파동성과 입자성의 이중성 (duality)을 가지며, 대표적인 현상은 아래와 같다.

빛의 파동성

① 빛의 간섭, 회절, 편광
② 브래그 (Bragg) 반사
③ 라우에 (Laue) 실험

[♣ 조사해보기]

① 브래그 (Bragg) 반사

그림 (4-17)처럼 규칙적으로 배열된 고체 결정 격자면의 제 1면에서 반사된 빛과 제 2면에서 반사된 빛의 경로차에 의해 간섭무늬가 나타난다.

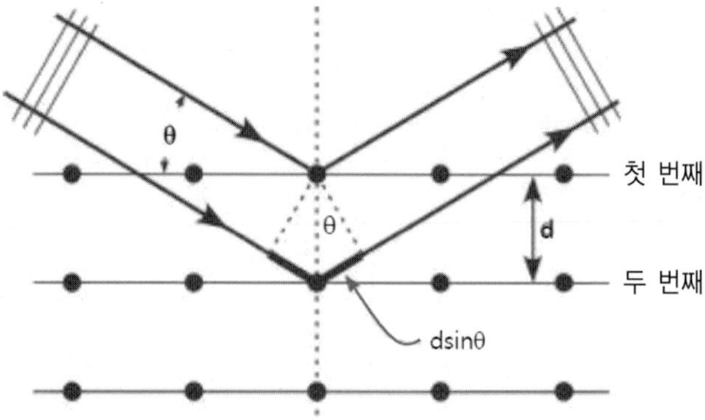

[그림 4-17] Bragg 실험.

Bragg condition 경로차 $2 \times d\sin\theta = n\lambda, \quad n = 1,2,3,\ldots$ (보강간섭)

(응용)

- DNA 이중나선 구조 확립 (1952년, 영국, Rosalind Franklin)
- 분자 유전공학 연구 발전에 공헌

② 라우에 (Laue) 실험

1895년 Wihelm Röntgen은 X선을 발견하였다. 1912년 Max von Laue는 고체 박막 결정에 X선을 비쳤을 때, 회절과 간섭을 통해 무늬가 나타나는 것을 관찰하였다. 이것은 고체 속에 원자배열이 3차원적인 회절격자와 같은 역할을 한 것으로 생각하였다. 원자들의 간격은 대략 $\sim 1\,\text{Å}$ 이므로 이 정도 크기의 빛을 입사시키면, 그림 (4-18)처럼 회절 무늬를 관찰할 수 있고, 이러한 (라우에) 반점을 통해 결정체의 구조를 알 수 있다.

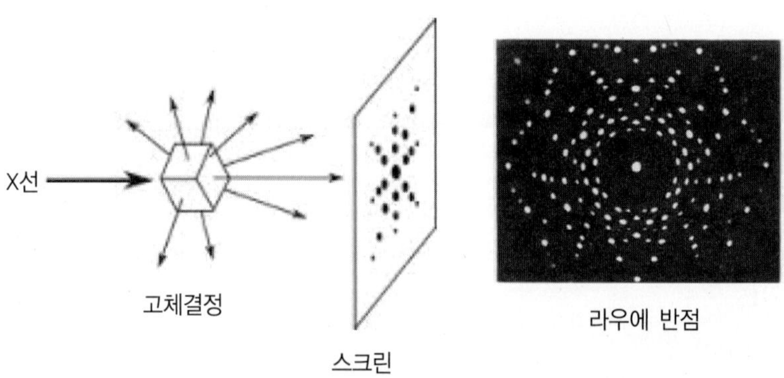

[그림 4-18] 라우에 실험.

빛의 입자성

① 광전효과 (photoelectric effect)
② Compton 산란 (scattering)
③ 쌍생성과 쌍소멸 (pair production and pair annihilation)

4.2 체렌코프 복사 (Čerenkov radiation)

(상황)

① 1999년 9월에 일본 이바라키 도카이무라에 있는 우라늄 연료 가공 회사인 'JCO 도카이 사업소'에서 사고가 일어났는데 작업자들은 사고 순간 "갑자기 파란색 빛이 퍼졌다"라고 증언 했다.

② 원자로 노심이나, 사용 후 연료가 담겨져 있는 저장 수조에서 푸르스름한 빛이 나오는 것을 관찰할 수 있다.

[♠ 찾아보기] 체렌코프 (Čerenkov, 1904-1990, 러시아, 1958년 노벨 물리학상) 효과

매질 내에서 빛의 속도는 느려지는데 하전 입자의 운동속도가 느려진 빛의 속도보다 빠를 때 전자기파를 방출하는데 이것이 바로 체렌코프 복사 (radiation)이다.

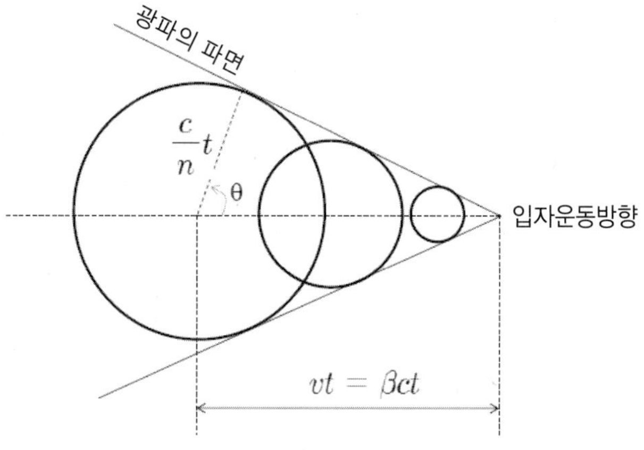

[그림 4-19] 체렌코프 복사.

그림 (4-19)에서 굴절률이 n인 매질 내에서 빛의 속도는 느려진다 ($= \frac{c}{n}$).

$$\text{파의 이동거리} = \frac{c}{n}t$$

하전 입자의 속도 $v = \beta c$

$\therefore$ 하전 입자의 이동거리 $= \beta ct$

$$\rightarrow \cos\theta = \frac{\frac{c}{n}t}{\beta ct} = \frac{1}{n\beta}$$

[☛ 요약]

하전입자의 속도 > 매질 내에서 빛의 속도

$$v > \frac{c}{n}$$

[Q&A] 물의 굴절률은 1.33이다. 체렌코프 빛이 나오는 각도는?

$$\cos\theta = \frac{1}{n\beta} \simeq \frac{1}{1.33\times 1} = 0.7518 \qquad (\because \beta \equiv \frac{v}{c} \sim 1)$$

$$\therefore \theta \sim 42^o$$

그림 (4-20)에서 보듯이 체렌코프 빛이 나와서 입자 검출기에는 반지모양의 체렌코프 링(ring)을 만든다.

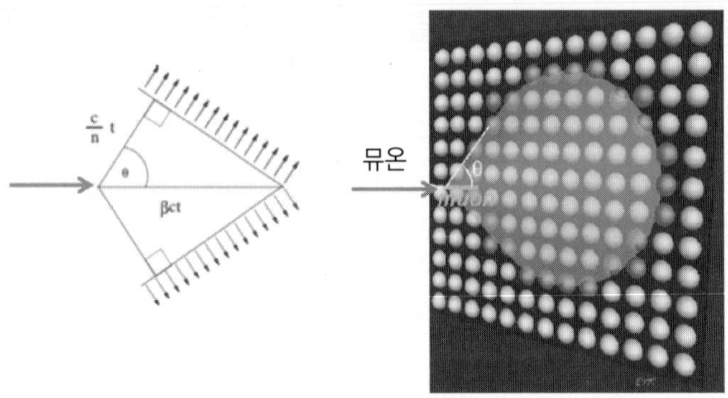

[그림 4-20] 체렌코프 링.

[Q&A] 체렌코프 빛은 입자의 속도가 빠를수록 큰 각도를 가지고 나옴을 보여라.

$$\cos\theta = \frac{1}{n\beta}$$

$$\rightarrow \theta = \cos^{-1}\left(\frac{1}{n\beta}\right)$$

$\beta \rightarrow 1$ 이면 $\theta \rightarrow \theta_{max}$ 이다.

$$\therefore \theta_{max} = \cos^{-1}\left(\frac{1}{n}\right)$$

[Q&A] 질량 m인 입자가 굴절률 n인 매질 속에서 체렌코프 복사를 할 수 있는 최소 에너지는 얼마인가?

$$\cos\theta = \frac{1}{n\beta}$$

$\theta \to 0$보다 조금이라도 크면 체렌코프 링이 만들어지므로 체렌코프 복사를 할 것이다.

$$\to 1 = \frac{1}{n\beta}$$

$$\therefore \beta_{threshold} = \frac{1}{n}$$

[Note] $E = \gamma mc^2$

$$\to E_{th} = \gamma_{th} mc^2$$

$$= \frac{1}{\sqrt{1-\beta_{th}^2}} mc^2 = \frac{1}{\sqrt{1-\left(\frac{1}{n}\right)^2}} mc^2 = \frac{n}{\sqrt{n^2-1}} mc^2$$

[Q&A] 전자가 양성자나 알파입자보다 체렌코프 효과를 일으키기 쉬운 이유는 무엇인가?

$$E_{th} = \frac{n}{\sqrt{n^2-1}} mc^2$$

전자 $E_{th}(e) = \frac{n}{\sqrt{n^2-1}} mc^2 = \frac{1.33}{\sqrt{1.33^2-1}} 0.511 \quad \sim \vartheta\,(\text{keV})$

양성자 $E_{th}(p) = \frac{n}{\sqrt{n^2-1}} mc^2 = \frac{1.33}{\sqrt{1.33^2-1}} 938 \quad \sim \vartheta\,(1422\ \text{MeV})$

∴ 전자가 양성자 보다 쉽게 체렌코프 효과를 만들어낸다.

[♣ 살펴보기] Super-Kamiokande (SK) 실험

일본의 Hida, Gifu Prefecture의 Kamioka산 지하 광산 1.5 km에는 Super-Kamiokande (SK) 실험이 있는데 그림 (4-21)처럼 검출기 내부에는 5만 톤의 초 순수 물이 채워져 있다. 체렌코프 복사가 만들어 내는 빛을 관측하기 위해 ~15000여개의 광증폭관 (PMT)이 설치되어 있다. 검출기 내부의 광증폭관을 설치하기 위해서 보트를 타고 다니는 모습을 보여준다.

그림 (4-22)는 중성미자가 물과 충돌 후 뮤온입자가 생성되고 이 뮤온 입자가 만들어 내는 체렌코프 링의 모습을 보여준다. 체렌코프 복사를 이용해 검출하는 대표적인 입자가 바로 중성미자 (neutrino)이다. 외부에서 날아온 중성미자는 검출기 내의 물과 반응하여 체렌코프 복사를 만들어 내고 이 빛을 자세히 조사함으로써 중성미자의 성질을 연구하고 있다. 2002년 동경대의 고시바 마사토시 (小柴 昌俊, 1926-현재) 교수는 중성미자 검출 공로로 노벨 물리학상을 수상하였다.

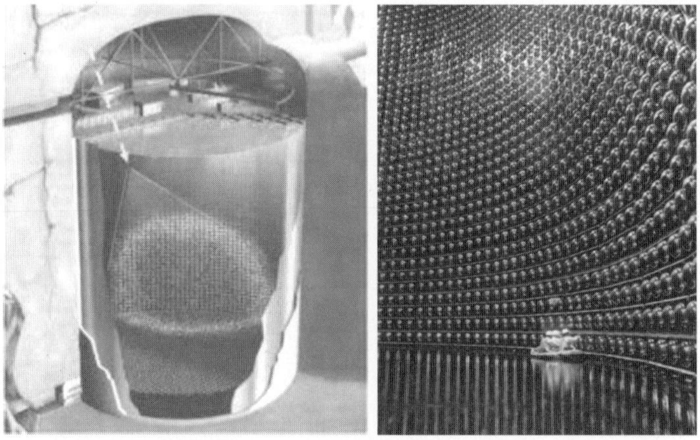

[그림 4-21] Super-Kamiokande (SK) 실험 검출기 내부 모습.
(© SK 실험)

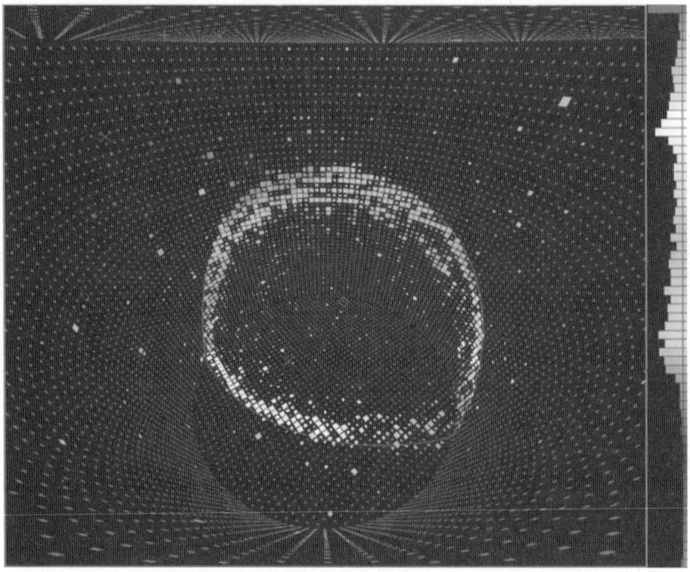

[그림 4-22] 뮤온 (μ)입자가 지나갈 때의 체렌코프 링의 모습.
(© SK 실험)

[♠ 조사해보기] 여러 가지 체렌코프 링의 모습

① 단순 충돌: 그림 (4-23)처럼 하전 입자 지나가면서 복잡한 충돌을 하지 않고 단순 충돌을 하고 궤적이 길지 않는 경우에 만들어 내는 링의 모습은 테두리가 깨끗하게 보이는 반지 모습이다.

② 전자: 가속/감속하는 전자는 계속해서 제동복사 (bremsstrahlung, braking radiation)에 의해 에너지를 방출하기 때문에 만들어지는 링의 모습은 테두리가 흐릿한 (fuzzy)한 모습이고 지나가는 궤적의 길이도 짧다.

③ 뮤온: 뮤온은 매질 내를 진행하면서 에너지를 조금씩만 잃어버리기 때문에 바깥쪽 테두리는 비교적 뚜렷한 모습을 보이고 안쪽으로 생긴 링은 약간 흐릿한 모습이다. 지나가는 궤적의 길이도 길다.

④ 중성 파이온 (π^0): π^0는 대표적으로 두 개의 광자 (γ)로 붕괴하기 때문에 링이 2개 생긴다.

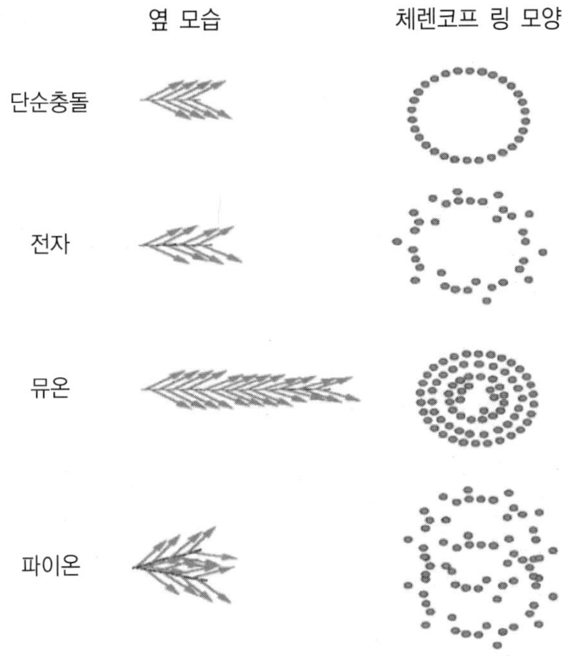

[그림 4-23] 여러 가지 체렌코프 링의 모습.

[♠ 찾아보기] 체렌코프 radiation은 비행기의 속력이 음속보다 빠를 때 충격파 (shock wave)가 전면에 발생하는 것과 비슷한 현상이라고 생각하면 된다.

4.3 광전효과 (photoelectric effect)

1887년 헤르쯔 (Heinrich Hertz, 1857-1894)와 할바스크 (Wilhelm Hallwachs)는 금속에 (짧은 파장의) 빛을 비추면 (광)전자 (photoelectron)가 튀어 나오는 현상을 발견했다. 1899년 레나르트 (Philipp Lenard, 1862-1947)는 정밀실험을 시작했는데 진동수가 일정 이상인 값에서만 이 현상이 일어남을 발견했다. 즉, "빛의 양이 아니라 질과 관련이 있다" 는 것을 알았다. 이것은 우리가 선탠 (suntan)을 할 때, 자외선에 노출되면 빛의 양이 많지 않아도 금방 살이 타지만, 작은 에너지를 가진 광자들이 많이 방출되는 난로의 경우는 오래 동안 손을 가까이 해도 화상을 입지 않는 것을 생각하면 쉽게 이해할 수 있다.

헤르츠 효과

그림 (4-24)처럼 헤르쯔는 아연판 표면에 자외선을 쪼였을 때 아연 표면에서 전자들이 방출되는 현상을 발견하였다. 아연판에서 튀어나오는 입자가 전자라는 것을 1899년 톰슨이 알아냈다. 또한 나트늄, 칼륨, 세슘 같은 알카리 금속에서는 가시광선을 쬐어도 전자가 튀어 나온다

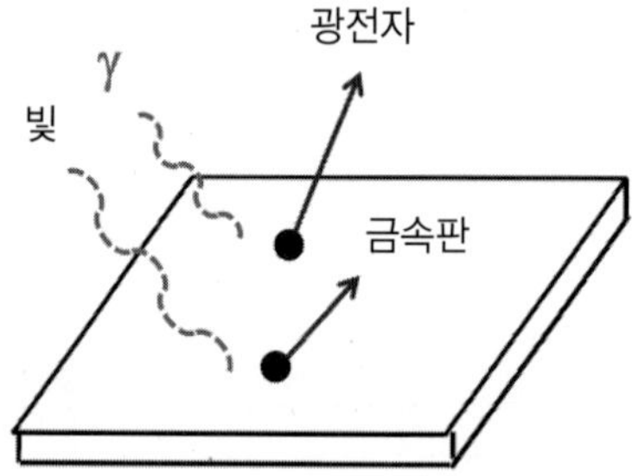

[그림 4-24] 광전효과. 튀어나오는 전자를 광전자 (photoelectron)라고 한다.

(실험 장치)

그림 (4-25)처럼 입사광 (incident light, γ)이 금속판에 부딪쳐 광전자 (photoelectron)가 튀어나와 collector쪽으로 이동하면, 결국 닫힌회로가 되므로 전류계의 바늘이 움직이는 구조로 되어 있어 매우 간단하다.

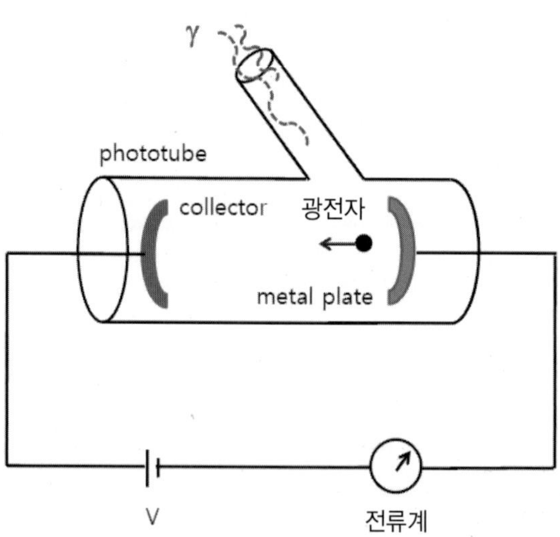

[그림 4-25] 광전효과 측정 실험 장치.

(실험결과)

입사하는 광자 (γ)의 파장에 따른 튀어 나오는 전자의 운동에너지 (KE)를 조사하였는데, 그림 (4-26)과 같았다.

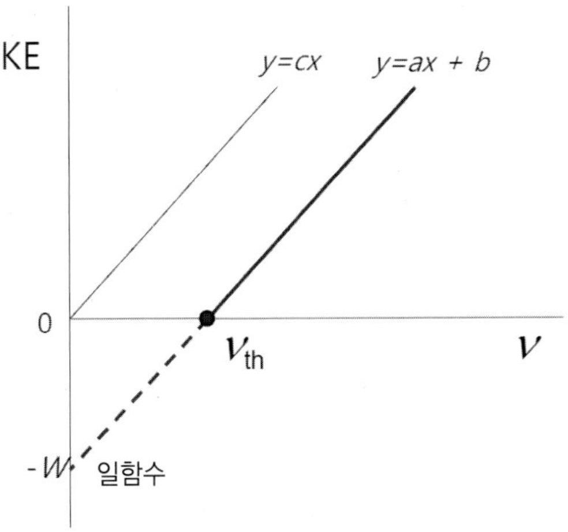

[그림 4-26] 진동수에 따른 방출 전자의 전형적인 에너지 분포 그림.

쬐어주는 빛의 특정 진동수 (ν_{th}) 이상에서만 전자가 튀어나온다. 만약 금속판에 빛을 쬐어 주자 말자 전자가 튀어나온다면, 위 그래프에서 $y = cx$ 형태의 결과를 예상할 수 있는데, 실제로는 $y = ax + b$ 형태로 진동수가 [0 ~ ν_{th}] 사이에서는 전자가 방출되지 않았다. ν_{th}를 문턱진동수 (혹은 한계 진동수, 임계진동수, threshold frequency)라고 한다.

① 문턱 진동수를 넘지 못한 빛은 아무리 진폭이 큰 센 빛을 쪼여도 전자를 튀어나오게 하지 않는다.
② 문턱진동수를 넘는 빛은 아무리 세기가 약한 빛일지라도 전자가 쉽게 튀어나온다.
③ 광전자의 운동에너지는 빛의 세기에는 관계없고 빛의 진동수에 관계한다.
④ 같은 진동수의 빛을 쪼일 경우, 튀어나오는 광전자수는 빛의 세기에 비례한다.

[♣ 알아보기] 일함수 (work function, ϕ)란?

그림 (4-27)처럼 금속 표면에 빛을 쬐어 주었을 때, 전자가 표면을 뚫고 나오려면 에너지가 필요한데, 이 최소한의 에너지를 의미한다. 일반적으로 단위는 eV로 주어진다. 모든 진동수 (혹은 파장)에서 전자가 튀어나오는 것이 아니라 임계진동수 (ν_{th})보다 큰 에너지를 가진 빛을 쬐어 주어야 전자가 금속표면에서 튀어 나온다. 일함수는 전자가 막 튀어나오려고 할 때, 그 때 주어진 입자 빛의 진동수를 가지고 (ν_{th}) 구할 수 있다. 즉, ν_{th}의 진동수를 가진 빛을 줄 때, 전자가 막 튀어 나올 준비가 드디어 된 것이다.

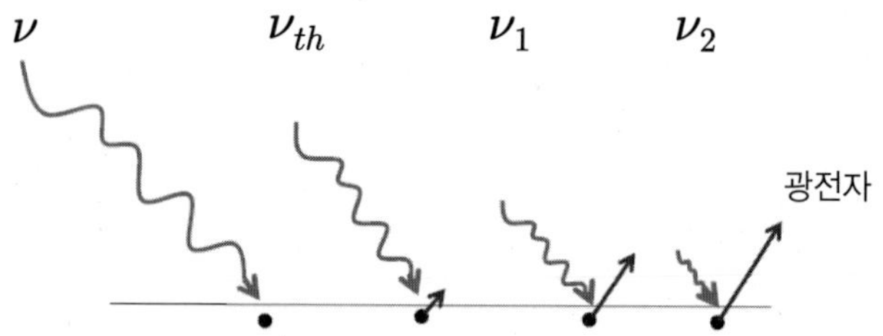

[그림 4-27] 임계진동수 (ν_{th})보다 큰 에너지를 가진 빛을 쬐어 주어야 전자가 금속표면에서 튀어 나온다.

[표 4-1] 몇 가지 물질의 일함수 (ϕ).

물질	일함수, ϕ [eV]
Na	2.28
Al	4.08
Cu	4.70
Ag	4.73
C	4.81
Ni	5.01
Pt	6.35

(파동적 설명의 모순 몇 가지)

① 빛의 세기

빛은 전자기파이고 파동의 에너지는 진폭의 제곱에 비례한다 ($\because$ 파동 에너지 $\propto$ |진폭|^2). 빛의 세기가 약한 빛 (=에너지가 작은 빛) 보다는 세기가 강한 빛 (=에너지가 큰 빛)에서 광전효과가 일어나기 쉬울 것이다. 하지만, 세기에 관계없다.

또한, 쪼여주는 빛의 세기가 클수록 튀어나오는 전자의 에너지가 커야한다. 하지만 방출된 전자의 에너지는 빛의 세기와는 관계없다.

② 빛의 진동수

진동수에 관계없이 빛의 세기가 세면 광전효과가 일어날 것으로 예상했지만, 특정 진동수 (ν_{th}) 이상의 빛을 쪼여 줄때만 광전효과가 일어난다.

③ 전자 방출시간

만약 세기가 약한 빛을 비추면 금속 내 전자가 튀어 나오기 위해서는 일정양의 에너지를 계속 축적해야 하므로, 어느 정도 시간이 걸릴 것으로 예상한다. 그러나 실험 결과는 ν_{th} 이상의 진동수를 가진 빛을 비추면 세기가 약하더라도 즉시 전자가 튀어나온다.

[Q&A] 매초 1 J의 에너지를 파장이 6000 Å 인 전자기파로 방출하는 물체가 있다. 매초 몇 개가 방출되는 것인가?

$$E = \frac{hc}{\lambda} = \frac{1240\text{eV} \cdot \text{nm}}{600\text{nm}} \simeq 2.067\text{eV} = 2.067 \times 1.6 \times 10^{-19}\text{J} = 3.307 \times 10^{-19}\text{J}$$

1개 : 3.3×10^{-19}J = x개 : 1J

$\therefore x = 3.03 \times 10^{18}$ (개)

[Q&A] 300 W 광원에서 파장이 660 nm인 빛이 방출되고 있다. 1초당 방출되는 가장 가까운 광자(photon)의 수 [개]는? (단, $h \simeq 6.6 \times 10^{-34}\text{J} \cdot \text{s}$, $c = 3 \times 10^{8}\frac{\text{m}}{\text{s}}$ 이다)

$$E = \frac{hc}{\lambda} = \frac{6.6 \times 10^{-34}\text{J} \cdot \text{s} \times 3 \times 10^{8}\frac{\text{m}}{\text{s}}}{660\text{nm}} = 3 \times 10^{-19}\text{J}$$

1개 : 3×10^{-19}J = x개 : 300 $(\frac{\text{J}}{\text{s}})$

$\therefore x \simeq 10^{21}$

[Q&A] 파장이 550 nm의 빛을 방출하는 광원의 세기가 $3 \times 10^{-4}\frac{\text{W}}{\text{m}^2}$ 이다. 초당 우리 눈으로 들어오는 광자의 개수는 몇 개인가? (눈동자의 반경을 3 mm라고 하자)

광자 1개의 에너지 $E = h\nu = h\frac{c}{\lambda} = \frac{1240\text{eV} \cdot \text{nm}}{550\text{nm}} = 2.3\text{eV} = 2.3 \times 1.6 \times 10^{-19}\text{J}$

$= 3.68 \times 10^{-19}\text{J}$

눈에 들어오는 광자의 전체 에너지 = (세기) × (눈면적)

$$= 3 \times 10^{-4}\frac{\text{W}}{\text{m}^2}\pi(3 \times 10^{-3}\text{m})^2 \simeq 9 \times 10^{-9}\text{W}$$

$$\therefore \text{초당 광자수} = \frac{9 \times 10^{-9}\text{W}}{3.68 \times 10^{-19}\text{J}} = 2.5 \times 10^{10}\frac{\frac{\text{J}}{\text{s}}}{\text{J}} = 2.5 \times 10^{10}\left[\frac{1}{\text{s}}\right]$$

(Einstein 광양자설)

1905년 아인슈타인 (1879–1955)은 1900년대에 플랑크가 제안한 불연속이라는 양자의 개념을 빛의 경우에도 적용하였다. 그림 (4-28)처럼 즉 빛(광자)이란 $h\nu$의 불연속적인 에너지를 가진 양자화된 에너지 덩어리라고 생각하였다. 에너지가 $h\nu$인 빛을 금속에 비출 때, 금속 표면을 뚫고 나오는 전자의 운동에너지 (KE)는 다음과 같은 에너지 보존법칙에 의해 주어진다.

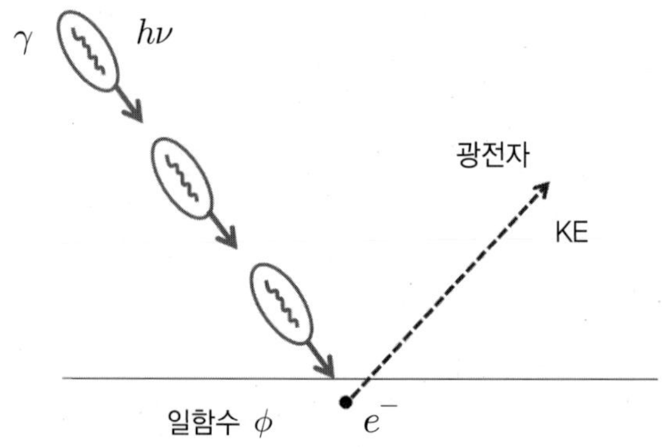

[그림 4-28] 아인슈타인의 광전효과 설명.

$$h\nu = \phi + \mathrm{KE} \qquad (\Rightarrow \text{ 에너지 보존 법칙})$$
$$\therefore \mathrm{KE} = h\nu - \phi$$

앞 그래프의 와 $y = ax + b$ 비교해 보면, y에 해당하는 것이 KE이고, x에 해당하는 것은 ν (진동수)이고, 기울기가 h (플랑크상수), y절편이 일함수 ϕ이다.

[Q&A] 일함수 ϕ를 어떻게 구할 수 있을까?

에너지보존에서 ($h\nu = \phi + \mathrm{KE}$) 전자가 튀어나오지 않고, 이제 막 튀어나올 준비가 되었을 때, 그 때의 입사 진동수 (ν_0)로 구할 수 있다.

$$\mathrm{KE} \rightarrow 0$$
$$\therefore\ \phi = h\nu|_{\nu = \nu_0} = h\nu_0$$

[Q&A] 세슘 (Cs) 원자의 문턱 파장 (=차단파장, cutoff wavelength)은 $\lambda_0 = 900\,\mathrm{nm}$이다

① 문턱 진동수는?

$$\nu = \frac{c}{\lambda}$$
$$\rightarrow \nu_0 = \frac{c}{\lambda_0} = \frac{3 \times 10^8 \frac{\mathrm{m}}{\mathrm{s}}}{900\mathrm{nm}} = \frac{3 \times 10^8 \frac{\mathrm{m}}{\mathrm{s}}}{900 \times 10^{-9}\mathrm{m}} = 0.33 \times 10^{15} [\frac{1}{\mathrm{s}}]$$
$$= 3.3 \times 10^{14} [\mathrm{Hz}]$$

즉, 값보다 작은 진동수의 빛은 아무리 쬐어 주어도 세슘원자에서는 전자가 튀어 나오지 않는다.

② 세슘원자의 일함수 (ϕ)는?

입사 빛의 진동수 ν가 ν_0일 때, 전자 (e^-)가 튀어나올 최소한의 준비가 된 것이다.

$$\phi = h\nu|_{\nu = \nu_0} = h\nu_0 = \frac{hc}{\lambda_0}$$

$$= \frac{1240\text{eV} \cdot \text{nm}}{900\text{nm}} = 1.377\text{eV}$$

혹은, $1.377 \times 1.6 \times 10^{-19}\text{J} = 2.2 \times 10^{-19}\text{J}$

③ 여기에 파장이 500 nm인 파랑색 빛을 비출 때, 이 빛의 에너지는? 또한 운동량은?

$$E = h\nu = h\frac{c}{\lambda} = \frac{1240\text{eV} \cdot \text{nm}}{500\text{nm}} = 2.48\text{eV}$$

$$p = \frac{h}{\lambda} = \frac{hc}{\lambda c} = \frac{1240\text{eV} \cdot \text{nm}}{500\text{nm c}} = 2.48\frac{\text{eV}}{\text{c}}$$

혹은

$$\frac{6.63 \times 10^{-34}\text{Js}}{500\text{nm}} = \frac{6.63 \times 10^{-34}\text{Js}}{500 \times 10^{-9}\text{m}}$$

$$= 1.326 \times 10^{-27}\frac{\text{Nms}}{\text{m}} = 1.326 \times 10^{-27}\text{kg}\frac{\text{m}}{\text{s}^2}\text{s} = 1.326 \times 10^{-27}\text{kg}\frac{\text{m}}{\text{s}}$$

④ 이 때 나오는 광전자의 최대 운동에너지는?

$$h\nu = \phi + \text{KE}$$

$$\rightarrow \text{KE} = h\nu - \phi$$

$$\therefore (\text{KE})_{\max} = h\nu - \phi = h\frac{c}{\lambda} - \phi$$

$$= 2.48\text{eV} - 1.377\text{eV} = 1.103\text{eV}$$

(혹은, $1.103 \times 1.6 \times 10^{-19}\text{J} \simeq 1.8 \times 10^{-19}\text{J}$)

[Q&A] 문턱진동수가 f인 금속이 있다. $2f$인 빛을 입사했을 때, 방출되는 전자의 최대속력이 v였다. $3f$인 빛을 쪼여준다면 어떻게 되는가?

$$E = \phi + (\text{KE})_{\max}$$

$$\rightarrow h2f = hf + \frac{1}{2}mv^2$$

$$\therefore v = \sqrt{\frac{2hf}{m}}$$

$$\rightarrow \ h3f = hf + \frac{1}{2}mV^2$$

$$\therefore \ V = \sqrt{\frac{4hf}{m}} = \sqrt{\frac{2hf}{m}}\sqrt{2} = v\sqrt{2}$$

[Q&A] 정지전압 (stopping potential, 저지전압, V_0)인 무엇인가? 그럼 정지전압이 주어질 때 최대 운동에너지, $(\mathrm{KE})_{\max}$ 값은?

그림 (4-29)처럼 진동수가 ν_{th} (문턱진동수) 보다 큰 빛을 비추면 전자들이 바로 튀어 나온다. 즉 $[\nu_{th} \sim \nu_{\max}]$ 사이의 진동수를 가진 빛이 들어오면 $[v_{th} \sim v_{max}]$의 속력을 가진 전자들이 튀어나온다. 만약 튀어나온 전자를 다른 금속판에 도달하지 못하게 하려면 저지전압 (=역전압)을 걸어주면 된다. v_{th}가 나올 때, 역전압은 eV_{th}만 걸어주면 되고, v_1이 나올 때는 역전압 eV_1을 걸어주면 된다. 이런 식으로 계속 실험을 해서 최대 속력 v_{max}를 가진 전자는 저지에너지 $eV_{\max}(\equiv eV_0)$를 걸어주면 된다. 따라서, 방출된 전자의 최대 운동에너지 값이 전자를 저지하는 에너지와 동일하다는 조건으로부터 $(\mathrm{KE})_{\max}$를 구할 수 있다.

$$(\mathrm{KE})_{\max} = \frac{1}{2}mv_{\max}^2 = eV_0$$

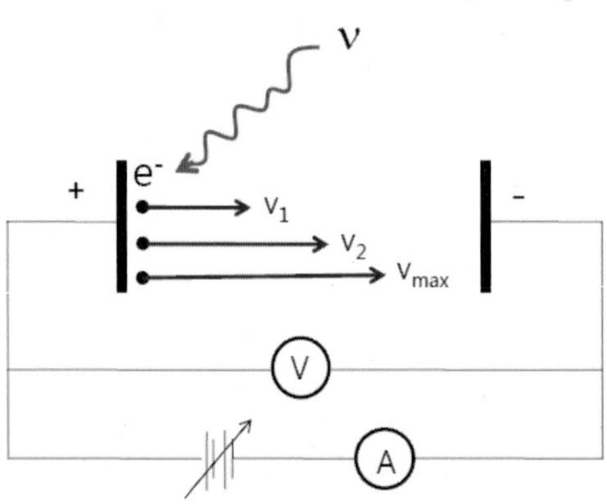

[그림 4-29] 정지 (=저지) 전압과 운동에너지 관계.

비유

저지전압은 수평면에서 움직이는 물체가 경사면을 올라간다고 할 때 최대 높이에 해당한다고 볼 수 있다. 물체의 에너지가 클수록 더 높이 올라갈 수 있기 때문에 이것을 저지하려면 높이 역시 더 높여야 한다. 따라서 방출 전자의 운동에너지가 클수록 저지전압도 높아야 한다.

[Q&A] 저지 전압 (V_0) 곡선으로 부터 플랑크상수 (h)를 구하라.

$$h\nu = \phi + (\mathrm{KE})_{\max}$$
$$(\mathrm{KE})_{\max} = h\nu - \phi$$
$$\frac{1}{2}mv_{\max}^2 = eV_0 = h\nu - \phi = h(\nu - \nu_{th})$$
$$\therefore V_0 = \frac{h}{e}(\nu - \nu_{th})$$

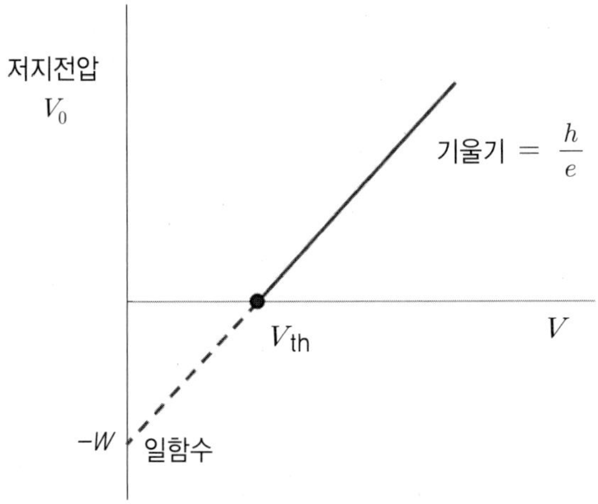

[그림 4-30] 진동수에 따른 저지 전압 실험 결과.

따라서 그림 (4-30)처럼 진동수를 변경해 가면서 저지전압을 측정하면 기울기가 $\frac{h}{e}$인 직선을 얻게 되고 실험으로부터 구한 값이 $h = 6.626 \times 10^{-34}\mathrm{Js}$ 이다.

[Q&A] 광전효과실험에서 빛의 파장이 500 nm일 때 저지 전압이 −1.1 V이고, 400 nm일 때 −1.7 V이다. 일함수는 몇 [J]인가?

(방법1)

$$\frac{1}{2}mv_{\max}^2 = eV_0 = h\nu - \phi = h\frac{c}{\lambda} - \phi$$
$$\therefore eV_0 = \frac{hc}{\lambda} - \phi$$
$$(-1.6 \times 10^{-19}\mathrm{C}) \times (-1.1\mathrm{V}) = \frac{6.63 \times 10^{-34}\mathrm{J \cdot s} \times 3 \times 10^8 \frac{\mathrm{m}}{\mathrm{s}}}{500 \times 10^{-9}\mathrm{m}} - \phi$$
$$\therefore \phi = 2.23 \times 10^{-19}\ [\mathrm{J}]$$
$$(-1.6 \times 10^{-19}\mathrm{C}) \times (-1.7\mathrm{V}) = \frac{6.63 \times 10^{-34}\mathrm{J \cdot s} \times 3 \times 10^8 \frac{\mathrm{m}}{\mathrm{s}}}{400 \times 10^{-9}\mathrm{m}} - \phi$$
$$\therefore \phi = 2.25 \times 10^{-19}\ [\mathrm{J}]$$

개념적으로는 위와 같은 방식으로 파장 변화에 따른 저지전압의 측정 횟수를 늘려가서 평균값을 구하면 될 것이다.

(방법2)

$$e V_0 = \frac{hc}{\lambda} - \phi \quad \rightarrow \quad hc = \lambda(e V_0 + \phi) = \text{상수} = \text{일정}$$

$$500 \times 10^{-9}(1.6 \times 10^{-19} \times 1.1 + \phi) = 400 \times 10^{-9}(1.6 \times 10^{-19} \times 1.7 + \phi)$$

$$\therefore \ \phi = 2.1 \times 10^{-19} \ [\mathrm{J}]$$

읽어 볼거리

① 아인슈타인은 플랑크의 양자 이론을 토대로 1905년 광전효과를 성공적으로 설명하였고, 이 공로로 1921년 노벨상을 수상하였다 (상대성이론으로 노벨상을 수상한 것이 아님).
→ 광전효과 결과는 빛이 파동이 아니라 입자 (=광자)라는 것을 설명하는 중요한 현상으로 빛을 불연속적인 에너지인 양자 (quanta) 덩어리라고 간주한 것이다.

② 레나르트는 광전효과가 자신의 업적이라고 주장하여 아인슈타인과 사이가 나빠졌다. 그는 나찌 추종자로 알려져 있으며, 하지만 1905년 음극선 연구로 노벨상을 수상하였다.

③ 빛의 파동설을 굳게 믿었던 밀리칸은 광양자설을 부정하기 위해 ~5년 동안 정밀실험을 하였으나 결국 인정할 수밖에 없는 결과를 얻었다.

④ 광전효과를 이용한 대표적 실험기기에는 PMT (Photo Multiplier Tube, 광증배관, 광증폭관, 광전관)가 있는데, 단일 입자 광자로도 수백만 개의 전자빔을 만들어 내는 기기로, 오늘날 고에너지나 핵물리 실험에서 입자검출을 위해서 없어서는 안 될 필수 기기이다.
(기타) 사진기의 조도계, 도난경보기, 태양전지, 광센서, 광합성, 가로등의 자동 점멸기 등

[☛ 요약] K (potassium)의 일함수 (ϕ)는 2 eV이다.

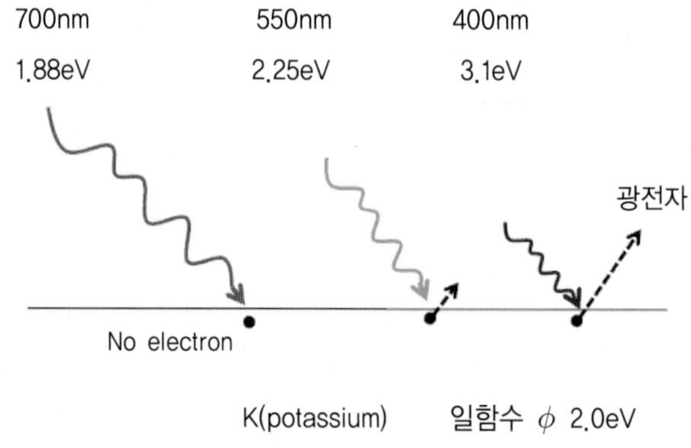

[그림 4-31] 파장이 서로 다른 광자에 대한 K (potassium)에서의 광전효과 발생.

입사 광자의 파장이, 700 (빨강색 계통의 빛), 550 (녹색 계통), 400nm (파란색 계통)이라고 할 때, 에너지로 환산하면 ($E = h\frac{c}{\lambda}$) 1.77, 2.25, 3.1 eV에 해당한다. K (potassium)의 일함수는 2 eV이므로, 그림 (4-31)처럼 이 값보다 작은 빨강색 계통의 빛에서는 광전자가 튀어 나오지 않는다.

4.4 Compton 산란 (Compton scattering)

빛의 본성 중 입자적 성질을 가지고 있다는 증거중의 하나로 1923년 미국의 물리학자 Arthur Holly Compton은 그림 (4-32)처럼 X선을 흑연 덩어리에 비추는 산란 실험을 하였다 . 하나의 광자가 물질 속으로 들어올 때, 원자에 있는 전자와 충돌을 할 것이다. 그럼 광자는 전자와 충돌 후 산란된다. 입사 광자 에너지의 일부분은 전자에 전달될 것이고, 전자는 되튄다 (recoiled electron). 따라서 광자와 전자 사이에 탄성충돌이 일어날 것이고, 에너지와 운동량 보존의 법칙을 적용할 수 있다.

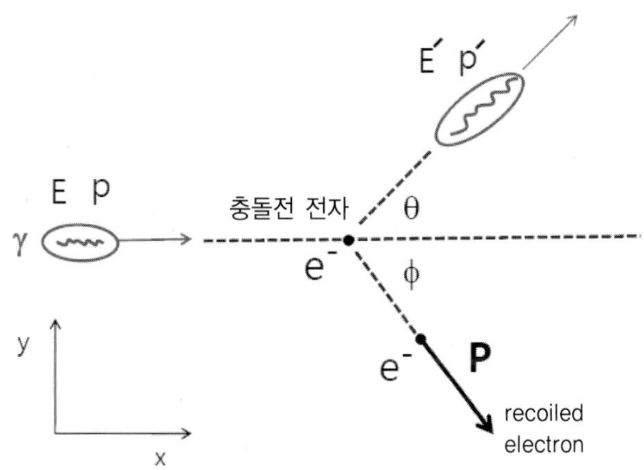

[그림 4-32] 운동량 p인 입사광자 (γ)가 정지한 자유전자에 충돌한 후, 각도 θ, 운동량 p'를 가지고 산란된다. 전자는 각도 ϕ, 운동량 P를 가지고 되튄다. 파장이 λ, 에너지가 E인 입사 광자는 전자와 충돌 후 일정 에너지를 잃어버리므로 파장이 λ'으로 길어지고 에너지는 E'로 감소된다.

(방법1)

운동량보존 $\quad \mathrm{p} = p' + \mathrm{P}$

$$\therefore \vec{P} = \vec{p} - \vec{p'}$$

$$\rightarrow |\boldsymbol{P}|^2 = |p|^2 + |p'|^2 - 2\vec{p} \cdot \vec{p'}$$

$$\boldsymbol{P}^2 = (\frac{E}{c})^2 + (\frac{E'}{c})^2 - 2|\vec{p}||\vec{p'}|\cos\theta$$

$$= (\frac{h\nu}{c})^2 + (\frac{h\acute{\nu}}{c})^2 - 2\frac{h\nu}{c}\frac{h\acute{\nu}}{c}\cos\theta$$

$$\boldsymbol{P}^2c^2 = (h\nu)^2 + (h\acute{\nu})^2 - 2h\nu h\acute{\nu}\cos\theta$$

$$= (h\nu - h\acute{\nu})^2 + 2h\nu h\acute{\nu} - 2h\nu h\acute{\nu}\cos\theta$$

$$= (h\nu - h\acute{\nu})^2 + 2h\nu h\acute{\nu}(1-\cos\theta) \quad \text{Ⓐ}$$

에너지보존 $h\nu + mc^2 = h\acute{\nu} + \sqrt{|\overrightarrow{\boldsymbol{P}}|^2c^2 + m^2c^4}$

($\because E = \sqrt{|\overrightarrow{p}|^2c^2 + m^2c^4} = mc^2$, 초기 자유전자는 정지하고 있다. 또한 되튄 전자는 빛에 비교할 만한 속도를 가지므로 전자의 운동에너지에 대해서는 상대론적 표현을 사용해야 한다.)

$$\rightarrow \sqrt{|\overrightarrow{\boldsymbol{P}}|^2c^2 + m^2c^4} = h\nu - h\acute{\nu} + mc^2$$

$$|\overrightarrow{\boldsymbol{P}}|^2c^2 + m^2c^4 = (h\nu - h\acute{\nu})^2 + 2mc^2(h\nu - h\acute{\nu}) + m^2c^4 \quad \text{Ⓑ}$$

Ⓐ와 Ⓑ식으로부터,

$$(h\nu - h\acute{\nu})^2 + 2h\nu h\acute{\nu}(1-\cos\theta) + m^2c^4$$

$$= (h\nu - h\acute{\nu})^2 + 2mc^2(h\nu - h\acute{\nu}) + m^2c^4$$

$$\rightarrow h\nu\acute{\nu}(1-\cos\theta) = 2mc^2(h\nu - h\acute{\nu})$$

$$\nu - \acute{\nu} = \frac{h\nu\acute{\nu}}{mc^2}(1-\cos\theta)$$

$\nu = \frac{c}{\lambda}$에 의해,

$$\frac{\nu - \acute{\nu}}{\nu\acute{\nu}} = \frac{h}{mc^2}(1-\cos\theta)$$

$$\frac{1}{\acute{\nu}} - \frac{1}{\nu} = \frac{h}{mc^2}(1-\cos\theta)$$

$$\frac{1}{\frac{c}{\acute{\lambda}}} - \frac{1}{\frac{c}{\lambda}} = \frac{h}{mc^2}(1-\cos\theta)$$

$$\frac{\acute{\lambda}}{c} - \frac{\lambda}{c} = \frac{h}{mc^2}(1-\cos\theta)$$

$$\therefore \acute{\lambda} - \lambda = \frac{h}{mc}(1-\cos\theta)$$

(방법2) 벡터의 x, y축 분해에 익숙한 독자를 위해 문제를 다시 풀어보자.

운동량 보존

x축 $\quad \mathrm{p} + 0 = \acute{\mathrm{p}}\cos\theta + \mathrm{P}\cos\phi \quad$ ($\because$ 전자는 초기에 정지하고 있어 운동량은 0)

y축 $\quad 0 = \acute{\mathrm{p}}\sin\theta - \mathrm{P}\sin\phi \quad$ ($\because$ 초기에 광자는 x축으로 진행하고 있어 y성분은 없다)

$$\rightarrow \mathrm{P}\cos\phi = \mathrm{p} - \acute{\mathrm{p}}\cos\theta$$
$$\mathrm{P}\sin\phi = \acute{\mathrm{p}}\sin\theta$$

양변제곱한 후 두식을 더하면,

$$\mathrm{P}^2 = \mathrm{p}^2 - 2\mathrm{p}\acute{\mathrm{p}}\cos\theta + \acute{\mathrm{p}}^2\cos^2\theta + \acute{\mathrm{p}}^2\sin^2\theta = \mathrm{p}^2 + \acute{\mathrm{p}}^2 - 2\mathrm{p}\acute{\mathrm{p}}\cos\theta$$
$$= (\frac{E}{c})^2 + (\frac{\acute{E}}{c})^2 - 2p\acute{p}\cos\theta$$
$$= (\frac{h\nu}{c})^2 + (\frac{h\acute{\nu}}{c})^2 - 2\frac{h\nu}{c}\frac{h\acute{\nu}}{c}\cos\theta$$

에너지 보존

$$E + mc^2 = \acute{E} + \sqrt{|\vec{P}|^2c^2 + m^2c^4}$$
$$\rightarrow h\nu + mc^2 = h\acute{\nu} + \sqrt{|\vec{P}|^2c^2 + m^2c^4}$$

따라서, 위 두식은 앞에서 구한 것과 동일하다.

[Q&A] $h\nu' = \dfrac{h\nu}{1 + \dfrac{h\nu}{mc^2}(1 - \cos\theta)}$ 임을 보여라.

$\acute{\lambda} - \lambda = \dfrac{h}{mc}(1 - \cos\theta)$ 에 의해

$$\frac{c}{\acute{\nu}} = \frac{c}{\nu} + \frac{h}{mc}(1 - \cos\theta) = \frac{mc^2 + h\nu(1 - \cos)}{\nu mc}$$
$$\rightarrow \acute{\nu} = \frac{\nu mc^2}{mc^2 + h\nu(1 - \cos)} = \frac{\nu}{1 + \dfrac{h\nu}{mc^2}(1 - \cos\theta)}$$
$$\therefore h\nu' = \frac{h\nu}{1 + \dfrac{h\nu}{mc^2}(1 - \cos\theta)}$$

[Q&A] 컴프턴 파장 (Compton wavelength) $\lambda_C \equiv \dfrac{h}{mc} = 0.024\,\text{Å}$ 임을 보여라. (전자의 질량은 $9.109 \times 10^{-31}\mathrm{kg}$ 이다)

$$\lambda_C \equiv \frac{h}{mc} = \frac{6.62 \times 10^{-34}\mathrm{J} \cdot \mathrm{s}}{9.109 \times 10^{-31}\mathrm{kg} \times 3 \times 10^8 \frac{\mathrm{m}}{\mathrm{s}}} = 0.242 \times 10^{-11}$$

단위: $\dfrac{\mathrm{Js}}{\mathrm{kg}\dfrac{\mathrm{m}}{\mathrm{s}}} = \dfrac{\mathrm{kg}\dfrac{\mathrm{m}}{\mathrm{s}^2}\mathrm{s}}{\mathrm{kg}\dfrac{\mathrm{m}}{\mathrm{s}}} = \mathrm{m}$

$$\lambda_C = 0.242\times 10^{-11}m = 0.0242\times 10^{-10}m = 0.0242\,\text{Å}$$

(혹은 0.00243nm 또는 2.426×10^{-12}m = 2.426pm)

만약, 전자의 질량이 아니라, 양성자의 질량이라면 ($m_p = 1.67\times 10^{-27}$kg),

$$\frac{h}{mc} = \frac{6.62\times 10^{-34}\text{J}\cdot\text{s}}{1.67\times 10^{-27}\text{kg}\times 3\times 10^{8}\frac{\text{m}}{\text{s}}} = 1.32\times 10^{-15}\text{m} = 1.32\,\text{fm}$$

[Q&A] 만약 전자가 아니라, 핵과 충돌한다면 콤프턴 산란식은 어떻게 변경되는가?

모든 것은 동일하고, 전자 질량 대신 양성자 질량이 들어가면 된다.

$$\therefore \lambda' - \lambda = \frac{h}{m_p c}(1-\cos\theta)$$

[Q&A] 파장 0.2nm (=200pm)의 X선이 탄소 덩어리에 의해 산란되었다. $\theta = 135^o$에서 발견되는 X선의 파장은 얼마인가?

$$\lambda' - \lambda = \frac{h}{mc}(1-\cos\theta) = \lambda_c(1-\cos\theta)$$

$$\therefore \Delta\lambda = 2.426\text{pm}(1-\cos 135) = 4.14\text{pm}$$

$$\rightarrow \lambda' = \lambda + \Delta\lambda = 200 + 4.14 = 204.14\text{pm}$$

따라서 원래 파장 (200pm)하고 대략 2% 차이가 난다.

만약 가시광선 (예, 400nm)의 경우는 $\lambda' = \lambda + \Delta\lambda = 400 + 0.00414 = 400.00414$ nm 이므로 원래 파장하고 0.001% 차이가 난다. 따라서, X선 영역의 광자가 물질을 지날 때, 에너지를 잃어버리는 주된 이유 (process)는 Compton 산란에 의한 것임을 알 수 있다.

[Q&A] 전자의 최대 되튐 운동에너지가 (maximum recoil kinetic energy of electron)

$$\text{KE}_{\text{max}} = \frac{\left(\frac{2h^2\nu^2}{mc^2}\right)}{1+\frac{2h\nu}{mc^2}}$$ 임을 보여라.

$$\text{KE} = h\nu - h\nu' = h\nu - \frac{h\nu}{1+\frac{h\nu}{mc^2}(1-\cos\theta)}$$

$$= h\nu - \frac{h\nu}{\frac{mc^2}{mc^2}+\frac{h\nu}{mc^2}(1-\cos\theta)} = h\nu - \frac{h\nu mc^2}{mc^2+h\nu(1-\cos\theta)}$$

$$= \frac{h\nu mc^2 + h^2\nu^2(1-\cos\theta) - h\nu mc^2}{mc^2 + h\nu(1-\cos\theta)} = \frac{h\nu}{1+\dfrac{mc^2}{h\nu(1-\cos\theta)}}$$

$\theta = \pi$ 일 때, 최대

$$\therefore \mathrm{KE}_{\max} = \frac{h\nu}{1+\dfrac{mc^2}{h\nu(1-\cos\pi)}} = \frac{h\nu}{1+\dfrac{mc^2}{2h\nu}}$$

혹은,

$$\frac{h\nu}{\dfrac{2h\nu+mc^2}{2h\nu}} = \frac{2h^2\nu^2}{2h\nu+mc^2} = \frac{\dfrac{2h^2\nu^2}{mc^2}}{1+\dfrac{2h\nu}{mc^2}}$$

[♣ 생각해보기] 컴프턴 산란 시, X선 (광자, γ)이 금속에 입사해 금속 덩어리와 산란을 하는데, 왜 금속 덩어리나 금속 원자의 질량이 아니라, 전자의 질량을 썼을까?

탄소의 질량: $12u$

전자의 질량: $5.486 \times 10^{-4}u$

탄소 질량은 전자질량보다 $\sim 2\times10^4$배 무겁다. 따라서 산란 후, 파장변화는 $\sim 2\times10^4$배 정도 작다 ($\Delta\lambda \propto \frac{1}{m}$). 따라서 거의 파장 변화가 생기지 않는 것과 동일하다. 또한 원자내부 깊숙한 것에 있는 전자는 핵에 강하게 속박되어 있기 때문에 이런 전자를 외부에서 X선이 와서 때려주면, 원자 전체가 반동을 받게 될 것이다. 이럴 경우 파장 변화는 생기지 않고, 같은 파장이 단지 방향만 변하면서 산란하게 된다. 따라서 최외각 전자들만 충돌해서 에너지를 X선으로부터 받아 되튀게 된다. 실제 실험에서는 그림 (4-33)처럼 산란된 X선은 원래 파장 λ와 파장이 길어진 $\acute{\lambda}$의 두 개의 봉우리 (peak)가 보인다.

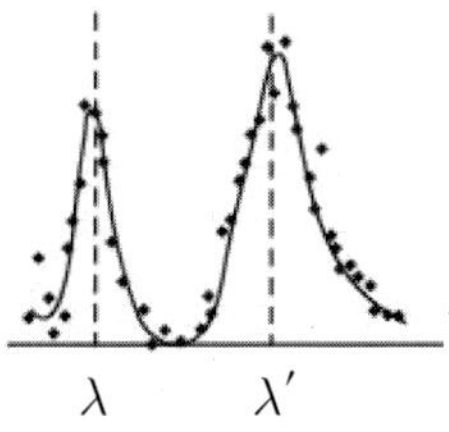

[그림 4-33] 원래 파장 λ와 컴프턴 산란에 의해 파장이 길어진 $\acute{\lambda}$.

예를 들어, 그림 (4-34)에서와 같이 $\theta = 90^o$일 때,

$\acute{\lambda} - \lambda = \frac{h}{mc}(1-\cos\theta) = \frac{h}{mc}(1-\cos 90) = \frac{h}{mc} = \lambda_C$ 이므로 컴프턴 파장 값을 얻는다.

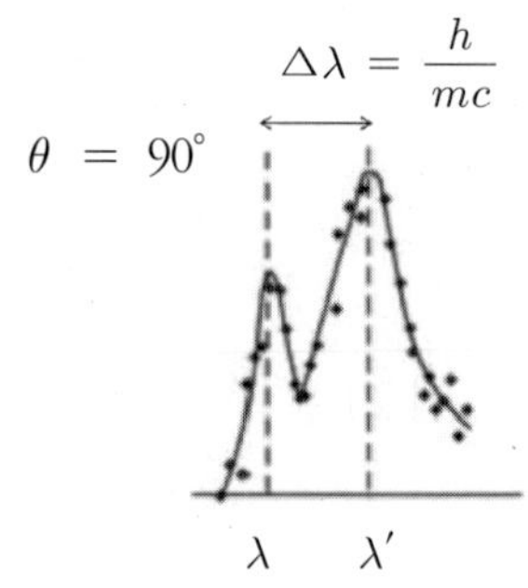

[그림 4-34] $\theta = 90^o$일 때, 컴프턴 파장 값.

그림 (4-35)처럼 $\theta = 180^o$일 때 (back scattering), $\acute{\lambda} - \lambda = \Delta\lambda = \frac{h}{mc}(1-\cos\theta) = \frac{2h}{mc}$로, 산란 광자의 파장은 최대가 된다 (즉, 에너지는 최소). 이 때 전자에게 전달되는 에너지는 최대이다. $\Delta\lambda$만큼의 에너지가 전자에게 전해진다.

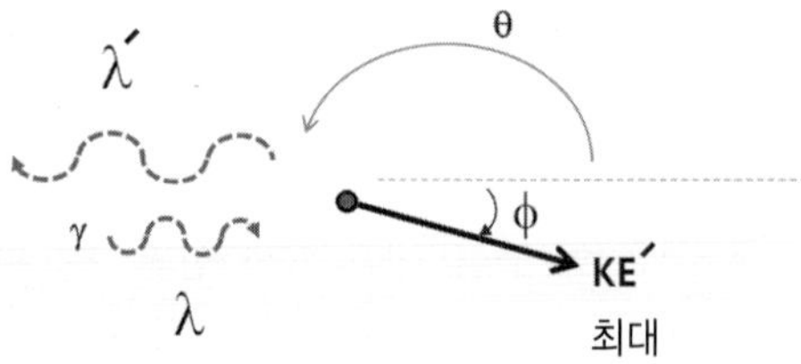

[그림 4-35] 산란각 (θ)이 커질수록 산란광자의 파장은 길어지고 (에너지는 작아지고) 컴프턴 전자에 전달되는 에너지는 증가하며, 되튐각 (ϕ)은 작아진다.

[Q&A] Compton edge는 Compton electron의 최대 에너지를 의미한다. ^{137}Cs 소스에서 에너지가 0.662 MeV인 광자가 방출된다. Compton edge를 구하라.

$$E = h\nu = 0.662\,\text{MeV}$$

$$h\nu' = \frac{h\nu}{1+\frac{h\nu}{mc^2}(1-\cos\theta)} = \frac{h\nu}{1+\frac{2h\nu}{mc^2}} = \frac{0.662}{1+\frac{2\times 0.662}{0.511}} \qquad (\because \theta = 180^o)$$

$$= 0.184\text{MeV}$$

$$\therefore \acute{E} = h\acute{\nu} = 0.184\text{MeV}$$

$$\rightarrow \text{Compton edge} = \text{KE}|_{max} = (h\nu - h\nu)'_{max} = 0.662 - 0.184 = 0.478\,\text{MeV}$$

($\because$ back scattering 될 때, 에너지가 최대로 전달된다)

[Q&A] 파장이 0.1100 nm인 광자가 정지해 있는 전자와 충돌한다. 충돌 후 파장은 0.1132 nm이다.

① 충돌 후 전자의 에너지는?

에너지 보존 $E_{\lambda} = E_e + E_{\lambda'}$

$$\rightarrow E_e = E_{\lambda} - E_{\lambda'} = \frac{hc}{\lambda} - \frac{hc}{\lambda'} = hc\left(\frac{\lambda' - \lambda}{\lambda\lambda'}\right)$$

$$= 240\left(\frac{0.1132 - 0.1100}{0.1100 \times 0.1132}\right)\frac{\text{eV} \cdot \text{nm}}{\text{nm}} = 319\,\text{eV}$$

② 전자의 속력은?

$$E_e = \frac{1}{2}mv^2$$

$$\rightarrow v = \sqrt{\frac{2E_e}{m}}$$

[Note] 319 eV = 5.105×10^{-17} J

$$\therefore v = \sqrt{\frac{2E_e}{m}} = \sqrt{\frac{2 \times 5.105 \times 10^{-17}\text{J}}{9.109 \times 10^{-31}\text{kg}}} = 1.06 \times 10^7\,\text{m/s}$$

컴프턴 산란의 결론

빛의 입자성을 설명한다. 에너지 ($E = h\nu$)를 가진 광자의 존재를 가정해야만 문제를 풀 수 있다. 만일 X선이 순수한 파동이었다면, 산란된 X선의 파장은 변하지 않을 것이다. 즉, X선의 진동수가 변하지 않으므로 파장 역시 바뀌지 않을 것이다.

4.5 쌍생성과 쌍소멸

쌍생성 (pair production, pair creation)

광전효과나 콤프턴 산란은 광자의 에너지를 전자에게 모두 (photoelectric effect) 혹은 일부분 (Compton scattering) 주는 것이다. 하나의 광자는 전자 (e^-)와 양전자 (e^+)로 변환될 수 있는데 이것을 쌍생성 (pair production)이라고 한다.

$$\text{쌍생성} \quad \gamma \rightarrow e^- + e^+$$

양전자 (e^+, positron)는 P.A.M. Dirac에 의해 예측되었으며 1932년 C.D. Anderson에 의해 발견되었다.

[Q&A] 1개의 광자가 1개의 전자와 1개의 양전자로 쌍생성 할 때 이 광자의 진동수는?

에너지보존 $h\nu = E_1 + E_2 = 2E = 2mc^2$

$$\rightarrow h\nu = 2mc^2$$

$$\therefore \nu = \frac{2mc^2}{h}$$

[Q&A] γ (광자, photon)가 e^+e^- 쌍 (pair)을 생성할 수 있는 최소 에너지는 얼마이며, 이때의 파장을 계산해 보고, 어느 영역인지 살펴보아라.

전자의 질량 $0.511\frac{\mathrm{MeV}}{\mathrm{c}^2}$

따라서 2개의 전자를 생성해야 하므로, 충돌하는 γ(광자)의 에너지도 최소한 이 정도는 되어야 할 것이다.

$$\therefore E_\gamma = 2 \times 0.511 = 1.022\,\mathrm{MeV}$$

$E = h\nu = h\frac{c}{\lambda}$에 의해

$$\therefore \lambda = \frac{hc}{E} = \frac{1240\mathrm{eV} \cdot \mathrm{nm}}{1.022\mathrm{MeV}}$$

$$= \frac{1240 \times 10^{-6}\mathrm{MeV} \cdot \mathrm{nm}}{1.022\mathrm{MeV}}$$

$$= 1213 \times 10^{-6}\mathrm{nm}$$

$$= 1.213 \times 10^{-3}\mathrm{nm}$$

$$\sim 0.001\mathrm{nm}$$

$\rightarrow$ γ선 영역

[Q&A] 자유공간에서 쌍생성이 일어날 수 없음을 보여라.

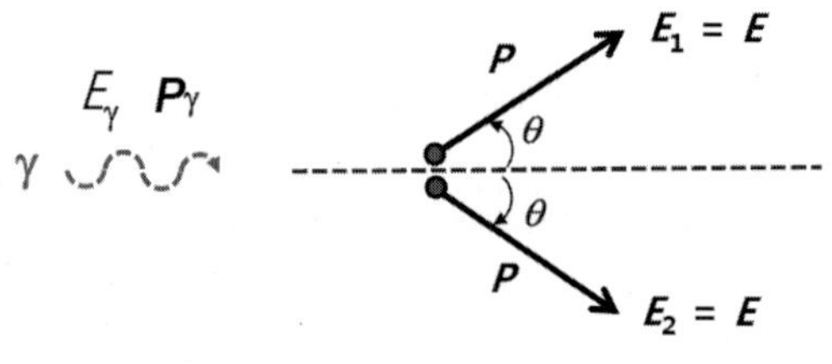

[그림 4-36] 자유공간에서의 쌍생성.

그림 (4-36)에서 다음이 성립한다.

에너지보존 $h\nu = E_1 + E_2 = 2E = 2\gamma mc^2$ Ⓐ

운동량보존 $p_\gamma = p\cos\theta + p\cos\theta$

$$\rightarrow\ p_\gamma \left(= \frac{E_\gamma}{c} = \frac{h\nu}{c}\right) = 2p\cos\theta = 2\gamma mv\cos\theta \qquad (\because p = \gamma mv)$$

$$h\nu = 2\gamma mvc\cos\theta = 2\gamma mc^2 \frac{v}{c^2}\cos\theta$$

여기서, $\frac{v}{c} < 1$ 이고 $\cos\theta \le 1$ 이므로

$$\rightarrow\ h\nu < 2\gamma mc^2 \qquad Ⓑ$$

$h\nu$가 Ⓐ와 Ⓑ를 동시에 만족할 수는 없다. (즉, 에너지 보존과 운동량 보존 법칙을 동시에 만족하지 못한다.)

(결론) 따라서 그림 (4-37)처럼 쌍생성은 처음 광자 운동량 일부를 가져가는 원자핵이 항상 관여한다. 즉, 전자 질량에너지 (0.511 MeV)의 2배 이상 되는 감마선을 핵과 충돌 시키면 핵과 전자기적 힘을 주고받으면서 전자 (e^-)와 양전자 (e^+)를 만들어 낸다.

[그림 4-37] 자유공간에서 쌍생성과 핵과의 관계.

쌍소멸 (pair annihilation, pair destruction)

쌍생성의 역과정으로 물질 내를 통과하는 양전자는 전자를 만나 소멸 (annihilation)된다.

$$\text{쌍소멸} \quad e^- + e^+ \rightarrow \gamma + \gamma$$

일반적으로 입자와 반입자가 만나면 빛으로 변한다. 전자와 양전자가 만나면, 서로 사라지면서 감마선이 나온다. ($e^- + e^+ \rightarrow 2\gamma$)

[Q&A] 그림 (4-38)처럼 쌍소멸된 두 광자의 에너지를 구하면?

$$e^- + e^+ \rightarrow \gamma + \gamma$$

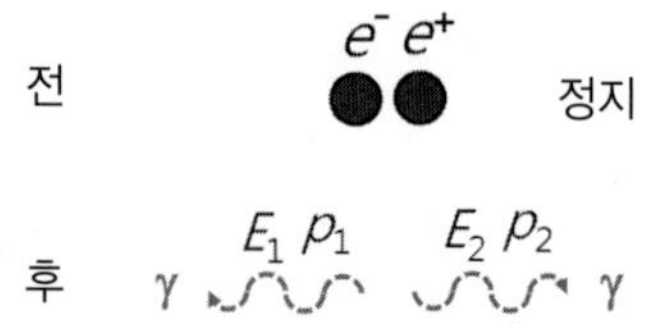

[그림 4-38] $e^- + e^+ \rightarrow \gamma + \gamma$.

에너지보존 $\quad 2mc^2 = E_1 + E_2$

운동량보존 $\quad 0 = \overrightarrow{p_1} + \overrightarrow{p_2}$

$$\rightarrow \overrightarrow{p_1} = -\overrightarrow{p_2} \quad \text{(방향 반대)}$$

$$|\overrightarrow{p_1}| = |\overrightarrow{p_2}| \quad \text{(크기 동일)}$$

$$\frac{E_1}{c} = \frac{E_2}{c}$$

$$\therefore E_1 = E_2$$

따라서, $2mc^2 = E_1 + E_2 = 2E_1$

$$\therefore E_1 = mc^2 = 0.511\text{MeV}$$

$$\rightarrow E_2 = 0.511\text{MeV}$$

[Q&A] 전자와 양전자가 반응하여 쌍소멸 할 때 생성되는 것은?

① 전자 2개 ② 중성자 2개 ③ 중성미자 ④ 광자 1개 ⑤ 광자 2개

[정답] ⑤

[Q&A] 일상생활에서 γ (광자)는 무수히 많다. 따라서 이들이 서로 만나 e^+e^- pair를 만들기 위해 문턱에너지 ($= 2 \times 0.511\text{MeV}$)만 넘으면 가능할 것이다. 하지만, 실제 생활에서 찾아볼 수 없다. 왜 그런가?

0.511MeV 에너지를 가진 광자가 우리 주위에 떠돌아다닐 수 있다. 하지만, 반응이 일어나기 위한 조건을 살펴보자.

$$E = kT$$

$$\rightarrow T = \frac{E}{k} = \frac{0.511\text{MeV}}{1.38 \times 10^{-23}\frac{\text{J}}{\text{K}}}$$

$$= \frac{0.511 \times 10^6 \times 1.6 \times 10^{-19}\text{J}}{1.38 \times 10^{-23}\frac{\text{J}}{\text{K}}}$$

$$= 0.5924 \times 10^{10}\mathrm{K}$$
$$\simeq 6 \times 10^{9}\mathrm{K}$$

즉, 약 ~60억도에 해당한다. 따라서 태양 중심온도 (1500만도) 보다 고온인 것이다. 이런 반응 환경은 우주 초기에 해당하는 것으로 이 시기에는 광자들이 서로 자유롭게 만나 물질-반물질 쌍을 만들었을 것으로 생각된다.

[Q&A] 그림 (4-39)처럼 정지해 있는 양성자-반양성자는 $p + \bar{p} \rightarrow \gamma + \gamma$로 소멸한다고 하자. 생성된 광자들의 에너지와 파장을 구해보면?

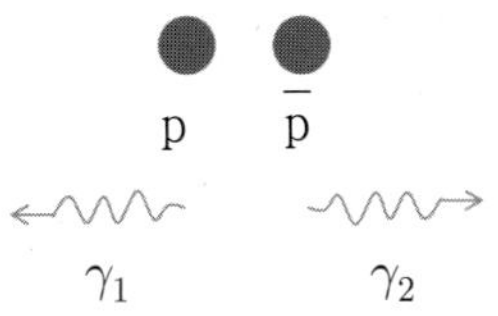

[그림 4-39] $p + \bar{p} \rightarrow \gamma + \gamma$ 붕괴.

운동량 보존: $\overrightarrow{p_{\gamma_1}} = -\overrightarrow{p_{\gamma_2}}$

$\therefore |p_{\gamma_1}| = |p_{\gamma_2}|$ (즉, 크기는 같고 방향은 반대)

에너지 보존: $2E_p = 2E_\gamma$

$\therefore E_\gamma = E_p = m_p c^2 \sim 938\,\mathrm{MeV}$

$E = h\nu = h\dfrac{c}{\lambda}$에 의해

$$\therefore \lambda = \frac{hc}{E} = \frac{1240\mathrm{eV} \cdot \mathrm{nm}}{938\mathrm{MeV}}$$
$$= \frac{1240 \times 10^{-6}\mathrm{MeV} \cdot \mathrm{nm}}{938\mathrm{MeV}} = 1.32 \times 10^{-15}\mathrm{nm} \sim 1\,\mathrm{fm}$$

즉, 빠져 나오는 γ (광자)의 길이도 강력 (strong force)이 작용하는 범위인 ~1fm 정도임을 알 수 있다.

4.6 물질파 (matter wave)

(동기)

"빛은 전자기파"라고 정리한 Maxwell에 의해 빛은 파동이라고 생각했는데 입자적 성질 (광전효과, 컴프턴 산란, 쌍생성 등)을 가지고 있다 → 빛의 이중성. 그럼, 이제까지 입자라고 생

각되는 전자가 파동적 성질을 가지면 안 될까하고 의문을 가지는 것은 (약간의 엉뚱하지만) 너무나 당연한 것이다.

(드브로이 물질파)

Louis de Broglie (프랑스, 1892-1987)는 질량을 가진 입자도 파동적 성질을 가져야 한다고 주장했다 (1924). 양자역학의 발견에서 가장 위대한 것 중의 하나는 입자가 파동의 성질을 갖고 있고, 파동 또한 입자적인 성질을 갖는다 라는 wave-particle duality (파동-입자 이중성)이다. 드브로이 물질파는 다음과 같다.

$$\text{드브로이 파장, } \lambda = \frac{h}{p}$$

[Q&A] 질량이 20 g인 총알이 800 m/s 속력일 때, 드브로이 파장은?

$$\lambda = \frac{h}{p} = \frac{h}{mv} \simeq \frac{6\times10^{-34}\mathrm{J\cdot s}}{20\times10^{-3}\mathrm{kg}\times800\frac{\mathrm{m}}{\mathrm{s}}} = 3.75\times10^{-35}\mathrm{m}$$

[Q&A] 입자가 파동적 성질을 나타낸다고 했는데, 그럼에도 불구하고 LA 다저스의 류현진 선수가 시속 $150\frac{\mathrm{km}}{\mathrm{h}}$로 던진 무게가 140g인 야구공이 파동적 성질을 나타낸다는 것이 여전히 믿어지지 않는다. 어떻게 된 일인가?

$$v = 150\frac{\mathrm{km}}{\mathrm{h}} = 150\frac{10^3\mathrm{m}}{3600\mathrm{s}} \simeq 40\frac{\mathrm{m}}{\mathrm{s}}$$

$$\therefore \lambda = \frac{6.63\times10^{-34}\mathrm{J\cdot s}}{0.14\mathrm{kg}\times40\frac{\mathrm{m}}{\mathrm{s}}} \sim 10^{-34}\mathrm{m}$$

즉, 물질파의 파장이 원자의 크기 ($1\,\mathrm{\mathring{A}} = 10^{-10}\mathrm{m}$)에 비해 엄청나게 작다. 이 값을 알려면 측정 장치나 도구가 이 정도 레벨까지 내려가야 한다. 따라서 사람이 느끼거나 인지할 수 있는 능력 보다 훨씬 작아 파동적 성질을 보는 것이 어렵다. 그래서 우리 일상생활에서 경험하는 물체들의 물질파 파장은 너무 작아서 파동의 효과 (예, 간섭, 회절) 등의 현상을 관측할 수 없는 것으로 생각할 수 있다.

그럼, 전자 ($9.1100\times10^{-31}\mathrm{kg}$)의 경우 ($v = 10^7\frac{\mathrm{m}}{\mathrm{s}}$)를 살펴보자.

$$\rightarrow \lambda = \frac{6.63\times10^{-34}\mathrm{J\cdot s}}{9.1\times10^{-31}\mathrm{kg}\times10^7\frac{\mathrm{m}}{\mathrm{s}}} \sim 7.3\times10^{-11}\mathrm{m} \sim 10^{-10}\mathrm{m}$$

전자의 경우 움직이는 행동반경이 X선 파장과 크게 다르지 않아, 경우에 따라 파동적 성질이 분명하게 나타날 것이고, 이제까지 우리가 입자라고 생각했던 전자의 파동적 특성도 볼 수 있을 것이다. 하지만, 류현진 선수 야구공의 파장은 원자의 크기보다 훨씬 작으므로 파동적 성질을 보기는 어려운 것이다.

[Q&A] $E = \hbar w$, $p = \hbar k$임을 보여라.

$E = h\nu = 2\pi\hbar\nu = \hbar 2\pi\nu = \hbar w \; (\because w = 2\pi\nu)$

$p = \dfrac{h}{\lambda} = \dfrac{2\pi\hbar}{\lambda} = \hbar k \; (\because k \equiv \dfrac{2\pi}{\lambda})$

즉, $p = \hbar k$와 $k = \dfrac{2\pi}{\lambda}$는 동일한 표현임을 알 수 있다.

[Q&A] $2\pi r - n\lambda$와 $L = n\hbar$가 동일한 표현임을 보여라.

$2\pi r mv = n\lambda mv$

$2\pi rp = n\dfrac{h}{mv}mv \; (\because \lambda = \dfrac{h}{p}$ 드브로이 파장$) \rightarrow 2\pi L = nh \quad (\because \vec{L} = \vec{r} \times \vec{p})$

$\therefore L = n\dfrac{h}{2\pi} = n\hbar$

따라서, $2\pi r = n\lambda$와 $L = n\hbar$ 은 결국 같은 식이다.

드브로이는 생각하기를 "전자는 파동적 성질을 가지고 있으므로 원자핵 주위에 일종의 정상파를 만들지 않으면 안된다"고 주장하였다. 이것은 피아노, 바이올린 등 악기들이 아름다운 음을 내는 것은 파동이 모두 정수배 파장을 갖는다는 것에 착안을 한 것이다. 또한, 그리스 학파 중의 하나는 자연의 아름다움은 정수로 표현된다고 주장하였다.

(예) 수소원자 핵 주위를 도는 전자가 그림 (4-40)과 같은 상태에 있다고 하자. 이 전자는 바닥상태에 있는 전자에 비해 속도가 몇 배나 되는가?

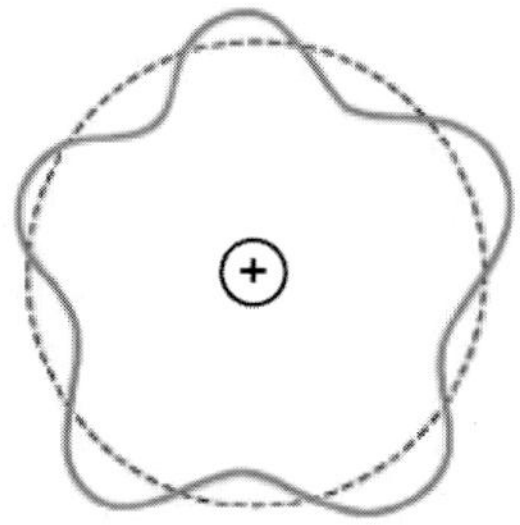

[그림 4-40] 드브로이 파, $2\pi r = n\lambda$. $n = 5$인 상태.

$$k\frac{Ze^2}{r^2} = m\frac{v^2}{r}$$

$$L = n\hbar$$

$$\rightarrow rmv = n\hbar$$

$$\frac{m\frac{v^2}{r}}{mvr} = \frac{k\frac{Ze^2}{r}}{n\hbar} \rightarrow v = k\frac{Ze^2}{n\hbar}$$

$$\therefore v_n \propto \frac{1}{n}$$

그림에서 전자는 $n = 5$인 상태에 놓여 있다.

$$\rightarrow \frac{v_5}{v_1} \propto \frac{\frac{1}{5}}{\frac{1}{1}} = \frac{1}{5}$$

$$\therefore v_5 \propto \frac{1}{5}v_1$$

[Q&A] 상대론적 운동에너지가 2×10^{15} eV인 양성자의 드브로이 파장 [m]은?

$$\lambda = \frac{h}{p} = \frac{hc}{pc} = \frac{hc}{E} \qquad (E^2 = E_0^2 + p^2c^2 \rightarrow E = pc \because E_0 \rightarrow \text{무시})$$

$$= \frac{4\times10^{-15}\text{eV}\cdot\text{s}\times3\times10^8\frac{\text{m}}{\text{s}}}{2\times10^{15}\text{eV}} = 6\times10^{-22}$$

[Q&A] 그림 (4-41)처럼 질량 m, 전하량 e인 전자를 정지상태에서 전압 V로 가속했다. 이 전자가 양극에 도달했을 때 (KE), 속도, 전자의 물질파 파장을 구하라.

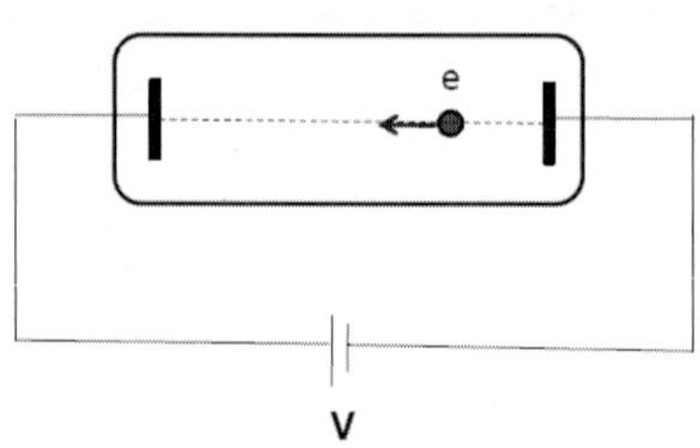

[그림 4-41] 전자의 물질파 파장 구하기.

$$\text{운동에너지 (KE)} = \frac{1}{2}mv^2 = eV$$

(∵ 전자가 얻은 에너지가 모두 운동에너지로 전환되었다)

$$\text{전자 속도} \quad v = \sqrt{\frac{2eV}{m}}$$

$$\text{물질파 파장 } \lambda = \frac{h}{p} = \frac{h}{mv} = \frac{h}{m\sqrt{\frac{2eV}{m}}} = \frac{h}{\sqrt{2meV}}$$

[Q&A] 입자의 질량 m, 운동에너지가 E인 물질파의 파장은?

$$\lambda = \frac{h}{p}$$

$$E = \frac{p^2}{2m} \rightarrow p = \sqrt{2mE}$$

$$\therefore \lambda = \frac{h}{p} = \frac{h}{\sqrt{2mE}}$$

[Q&A] 질량 m, 운동량이 p인 전자의 진동수 (f)는?

$$f = \frac{1}{T} = \frac{1}{\frac{\lambda}{v}} = \frac{v}{\lambda}$$

$$\lambda = \frac{h}{p}$$

$$p = mv$$

$$\therefore f = \frac{v}{\lambda} = \frac{\frac{p}{m}}{\frac{h}{p}} = \frac{p^2}{mh}$$

[Q&A] 전자의 운동에너지가 10 eV일 때, 드브로이 파장은?

$$\mathrm{KE} \equiv E = \frac{p^2}{2m} \quad \rightarrow \quad p = \sqrt{2mE}$$

$$\therefore p = \sqrt{2 \times 9.11 \times 10^{-31}\mathrm{kg} \times 10 \times 1.6 \times 10^{-19}\mathrm{J}} \qquad (\because 1\mathrm{eV} = 1.6 \times 10^{-19}\mathrm{J})$$

$$= 1.71 \times 10^{-24}\mathrm{kg}\frac{\mathrm{m}}{\mathrm{s}}$$

$$\therefore \lambda = \frac{h}{p} = \frac{6.63 \times 10^{-34}\mathrm{J} \cdot \mathrm{s}}{1.71 \times 10^{-24}\mathrm{kg}\frac{\mathrm{m}}{\mathrm{s}}} = 3.88 \times 10^{-10}\mathrm{m} = 0.39\mathrm{nm}$$

[Q&A] 전압 V로 가속된 전자의 드브로이 파장이 λ라고 하면, 전압 2V로 가속된 전자의 드브로이 파장은?

$$E = \frac{p^2}{2m} \quad \rightarrow \quad p = \sqrt{2mE}$$

$$\lambda = \frac{h}{p} = \frac{h}{\sqrt{2mE}}$$

$W = qV = E$ ($\because$ 일-에너지 정리)

$$\therefore \lambda = \frac{h}{p} = \frac{h}{\sqrt{2mE}} = \frac{h}{\sqrt{2mqV}}$$

$$\rightarrow \lambda \propto \frac{1}{\sqrt{V}}$$

$$\therefore\ \lambda_{2V} \propto \frac{1}{\sqrt{2V}} = \frac{1}{\sqrt{2}}\frac{1}{\sqrt{V}} = \frac{1}{\sqrt{2}}\lambda_V$$

[Q&A] 드브로이 파장이 λ인 입자의 운동에너지는?

① $\frac{1}{2}mh^2\lambda^2$ ② $\frac{1}{2m}h^2\lambda^2$ ③ $\frac{h^2}{2m\lambda^2}$ ④ $\frac{h^2}{2m\lambda^2}$ ⑤ $\frac{1}{2m^3}h^2\lambda^2$

[정답] ④ $(\because E = \frac{p^2}{2m} = \frac{(\frac{h}{\lambda})^2}{2m} = \frac{h^2}{2m\lambda^2})$

(예) 드브로이 파장이 2배가 되면 이 입자의 운동에너지는 몇 배가 되는가?

$$E \propto \frac{1}{\lambda^2}$$

$\therefore \frac{1}{4}$배

정리

	입자성	$\lambda = \frac{h}{p}$ 입자성과 파동성을 연결하는 것이 바로 플랑크 상수 (h)	파동성
물리량	에너지 (E), 운동량 (p)		진동수 (f), 파장 (λ)
	$E = \frac{p^2}{2m}$		$v = \lambda f$

4.7 Franck-Hertz 실험

Plank와 Franck는 표기를 하면 다른 사람이지만, 발음을 하면 같게 들리므로 혼동하기 쉬우므로 주의하자. Plank는 Max Karl Ernst Ludwig Planck (1858-1947)로 양자역학의 창시자라고 볼 수 있으며, $h = 6.63 \times 10^{-34}$J • s 플랑크 상수가 있고, 그의 업적을 기리기 위해 막스플랑크 연구소가 설립되었다. Franck는 James Franck (1882-1964)이며, 헤르쯔는 Gustav Ludwig Hertz (1887-1975)로 Heinrich Rudolf Hertz (진동수, Hz의 창시자)의 조카이다.

(동기)

보어 모델에 의하면 전자가 원자핵 주위를 돌 때, 특정한 불연속적인 양자화된 궤도만이 허용된다고 하였는데, 1914년 이를 확인하려고 하였다.

(실험장치)

그림 (4-42)처럼 수은 증기 가스 (mercury vapour)를 채운 관에 가열된 필라멘트 (F)에서 나온 전자가 그리드 (G) 쪽으로 가속되어 갈 수 있도록 전압을 걸어준다. 그리드와 전자를 모으는 양극 (P) 사이에는 반대 전압 (retarding voltage)을 걸어주어 문턱에너지 (threshold energy)를 넘는 전자만이 도달할 수 있게 한다.

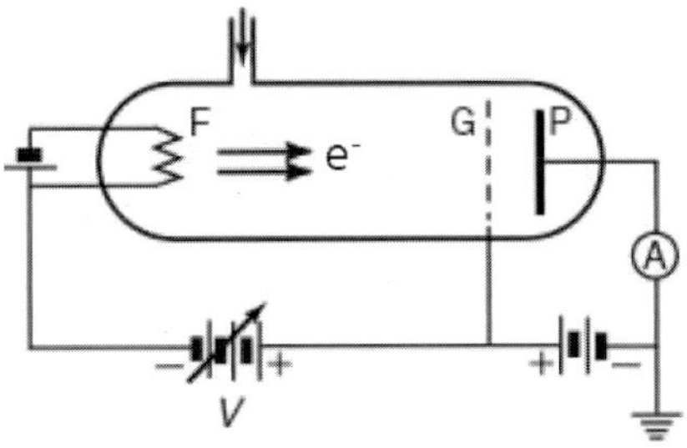

[그림 4-42] 프랑크-헤르츠 (Franck-Hertz) 실험.

(실험결과)

전압을 높여주면 필라멘트에서 나온 전자의 개수나 운동에너지가 커질 것이므로 전류 (A)도 증가할 것이다. 그런데, 그림 (4-43)처럼 ~4.9 V 정도에서 전류가 급격히 감소한다. 계속 전압을 증가시키면, 전류가 증가하다가 ~9 V 정도에서 다시 급격히 감소한다.

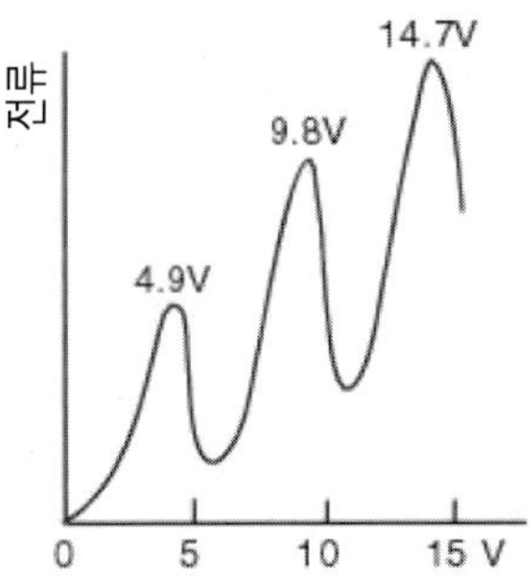

[그림 4-43] 프랑크-헤르츠 실험 결과.

(가정)

수은 원자가 가질 수 있는 에너지는 연속적인 것이 아니라 띄엄띄엄 불연속하다.

(해석)

만약 전자와 원자 사이의 충돌에서 운동에너지가 보존된다면 전자는 단지 다른 방향으로 튀어

나갈 뿐일 것이다. (즉, 원자는 전자보다 매우 무겁기 때문에 충돌 시 전자는 운동에너지를 거의 잃지 않는다. 완전 탄성 충돌에서 운동에너지는 보존된다) 그러나 전자가 수은 원자와 비탄성 충돌 (inelastic scattering)을 해 운동에너지의 일부 혹은 전부를 수은 원자에게 주면 수은 원자를 바닥상태에서 높은 에너지 준위로 여기 (excite) 시킬 수 있다. 이 전자 에너지가 바로 수은 원자를 바닥상태에서 여기 상태로 올리는데 필요한 에너지 (=4.9 eV)와 같은 것이다. 전자는 수은 원자와 한번 충돌할 때 마다 4.9 eV 만큼의 에너지를 잃게 되므로 가속전압을 다시 올려서 4.9 eV의 배수가 되면 다시 에너지를 잃게 될 것이다. 이 결과로 1925년 노벨상을 수상하였다. 간단히 말해서 프랑크-헤르츠 (Franck-Hertz) 실험은 충돌에 의한 여기 실험이라고 볼 수 있다.

[☛ 비유]

25 cm의 발사이즈를 가진 사람에게 23 cm, 24 cm의 신발 사이지를 주어도 소용없다. 신발사려는 사람을 가장 행복하게 만족시키려면 25 cm 사이즈의 신발을 주어야 한다.

(결론)

① 원자 자신이 가질 수 있는 에너지 레벨은 띄엄띄엄 (선별적)해, 그 차이 (gap) 만큼 줄 때, 가장 잘 받아들인다.

② 수은 원자의 경우 에너지 준위 차이가 4.9 eV이며, 불연속적임을 입증하는 증거가 된다.

[Q&A] 수은원자의 들뜬 상태와 바닥상태의 에너지 차이는 4.9 eV이다. 이 때, 전자가 들뜬 상태에서 바닥상태로 떨어지면서 내는 빛의 파장을 구하라.

$$E_1 - E_0 = h\nu = h\frac{c}{\lambda}$$

$$\therefore \lambda = \frac{hc}{E_1 - E_0} = \frac{1240\text{eV} \cdot \text{nm}}{4.9\text{eV}} = 253.0\ \text{nm} = 2540\ \text{Å}$$

∴ 자외선 방출

[Q&A] 프랑크-헤르쯔 실험에서 11 eV로 가속된 전자가 수은 원자와 충돌 한 후 가질 수 있는 최소 에너지는 몇 eV인가?

첫 번째 여기 상태 에너지 4.9 eV

두 번째 여기 상태 에너지 $4.9 \times 2 = 9.8$ eV

$\therefore 11 - 9.8 = 1.2$ eV

4.8 Davisson-Germer 실험

(동기)

드브로이가 물질파 (1924)를 주장한 3년 후에 전자 (X선 정도의 파장을 가진)가 파동처럼 행동한다면 분명히 회절무늬를 확인할 수 있을 것이라고 생각하였다.

(실험 장치)

그림 (4-44)처럼 54 eV의 전자 빔을 니켈 결정에 때리고 이온챔버 (ionization chamber) 검출기의 방향 (ϕ)을 변경해 가면서 튕겨 나오는 전자를 관찰하였다.

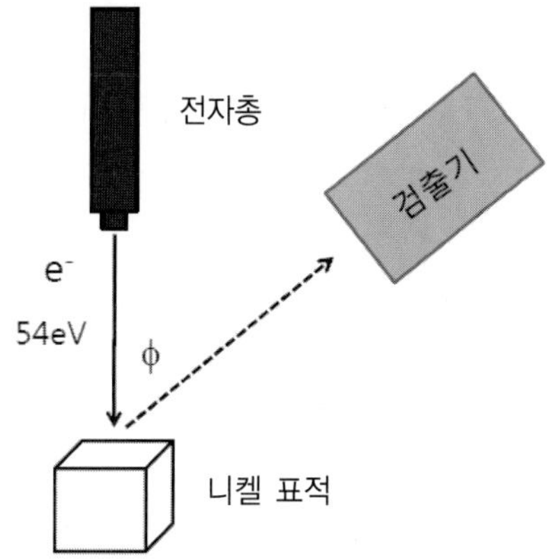

[그림 4-44] Davisson-Germer 실험 장치.

(실험진행)

① 처음엔 고전적 결과를 얻었다. 고전물리에 의하면, 모든 방향으로 산란되어 연속적인 분포를 준다.

② 시간이 경과함에 따라 니켈 표면이 산화되어서, 이것을 방지하기 위해 오븐에 구운 (bake) 후 더욱더 만족할 만한 진공 실험장치 속에서 실험을 진행하였다. 결과는 이전과는 완전히 달랐다.

(중요 변화)

① 구웠다는 사실: 원자를 재배열 시켜 결정구조를 갖게 한 것이다. 즉 원자 간격이 전자의 물질파 파장과 비슷해져 전자의 파동적 성질을 드디어 보게 한 것이다.

② 좋은 진공: 실험장치가 좋은 진공이 아니면, 전자가 장치 내 입자들과 많은 산란을 일으키는데, 이런 문제점을 해결했다.

(실험결과) 그림 (4-45)처럼 각도가 50도에서 전자 산란 값이 최대가 생김을 관측하였다.

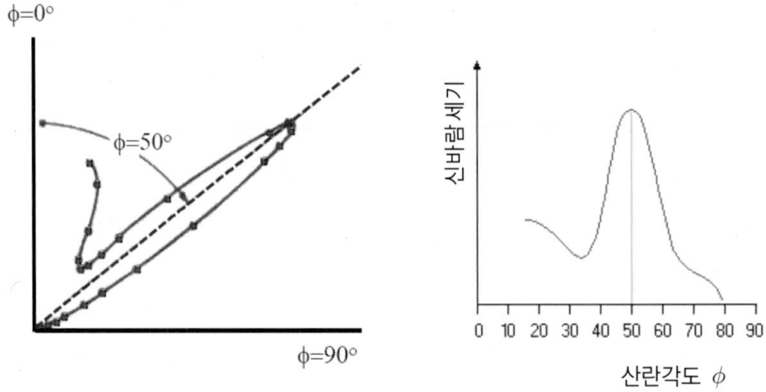

[그림 4-45] Davisson-Germer 실험 결과.

(이론값과 실험값 비교)

① 이론값

$$\lambda = \frac{h}{p} = \frac{h}{mv}$$

$$\mathrm{KE} \equiv E = \frac{1}{2}mv^2$$

$$mv = \sqrt{2mE} = \sqrt{2\times 9.1\times 10^{-31}\mathrm{kg}\times 54\times 1.6\times 10^{-19}\mathrm{J}} \qquad (\because 1\mathrm{eV} = 1.6\times 10^{-19}\mathrm{J})$$

$$= 4\times 10^{-24}\mathrm{kg}\frac{\mathrm{m}}{\mathrm{s}}$$

$$\therefore \lambda = \frac{6.63\times 10^{-34}\mathrm{J}\cdot\mathrm{s}}{4\times 10^{-24}\mathrm{kg}\frac{\mathrm{m}}{\mathrm{s}}} = 0.166\times 10^{-9}\mathrm{m} = 0.166\mathrm{nm}$$

② 실험값

그림 (4-46)처럼 전자들은 니켈결정 표면에 일렬로 배열된 원자들에 의해 반사되어 간섭을 일으킨다.

그림에서 $d = D\sin\alpha$이며, 경로차는 $2d\cos\alpha$임을 알 수 있다.
브래그 조건 (Bragg condition)에 의해

$$2d\cos\alpha = n\lambda$$

$$2D\sin\alpha\cos\alpha = D\sin 2\alpha = n\lambda$$

$$\rightarrow \lambda = 0.215\sin 50^{o} = 0.165\mathrm{nm}$$

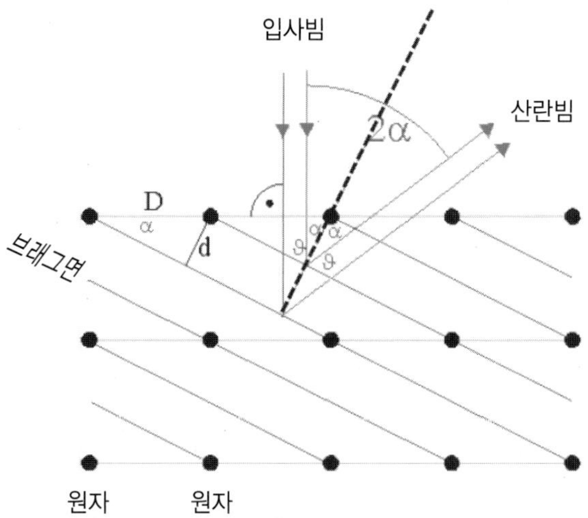

[그림 4-46] d는 Bragg plane (브래그면) 사이의 거리. D는 원자와 원자사이의 거리.

이론값하고 실험값하고 잘 일치한다. 따라서 움직이는 물체의 파동성에 대한 de Broglie 가설이 직접적으로 증명된 것이다. 이 실험은 G.P. Thomson에 의해 독립적으로 수행되었고, Davisson and Thomson는 1937년에 노벨상을 수상하였다. G.P. Thomson은 전자를 발견해 1906년 노벨상을 수상한 J.J. Thomson의 아들이다.

[☛ 요약]

① Davisson-Germer 실험은 전자를 가지고 이중 슬릿 실험을 한 것이나 다름없다.

② 물질이 파동의 성질을 가진다는 드브로이 가설을 증명한 것이다. (The Davisson - Germer experiment confirmed the de Broglie hypothesis that matter has wave-like behavior)

[♣ 생각해보기] 만약 니켈 결정에 전자선 대신 X선을 쬐어 준다면 결과는 어떻게 되겠는가? 전자선을 입사해서 생기는 전자회절 무늬와, 같은 파장의 X선이 만드는 회절 무늬는 같다.

$$\mathrm{KE} \equiv E = \frac{p^2}{2m} \quad \rightarrow \quad p = \sqrt{2mE}$$

$$\lambda = \frac{h}{p} = \frac{h}{\sqrt{2mE}} = \frac{hc}{\sqrt{2mc^2E}} = \frac{1240\mathrm{eV} \cdot \mathrm{nm}}{\sqrt{2 \times 0.511 \times 10^6 \mathrm{eV} \times \mathrm{E}}}$$

[Note] $hc = 1240\mathrm{eV} \cdot \mathrm{nm}$

전자 정지 에너지 $mc^2 = 0.511\mathrm{MeV}$

E (eV)	10	100	1000	10,000
λ (nm)	0.39	0.12	0.039	0.012

[Q&A] 고체를 이루는 원자들의 격자 간격은 대략 1 Å (=0.1 nm) 정도이다. 이 격자 간격을 보려면 입사하는 빛의 파장도 대략 이 보다는 최소한 작아야 한다. 만일 빛 대신에 전자를 가속시켜 사용한다면 가속하는데 필요한 전압은 몇 [V]인가?

$$\mathrm{KE} \equiv E = \frac{p^2}{2m}$$

$$\lambda = \frac{h}{p}$$

$$\therefore E = \frac{p^2}{2m} = \frac{(\frac{h}{\lambda})^2}{2m}$$

이 운동에너지는 전자의 위치에너지 $U = qV$를 받아서 생긴 것이다.
에너지 보존

$$E = \frac{h^2}{\lambda^2 2m} = U = qV$$

$$\therefore V = \frac{h^2}{\lambda^2 2mq} = \frac{(6.63\times10^{-34}\mathrm{J\cdot s})^2}{(10^{-1}\times10^{-9}\mathrm{m})^2\times2\times9.1\times10^{-31}\mathrm{kg}\times1.6\times10^{-19}\mathrm{C}}$$
$$= 150\ \mathrm{V}$$

→ 1 Å (=0.1 nm) 정도가 되려면 150 V면 가능하다.
만약에 0.01 nm가 되게 하려면 V는 15 kV가 되어야 한다.

[Q&A] 다음 중 전자의 파동성을 뒷받침 하는 실험은?

① 광전효과 ② Compton 산란 ③ 쌍소멸 ④ Davisson-Germer 실험 ⑤ Rayleigh 산란

[정답] ④

전자의 파동성 실험

① G.P. Thomson은 얇은 금속판에 X선을 입사시켜 X선 회절무늬를 관찰하였다.

② Davisson-Germer는 전자선을 가지고 니켈 판에 입사시켰을 때, X선에서 관찰한 똑같은 회절무늬가 일어나는 것을 관찰하였다.

제5장

소립자 동물원

5.1 소립자

소립자 물리학

- 소립자 물리 (=고에너지 물리, high energy physics)는 매우 짧은 거리에서 물질의 기본 구성 요소 (fundamental constituents)와 그들 사이의 기본적인 상호작용 (basic interaction)을 다룬다. 입자를 가속하고 충돌을 시킨 후 발생한 새로운 입자들을 검출기 (detector)를 통해 찾아내며 여기에 관련된 여러 현상들을 분석한다.
- 소립자 (elementary particle)란 물질을 구성하는 가장 기본이 되는 더 이상 쪼갤 수 없는 입자를 말한다. 1932년 Chadwick이 중성자를 발견할 당시 e^-, p, n, γ, ν 정도만이 소립자로 생각되었고 우주만물을 구성하는 기본 입자들은 모두 알아냈다고 생각했다. 그러나 그 이후 전자의 반입자 (anti-particle)에 해당하는 양전자 (positron, e^+, 반전자)가 발견되었고, 메존 (meson)이 발견되었으며, 또한 우주선 (cosmic ray)을 조사하고 입자 가속기를 이용해 수많은 종류의 소립자들이 발견되었다. 1950년대까지 발견된 무수한 입자들을 오펜하이머가 "소립자 동물원 (particle zoo)"이라고 불렀다.
- 발견된 소립자들의 세계를 체계적으로 잘 정리할 수 있는 방법을 찾기 시작했는데, 1961년 M. Gell-Mann과 Y. Neeman이 독립적으로 그때까지 알려진 중입자 (hadron)를 체제적으로 분류하여 새로운 쿼크 (quark)모형을 제안했다. 겔만은 또한 팔정도 방법을 개발했으며 1969년 입자들의 분류방법과 그들 사이의 상호작용을 규명한 공로로 노벨상을 수상했다.

[♠ 찾아보기] 팔정도 (8-fold way)

읽어보기 Murry Gell-Mann (1929 - **현재**)

미국 이론 입자물리 학자. 기묘도 (strangeness), 팔정도, 쿼크 등의 발견에 공헌했다. 15세에 예일대학교에 입학했고 19세에 MIT 대학원에 들어가 21살에 박사학위를 받았고 400세에 노벨상을 받았다. 쿼크 모형을 제안했으며 겔만 자신도 초기에 분수전하 개념에 자신이 없었고 이상하다도 생각을 했다. 따라서, 논문 발표를 미루고 있다가 1964년 Ω^-가 발견된 그 다음날 Physics Letters에 "A Schematic Model of Baryons and Mesons"라는 논문을 발표하였다. 리차드 파인만이 "현대 물리학의 유용한 지식 중에서 겔만과 관련되지 않은 것은 없다" 라고 말할 정도의 천재이다.

4가지 기본 힘

① 중력 (gravitational force)

- 인력 (attractive)으로 질량 (mass)을 가진 입자들 사이에 작용하는 장거리 힘 ($\propto \frac{1}{r^2}$, long-range force)이다. 천체, 행성, 떨어지는 물체 등에 적용된다.
- 중력자 (graviton)에 의해 매개된다. 중력자는 아직까지 발견되지 않았는데 발견 노력을 계속되고 있다.

[♠ 찾아보기] The Laser Interferometer Gravitational-Wave Observatory (LIGO)

(예) 그림 (5-1)처럼 행성들 사이 운동, 떨어지는 사과, 무거운 물체 들어올리기 등을 할 때 작용한다.

[그림 5-1] 중력.

② 전자기력 (electromagnetic force)

- 전하 (electric charge)들 사이에 작용하는 장거리 힘 ($\propto \frac{1}{r^2}$, long-range force)으로 인력 (attractive) 혹은 척력 (repulsive)으로 작용한다.
- 전자기력을 매개하는 입자는 광자 (γ)이다.

(예) 그림 (5-2)처럼, 전하 사이의 인력과 척력, 자석의 힘, 원자핵과 주위를 도는 전자사이에 작용하는 힘 등이 있다.

$$e^+ + e^- \rightarrow e^+ + e^-$$

$$e^+ + e^- \rightarrow \mu^+ + \mu^-$$

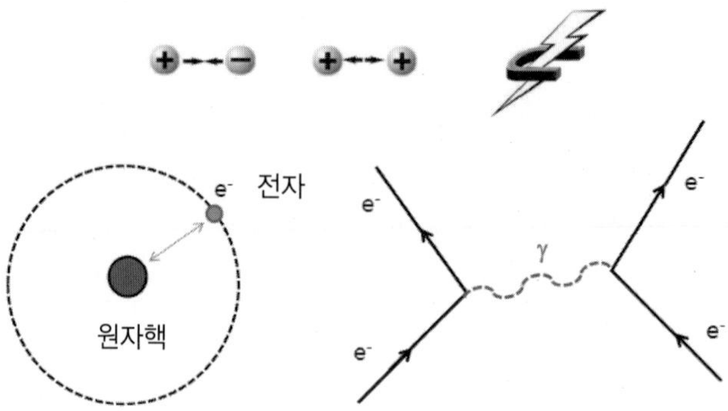

[그림 5-2] 전자기력.

③ 강력 (strong force)

- 색소전하 (color charge)들 사이에 작용한다. 원자핵 내에 양성자들을 묶어두는 원천이다. 따라서 작용범위는 매우 짧다 (~ fm).
- 강한 상호작용을 매개하는 입자는 글루온 (gluon)이다.

(예) 그림 (5-3)처럼 핵자 (nucleon)들 사이에 작용하는 힘. $p-p$, $p-n$, $n-n$ 사이에 작용하는 강한 상호작용은 양성자 (p)와 중성자 (n)를 따로 구별하지 않는다.

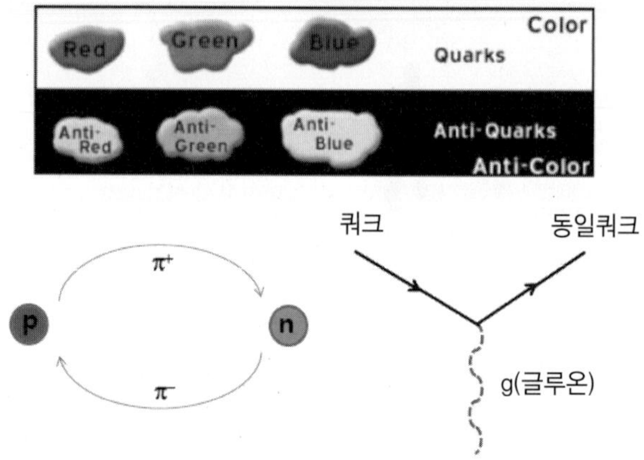

[그림 5-3] 강력.

④ 약력 (weak force)

- 강력에 비해 세기 약하다는 의미에서 기인한 것으로, 베타 (β) 붕괴 등에 관여한다.
- $W^{\pm}$나 Z^0 보존 교환으로 일어난다.

(예) 그림 (5-4)처럼, 원전에서 중성미자가 방출되거나, 태양 내부에서 중성미자가 방출되는 것은 약력과 관계가 있다.

$$n \rightarrow p + e^- + \overline{\nu_e}$$

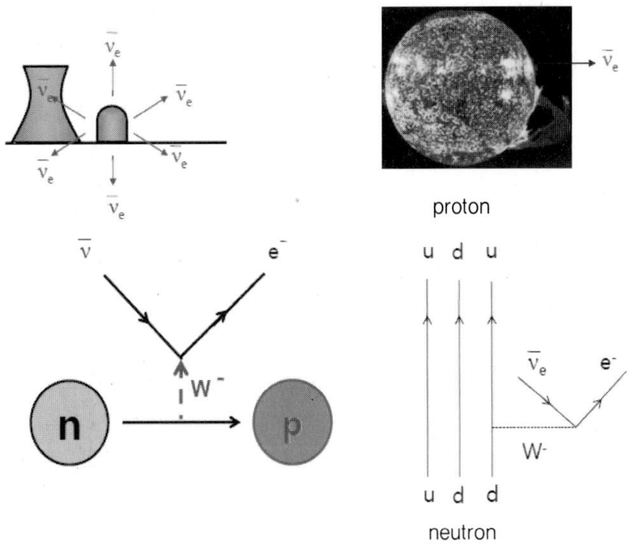

[그림 5-4] 약력.

[Q&A] 중력은?

① 항시 척력 ② 항시 인력 ③ 때때로 척력, 때때로 인력
④ 거시물체에만 적용 ⑤ 광자를 매개입자로 함

[정답] ②

[Q&A] 전자기력은?

① 전하를 가진 입자들 사이에 작용 ② 항시 인력 ③ 항시 척력
④ 거리에 무관 ⑤ 중성입자에도 작용

[정답] ①

[Q&A] 강력은?

① 중성자와 양성자사이에 작용 ② 전자와 양성자사이에 작용
③ 양성자와 양성자 사이에 작용 ④ 중성입자들 사이에 작용 ⑤ 거리에 무관

[정답] ①, ③

[Q&A] 약력은?

① 중성미자를 수반 ② 핵의 안정성에 책임 ③ 글루온이 매개입자
④ 방사성 붕괴에 책임 ⑤ 중성자에 영향을 주는 힘

[정답] ①, ④

매개입자 (gauge boson)

4가지 기본 힘 (상호작용)이 존재 한다고 했는데, 두 입자간의 힘은 그들 사이에 서로 다른 (매개) 입자들을 교환 (exchange)함으로써 전달되는 것으로 생각할 수 있다. 기본입자들 사이에 어떤 매개입자를 주고받느냐에 따라 상호 작용이 결정된다. 따라서 4가지 기본 힘은 아래 표와 같이 서로 다른 매개입자를 주고받는다. 하지만, 이중에 아직 중력자 (graviton)는 발견되지 않았다.

[표 5-1] 상호작용과 매개입자 (gauge boson).

상호작용	매개입자	질량	스핀	작용시간(s)
강력	글루온 (gluon)	0	1	10^{-23}
	중간자 (meson)	$\sim 140\,\frac{\mathrm{MeV}}{c^2}$	0	
전자기력	광자 (photon)	0	1	10^{-18}
약력	중간벡터보존 (intermediate vector boson)	$W^{\pm}(81\ \mathrm{GeV}/c^2)$ $Z^0(91\ \mathrm{GeV}/c^2)$	1	$10^{-16} \sim 10^{-10}$
중력	중력자 (graviton)	2	2	-

[Q&A] 게이지보존 (gauge boson)의 질량이 M_X라고 할 때, 힘의 작용 범위는?

불확정성 원리 $\Delta E \Delta t \sim \hbar$

$$\therefore R = c\Delta t = c\frac{\hbar}{\Delta E} = \frac{\hbar c}{M_X c^2}$$

[Q&A] X라는 입자가 중간에서 매개를 한다고 할 때, 에너지가 어느 정도인지 예측해 보면?

$$\Delta E \Delta t \sim \hbar$$

$$\therefore \Delta E \sim \frac{\hbar}{\Delta t} \sim \frac{\hbar}{\frac{R}{c}} \sim \frac{\hbar c}{R}$$

→ 힘의 작용거리 R을 알면 에너지를 구할 수 있다.

[Q&A] 강한 상호작용을 매개하는 입자는?

① 광자 ② 전자 ③ 양성자 ④ 글루온 ⑤ W/Z 입자

[정답] ④

[♣ 기본입자]

① 경입자 (lepton)

② 쿼크 (quark) 혹은 중입자 (hadron)

경입자 (lepton)

Lepto (얇은, 세밀한, 미미한) 혹은 light weight로 작거나 가볍다는 의미를 가지며 내부구조를 가지고 있지 않는 점과 같은 기본 소립자들이다. 이들의 스핀 (spin)은 $\frac{1}{2}$로 페르미온 (fermion)이다.

① 전자 (electron, e^-)

1897년에 영국의 J. J. Thomson에 의해 최초로 발견된 기본 소립자이다. 1932년에는 반입자인 양전자 (e^+, positron, 반전자)가 Carl D. Anderson에 의해 발견 되었다.

✎ 전자/양전자 질량 $m_e = 0.511\left[\frac{\text{MeV}}{c^2}\right]$

[♠ 찾아보기] 반입자, 반물질, 반세계

② 뮤온 (muon, μ^-)

2번째 (second generation, II 세대) 경입자로 전자가 발견된 거의 40년 후에 Carl D. Anderson에 의해 발견되었는데, 처음에는 이 뮤온 (mu-meson)이 유가와가 제안한 파이온 (pion)인 줄 잘못 알았다. 전자보다 약 207배 무겁다. 뮤온 입자 발견은 앞으로 발견될 무수한 새로운 입자 발견 (subatomic particle zoo)의 탄생을 알리는 것이었다. 무수히 많아진 입자들을 산뜻하고 간결한 이론적 틀에 맞출 수 없었던 당시 이론가들은 매우 당황하였고, I. I. Rabi는 "Who ordered that?"라는 유명한 말을 남기기도 하였다.

✎ 뮤온 (muon) 질량 $m_\mu = 105.6\left[\frac{\text{MeV}}{c^2}\right]$

[♣ 살펴보기] 스파크 챔버 (spark chamber)

우주에는 무수히 많은 은하가 존재한다. 예를 들어 그림 (5-5)처럼 초신성 (超新星, supernova)이 폭발하면 무수한 입자들이 방출되어 우주 공간 사방으로 퍼져나간다.

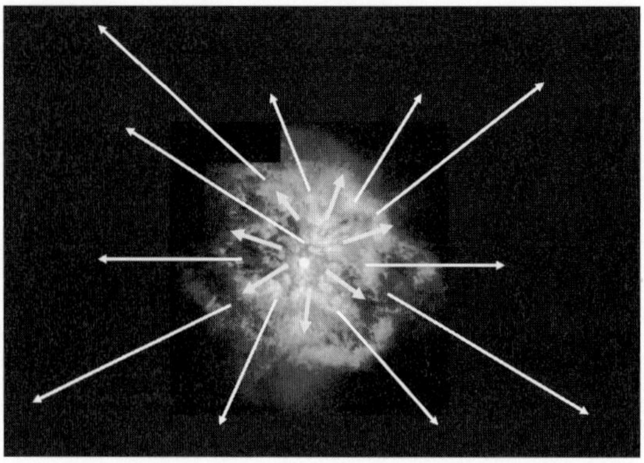

[그림 5-5] 초신성 폭발로 우주선 (cosmic ray)이 사방으로 퍼져나간다.

이런 입자들을 우주선 (cosmic ray)라고 하는데 대부분 양성자, 헬륨, 리튬 등의 원자핵으로 구성되어 있다. 그림 (5-6)처럼 우주선이 지구에 도달해 지상 10~30 km 위에 있는 대기 중의 공기 분자들과 충돌하면 파이온 (π)을 만든다. 생성된 파이온은 다시 뮤온으로 붕괴하고, 뮤온이 지상에 도달한다.

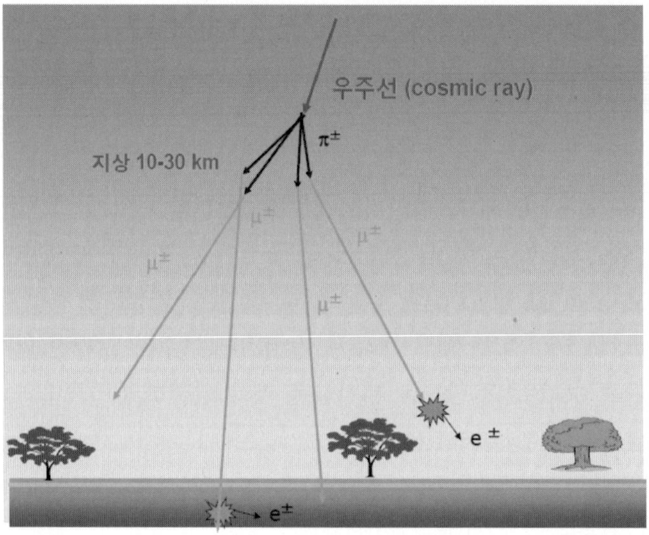

[그림 5-6] 우주선이 대기 중에 있는 공기 분자들과 충돌해 파이온을 만든 후 붕괴하여 뮤온을 생성한다. 이 뮤온은 거의 빛의 속력을 가지고 지상에 도달한다.

지상에 도달하는 뮤온을 측정하는 한 가지 장치가 그림 (5-7)과 같은 스파크 챔버 (spark chamber)이다.

[그림 5-7] 필자가 만든 스파크 챔버.

(스파크 챔버의 원리)

여러 장의 금속판에 네온과 헬륨가스를 챔버에 넣고 한쪽 금속판에는 고전압을 걸어주고 다른 쪽은 접지 시키도록 한 후, 우주선이 챔버 아래, 위, 중간에 놓인 섬광 검출기(scintillator)를 모두 지나갈 때, 우주선에 의해 만들어진 이온들이 양 금속 평면에 닿으면서 마치 두 개의 판 사이에 선을 이어놓은 것과 같은 효과로 전하가 이동하며 스파크를 일으키게 되는데, 이것은 자연 현상 중에 번개가 치는 것과 동일하다고 생각할 수 있으며, 우리는 이것을 눈으로 직접 관측할 수 있다.

(제작 목적)

- 본 스파크 챔버는 전시를 목적으로 만들어진 챔버로 입자의 궤적을 눈으로 관측할 수 있으므로 교육적 효과가 높다. 필자가 직접 만들었으며 아인슈타인 탄생 100주년을 기념한 행사 중의 하나로 서울 국립 과학관에서 8개월간 (2005/7/1-2006/3/1) 공개 전시되었다. 두 챔버 사이의 공간에 손을 직접 넣어 우주선 (cosmic ray)이 우리 몸을 관통하는 것을 경험해 볼 수 있다.
- 높이도 사람 키 크기보다 조금 큰 2 m정도로 제작 되었으며, 70개의 알루미늄 판과 이것을 포함하는 가스 시스템, 트리거 장비와 전기 장비, 신호 증폭 장비가 포함되어 있어, 교육용과 전시용으로 좋은 도구가 된다.

[♣ 읽어볼 논문]

H. R. Lee, K. K. Joo et al., Journal of the Korean Physical Society, 55, 6, p2372 (2009).

③ 타우 (tau, τ^-)

3번째 (third generation, III 세대) 경입자로 1974년과 1977년 사이 SLAC LBL그룹의 Martin Lewis Perl과 그의 동료들에 의해 발견되었다.

④ 중성미자 (neutrino)

가상의 입자로 제안된 중성미자가 거의 20년이 지난후인 1953년에 F. Reines와 C.L. Cowan에 의해 원자로 중성미자를 이용하여 측정에 최초로 성공하였다. 이들은 역베타 붕괴 ($\overline{\nu_e} + p \rightarrow$ $\rightarrow n + e^+$) 반응을 이용하였다.

경입자 요약

세대	경입자	질량($\frac{\text{MeV}}{c^2}$)	평균수명	전하	반입자
I	e^-	0.511	∞	-1	e^+ (positron, 양전자)
	ν_e	?	?	0	$\overline{\nu_e}$
II	μ^-	105.7	$2.2\mu s$	-1	μ^+
	ν_μ	?	?	0	$\overline{\nu_\mu}$
III	τ^-	1777	$290 \times 10^{-15}s$	-1	τ^+
	ν_τ	?	?	0	$\overline{\nu_\tau}$

[Q&A] 양전자 (positron)는 전하 및 스핀이 이 입자랑 동일하다. 이 입자는?

① 전자 ② 양성자 ③ 중성자 ④ 중성미자 ⑤ 알파입자

[정답] ①

[Q&A] 뮤온 설명으로 맞는 것은?

① 관측되기 전에 이론에 의해 예측됨 ② 안정된 입자 ③ 뮤온과 뮤온중성미자로 붕괴

④ 경입자 ⑤ 전자와 거의 동일한 질량

[정답] ④

[Q&A] 중성미자는 무슨 이유 때문에 파울리에 의해 제안되었는가?

① 원자로 핵반응에서 발견되었기 때문에 ② 베타붕괴에서 전하보존을 만족하기 위해서

③ 베타붕괴에서 잃어버린 에너지 때문에 ④ 감마붕괴에서 운동량 보존을 위해서

⑤ 태양 내부에서 지구로 많은 양이 오기 때문에

[정답] ③

쿼크 (quark)

경입자는 내부 구조가 없는 점과 같은 입자로 더 이상 쪼갤 수 없는 기본 소립자이다. 이를 제외한 중간자 (meson)나 중입자 (baryon)로 구성된 강입자 (hadron)를 기본 입자로 취급하기에는 그 종류가 너무 많고 부자연스럽다. 따라서 1963년 Murray Gell-Mann (겔만)과 George Zweig

(게오르게 쯔바이크)는 독립적으로 quark model (쿼크모형)을 제안했는데, 강입자 (hadron)들은 내부 구조를 가지고 있고 기본 구성요소인 쿼크 (quark)의 조합으로 이루어져 있다고 생각했다. 쿼크라는 이름은 겔만이 James Joyce (제임스 조이스) 소설 "Finnegan's Wake"에 나오는 "Three quarks for Muster Mark"라는 구절에서 가져왔다. 초기에 쿼크는 u (up), d (down), s (strange)의 3가지 쿼크가 제안되었는데 그때까지 알려진 강입자들을 설명할 수 있었다. 그 이후 c (charm), b (bottom), t (top) 쿼크가 추가 되었다.

[☛ 요약]

"양성자와 중성자 같은 강입자들은 분수 전하 $\frac{2}{3}e$나 $-\frac{1}{3}e$를 갖는 쿼크와 그의 반입자로 구성되었다"

[☛ 정리하기]

① 쿼크의 종류

I 세대	II 세대	III 세대	전하
u (up)	c (charm)	t (top, truth)	$\frac{2}{3}e$
d (down)	s (strange)	b (bottom, beauty)	$-\frac{1}{3}e$

3세대 (generation)가 있으며, 6개의 flavor (맛깔, u, d, c, s, t, b)로 구성되어 있다.

② 스핀

모든 쿼크는 페르미온 (fermion) 이며 스핀 (spin)은 $\frac{1}{2}$이다.

③ 특징

쿼크의 크기는 $\leq 10^{-18}m$ 이하이며, 혼자 독립적으로 단독으로 존재하지 않는다.

④ 질량

쿼크	u	d	c	s	t	b
질량 $(\frac{\text{MeV}}{c^2})$	~2	~5	~1,200	~100	~173,000	~4,300

⑤ 질량 비교

경입자와 쿼크의 질량을 비교하면 그림 (5-8)과 같으며, 기본입자 중에서 톱 쿼크 (top quark)가 가장 무겁다.

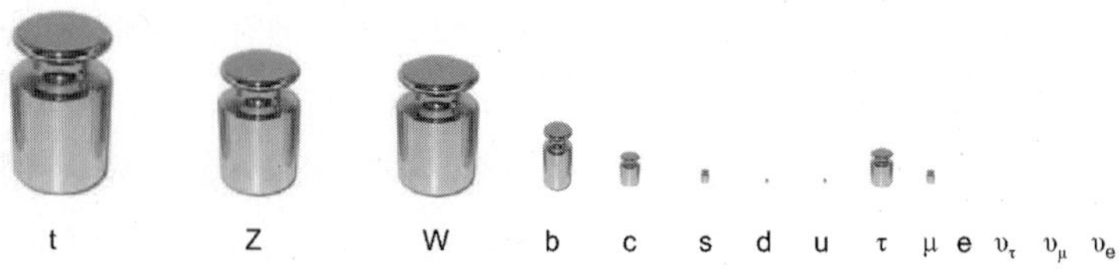

[그림 5-8] 경입자와 쿼크의 질량 비교 그림. 톱 쿼크가 가장 무겁다.

[♠ 알아보기] c, b, t 쿼크 발견

① c (charm) 쿼크

- 1970년 Sheldon Lee Glashow (1979년 노벨상)가 4번째 쿼크인 c 쿼크 존재를 이론적으로 예측했다.
- c 쿼크 존재의 실험적 증거인 $J/\Psi(c\bar{c})$ 입자가 1974년 발견.

② b (bottom) 쿼크

- 1977년 Fermi Lab의 L. Lederman이 Y (upsilon, $b\bar{b}$) 발견. 그 후 Y', Y'', Y'''이 발견 됨.
- B factory: SLAC의 BaBar 실험과 KEK의 BELLE 실험은 B meson 연구 중.

③ t (top) 쿼크

- 1994년 Fermi Lab에서 톱 쿼크 존재에 대한 첫 증거를 보고.
- 1995년 톱 쿼크의 질량이 ~ 173 GeV/c^2 라고 발표하였다. 그리하여 현재까지 총 6가지 쿼크 (u, d, c, s, t, b)가 발견되었다.

[Q&A] 참 쿼크 (charm quark)은?

① 전하를 가지고 있지 않다 ② 스핀이 0이다 ③ 전자보다 가볍다
④ 가속기 실험에서 발견되었다 ⑤ c-quark 단독으로 존재한다

[정답] ④

[Q&A] 톱 쿼크 (top quark)는?

① 양성자보다 가볍다 ② 1960년대에 발견되었다 ③ 경입자이다
④ 전하 $-\frac{1}{3}$ 분수값을 갖는다 ⑤ 양성자 질량의 약 200배 정도 무겁다

[정답] ⑤

강입자 (hadron) 분류

강입자는 강력 (strong force)을 통해 상호작용하는 입자를 말한다. 중간자 (meson)와 중입자 (baryon)로 나눌 수 있고, 기본적으로 쿼크가 묶인 상태라고 볼 수 있다.

① Meson (중간자, middle or medium weight)

이름은 희랍어 mesos (=middle)에서 유래했다. 스핀은 정수이고 0 혹은 1으로 보존이며 파울리 배타원리를 따르지 않는다. 중간자는 기본적으로 쿼크와 반쿼크의 조합으로 구성되어 있다. 즉, 쿼크 2개로 만들어진다. 몇 가지 예를 들어보면 다음과 같다.

입자	구성	전하	질량 ($\frac{MeV}{c^2}$)
π^+	$u\bar{d}$	+1	136.9
π^0	$\frac{u\bar{u}-d\bar{d}}{\sqrt{2}}$	0	135.0
π^-	$\bar{u}d$	−1	136.9
K^+	$u\bar{s}$	+1	493.7
K^0	$d\bar{s}$	0	497.7
$\overline{K^0}$	$\bar{d}s$	0	497.7
K^-	$\bar{u}s$	−1	493.7

[♠ 찾아보기] $\eta, \omega, \phi, \rho, D, B, J/\psi, \chi, \psi, Y$

② 중입자 (baryon, heavy weight)

희랍어 barys (=heavy)에서 유래되었고, 질량이 무거운 입자라는 뜻이다. Baryon은 쿼크 3개의 조합으로 만들어진다. 스핀은 반정수배 $\frac{1}{2}$, $\frac{3}{2}$ 등을 가진 페르미온이다. 중입자의 몇 가지 예는 다음과 같다.

입자	반입자	질량 ($\frac{MeV}{c^2}$)	스핀
p (uud)	$\bar{p}$	938.3	$\frac{1}{2}$
n (udd)	$\bar{n}$	939.6	$\frac{1}{2}$
Λ^0 (uds)	$\bar{\Lambda}^0$	1115.7	$\frac{1}{2}$
Σ^+ (uus)	$\bar{\Sigma}^-$	1189.4	$\frac{1}{2}$
Σ^0 (uds)	$\bar{\Sigma}^0$	1192.6	$\frac{1}{2}$
Σ^- (dds)	$\bar{\Sigma}^+$	1197.4	$\frac{1}{2}$
Ω^- (sss)	$\bar{\Omega}^+$	1672.4	$\frac{3}{2}$

[♠ 찾아보기] Δ, Ξ

[♣ 용어알기]

Hyperon: 중성자 (n) 보다 무거운 중입자를 말한다. (예로, $\Lambda, \Delta, \Sigma, \Xi, \Omega$ 등이 있다) 붕괴 후, 마지막 생성물은 언제나 양성자 혹은 중성자이다.

[☛ 요약]

Quark 1개이면 quark 자체이고, quark이 2개이면 meson이고, 3개이면, baryon이다. 그럼, quark 4개 혹은 5개는 가능하지 않는가?

표준모형 (Standard Model, SM)

앞에서 기본 입자에는 6가지 경입자와 6가지 쿼크가 있다고 하였다. 이들은 다시 (I, II, III) 세대로 분류된다. 또한 상호작용에는 4가지 기본 힘이 존재한다고 하였다. 이들 기본입자들 (fermion) 사이에 어떤 매개입자 (force carriers, intermediate gauge boson)를 주고받느냐에 따라서 상호작용이 결정된다. 즉, 광자는 전자기 상호작용을 중개하고, 글루온은 강력을, $W^{\pm}$와 Z^0 입자는 약력을 매개한다. 표준 모형은 기본입자와 상호작용을 기술하는 이론이다. 하지만, 중력은 표준모형에 포함되지 않으며, 중력을 매개하는 중력자 (graviton)는 아직 발견되지 않고 있다. 2013년에 스위스 CERN 연구소의 LHC (Large Hardon Collider) 실험에서는, 입자들에게 질량을 주기 위해 필요한 Higgs (boson) 입자를 발견하였다고 발표하였다.

<table>
<tr><td></td><td colspan="3">Fermion</td><td>전하</td><td rowspan="6">매개입자
(force carriers)</td><td>Boson</td></tr>
<tr><td rowspan="2">쿼크 (quark)</td><td>u</td><td>c</td><td>t</td><td>$+\frac{2}{3}$</td><td>γ (광자)</td></tr>
<tr><td>d</td><td>s</td><td>b</td><td>$-\frac{1}{3}$</td><td>g (글루온)</td></tr>
<tr><td rowspan="2">경입자 (lepton)</td><td>e</td><td>μ</td><td>τ</td><td>-1</td><td>Z^0</td></tr>
<tr><td>ν_e</td><td>ν_μ</td><td>ν_τ</td><td>0</td><td rowspan="2">$W^{\pm}$</td></tr>
<tr><td></td><td>I 세대</td><td>II세대</td><td>III세대</td><td></td></tr>
</table>

Higgs 입자

다시 간단히 말해서, 기본입자 쿼크 6개, 경입자 6개만 있으면, 우리는 이런 말을 할 수 있다. "으~흣~, 별 것 아니네, 우리들만 있으면 다 되는구먼!"

[Q&A] 표준 모형에 의하면 자연(우주)는 [ ]와 [ ]로 구성되어 있다.

[정답] 경입자, 강입자. 강입자는 쿼크 (quark)의 조합으로 이루어져 있기 때문에, 기본적으로 경입자와 쿼크로 되어 있다고 볼 수 있다.

[♠ 찾아보기] 다음 입자들에 대한 반입자 (anti-particle)들은 무엇인가?

전자, 전자뉴트리노, 뮤온, 뮤온-뉴트리노, 타우, 타우-뉴트리노, 파이온, 카온, 에타, 양성자, 중성자, 람다, 시그마, 카이, 오메가

[Q&A] 강력 (strong force)은?

① u-quark을 d-quark으로 바꿀 수 있다 ② 에너지를 주면 u와 $\bar{u}$-quark을 만들 수 있다 ③ Quarks 재배열 시킬 수 있다 ④ 전자기력보다 약하다 ⑤ 글루온을 매개로 한다

[정답] ③, ⑤

[Q&A] 약력 (weak force)은?

① Quarks 재배열 시킬 수 있다 ② s-quark을 u-quark으로 바꿀 수 있다 ③ 광자를 매개로 한다 ④ 중력보다 약하다 ⑤ 경입자들 사이에 작용한다

[정답] ①, ②

5.2 대칭성과 보존량

어떤 붕괴 반응이 일어나고 일어나지 않는지를 이해하는데 보존 법칙이 중요하다. 기본적으로 고전 물리학의 4가지 기본 법칙 (에너지-질량, 운동량, 각운동량, 전하)은 소립자 물리학에서도 성립하여야 한다. 이것은 새로운 사실이 아니고, 이미 우리는 앞에서 많은 문제를 풀었기 때문에 이에 대해 친숙하다. 예를 들어 고전물리학적 지식으로,

① 충돌해서 새로운 물체가 만들어질 때, 충돌 전 처음 입사 입자의 에너지보다 큰 에너지를 가진 물체가 만들어 질 수 없다.

② 전자와 양전자가 서로 충돌해서 광자가 만들어질 때 (pair annihilation) 선운동량이 보존되기 위해서 만들어지는 광자는 최소한 2개 이상이여야 한다. 즉, 일반물리학에서 외력이 작용하지 않으면 선운동량이 보존된다. $\vec{F} = \frac{d\vec{p}}{dt}$.

③ 각운동량 역시 보존되어야 한다. 일반물리에서 토오크 (torque)가 작용하지 않으면 각운동량이 보존된다. $\vec{\tau} = \frac{d\vec{L}}{dt}$.

④ 반응 전 후에 전하 (net charge)도 보존되어야 한다.

또한, 물리학에서 보존성과 대칭성은 밀접한 관계가 있고 이를 Noether theorem으로 정리할 수 있다.

[Q&A] Noether theorem은 무엇인가?

"Every symmetry of nature yields a conservation law", 역으로, "Every conservation law reveals an underlying symmetry". 표로 정리하면 다음과 같다.

대칭 (symmetry)		보존법칙 (conservation law)
Translation in time	$\leftrightarrow$	Energy
Translation in space	$\leftrightarrow$	Momentum
Rotation	$\leftrightarrow$	Angular momentum
Gauge transformation	$\leftrightarrow$	Charge

[Q&A] $\mu^- \to e^- + \gamma$, $\nu_\mu + n \to e^- + p$ 및 $e^- + e^- \to \pi^- + \pi^-$ 반응은 일어나는가? 암시하는 것은 무엇인가?

위 반응들은 위에서 설명한 고전물리의 기본 법칙을 만족하지만, 실제로 일어나지 않는다. 따라서 어떤 추가적인 새로운 법칙이나 규칙이 있음을 암시한다. 아래에서 설명하는 추가적인 보존 법칙은 이론적 근거는 없으나 실험적 증거에 의해 뒷받침되고 있다. 따라서 어떤 붕괴 반응이 일어나고 일어나지 않는지를 이해하는데 매우 중요하다.

5.3 경입자수 보존

	e^-	ν_e	μ^-	ν_μ	τ^-	ν_τ	기타입자 (mesons, baryons)
Electron number, L_e	1	1	0	0	0	0	0
Muon number, L_μ	0	0	1	1	0	0	0
Tau number, L_τ	0	0	0	0	1	1	0

L_e의 경우, 전자와 전자중성미자에만 1을 부여하고, 나머지 입자들에게는 0을 부여한다. (뮤온과 타우입자의 경우에도 마찬가지이다) 반입자는 -1을 부여하므로, 양전자 (e^+)와 반전자중성미자 ($\overline{\nu_e}$)의 L_e 값은 -1이다.

(예)

① $n \to p + e^- + \overline{\nu_e}$

L_e 0 0 1 -1

∴ 반응 전/후 L_e 보존. 이 반응은 허락 (allowed).

②

	μ^-	$\rightarrow e^-$	$+\overline{\nu_e}$	$+\nu_\mu$
L_e	0	1	−1	0
L_μ	1	0	0	1

∴ 반응 전/후 L_e, L_μ 보존 → 가능

③

	μ^-	$\rightarrow e^-$	$+\gamma$
L_e	0	1	0
L_μ	1	0	0

∴ Kinematically 가능. 하지만 반응 전/후 L_e, L_μ 비보존 (lepton number non-conservation) → 허용되지 않는다. (not allowed)

④ Inverse beta decay (역베타 붕괴, IBD): $\nu_e + p \rightarrow n + e^+$와 $\overline{\nu_e} + p \rightarrow n + e^+$중 어느 반응이 성립하는가?

	ν_e	+	p	→	n	+	e^+		$\overline{\nu_e}$	+	p	→	n	+	e^+
L_e	1		0		0		−1		−1		0		0		−1

∴ Not allowed　　　　∴ Allowed

따라서 경입자수 보존에 의해, 중성미자와 반중성미자 중 어느 것이 성립하는지를 알 수 있다.

[Q&A] 전자가 서로 반대 방향으로 움직이는 중성미자 2개로 붕괴되었다고 하자. 무엇이 문제인가?

일단 전하가 반응 전후에 보존되지 않는다. 전자는 (-)인데 중성미자는 0이기 때문이다. 또한 전자의 스핀은 $\frac{1}{2}$인데, 중성미자가 반대방향으로 움직이기 때문에 반응 후 총 스핀은 0이다. 선운동량, 에너지-질량에는 문제가 없을 수 있다. 하지만, 경입자수에 문제가 있을 수 있다. 만약, $e^- \rightarrow \nu_e + \nu_e$라고 하면, L_e가 보존되지 않는다.

5.4 중입자수 보존

B	입자
1	모든 중입자 (all baryons)
0	경입자, 중간자 및 그 밖의 입자 (leptons, mesons & all other particles)
-1	모든 반중입자 (all anti-baryons)

모든 중입자들에게는 +1를 부여하고, 경입자와 중간자에게는 0을 모든 반중입자들에게는 -1를 부여하고 반응 전 후에 중입자수의 합은 항시 같다.

또한 쿼크의 경우는 다음과 같이 바리온 수를 부여한다. 모든 쿼크는 $\frac{1}{3}$의 중입자수를 가진다. 반쿼크 (anti-quark)의 B는 $-\frac{1}{3}$이다.

쿼크	u	d	c	s	t	b
B	$\frac{1}{3}$	$\frac{1}{3}$	$\frac{1}{3}$	$\frac{1}{3}$	$\frac{1}{3}$	$\frac{1}{3}$

(예)

① $\pi^- p \rightarrow \pi^0 n$

$$\begin{array}{lccccccc} & \pi^- & + & p & \rightarrow & \pi^0 & + & n \\ B & 0 & & 1 & & 0 & & 1 \end{array} \quad \therefore \text{allowed}$$

Lepton은 없기 때문에 경입자수는 고려할 필요가 없고, 그밖에 반응 전후 전하도 보존되고, 에너지-질량도 문제가 없기 때문에 이 반응은 허용된다.

② $n \rightarrow pe^- \overline{\nu_e}$

$$\begin{array}{lccccccc} & n & \rightarrow & p & + & e^- & + & \overline{\nu_e} \\ B & 1 & & 1 & & 0 & & 0 \end{array} \quad \therefore \text{allowed}$$

③ $pp \rightarrow pp\pi^0$

$$\begin{array}{lccccccccc} & p & + & p & \rightarrow & p & + & p & + & \pi^0 \\ B & 1 & & 1 & & 1 & & 1 & & 0 \\ \text{총합} & & 2 & & \rightarrow & & & 2 & & \end{array} \quad \therefore \text{allowed}$$

④ $\pi^- \rightarrow \mu^- \overline{\nu_\mu}$

$$\begin{array}{lccccc} & \pi^- & \rightarrow & \mu^- & + & \overline{\nu_\mu} \\ B & 0 & & 0 & & 0 \end{array} \quad \therefore \text{allowed}$$

이 반응에서는 baryon은 하나도 없으므로 성립하며, 경입자수도 전후 보존됨을 알 수 있다. 한편 중간자수 보존이라는 것은 없으므로 고려할 필요가 없다.

⑤ $pp \to ppp\bar{p}$

	p	+	p	$\to$	p	+	p	+	p	+	$\bar{p}$	
B	1		1		1		1		1		-1	
총합		2		$\to$			2					∴ allowed

여기서 한 가지 생각해야 하는 것은, 반응 전후 B가 보존되나 충돌 전후 에너지-질량차를 고려해야 한다. 따라서 충돌 전 입사하는 양성자의 운동에너지가 크면, 양성자-반양성자 쌍을 만들어 내는데 아무 문제가 없다.

[Q&A] 쿼크 3개로 이루어진 uuu 입자는 가능한가?

전하 $\frac{2}{3} \times 3 = 2$. 바리온수 $\frac{1}{3} \times 3 = 1$. 따라서 전하는 2 바리온수가 1인 입자가 존재 가능하다.

(예) $uuu\,(\Delta^{++})$, $ddd\,(\Delta^{-})$, $sss\ (\Omega^{-})$

[Q&A] 왜 양성자는 붕괴하지 않는가?

중입자 (baryon) 중에서 가장 가벼운 양성자가 붕괴한다면, $p \to e^{+} + \pi^{0}$, $\pi^{+} + \gamma$, $\pi^{+} + \pi^{0}$ 혹은 $e^{+} + \gamma$ 같은 채널이 가능할 것이다. 하지만, B가 보존되어야 한다면 모두 가능하지 않는다. 또한 경입자수도 보존되지 않는다. 따라서 현재까지 양성자 붕괴를 찾으려고 노력하는 실험이 있지만 공식적으로 관측되었다고 보고되지는 않고 있다. 만약 양성자가 쉽게 붕괴한다면, 결국 세상의 모든 것이 양성자들의 조합으로 이루어져 있는데, 지금의 모습으로 있지는 못할 것이다.

5.5 입자충돌 물리학의 예

(1) 제트 발견

전자-양전자 ($e^{+}e^{-}$)가 충돌한 후 광자를 교환 후 뮤온-반뮤온 ($\mu^{+}\mu^{-}$)이 만들어지는 것은 쉽게 생각할 수 있는 전자기 상호작용 반응 ($e^{+}e^{-} \to \gamma^{*} \to \mu^{+}\mu^{-}$) 이다. 즉 2개의 경입자가 충돌해서 2개의 경입자가 생성되는 반응이다. 그런데 $e^{+}e^{-} \to \gamma^{*}/Z^{0} \to q\bar{q}$에서와 같이 경입자가 아니라 쿼크가 만들어지고 이 쿼크는 다시 최종 상태에서 마치 입자 다발들이 모여 있는 상태가 관측되었다. 쿼크는 단독으로 (isolated) 존재하지 않기 때문에 최종상태에서 hadronization (하드론화, 강입자화)을 거쳐 제트가 만들어진 것이다. 그림 (5-9)는 스위스 CERN 연구소 LEP (Large Electron Positron) 실험 OPAL 검출기에서 관측된 2 jet event이다.

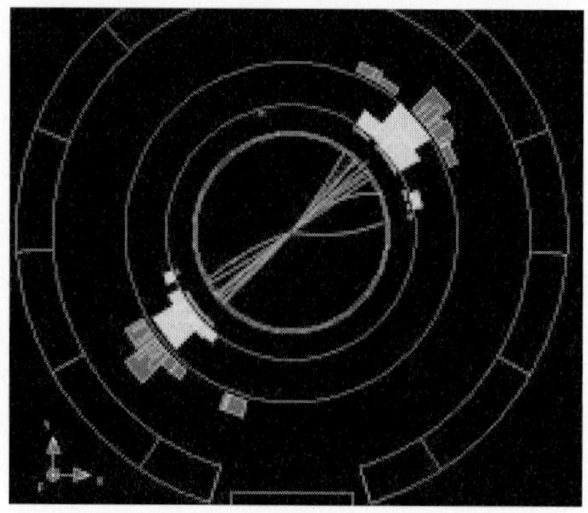

[그림 5-9] $e^{+}e^{-}$가 충돌해 두 개의 제트가 생성.
(© LEP실험 OPAL 검출기)

(Jet, 제트)

그림 (5-10)처럼 쿼크 또는 글루온의 하드론화에 의해 생성되는 하드론과 다른 입자들이 마치 좁은 원뿔모양으로 퍼져나가는 것처럼 생겨서 이름을 그렇게 명명했다.

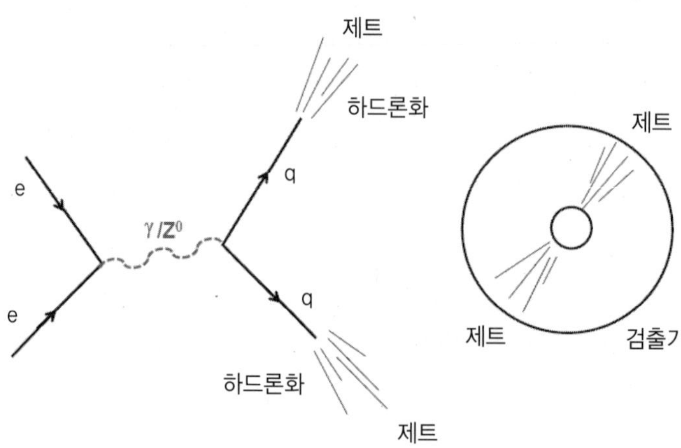

[그림 5-10] $e^{+}e^{-} \rightarrow \gamma^{*}/Z^{0} \rightarrow q\bar{q}$ → 2개의 하드론. 2개의 제트가 검출기에 관측된다.

그런데 때에 따라 그림 (5-11)처럼 3개의 제트가 관측되기도 하였다. 2개의 입사 입자가 들어가서 운동량 보존과 에너지 보존을 만족하기 위해 반대 방향으로 2개의 출력 제트 입자가 나가는 것은 쉽게 이해할 수 있다.

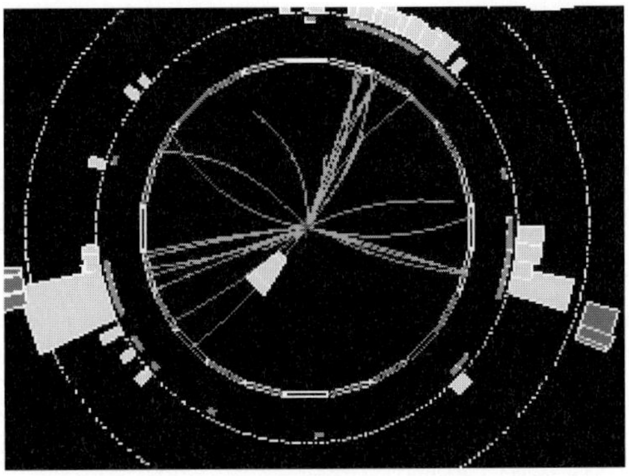

[그림 5-11] $e^{+}e^{-}$가 충돌하고 쿼크-반쿼크 생성 후 글루온 방출을 동반해 세 개의 제트가 생긴 경우이다. (© OPAL실험)

3개의 제트가 관측된 것은 QCD (Quantum Chromo Dynamics, 양자색소역학)가 나오기 전에는 이해하기가 힘들었다. 이것은 그림 (5-12)처럼 쿼크가 진행하다가 글루온 (gluon)을 방출하고 이 글루온이 하드론화를 거쳐서 제트가 된 것이다.

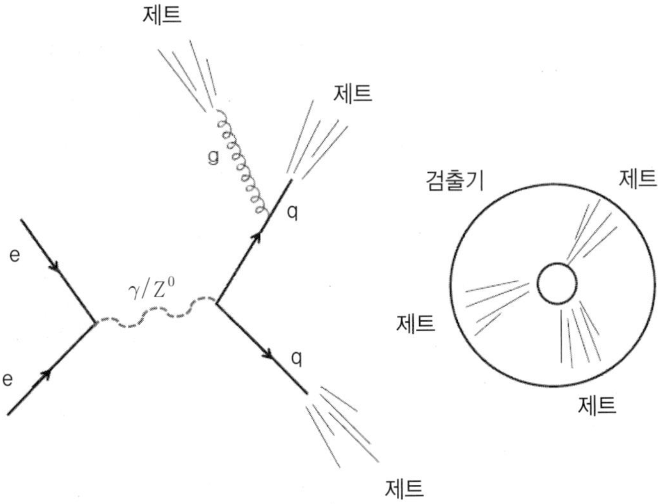

[그림 5-12] $e^{+}e^{-} \rightarrow \gamma^{*}/Z^{0} \rightarrow q\bar{q}g \rightarrow$ 3개의 하드론. 3개의 제트가 검출기에 관측된다. 운동량 보존을 만족시키기 위해 3개의 제트는 대략 각분포가 $\sim 120^{o}$ 정도로 만들어져야 한다.

(2) J/Ψ 입자

- 초기 쿼크 모델이 제안될 때 쿼크는 u (up), d (down), s (strange)의 3가지만 존재했는데 4번째 새로운 쿼크가 존재한다는 증거가 바로 J/Ψ 입자이다.
- c (charm) 쿼크와 $\bar{c}$ (anti-charm) 쿼크로 구성되었다.

- 1970년 Glashow가 c 쿼크 존재를 이론적으로 예측했다.
- $c\bar{c}$의 bound state를 charmonium이라고 하는데 J/Ψ는 charmonium의 첫 번째 여기 상태 (1st excited state) 이다.
- 1974년 11월 SLAC (Standford Linar Accelerator Center)의 B. Richter와 BNL (Brookhaven National Laboratory) 의 S. Ting이 서로 독립적으로 J와 Ψ라는 입자를 발견했고 이를 J/Ψ라는 입자로 통일하였고, 1976년 둘 다 노벨상을 수상하였다. 이 발견은 독일 11월 혁명에 빗대어 입자 물리학의 11월 혁명 (november revolution)이라 불린다.
- $J/\Psi(c\bar{c})$ 질량은 $(3096 \pm 0.011)\dfrac{\text{MeV}}{c^2}$이다.
- $J/\Psi(c\bar{c})$ 수명 (τ)은 7.2×10^{-21} s이다.

c 쿼크 존재의 실험적 증거

① $J/\Psi(c\bar{c})$ 입자 발견

② D meson 발견: $D^0(c\bar{u}), D^+(c\bar{d}), D^-(\bar{c}d)$로 c 쿼크를 포함한 메존 발견

③ 그 후 $D_s^{\pm}(c\bar{s}, \bar{c}s), \Lambda_c(udc)$ 발견

- 갈래비 (branching ratio, BR)

$J/\Psi \to$ hadron $=$ 86%

$J/\Psi \to e^+e^-$ $=$ 7%

$J/\Psi \to \mu^+\mu^-$ $=$ 7%

- 폭 (width, Γ)

$\Gamma_{hadron} = 70 \pm 10\,\text{keV}$

$\Gamma_{e^+e^-} = 5 \pm 1\,\text{keV}$

$\Gamma_{\mu^+\mu^-} = 5 \pm 1\,\text{keV}$

읽어보기

① Samuel C. C. Ting (丁肇中)

BNL에서 Be 표적에 양성자를 충돌하는 실험을 진행하였고

$$pp \to J/\Psi \to e^+e^- + X$$

붕괴 채널에서 J/Ψ를 관측하였다. J/Ψ의 이름에서 J는 Ting의 중국식 한자 이름의 첫 자를 따온 것이라고 한다. 노벨 위원회는

"for their pioneering work in the discovery of a heavy elementary particle of a new kind."

로 1976년에 노벨상을 부여하였다.

② Burton Richter
SLAC에서

$$e^+e^- \rightarrow J/\Psi \rightarrow X$$

로 J/Ψ를 관측하였다. 그의 연구팀은 SPEAR (Stanford Positron Electron Asymmetric Ring)를 이용해 그림 (5-13)처럼 Ψ라는 소립자를 발견했다. 한편 S. Ting도 J라는 입자를 관측하였다. 이 두 팀의 독자적 연구가 인정되어 최종적으로 그 입자는 J/Ψ 중간자로 명명되었다.

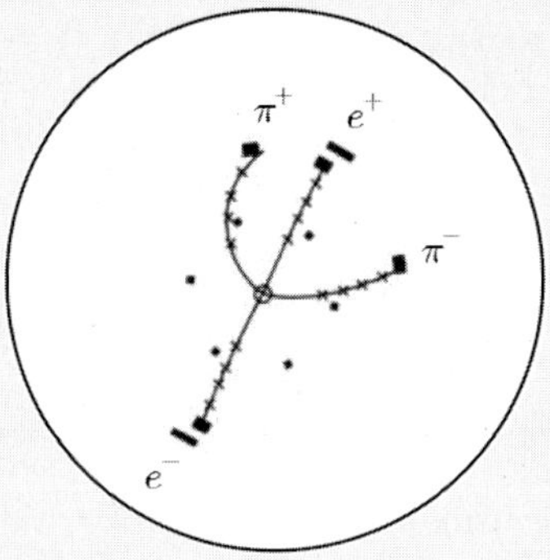

[그림 5-13] SLAC에서 관측된 Ψ 입자.

[Q&A] J/Ψ 입자의 질량은 3.1 (GeV/c^2)이다. 그런데 이 입자의 수명 때문에 질량의 오차가 63 (keV/c^2)로 측정되었다. J/Ψ 입자의 평균수명 (life time)은?

$$\Delta E \cdot \Delta t \sim \frac{\hbar}{2}$$

$$h = 6.62 \times 10^{-34}\,\mathrm{J} \cdot \mathrm{s} = 4.13 \times 10^{-15}\,\mathrm{eV} \cdot \mathrm{s}$$

$$\Delta E = \Delta mc^2 = 63\frac{\mathrm{keV}}{c^2}c^2 = 63\mathrm{keV}$$

$$\therefore \Delta t \sim \frac{\hbar}{2\Delta E} = \frac{\frac{h}{2\pi}}{2\Delta mc^2} = \frac{h}{4\pi\Delta mc^2}$$

$$= \frac{4.13 \times 10^{-15}\,\mathrm{eV} \cdot \mathrm{s}}{4\pi \times 63 \times 10^3\,\mathrm{eV}} = 0.00521 \times 10^{-18}\,\mathrm{s} = 5.21 \times 10^{-21}\,\mathrm{s}$$

[♣ 생각해보기] $e^+e^- \rightarrow J/\Psi \rightarrow \mu^+\mu^-$와 $e^+e^- \rightarrow \mu^+\mu^-$는 어떻게 구별할 수 있을까?

(3) B 메존

- 1977년 미국의 국립 페르미 가속기 연구소에서 E288 실험을 이끌던 Leon Lederman이 Υ (upsilon, $b\bar{b}$) 발견. 그 후 $\Upsilon', \Upsilon'', \Upsilon'''$이 발견 됨.
- Upsilon 이란 이름은 마치 S. Ting이 J/Ψ 입자를 자신 이름에서 명명했듯이 새로운 b 쿼크 발견을 그의 이름에서 “Oops-Leon”이라고 한 것이 유래 되었다고 한다.
- Lederman은 1988년 Melvin Schwartz, Jack Steinberger와 함께 아래와 같은 업적으로 노벨상을 수상. (b 쿼크로 받은 것이 아님)

> “for the neutrino beam method and the demonstration of the doublet structure of the leptons through the discovery of the muon neutrino.”

- SLAC의 BaBar 실험과 KEK의 Belle 실험은 B meson 연구 함. B 메존만 만들어 내기 때문에 B-factory라고도 불린다.

♣ KEKB 가속기와 Belle 실험

- 그림 (5-14)처럼 Belle 실험의 경우 KEKB 가속기를 이용한다.
- KEKB 가속기는 일본 쯔꾸바 (tsukuba) 시에 위치하며 ring의 길이는 ~3 km이다.
- e^-와 e^+를 가속하기 위해 각각의 독립적인 ring을 사용한다.

[그림 5-14] 일본 쯔꾸바 시의 KEK (고에너지 물리학) 연구소 내에 위치한 KEKB 가속기 링의 모습. 뒤에 있는 산이 쯔꾸바 산이다. (Ⓒ KEK 연구소)

- 그림 (5-15)처럼 에너지가 3.5 GeV인 e^+ 입자와 8 GeV인 e가 서로 충돌하면 질량 중심에너지는 $E_{CM}^2 = 4E_aE_b$이다. 따라서 $E_{CM} = 10.58$ GeV. 여기서 공명입자인 $Y(4s) = 10.58$ GeV/c^2를 만들어 내고, $Y(4s)$는 다시 $B^+(\bar{b}u), B^-(b\bar{u})$ 혹은 $B^0(\bar{b}d), \overline{B}^0(b\bar{d})$로 붕괴된다.

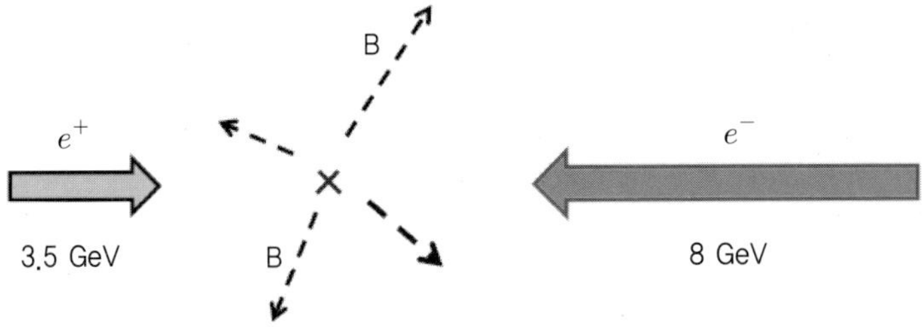

[그림 5-15] 일본 KEK 연구소내의 Belle 실험에서는 입사 에너지 비대칭적으로 3.5 GeV인 e^+와 8 GeV인 e^-의 충돌로 $Y(4s)$를 만들어 낸다.

- 그림 (5-16)에서는 Belle 검출기의 모습을 보여준다. 필자는 연구원으로 1997년부터 1999년까지 Belle 검출기의 CDC (central drift chamber) 제작에 직접 참여하였다.
- Belle 이란 이름은 b 쿼크가 원래 bottom 쿼크라고도 하지만 beauty 라고도 불린다. Beauty에 해당하는 단어에 belle (= a young woman who is the most charming and beautiful of several rivals) 있다.

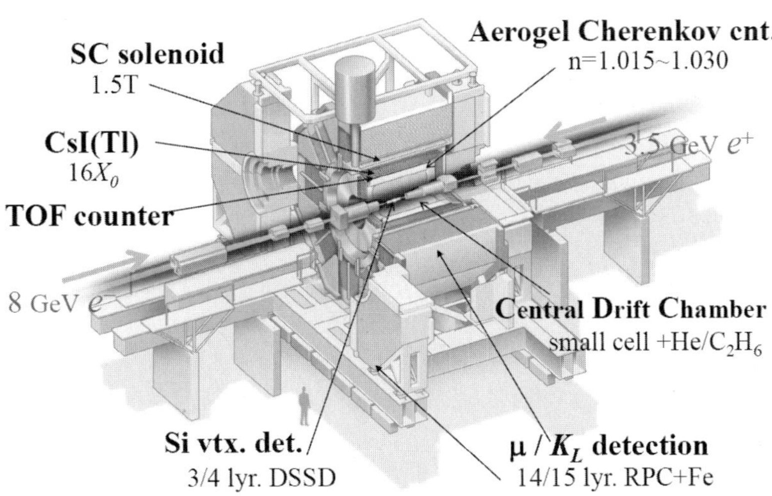

[그림 5-16] Belle 검출기. (© Belle 실험)

- B 메존의 CP-violation 관련한 노벨상은 2008년에 이루어졌다. Makoto Kobayashi (KEK)와 Toshihide Maskawa (Kyoto Sangyo University, Kyoto University)가 그 주인공인데 아래와 같

은 업적이 인정을 받았다.

"for the discovery of the origin of the broken symmetry which predicts the existence of at least three families of quarks in nature"

읽어보기

① 마스카와 도시히데 (益川 敏英, 1940-현재)

한 번도 외국에 나간 적이 없다고 한다. 여권조차 만들어본 적이 없다는 국내파이며 학창시절 문과 과목은 모두 포기 상태였고, 물리학에만 광적으로 빠져 있었다고 전해진다. "나는 물리학만 잘하면 된다"며 영어 못하는 걸 자랑 삼는 그는 노벨상 시상식에서도 "나는 영어를 못 합니다"라고 밝히고 연설을 일본어로 하겠다고 우겼다는 이야기가 있다. 노벨상 수상 대상이 된 논문은 목욕탕에서 떠오른 아이디어가 단초가 됐고, 욕실을 나설 때는 이미 틀이 완성돼 있었는데, 이를 정교하게 다듬고 영어 논문으로 완성한 이는 고바야시라고 했다. 60년대 '가난하지만 학문을 사랑하던 사람들'을 떠올리며 "과학에도 로망을 갖는 게 중요하다"고 이야기 했다.

② 고바야시 마코토 (小林誠, 1944-현재)

한국에 와서 강연도 했다. 마스카와와 나고야대학 선후배 사이이다. 노벨상 수상이 된 논문은 교토대 당시 1973 발표논문으로 입자물리에서 역대 3번째로 가장 많이 인용 (~5500회) 되고 있다. 2000년 초 모든 것이 확립되고 실험적으로 검증되어 이미 노벨상에 내정되어 있었다고 볼 수 있다.

b 쿼크 관련 몇 가지 성질

- b 쿼크 질량 (m_b) ~4.2 [GeV/c^2]
- B 메존 구성

$B^+(u\bar{b})$	$B^-(\bar{u}b)$
$B^0(u\bar{b})$	$\overline{B^0}(\bar{d}b)$
$B_s^0(s\bar{b})$	$\overline{B_s^0}(\bar{s}b)$
$B_c^+(c\bar{b})$	$\overline{B_c^+}(\bar{c}b)$

- B 메존의 질량

$B^\pm$	~5.28 GeV/c^2
B_0	~5.28 GeV/c^2
B_s^0	~5.37 GeV/c^2
$B_c^\pm$	~6.27 GeV/c^2

(4) 톱 쿼크 사냥

(상황)

앞에서 살펴 본 J/Ψ입자 발견 후 3년 후에 미국 페르미연구소에서 레더만 교수가 주도한 실험 그룹에서 1977년에 윱실론 (ϒ) 입자가 발견됨으로써 다섯 번째 쿼크인 b 쿼크가 발견됐다. 제 3세대인 b 쿼크의 발견으로 b 쿼크와 짝을 이루는 t 쿼크의 존재가 예측되었다. 그 후 전자-양전자 ($e^- e^+$) 충돌가속기인 독일 PETRA, 미국 SLAC의 PEP, 일본 KEK 연구소의 TRISTAN 가속기들이 t 쿼크를 찾는 시도를 했다. 하지만 t 쿼크를 관측하지는 못했다. 80년대 중반에는 t 쿼크의 질량은 현재 알려진 것의 $\frac{1}{6}$ 정도 밖에 안 되는 것으로 예측되었다. 결국 b 쿼크의 발견 후 거의 20년이나 지난 1995년에 페르미 연구소의 테바트론 (Tevatron) 가속기에서 t 쿼크가 발견됨으로써 3세대 6개의 쿼크가 모두 발견됐다. 이것은 멘델레예프가 원자들의 주기율표를 완성한 지 1백 28년 만에 원자들을 이루는 기본 입자 (u, d, c, s, t, b)들의 주기율표가 완성된 순간에 비유된다.

- 그림 (5-17)처럼 미국 시카고에 위치한 국립 페르미 가속기 연구소 (Fermi National Accelerator Laboratory)의 반경 1 km의 입자 가속기인 테바트론을 이용.
- Tevatron 가속기는 양성자-반양성자 ($p\bar{p}$) 충돌 (collider) 머신 (machine).
- 거의 빛의 속도의 99.9999%로 가속하고 질량 중심에너지가 약 2조 eV (2 TeV).
- t 쿼크 발견 위해 CDF와 D0 실험이 진행됨.
- Tevatron 가속기는 2011년에 실험이 종료됨.

[그림 5-17] 페르미 연구소 테바트론 가속기 전경. 반경 1 km의 가속기 링에 양성자-반양성자의 질량 중심에너지가 1.96 TeV가 되도록 가속한다. 테바트론에는 CDF와 D0 실험 검출기가 있다. (Ⓒ FermiLAB 가속기 연구소)

♣ CDF 실험

그림 (5-18)은 CDF (Collider Detector at Fermilab) 실험 검출기를 보여 주고 있다.

- 한국의 경북대, 서울대, 성균관대, 전남대, KISTI가 공동연구 참여.
- CDF 실험은 4.2T의 초전도 자석 (super conducting magnet) 사용.

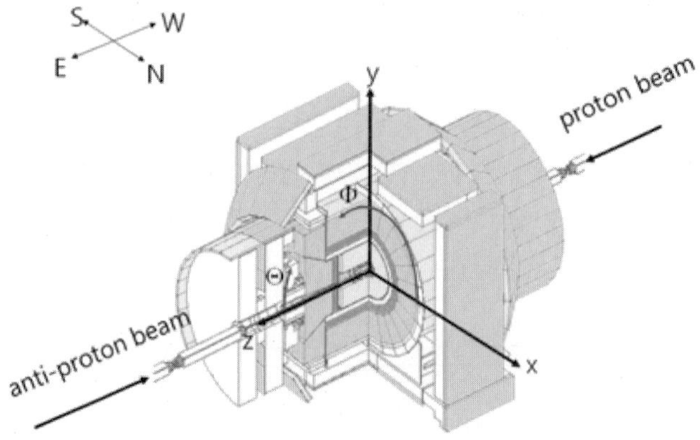

[그림 5-18] CDF 검출기 좌표. (© CDF 실험)

♣ t 쿼크

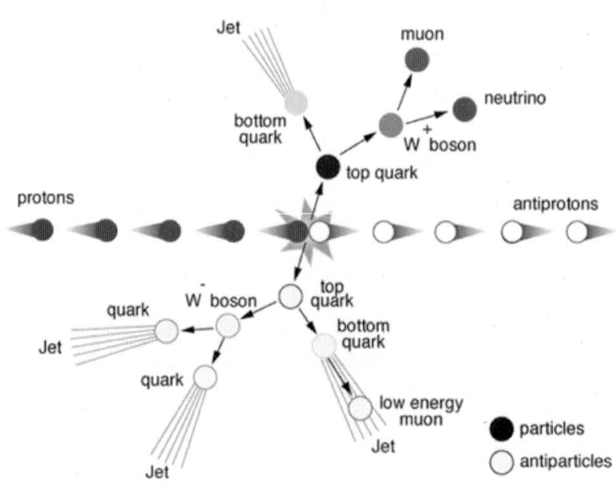

[그림 5-19] $p\bar{p}$ 충돌 시 top quark와 anti-top quark로 붕괴. (© CDF 실험)

그림 (5-19)와 (5-20)처럼 양성자-반양성자가 충돌해 글루온 (g)을 매개로 해서 $t\bar{t}$ 가 만들어진다. 생성 후 t는 100% Wb로 붕괴된다고 알려져 있다. ($t \rightarrow Wb$) 다시 W와 b는 경입자나 제트로 붕괴한다. 따라서 제트로 붕괴할 때, 2개에서 최대 6개까지 만들어지는 것이 가능하다.

t 쿼크 몇 가지 성질

- t 쿼크 질량 (m_t) 173.07±0.52±0.72 [GeV/c^2]
- t 쿼크 수명 (τ) 3.3(9) × 10^{-25} [s]
- $\sigma(p\bar{p} \rightarrow t\bar{t}) \sim 6.0$ [pb]

[☛ 요약]

t 쿼크 질량은 약 170 [GeV/c^2]로, 다른 쿼크에 비해 매우 무겁다. 대략 금 원자와 비슷하다. 일반적인 강입자화 (hadronization) 시간보다 더욱더 빨리 붕괴하기 때문에 $t\bar{t}$ 의 bound state를 만들 수가 없다. 다시 말해 t 쿼크 단독으로 만들어지는 과정은 이론적으로 가능하나, 아직 실험적으로 관측하지 못하였다. 그림 (5-21)은 CDF 검출기에 관측된 t 쿼크 붕괴 채널 이벤트의 하나를 보여주고 있다.

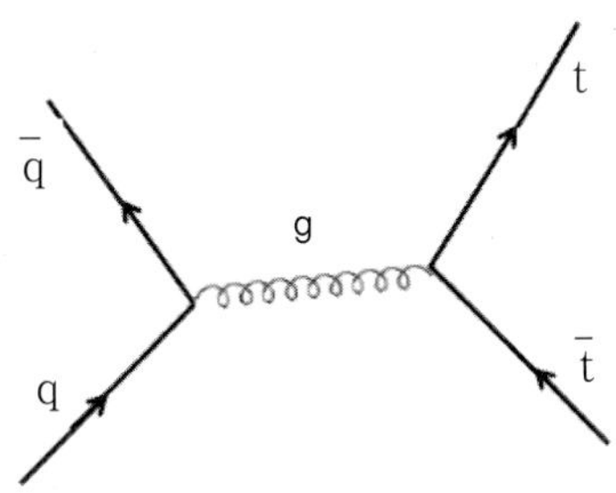

[그림 5-20] 양성자-반양성자가 충돌해 글루온을 매개에 의한 $t\bar{t}$ 를 생성하는 파이만 다이어그램. 생성 후 t는 여러 채널로 붕괴한다.

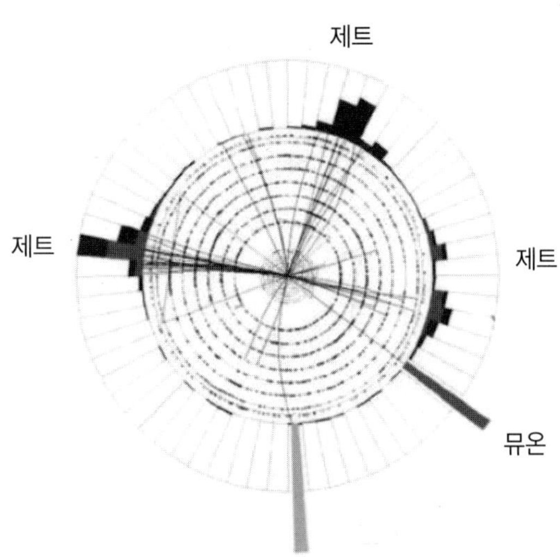

[그림 5-21] CDF 검출기에 기록된 이벤트 (event display) 모습. (Ⓒ CDF 실험)

(5) 유령입자인 중성미자

중성미자 (neutrino, ν)는 기본 입자 중의 하나이다. 중성미자는 핵붕괴에서 보존되지 않는 에너지와 운동량을 설명하기 위해 1931년 이론 물리학자인 볼프강 파울리에 의해 도입 되었고 1956년 라이네스와 코완이 원자력발전소에서 나오는 반전자중성미자를 검출함으로서 입자의 존재가 확인되었다. 핵붕괴나 태양의 핵융합 과정에서 방출되는 입자인데, 우주에 무수히 많이 분포하고 있다. 하지만, 전하도 없고 질량도 거의 없으며 물질과의 상호작용이 거의 없어 관측하기가 매우 힘든 입자이기 때문에 유령입자로 불린다. 현재까지 3 종류 (ν_e, ν_μ, ν_τ)의 중성미자가 존재 한다.

중성미자를 만들 수 있는 방출원은 다양한데 초기우주의 우주배경 중성미자, 초신성 폭발 중성미자, 태양 핵융합 반응에 의해 방출되는 중성미자, 원자력 발전소에서 나오는 중성미자, 천체에서의 고에너지 중성미자, 대기 중성미자 등이 있다.

중성미자 진동변환과 질량 존재 발견 등과 같은 중성미자 성질에 대한 연구 결과들이 나오면서 최근 국내외적으로 활발히 연구가 진행되고 있다. 그림 (5-22)처럼 세 종류의 중성미자는 시간이 지남에 따라 입자의 파동적 성질에 의해 서로 다른 종류로 변환됨을 반복하는데 이들 사이의 진동변환세기는 섞임 각도 (θ_{12}, $\theta_{23,}$ θ_{13})로 표현된다. 이중 (θ_{12}, θ_{23})는 이제까지 여러 실험에 의해 측정되었지만, 값이 가장 작은 θ_{13}는 최근에서야 정밀 측정이 가능하였다.

중성미자 진동 변환상수 θ_{13} 측정에 대한 관심이 세계적으로 고조되면서 가속기를 이용한 중성미자 실험이나 원자로에서 방출되는 중성미자의 검출 실험이 현재 세계 여러 나라에서 경쟁적으로 추진되고 있다. θ_{13} 측정을 위한 원전 실험으로는 프랑스의 Double Chooz 실험, 중국의 Daya Bay 실험, 한국의 RENO 실험이 있으며 서로 뜨거운 경쟁을 하고 있다.

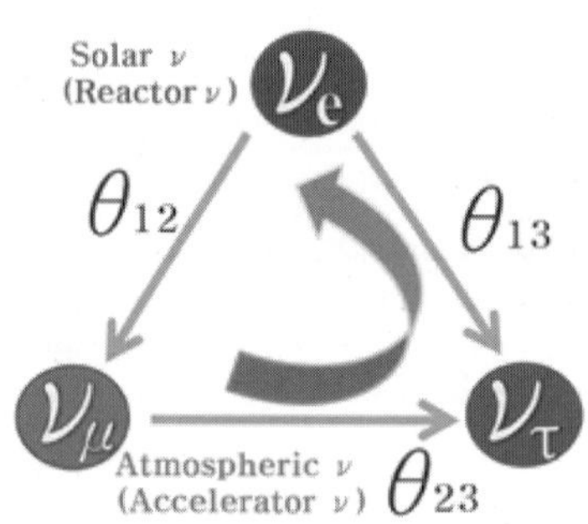

[그림 5-22] 중성미자는 3종류가 존재하며 서로 섞이는데 (mixing) 섞임 각도를 (θ_{12}, $\theta_{23,}$ θ_{13})로 표현한다.

♣ 중성미자 진동변환 (neutrino oscillation)

하나의 계 (system)가 2개의 독립적인 상태로 구성되어 있다, $|1> = \begin{pmatrix}1\\0\end{pmatrix}$, $|2> = \begin{pmatrix}0\\1\end{pmatrix}$. 가장 일반적인 상태는 이 2개의 선형결합으로 표시할 수 있다, $|\psi> = \begin{pmatrix}a\\b\end{pmatrix} = a|1> + b|2>$, $|a|^2 + |b|^2 = 1$. 만약 Hamitonian이 다음과 같이 주어진다. $H = \begin{pmatrix}h & g\\g & h\end{pmatrix}$, ($h, g$ = real constant). 만약 시간 $t=0$ 일 때 시스템이 $|1>$상태에 있다고 할 때, 시간 t에서는 어떤 상태에 있는가?

(시간 의존) 쉬뢰딩거 방정식

$$i\hbar\frac{d|\psi>}{dt} = H|\psi>$$

Eigenvalue 방정식

$$H|\phi> = E|\phi>$$

$$|\phi> = \begin{pmatrix}\alpha\\\beta\end{pmatrix}$$

$$\rightarrow \quad \begin{pmatrix}h & g\\g & h\end{pmatrix}\begin{pmatrix}\alpha\\\beta\end{pmatrix} = E\begin{pmatrix}\alpha\\\beta\end{pmatrix}$$

$$\begin{pmatrix}h-E & g\\g & h-E\end{pmatrix}\begin{pmatrix}\alpha\\\beta\end{pmatrix} = 0$$

$$\rightarrow \quad \det\begin{pmatrix}h-E & g\\g & h-E\end{pmatrix} = 0$$

$$(h-E)^2 - g^2 = 0 \rightarrow (h-E) = \mp g$$

$$\therefore E = h+g, h-g$$

$E = h+g \equiv E_+$ 인 경우

$$\begin{pmatrix}h-E & g\\g & h-E\end{pmatrix}\begin{pmatrix}\alpha\\\beta\end{pmatrix} = 0$$

$$\begin{pmatrix}h-(h+g) & g\\g & h-(h+g)\end{pmatrix}\begin{pmatrix}\alpha\\\beta\end{pmatrix} = 0 \quad \rightarrow \quad \begin{pmatrix}-g & g\\g & -g\end{pmatrix}\begin{pmatrix}\alpha\\\beta\end{pmatrix} = 0$$

$$-g\alpha + g\beta = 0 \quad \rightarrow \quad \alpha = \beta$$

$\alpha = 1$로 택하면 $\beta = 1$이다.

$$\therefore |\phi_+> = \begin{pmatrix}\alpha\\\beta\end{pmatrix} = \frac{1}{\sqrt{2}}\begin{pmatrix}1\\1\end{pmatrix}$$

$E = h-g \equiv E_-$ 인 경우

$$\begin{pmatrix}h-(h-g) & g\\g & h-(h-g)\end{pmatrix}\begin{pmatrix}\alpha\\\beta\end{pmatrix} = 0 \quad \rightarrow \quad \begin{pmatrix}g & g\\g & g\end{pmatrix}\begin{pmatrix}\alpha\\\beta\end{pmatrix} = 0$$

$$g\alpha + g\beta = 0 \quad \rightarrow \quad \alpha = -\beta$$

$\alpha = 1$로 택하면 $\beta = -1$이다.

$$\therefore |\phi_- > \ = \begin{pmatrix} \alpha \\ \beta \end{pmatrix} = \frac{1}{\sqrt{2}} \begin{pmatrix} 1 \\ -1 \end{pmatrix}$$

중첩의 원리

$$|\psi(0) > \ = \begin{pmatrix} 1 \\ 0 \end{pmatrix} = \frac{1}{\sqrt{2}} |\phi_+ > + \frac{1}{\sqrt{2}} |\phi_- > \quad \text{초기 상태}$$

(시간 의존) 쉬뢰딩거 방정식

$$\begin{aligned} |\psi(t) > \ &= \frac{1}{\sqrt{2}} |\phi_+ > e^{-iE_+ t/\hbar} + \frac{1}{\sqrt{2}} |\phi_- > e^{-iE_- t/\hbar} \\ &= \frac{1}{\sqrt{2}} |\phi_+ > e^{-i(h+g)t/\hbar} + \frac{1}{\sqrt{2}} |\phi_- > e^{-i(h-g)t/\hbar} \\ &= \frac{1}{\sqrt{2}} \frac{1}{\sqrt{2}} \begin{pmatrix} 1 \\ 1 \end{pmatrix} e^{-i(h+g)t/\hbar} + \frac{1}{\sqrt{2}} \frac{1}{\sqrt{2}} \begin{pmatrix} 1 \\ -1 \end{pmatrix} e^{-i(h-g)t/\hbar} \\ &= \frac{1}{2} e^{-iht/\hbar} [\begin{pmatrix} 1 \\ 1 \end{pmatrix} e^{-igt/\hbar} + \begin{pmatrix} 1 \\ -1 \end{pmatrix} e^{igt/\hbar}] \\ &= \frac{1}{2} e^{-iht/\hbar} [\begin{pmatrix} e^{-igt/\hbar} \\ e^{-igt/\hbar} \end{pmatrix} + \begin{pmatrix} e^{igt/\hbar} \\ -e^{igt/\hbar} \end{pmatrix}] \\ &= \frac{1}{2} e^{-iht/\hbar} \begin{pmatrix} \cos\frac{gt}{\hbar} - i\sin\frac{gt}{\hbar} + \cos\frac{gt}{\hbar} + i\sin\frac{gt}{\hbar} \\ \cos\frac{gt}{\hbar} - i\sin\frac{gt}{\hbar} - \cos\frac{gt}{\hbar} - i\sin\frac{gt}{\hbar} \end{pmatrix} \\ &= \frac{1}{2} e^{-iht/\hbar} \begin{pmatrix} 2\cos\frac{gt}{\hbar} \\ -2i\sin\frac{gt}{\hbar} \end{pmatrix} = e^{-iht/\hbar} \begin{pmatrix} \cos\frac{gt}{\hbar} \\ -i\sin\frac{gt}{\hbar} \end{pmatrix} \end{aligned}$$

초기 조건 확인

$$|\psi(t=0) > \ = e^{-ih0/\hbar} \begin{pmatrix} \cos\frac{g0}{\hbar} \\ -i\sin\frac{g0}{\hbar} \end{pmatrix} = \begin{pmatrix} 1 \\ 0 \end{pmatrix}$$

만약 $| \ 1 > \ =$ 전자 중성미자

$| \ 2 > \ =$ 뮤온 중성미자

라고 하면, Hamiltonian의 off-diagonal 항인 g에 의해 시간이 지남에 따라, $| \ 1 > \ \leftrightarrow \ | \ 2 >$가 된다.

원시적인 중성미자 진동 변환 모델 (crude neutrino oscillation model)

♣ Two flavor 중성미자 진동 변환 모델

(가정)

- 표준모형의 중성미자는 3종류 (flavor)이고 질량을 가지지 않는다.
  ν_e, ν_μ, ν_τ → flavor eigenstate 혹은 weak eigenstate

- 중성미자가 질량을 가졌다고 해보자
  $\nu_1(m_1), \nu_2(m_2), \nu_3(m_3)$ → mass eigenstate

✎ 그림 (5-23)처럼 flavor eigenstate와 mass eigenstate는 같지 않다.

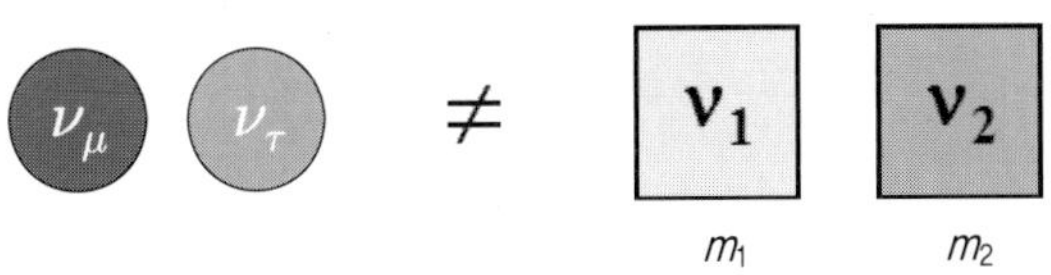

[그림 5-23] flavor eigenstate와 mass eigenstate.

개념적으로 mass eigenstate가 있는데, 측정 시 이것이 flavor eigenstate로 간다고 생각하면 된다.

그림 (5-24)처럼 양자역학의 중첩의 원리에 의해, flavor eigenstate는 mass eigenstate의 선형 결합 (linear combination)으로 나타낼 수 있다.

$$\begin{pmatrix} \nu_e \\ \nu_\mu \end{pmatrix} = \begin{pmatrix} \cos\theta & \sin\theta \\ -\sin\theta & \cos\theta \end{pmatrix} \begin{pmatrix} \nu_1 \\ \nu_2 \end{pmatrix}$$

$\theta =$ 혼합각 (=섞임각)

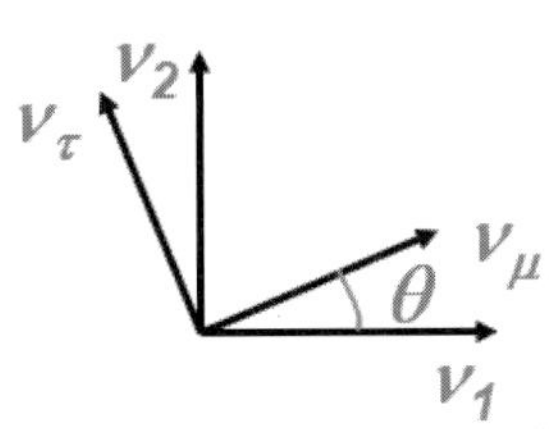

[그림 5-24] Flavor eigenstate와 mass eigenstate의 사이의 혼합각 (θ).

파동함수의 시간 전개식

$$|\nu_e(t)> = \cos\theta|\nu_1(t)> + \sin\theta|\nu_2(t)>$$
$$|\nu_\mu(t)> = -\sin\theta|\nu_1(t)> + \cos\theta|\nu_2(t)>$$
$$|\nu_\alpha(t)> = e^{-iHt}|\nu_\alpha(0)>, \ \alpha = 1, 2$$
$$= e^{-iE_\alpha t}|\nu_\alpha(0)>$$
$$<\nu_1|\nu_1> = <\nu_2|\nu_2> = 1, \ <\nu_1|\nu_2> = 0 \quad \text{(직교, orthogonal)}$$

다시 정리하면

$$|\nu_e(t)> = \cos\theta\, e^{-iE_1t}|\nu_1(0)> + \sin\theta\, e^{-iE_2t}|\nu_2(0)> \qquad Ⓐ$$
$$|\nu_\mu(t)> = -\sin\theta\, e^{-iE_1t}|\nu_1(0)> + \cos\theta\, e^{-iE_2t}|\nu_2(0)> \qquad Ⓑ$$

한 고유상태에서 다른 고유상태로 진동할 수 있는 확률 $P_{\nu_\mu \to \nu_e}$

한 고유상태에서 다른 고유상태로 진동하지 않을 확률 $P_{\nu_\mu \to \nu_\mu}$

$$\to P_{\nu_\mu \to \nu_e}(t) = \left|<\nu_e|e^{-iHt}|\nu_\mu>\right|^2$$
$$P_{\nu_\mu \to \nu_\mu}(t) = \left|<\nu_\mu|e^{-iHt}|\nu_\mu>\right|^2$$

Ⓐ와 Ⓑ 이용

$$<\nu_e|e^{-iHt}|\nu_\mu> = <\nu_e|e^{-iE_\alpha t}|\nu_\mu>$$
$$= -\sin\theta\cos\theta <\nu_1(0)|e^{-iE_1t}|\nu_1(0)> + \sin\theta\cos\theta <\nu_2(0)|e^{-iE_2t}|\nu_2(0)>$$
$$= \sin\theta\cos\theta\,(e^{-iE_2t} - e^{-iE_1t})$$

$$P_{\nu_\mu \to \nu_e}(t) = \left|<\nu_e|e^{-iHt}|\nu_\mu>\right|^2$$
$$= \sin^2\theta\cos^2\theta\,(e^{-i(E_2-E_1)t} - e^{i(E_2-E_1)t})$$
$$= \sin^2 2\theta \sin^2\frac{(E_2-E_1)t}{2}$$

[Note]

$$E_1 = \sqrt{p^2c^2 + m_1^2c^4} = \sqrt{p^2 + m_1^2} \qquad (\because c = 1)$$
$$E_2 = \sqrt{p^2c^2 + m_2^2c^4} = \sqrt{p^2 + m_2^2}$$

만약 $p \gg m_\alpha$

$$\sqrt{p^2 + m_\alpha^2} = p(1 + \frac{m_\alpha^2}{p^2})^{\frac{1}{2}} \simeq p(1 + \frac{1}{2}\frac{m_\alpha^2}{p^2} + \ldots) = p + \frac{m_\alpha^2}{2p}$$

$$\rightarrow E_2 - E_1 = p + \frac{m_2^2}{2p} - p - \frac{m_1^2}{2p} = \frac{m_2^2 - m_1^2}{2p}$$

$$P_{\nu_\mu \rightarrow \nu_e}(t) = \sin^2 2\theta \sin^2 \frac{(E_2 - E_1)t}{2} = \sin^2 2\theta \sin^2 \frac{\frac{m_2^2 - m_1^2}{2p} t}{2} = \sin^2 2\theta \sin^2 \frac{\Delta m^2}{4p} t$$

$$\Delta m^2 \equiv m_2^2 - m_1^2$$

[Note] 우리는 $\hbar = c = 1$로 놓고 계산한 것이다. 단위환산까지 정확히 적용하면 다음과 같다.

[♣ 각자해보기] $P_{\nu_\mu \rightarrow \nu_e}(t) = \sin^2 2\theta \sin^2 \frac{1.27 \Delta m^2 L}{E}$

[♣ 각자 그려보기] 생존확률 $P_{\nu_\mu \rightarrow \nu_\mu}(t) = 1 - P_{\nu_\mu \rightarrow \nu_e}(t)$를 그려보면 그림 (5-25)처럼 된다.

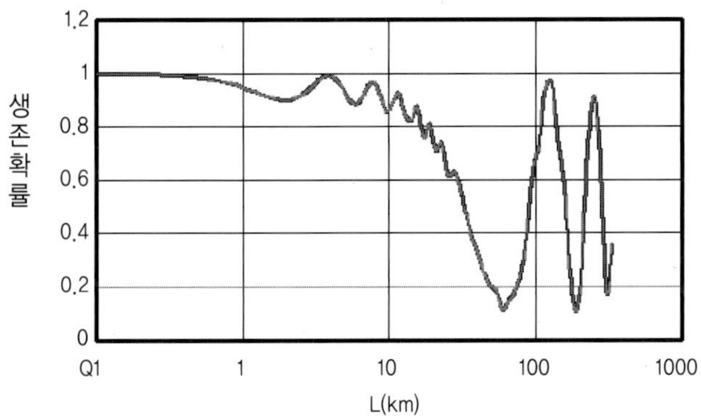

[그림 5-25] 생존확률 (survival probability) $P_{\nu_\mu \rightarrow \nu_\mu}(t) = 1 - P_{\nu_\mu \rightarrow \nu_e}(t)$. 그래프를 그리기 위한 변수들은 현재 통용되고 있는 world average 값을 사용하였다.

[Note] $(\theta_{13},\ \Delta m_{31}^2)$ 측정 원리

위식에서 중성미자가 다른 종류로 변환하지 않고 같은 상태로 생존할 확률은 $P(\overline{\nu_e} \rightarrow \overline{\nu_e}) = 1 - P(\overline{\nu_e} \rightarrow \overline{\nu_\mu})$이다.

$$\therefore \text{ 생존확률 } P(\overline{\nu_e} \rightarrow \overline{\nu_e}) = 1 - P(\overline{\nu_e} \rightarrow \overline{\nu_\mu}) = \sin^2 2\theta \sin^2 \frac{1.27 \Delta m^2 L}{E}$$

왼쪽 항은 중성미자의 개수이므로, 측정가능하다. 이제 오른쪽 항에서 Δm^2는 다른 실험에서 측정한 평균값 (world average)을 사용하고, L은 검출기가 위치가 지점으로 통상 ~1 km 내외이

고 중성미자 에너지 (E) 값은 측정할 수 있다. 따라서 최종적으로 모르는 미지의 변수 θ 값을 알 수 있다.

Δm^2 측정 방법은 개념적으로 다음과 같다. 중성미자가 진행하면서 진동할 첫 번째 위치는 대략 ~1 km 근처이다. 따라서 이 거리를 정확히 안다고 하자. 앞 식에서 $\frac{L}{E}$와 θ를 알기 때문에 최종적으로 미지 변수 Δm^2 값을 구할 수 있다.

♣ RENO (Reactor Experiment of Neutrino Oscillation) 실험

RENO 실험은 영광 (새로운 이름: 한빛) 원자력 발전소에서 방출되는 중성미자를 이용하여 θ_{13} 측정하는 국내 기반 실험이다.

2003년 말부터 원전 중성미자 실험에 대한 가능성을 조사하였고 여러 가지 면에서 다른 나라에 비해 경쟁 우위에 있음을 확인하고 2005년 2월 브라질에서 개최된 학회에서 정식으로 추진 입장을 밝혔다. 2011년 8월부터 데이터를 수집하고 있다. 영광 원자력 발전소는 열용량이 약 17 GW로 세계 2번째로 많은 전력 생산 능력을 가지고 있기 때문에 이에 비례하여 많은 중성미자를 방출한다. 중성미자를 관측하기 위해서는 우주선 (cosmic ray)을 효과적으로 차폐할 지하 검출시설이 필요한데 영광발전소 주변에는 높은 산이 있고 암반이 단단해 실험을 위한 우수한 산악 입지 조건을 가지고 있다.

그림 (5-26)처럼 원자로 중심에서 ~290 m 떨어진 곳에 길이가 ~100 m 되는 근거리 터널과 ~1.4 km 떨어진 곳에 길이가 ~300 m 되는 원거리 검출 터널을 굴착하였고 동일 검출기 2개를 근거리와 원거리에 각각 설치하였다. 원자로에서 거리가 다른 두 곳에 크기와 사양이 동일한 검출기를 설치하는 이유는 기존의 실험에서 문제가 되었던 검출기의 효율과 원자로에서 방출되는 중성미자와 관련된 계통오차를 서로 상쇄 할 수 있기 때문이다.

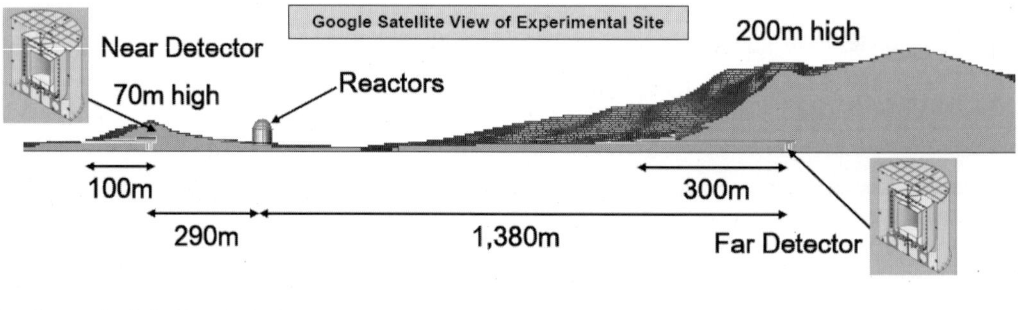

[그림 5-26] 영광 원자력 발전소 근처의 산에 위치한 RENO 실험 장소와 동일한 근거리와 원거리 검출기. (Ⓒ RENO 실험)

원자력 발전소에서 방출된 엄청난 수의 중성미자는 물질과 거의 반응하지 않고 끊임없이 빛의 속력으로 사방으로 퍼져나가고 있다. 원자력 발전소에서 방출되는 중성미자는 역베타붕괴 ($\overline{\nu_e} + p \to e^+ + n$) 과정을 통해 검출된다.

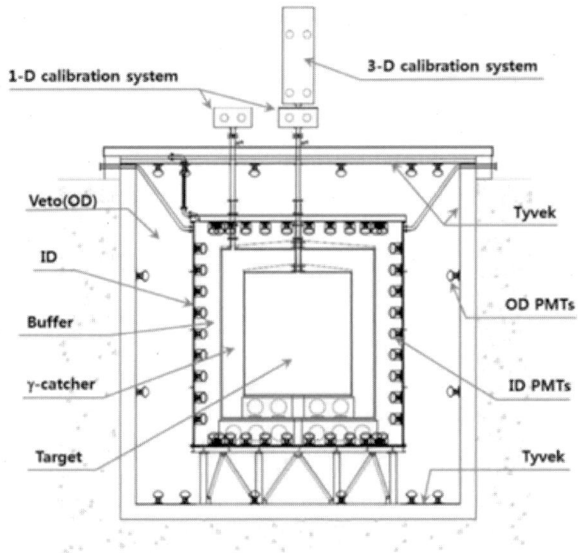

[그림 5-27] RENO 실험 중성미자 검출기. 4영역 (target, γ-catcher, buffer, veto)으로 구성된다. (© RENO 실험)

그림 (5-27)처럼 RENO 검출기는 4영역으로 구성되어 있다. 안쪽에서 바깥쪽으로 target, γ-catcher, buffer, veto 영역이다. 중성미자의 표적이 되는 표적 (target)의 부피는 ~18톤이며 선형 알킬벤젠 (C_nH_{2n+1}-C_6H_5, n=10~14) 기반 액체 섬광 검출 용액으로 채워져 있는데 중성자 포획을 증대시키기 위해 1 g/l의 가돌리늄 (Gd)이 용해되어 있고 여기에 빛을 내기 위해 PPO (3 g/l)와 bis-MSB (30 mg/l)를 첨가했다. 검출기의 총 ~460톤 정도의 크기이다.

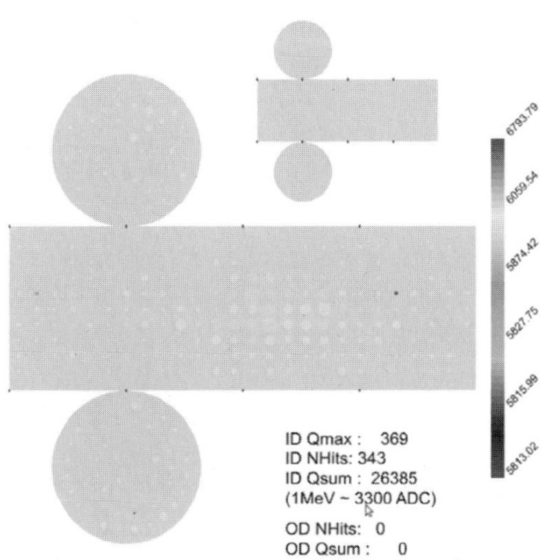

[그림 5-28] RENO 검출기에 관측된 역베타 붕괴 이벤트. (© RENO 실험)

광증폭관 (PMT)은 10인치 Hamamatsu 제품으로 354개 사용하고 있으며 내부 검출기의 13 %를 커버하고, 비토 영역에 67개의 광증폭관을 사용하고 있다.

그림 (5-28)은 RENO 검출기에서 관찰된 역베타붕괴 이벤트를 나타내고 있다. ($\overline{\nu_e} + p \rightarrow e^+ + n$) 양전자는 전자를 만나서 빛 에너지를 방출하고 중성자는 ~30 μs 후에 가돌리늄에 포획된다. 여기된 가돌리늄이 바닥상태로 떨어지면서 다시 빛에너지를 방출하고 있다.

RENO 실험 요약

베타붕괴에서 보존되지 않는 에너지와 운동량을 설명하기 위해 도입된 가상의 입자였던 중성미자는 1956년 핵반응로에서 나오는 $\overline{\nu_e}$ 가 처음 발견될 때까지도 오랜 시간이 걸렸다. 또한 물질과 상호작용을 거의하지 않기 때문에 성질을 파악하는 것도 어려웠다. 이제까지 3번의 노벨상이 중성미자 실험과 관련되어 주어졌고, 국내 연구진의 노력으로 이루어낸 진동변환상수 θ_{13} 측정도 큰 학문적 업적이라고 할 수 있다. 외국에서도 RENO 실험은 매우 좋고 잘 된 실험이라고 알려져 있으며 중성미자 진동 변환 상수 측정 분야에서 국내 연구진이 세계적 경쟁 대열에 합류하고 연구를 수행할 수 있다는 것은 참으로 좋은 일이며, 국내 기초과학 발전을 위한 하나의 기회이다.

필자는 RENO 실험이 제안되었던 2003년부터 공동연구를 열심히 수행하고 있으면 현재 RENO 실험은 국내 13개 대학 ~40여명의 물리학자들이 밤낮을 가리지 않고 영광 실험실에서 데이터 수집과 분석을 진행하고 있다.

[♣ 읽어볼 논문]

① J. S. Park, S. B. Kim, J. Lee, B. C. Kim, S. H. Kim and K. K. Joo, New Physics **58**, 62 (2009).
② J. S. Park *et al.* (RENO collaboration), Nucl. Instr. and Meth A **707**, 45-53 (2013).
③ A. K. Ahn *et al.* (RENO collaboration), Phys. Rev. Lett. **108**, 191802 (2012).
④ B. C. Kim, S. W. Seo and K. K. Joo, New Physics **61**, 8 (2011).
⑤ B. C. Kim and K. K. Joo, New Physics **59**, 2 (2009).
⑥ C. D. Shin, K. K. Joo, Advances in High Energy Physics, Vol **2014**, ID 320287 (2014).

중성미자 발전 역사 요약

- 1931년. W. Pauli 중성미자 예언.
- 1956년. F. Reines와 C.L. Cowan 중성미자 발견. 라이네스는 1995년에 노벨상 수상. (C.L. Cowan는 1974년에 사망함)
- 1968년. Raymond Davis Jr. 태양 중성미자 관측. 2002년 노벨상 수상.
- 1987년. Kamiokande-II, IMB 초신성 (SN1987A) 중성미자 관측 성공.
- 1998년. Super-Kamiokande (SK) 실험 중성미자 진동 변환 증거.
- 1999년. K2K 실험 중성미자 진동변환 측정 시작.

- 2002년. SNO 실험 태양 중성미자 진동변환 확인.
- 2002년. 동경대의 고시바 마사토시 (小柴 昌俊, 1926-현재) 교수는 중성미자 검출 공로로 노벨상 수상.
- 2012년. 중국의 Daya Bay 실험과 한국의 RENO 실험에서 θ_{13} 측정 결과 발표.

(6) 신의 입자인 힉스 (Higgs) 보존

(상황)

- 이제까지 소립자 물리학의 실험 및 이론을 모두 모아 놓은 것이 표준모형 (Standard Model)이다. 그런데 이 표준모형에는 몇 가지 풀리지 않는 질문들이 있는데 그 중 대표적인 것이 입자들의 질량에 대한 것이다. 왜 어떤 입자는 질량을 가지고 있고, 어떤 입자는 없으며, 가지고 있다면 왜 그 값인지 등에 대한 명확한 답변은 주지 못하고 있다.
- 입자에 질량을 부여하는 하나의 방법으로 1964년 영국의 Peter Higgs는 Higgs mechanism을 제시하였다. 그는 우주 만물을 생성하고 있는 모든 물질에 질량을 갖도록 매개하는 입자가 있다고 생각했다. 빅뱅이 일어난 137억 년 전 우주 탄생 당시 모든 물질에 질량을 부여한 뒤 사라진 입자가 있을 것이라고 추정했다. 2012년까지 관측할 수 없었고 성경에 신이 "빛이 있어라" 라고 했을 태초 우주 탄생의 빅뱅시점의 입자를 찾았다는 점에서 '신의 입자'라고 불렸다.
- 힉스 보존은 그림 (5-29)에 있는 2012년 유럽입자물리연구소 (CERN)의 대형 강입자 충돌기 (Large Hadron Collider, LHC)의 ATLAS (A Large Toroidal Lhc Appratus)와 CMS (Compact Muon Solenoid) 실험에서 힉스 보손과 유사한 입자를 발견하였다고 발표하였고 2013년 발견되었다고 공식적으로 발표를 하였다. LHC는 양성자-양성자 충돌로 목표로 하고 있는 질량 중심에너지는 14 TeV이다.

Higgs 보존의 몇 가지 성질

- 스칼라 보존 (scalar boson)
- 질량

  125.3 ± 0.4(stat.) ± 0.5(sys.) GeV/c^2 (신뢰도 5.8σ) (CMS 실험)

  126.0 ± 0.4(stat.) ± 0.4(sys.) GeV/c^2 (신뢰도 5.9σ) (ATLAS 실험)
- 수명 1.56×10^{-22} s

Higgs 가설

- 힉스의 설명에 의하면 진공 (vacuum) 상태는 힉스 필드 (field)로 가득 차 있고, 이 힉스 필드가 원래 질량이 없는 다른 입자 필드와의 상호작용을 통해 그 입자들을 느리게 움직이게 함으로써 그 입자에게 질량을 부여하는 효과를 준다고 설명한다.

- 상대론에 의하면 질량이 없는 입자는 빛의 속력 c로 움직이지만 질량을 가지고 있으면 $E^2 = m_o^2c^4 + p^2c^2$ 방정식에 따라 움직이다. 따라서 힉스 필드와의 상호작용에 의해 느려진 입자는 빛의 속력으로 움직일 수 없으므로 질량을 가지게 된다고 생각하면 이해가 쉬울 것이다.

[그림 5-29] 스위스 제네바시에 위치한 유럽입자물리연구소 (CERN)의 대형 강입자 충돌기 (Large Hadron Collider, LHC)를 하늘에서 내려다본 모습. 뒤쪽으로 레만 호수가 보인다. (© CERN)

- Peter Ware Higgs (1929년-현재)는 1964년 최초로 힉스 입자를 제안한 후 거의 50년 만인 2013년 노벨상을 수상하였다. 따라서 노벨상을 수상하기 위해서는 업적도 중요하지만 그에 못지않게 튼튼한 건강도 매우 중요하다.

Spontaneous Symmetry Breaking (자발적 대칭성 붕괴)

- 힉스 입자가 존재할 수 있다는 이론적 근거 (수학적 토대)를 제시한 이론으로 1960년에 Yoichiro Nambu (南部 陽一郎, 1921～현재)가 제안하였다.
- 남부는 아래와 같은 공헌으로 2008년 노벨상을 수상하였다.

"for the discovery of the mechanism of spontaneous broken symmetry in subatomic physics"

[☛ 비유]

그림 (5-30)처럼 식당에 탁자위에 접시와 물 컵이 놓여 있다고 생각해 보자. 만약 손님이 아직 오직 않은 경우 접시를 중심으로 물 컵은 대칭적으로 있다. 즉 우리는 물 컵이 왼쪽 손님 것인지 오른쪽 손님 것인지를 알 수가 없다. 그런데 이제 손님이 식당에 들어와 의자에 앉고 물 컵을 하나 선택하면 나머지 사람들도 첫 번째 손님의 선택에 의해 오른쪽 물 컵 혹은 왼쪽 물 컵을 선택 사용할 수밖에 없다. 즉 대칭성이 깨진 것이다.

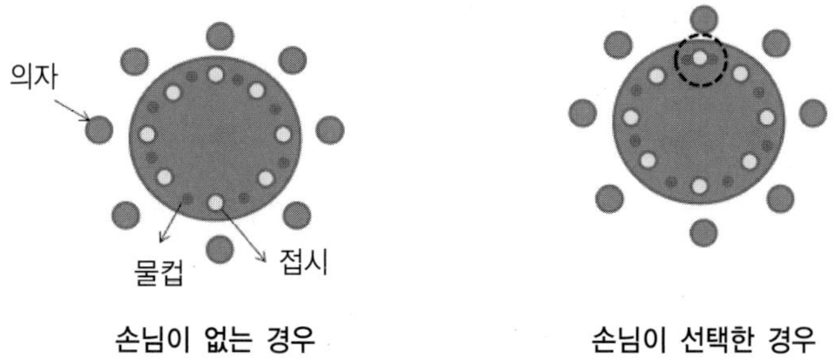

[그림 5-30] 남부 요이치로가 설명하는 자발적 대칭성 붕괴의 비유. 손님이 없는 경우는 대칭적이지만 손님이 들어와 하나의 물 컵을 선택하면 다른 사람들도 왼쪽, 오른쪽에 따라 물 컵을 선택해야 한다.

[☛ 요약]

처음에 분명 주어진 테이블 셋팅 (=환경)은 모든 것이 대칭적이었다. 하지만 실제 선택된 현실은 오직 하나이며 이때는 더 이상 '모든 선택'이 갖고 있던 대칭성이 사라지게 된다는 것이고 이것이 "대칭성의 자발적 붕괴"의 개념이다.

참고서적

■ 핵 및 입자물리학

- ► F. Halzen & A.D. Martin, "Quarks & Leptons", John Wiley & Sons.
- ► D. Griffiths, "Introduction to Elementary Particles", Wiley-VCH.
- ► E.M. Henley & A. Garcia, "Subatomic Physics", World Scientific.
- ► B.R. Martin, "Nuclear & Particle Physics", Wiley.
- ► C. Bromberg, A. Das, & T. Ferbel, "Introduction to Nuclear & Particle Physics", World Scientific.
- ► D.H. Perkins, "Introduction to High Energy Physics", Addison Wesley Longman.
- ► G. Kane, "Modern Elementary Particle Physics", Addison Wesley.
- ► W.S.C Williams, "Nuclear and Particle Physics", Oxford science Publications.
- ► I.S. Hughes, "Elementary Particles", Cambridge.
- ► 신승애 역, "새로운 원자핵 물리학", 탐구당.
- ► 차동우, "핵물리학", (주) 북스힐.
- ► 정운혁, 노태익 공저, "원자핵의 기초", 동아대학교 출판부.
- ► 정운혁, 노태익 공저, "핵공학의 기초", 동아대학교 출판부.
- ► 김승곤, "원자와 핵", 신아출판사.

■ 양자역학

- ► D. Griffiths, "Quantum Mechanics", Pearson, Prectice Hall.
- ► S. Gasiorowicz, "Quantum Physics", Wiley.
- ► 송희성, "양자역학", 교학연구사.
- ► R.L. Liboff, "Introduction Quantum Mechanics", Addison Wesley.

■ 현대물리학

- ► P.A. Tipler & R.A. Llewellyn, "Modern Physics", Freeman.
- ► A. Besier, "Concepts of Modern Physics", (현대물리학, 장준성, 이재형 공역, 교보문고).
- ► R. Harris, "Modern Physics", Pearson Addison Wesley.
- ► Serwey, Moses & Moyer, "Modern Physics", Thomson.
- ► J. Bernstein, P.M. Fishbane and S. Gasiorowicz, "Modern Physics", Prentice Hall.

► K. Krane, "Modern Physics", (이공학도를 위한 현대물리학, 이철의 외, 범한서적주식회사).
► 안세희, "물리학의 현대적 이해", 청문각.
► J.R. Taylor, C.D. Zafiratos, M.A. Dubson, "Modern Physics for Scientists and Engineers", (현대물리학, 강희재외, 교보문고).
► 최상돈 외, "알기 쉬운 현대물리", (주) 북스힐.
► 주경광, "현대물리학 속 입자물리", 전남대학교출판부.

■ 일반물리학

► R.A. Serway, "기초물리학", 청범 출판사.
► P.A. Tipler 원저, "물리학", 청문각.
► R. Wolfson, "핵심물리학", 청문각.
► 박찬 외, "새로운 물리학의 세계", 북스힐.
► 차동우, "교양물리", (주) 북스힐.
► Holliday & Resnick, "Fundamental of Physics", Wiley.

찾아보기

ㅅ

ㅇ

ㅈ

ㅊ

■ **저자약력**

주경광

· 연세대학교 물리학과 이학사
· 연세대학교 물리학과 대학원 이학석사
· 캐나다 토론토대학교 물리학과 석사
· 캐나다 토론토대학교 물리학과 박사
· 독일 DESY 연구소 ZEUS 실험 방문연구원 (1993~1996)
· 일본 KEK 연구소 BELLE 실험 박사후연구원 (1997~1999)
· 스위스 CERN 연구소 ATLAS 실험 박사후연구원 (1999~2002)
· 서울대 물리학과 초빙조교수 (2002~2004)
· 전남대 물리학과 조교수 (2007~2011)
· 현 전남대학교 물리학과 부교수 (2011~)

저서

현대물리학 속 입자물리 (전남대학교출판부, 2013)

입자충돌의 물리학

인쇄 | 2014년 1월 25일
발행 | 2014년 1월 30일

저자 | 주경광
발행인 | 지병문
발행처 | 전남대학교출판부

등록 | 1981. 5. 21. 제53호
주소 | 500-757 광주광역시 북구 용봉로 77
전화 | (062) 530-0571~2 **마케팅** 530-0573
팩스 | (062) 530-0579
홈페이지 | http://www.cnup.co.kr
이메일 | cnup0571@hanmail.net

값 18,000원

ISBN 978-89-6849-078-1 (93420)

이 도서의 국립중앙도서관 출판시도서목록(CIP)은 서지정보유통지원시스템 홈페이지(http://seoji.nl.go.kr)와 국가자료공동목록시스템(http://www.nl.go.kr/kolisnet)에서 이용하실 수 있습니다.
(CIP제어번호 : CIP2014002120)